家电维修技能速练速通丛书

新型空调器维修技能速练速通

韩雪涛　主　编
韩广兴　吴　瑛　副主编

机械工业出版社

本书根据国家职业资格的要求以及新型空调器实际维修工作的知识技能需求，将空调器维修必须掌握的知识技能划分成9个模块进行讲解，具体的内容依次为：了解空调器维修的行业特色，建立空调器的检修思路，认识空调器，掌握空调器的管路检修技能，掌握空调器的安装、移机方法，掌握空调器压缩机组件的检修方法，掌握空调器风扇组件的检修方法，掌握空调器闸阀组件的检修方法，掌握空调器电路部分的检修方法。

本书的所有知识、技能完全按照国家相关职业资格的考核认证标准，并结合从业人员的需求进行规划和安排，将理论知识的学习与技能训练有机结合起来，巧妙地将国家职业考核所必须掌握的知识点和技能评测环节融入到实际的教学案例中，确保教学内容的规范、准确、实用。在内容架构和讲解方式上，本书充分考虑新型空调器维修的技术特点和读者的学习习惯，采用模块化教学的理念，充分发挥图解特色，对理论知识环节采用二维平面图、示意图、结构图等多种手段进行讲解说明，而对于技能环节则通过三维效果图、实物照片等方式真实展现操作场景和操作细节，以确保读者的学习兴趣和学习效果，力求使读者能够在最短时间内掌握空调器维修必备的知识和技能。

本书可作为家用电子产品维修岗位培训教材和职业资格考核认证的培训教材，也适合于从事各种家用电子产品生产、销售和维修的技术人员阅读，还可供广大电子爱好者阅读参考。

图书在版编目（CIP）数据

新型空调器维修技能速练速通/韩雪涛主编．—北京：机械工业出版社，2012.9

（家电维修技能速练速通丛书）

ISBN 978-7-111-39532-4

Ⅰ.①新…　Ⅱ.①韩…　Ⅲ.①变频空调器—维修　Ⅳ.①TM925.107

中国版本图书馆CIP数据核字（2012）第198322号

机械工业出版社（北京市百万庄大街22号　邮政编码100037）
策划编辑：张俊红　责任编辑：张俊红
版式设计：姜　婷　责任校对：刘秀芝
封面设计：马精明　责任印制：乔　宇
三河市国英印务有限公司印刷
2012年10月第1版第1次印刷
184mm×260mm·16.5印张·407千字
0001—4000册
标准书号：ISBN 978-7-111-39532-4
定价：44.80元

凡购本书，如有缺页、倒页、脱页，由本社发行部调换
电话服务　网络服务
社服务中心：（010）88361066　教材网：http://www.cmpedu.com
销售一部：（010）68326294　机工官网：http://www.cmpbook.com
销售二部：（010）88379649　机工官博：http://weibo.com/cmp1952
读者购书热线：（010）88379203

本书编委会

主　编： 韩雪涛

副主编： 韩广兴　吴　瑛

编　委： 张丽梅　马　楠　宋永欣　宋明芳

梁　明　吴　玮　韩雪冬　吴惠英

高瑞征　张相萍　王新霞　郭海滨

张雯乐　张鸿玉　吴　敏　郝　丽

前　言

当前，我国正在由电子产品生产制造大国向制造业强国迈进。其中，新型空调器作为重要的家用电子产品，近几年的发展速度惊人。各种品牌、各种型号的新型空调器不断推出，极大地丰富了空调器的销售市场。极高的普及率和巨大的市场保有量带动了空调器从生产制造到售后维修整个产业链的发展，而巨大的就业空间也使得越来越多的人员开始从事或希望从事与空调器生产、销售、维修相关的工作，但同时激烈的市场变革和竞争也对相关的从业人员提出了更高的要求，各空调器的生产企业及专业售后维修机构都需要大量具备一定专业知识和技能的人才。

面对市场的变化和从业的要求，如何能够在短时间内掌握新型空调器维修的专业知识，成为许多从事或希望从事新型空调器生产、调试、维修工作的人员亟待解决的问题。然而，就新型空调器维修技能而言，则需要扎实的专业知识和专业技能。特别是近些年来，新型空调器的功能越来越强大，结构越来越复杂，更新换代的速度也越来越快，这些因素都成为从业人员必须逾越的屏障。

针对目前的现状，我们对许多空调器生产制造企业和专业维修机构进行了调研，将行业的需求进行汇总，将岗位的培训技能和实用技能进行归纳和整理，并以国家职业资格认证中相关专业（例如家电维修专业、电子产品装接专业、无线电调试专业等）的考核大纲作为参考依据，特编写了本书。本书在编写过程中充分考虑了电子电气维修领域的技术特点和从业者的学习习惯，采用模块化教学与图解演示相结合的方法，以空调器维修现场为背景，将空调器维修过程中应该掌握的知识和技能，按照学习习惯和维修特点划分成不同的模块，每个模块都运用实际的案例进行教学演示。在表现形式上，本书尽可能地运用大量的实际工作图片与结构、原理示意图相结合的方式，用生动形象的图形图像来代替枯燥冗长的文字描述，尽可能通过图解的形式将所要表达的知识和技能展现出来，让读者能够轻松的阅读和学习，力求在最短时间内了解并掌握维修的操作技能，达到从业的要求。

为了使本书更具职业技能特色，本书特邀数码维修工程师鉴定指导中心组织编写，所有编写人员都由国家职业技能培训认证的资深专家和电器专业的高级技师组成。本书内容以国家职业资格标准作为依据，注重“学”与“用”的结合。同时为了更好地满足读者的需要，达到最佳的学习效果，本书得到了数码维修工程师鉴定指导中心的大力支持。除可获得免费的专业技术咨询外，本书还附赠价值50元的学习卡。读者可凭借此卡登录数码维修工程师官方网站（www. chinadse. org）获得超值技术服务。网站提供有最新的行业信息、大量的视频教学资源和图样手册等学习资料以及技术论坛。用户凭借学习卡可随时了解最新的业界动态，实现远程在线视频学习，下载需要的图样、技术手册等学习资料。此外，读者还可通过网站的技术交流平台进行技术交流和咨询。由于技术的发展非常迅速，产品更新换代速度也很快，为方便师生学习，我们还制作有VCD

系列教学光盘，有需要的读者可与我们联系购买。

“空调器维修”是国家职业资格的考核认证和数码维修工程师专业技术资格认证的重要考核范畴，从事电子产品生产、调试、维修的技术人员，也应参加国家职业资格认证或数码维修工程师专业技术资格考核认证，获得国家认可的技术资格证书。

本书由韩雪涛任主编，韩广兴、吴瑛任副主编，其他参与编写的人员有张丽梅、郭海滨、马楠、宋永欣、宋明芳、梁明、张雯乐、张鸿玉、王新霞、韩雪冬、吴玮、吴惠英、高瑞征、张相萍、吴敏、郝丽等。需要特别说明的是，为了尽量保持产品资料原貌，以方便读者与实物进行对照学习，并尽可能地符合读者的行业用语习惯，本书中部分图形符号和文字符号并未按国家标准做统一修改处理，这点请广大读者引起注意。读者在学习过程中或在职业资格认证考核方面有什么问题，可通过如下联系方式直接与我们联系。

网址：http：//www. chinadse. org　　联系电话：022 - 83718162/83715667

联系地址：天津市南开区榕苑路4号天发科技园8号楼1单元401室

数码维修工程师鉴定指导中心（天津涛涛多媒体技术有限公司）

邮政编码：300384

作 者

目　录

第1章　了解空调器维修的行业特色

1.1　空调器维修人员的就业出路

1.1.1　空调器维修人员的社会需求

随着电子信息技术的发展，人们生活水平的提高，空调器作为极具代表性的家用电器产品在社会生产生活中的作用越发显著，已经成为人们日常生活中不可或缺的家用电器之一。尤其是近些年，国家政策对家电生产企业的大力扶持和人们需求程度的不断升温，使得空调器的社会占有量激增。各种品牌、各种型号、各种功能的空调器层出不穷，如图1-1所示为典型空调器的实物外形。

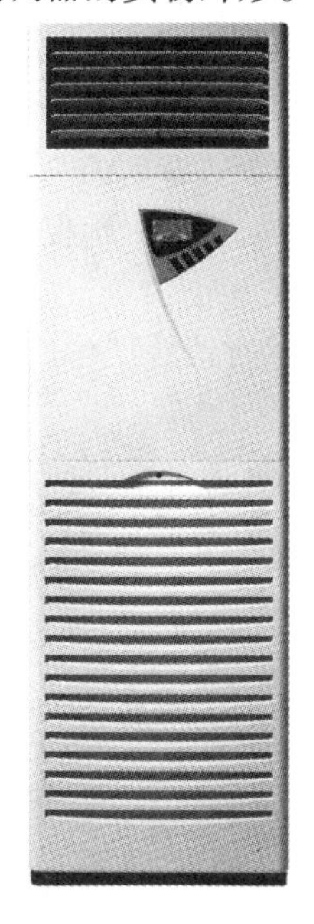

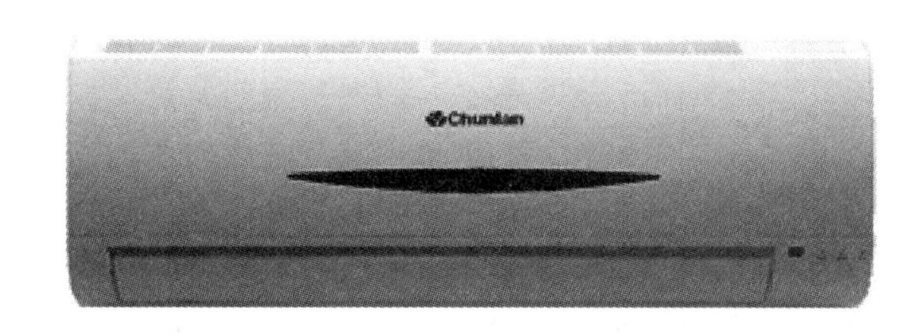

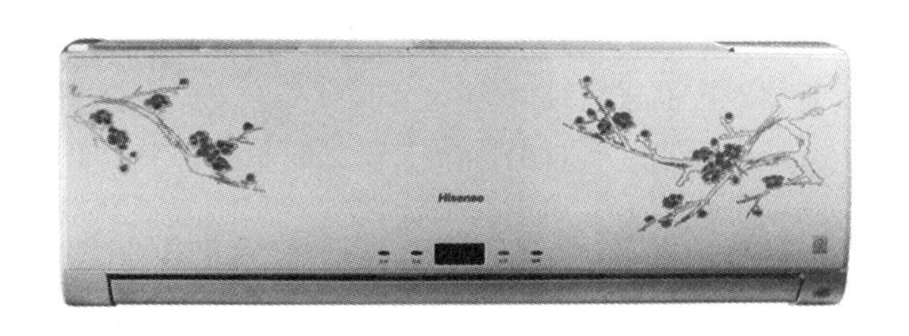

图1-1　空调器

空调器产品的丰富和广泛使用直接带动了空调器生产、销售、维修等一系列产业的发展。社会迫切需要大量的专业技术人员从事到空调器的生产、销售、维修岗位上。

1. 空调器生产方面

空调器是非常典型的家用电子产品，其内部是由很多管路部件和电气部件组合而成的。为满足人们不断增长的需求，空调器功能越来越强大，空调器的品种也越来越多。

而随着生产工艺的现代化，特别是现代化设备投入到生产环节，空调器的生产周期缩短，出于对生产成本的考虑，许多空调器生产厂商都采取按需生产的原则，即直接按照订单组织生产。虽然从表面上看，现代化生产设备的参与，大规模生产线的集中运作，缩短了生产周期，降低了生产成本，但对于从事空调器生产调试的人员来说却提出了更高的要求。首先，需要从事空调器生产调试的人员具备电路识图的能力，能够根据空调器生产装配图完成生产，其次要求从事空调器生产的人员具备熟练的操作技能，能够使用各种加工及焊接工具，能够掌握不同的安装、焊接方法。最后，就是掌握各种测量仪表的使用方法，能够根据空调器的电路图或调试操作图，正确操作设备，完成对空调器的检测调试工作。

可见，现代化的生产已经不再是原先简单功能部件的插装、连接，也不再是一个生产图纸可以执行好几个月甚至好几年不变。这给生产企业带来了极大的困扰。因为，毕竟在短时间内将工作人员培训到具备专业的技术水平不是一件易事。如果具备空调器维修的知识和技能水平，那么对于从事空调器的生产、调试则非常简单。因此，对于从事空调器生产的企业来说，招聘具备空调器维修技能的人员是首选。

2. 空调器销售方面

空调器的品种琳琅满目，面对众多品牌的相互竞争，如何能够将自己品牌的空调器销售出去是非常关键的。

与传统产品的销售不同，空调器作为智能化的电器产品，不同的配置、不同的性能参数都使得空调器具备不同的特点。如何能够将这些功能演示出来，将这些参数运用通俗的语言解释给消费者则成为销售制胜的“法宝”。

如果具备空调器维修的基础，那么将会非常了解空调器的使用、调试以及各功能部件所实现的功能，非常明白什么是衡量空调器性能的因素，非常清楚性能参数背后的真实含义。

试想，从专业的角度对空调器进行性能的解读和功能的展示，势必会极大地促进空调器的销售。

因此，目前许多大的卖场和空调器生产厂商已经意识到专业技术对销售产生的重要性。特别青睐于具备空调器维修技术的人员从事空调器的销售工作。

3. 空调器售后维修方面

既然是电器产品，受到人为因素以及机器自身因素的影响，难免会出现故障。一旦出现故障，就需要对产品进行维修。

对于空调器而言，其管路部分关联比较复杂，对维修人员有着很高的要求，必须具备一定的管路结构分析能力，专用管路焊接加工工具使用能力，充注制冷剂、抽真空等工艺的操作能力等。

如果从头开始培训，势必会花费很大的精力和成本。加之空调器更新换代的速度很快，对于维修技能的培训周期就更需要缩短。而且，空调器的市场占有率越高，空调器出现故障需要维修的概率也越高，也就是说，会需要大量维修技术人员。

因此，如果具备空调器维修技术，那么可以非常轻松地通过售后维修部门的面试，经过很短的培训就可以上岗工作。

综上所述，可以看出，空调器的普及带来了巨大的市场需求，为广大学习者提供了非常多的就业岗位，越来越多的人开始投身到空调器的生产、销售、维修的岗位中。如何能够在其中找到优势，其关键就是对空调器维修技术的掌握程度。

毕竟作为实用技能型岗位，对于专业知识和操作技能的考核是最重要的，能够掌握扎实的空调器维修技能，便为就业提供了良好的保障。

1.1.2 空调器维修人员的就业指导

空调器市场的不断丰富为空调器维修人员提供了广阔的就业空间。空调器维修人员在从事相关维修工作之前，需要具备一定的文化知识。通过阅读专业书籍、教学光盘、网络资源或培训机构的培训等途径系统学习维修知识，具备空调器的故障应对能力。考取国家认可的从业资格认证后，即可应聘进入专业的空调器生产或售后企业工作，或通过工商部门申办执照对外提供空调器维修的服务。

图1-2所示为空调器维修人员进阶与从业上岗的流程。

图1-2 空调器维修人员进阶与从业上岗的流程

1. 空调器维修人员的考证与进阶

空调器维修人员在系统学习维修知识后，可根据自身需要选择考取资质证书。目前，在空调器维修的资质认证方面，比较权威的是国家职业技术资格认证。

如图1-3所示为国家职业资格证书。国家职业资格证书是表明劳动者具有从事某一职业所必备的学识和技能的证明。它是劳动者求职、任职、开业的资格凭证，是用人单位招聘、录用劳动者的参考依据。职业资格证书是一种特殊形式的国家考试制度。对合格者授予相应的国家职业资格证书。

图1-3　国家职业资格证书

空调器维修人员可报考国家职业资格中的家用电器产品维修工专业的相关技术资格。根据国家规定，国家职业资格（家用电器产品维修工）共设5个等级，分别为初级（国家职业资格五级）、中级（国家职业资格四级）、高级（国家职业资格三级）、技师（国家职业资格二级）、高级技师（国家职业资格一级）。空调器维修人员应根据自身学历、工作经验报考相应的等级和进阶。

国家职业资格证书是按照国家制定的职业技能标准或任职资格条件，通过政府认定的考核鉴定机构，对劳动者的技能水平或职业资格进行客观公正、科学规范地评价和鉴定。

2. 空调器维修人员的开店与应聘

空调器维修人员具备专业资质和技能后，可从事空调器维修相关工作。

（1）创办维修店

空调器维修人员具有职业资质后，可以创办维修店，从事空调器维修工作。创办维修店主要包括准备注册资金、选址、办照缴税、置办工具等方面。

① 准备注册资金

根据开店的规模，个体经营维修店不需要注册资金，有限责任公司需要最低10万元的注册资金。

② 选择地址

创办维修店应选择好店面，客流量大的店面收益高，房价和租金也高；客流量小的店面收益小，房价和租金也低。如果是自己的房子，应提供房产证复印件，如果是租赁的房子，需提供租房证明。

③ 办照缴税

携带资格证、寸照及身份证复印件，到店面所属地工商分局办理营业执照，办理执照需要为店面起名，由于店名是不能重复注册的，建议多准备些认可的店名到工商部门查询确认。

然后到国税局和地税局办理税务登记证，按规定缴税。如果办照人为残疾人、应届毕业生、下岗工人等政策规定的特殊人群，可申请减免税。

④ 置办工具仪表

空调器维修人员应根据维修项目的不同，置办维修工具和仪表，如螺丝刀、电烙铁、扳手、万用表等，以方便快速查找故障原因并维修故障。

（2）应聘空调器维修相关工作

作为空调器维修人员，可以从事与空调器制造、维修有关的工作，也可在专业技术培训机构或技术学校、企业从事相关工作，例如家电售后工程师、家电维修工、家电维修技术培训师等。

① 空调器制造工作

家用电子产品维修人员可以从事家用电子产品装配相关工作，对家用电子产品进行组装和检验，如图 1-4 所示为空调器生产操作工。

图 1-4　空调器生产操作工

② 空调器售后工作

空调器维修人员可以从事空调器售后维修工作，对空调器的售后进行处理，对故障空调器进行维修。

③ 专业技术培训师工作

专业技术培训师可以从事家电维修培训、教材课件编写等教学工作，如图 1-5 所示为空调器维修培训讲座。

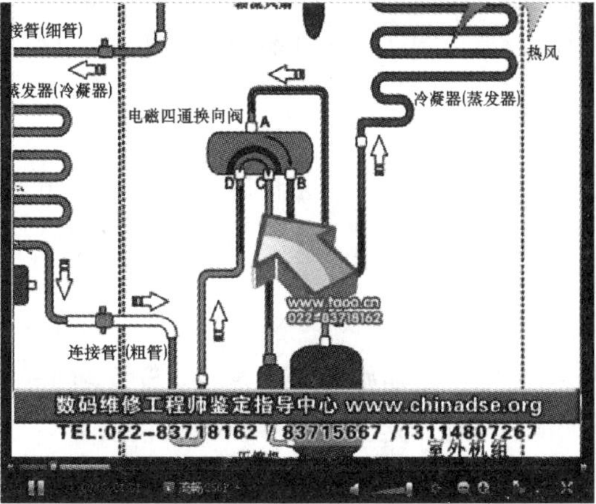

图 1-5　空调器维修培训讲座

1.2　空调器维修人员的学习规划

空调器维修人员在学习空调器维修课程前，应为自己的学习制定合理的学习规划，明确学习空调器维修的知识要求和技能要求，以便在最短的时间内掌握空调器维修技能。

1.2.1　空调器维修人员的知识要求

空调器维修人员在学习维修知识时，应明确需要掌握的知识范围，并知道通过哪些途径去掌握这些知识。

1. 空调器维修知识的范围

空调器的维修知识包括空调器的检修准备、基本方法、注意事项、结构特点、工作过程以及各部件、各电路的检修分析和检修方法。

（1）检修准备

在学习空调器检修之前，应首先了解检修空调器需要哪些工具，这些工具在下面检修的哪个环节中可以得到应用，空调器的哪些部位容易出现故障。这样不仅了解了检修工具的类型和故障特点，还能对空调器的检修有一个初步的认识。

（2）基本方法

了解了检修工具和故障特点后，还应熟悉空调器检修的基本方法，在检修中灵活运用。

（3）注意事项

了解空调器检修的注意事项，有助于提醒空调器维修人员，在拆卸和检修中减少错误操作，并注意人身和设备安全。

（4）结构特点

空调器出现的故障进行拆卸时不能盲目乱拆，应根据空调器的结构特点进行拆卸。

（5）工作过程

在检修前应了解空调器的工作过程，识别空调器的电路系统和管路系统的具体结构和关系。

2. 空调器维修知识的学习

空调器维修人员可通过多种途径学习维修知识，常见的学习媒介有书籍、光盘、网络视频、培训班、电话咨询等。

（1）书籍

书籍作为最传统的知识传播媒介，是人类进步的阶梯。具有价格低廉易于保存可重复学习的特点，在选购时，建议选择图文并茂的书籍，最好配合实物边学边操作，可以提高学习的效率，如图 1-6 所示为典型的空调器维修书籍。

（2）光盘

光盘是近几年随着计算机的普及逐步发展起来的知识传播媒介，通常可以记录维修的全过程，生动形象，如同跟随老师傅学习，且可以重复观看。光盘的推广在很大程度上弥补了学员文字理解能力的不足。很多技术书籍出版社推出相应的技术光盘，在选择时可电话或信函咨询工作人员，如图 1-7 所示为典型空调器教学光盘。

（3）网络视频

图 1-6　典型的空调器维修书籍

图 1-7　典型空调器教学光盘

网络的普及使远程教育更为便捷，学习时可根据自身需要在网络中搜索，或选择专业技术网站，如数码维修工程师官方网站 www. chinadse. org 进行系统学习，如图 1-8 所示为网络资源中的在线教育。

（4）培训班

报名参加培训班可以得到教师一对一的指点，但培训班受时间和地域限制较多，建议在选择培训班时安排好自己的时间，就近学习。

（5）电话咨询

电话咨询师空调器维修人员学习的辅助工具，在遇到疑难问题时，可咨询权威教学机构或书籍光盘的作者，得到更详细的解释。建议咨询时汇总所遇到的问题，有针对性地提问，

图 1-8　网络资源中的在线教育

以便得到具体解答，将疑问一一击破。

1.2.2　空调器维修人员的技能要求

通过学习，空调器维修人员掌握了基本的维修知识，为空调器维修操作打下了良好的理论基础。要想成为一名合格的空调器维修工，必须掌握工具使用、故障判断、空调器拆卸、电路检测、元器件维修、元器件代换等技能。

1. 工具使用

工具使用是空调器维修的基础，在认识了基本使用工具后，需要进行工具使用的实际操作，将知识转化成技能。

2. 故障判断

故障判断是空调器维修过程中的关键，对出现故障的空调器，应首先询问并观察故障空调器的故障表现，根据故障现象，结合掌握的知识判断空调器的故障电路或部件。

3. 空调器拆卸

空调器通常由固定螺钉、卡扣和金属卡子进行固定，掌握空调器的拆卸技能要求空调器维修人员能够正确判断空调器的固定方法，并能对空调器进行拆卸。

4. 电路检测

电路检测是空调器维修的基本项目，要求维修人员能够读懂电路图，了解电路的原理，并分析电流和信号走向，根据电流和信号走向确定检测点。检测时还要求维修人员正确使用检测仪表，如图 1-9 所示。

5. 管路检修

空调器管路系统的检修是空调器维修中的难点，在检修前，应根据空调器的整机结构和工作原理识别空调器管路系统中的主要部件，检修时可参考维修书籍或产品维修手册拆卸空调器的管路系统，了解该管路系统中易于损坏的部位，然后在拆卸过程中逐级排查。检修时

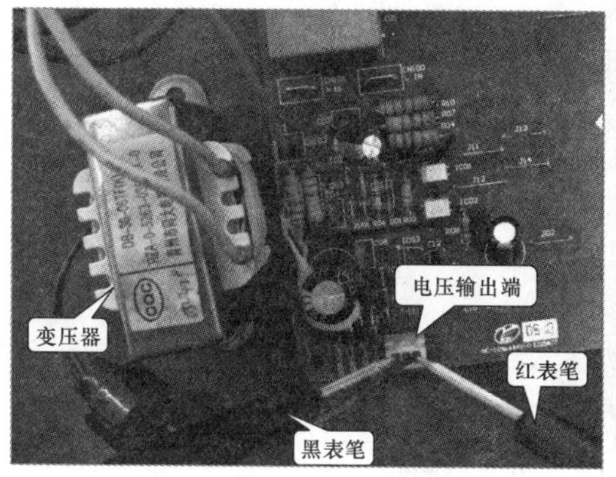

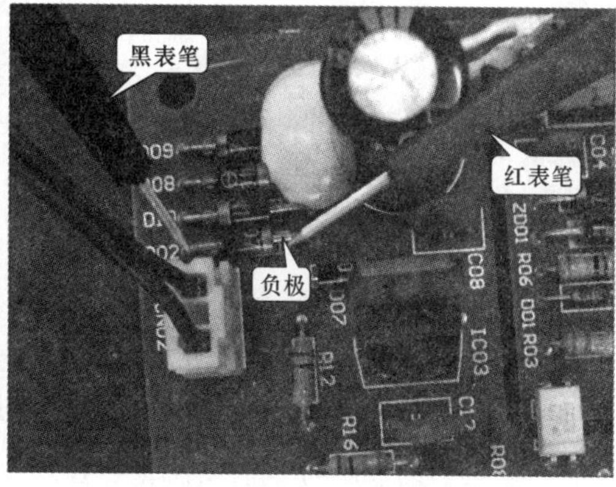

图 1-9　空调器的电路检测

还要求维修人员正确使用螺丝刀、扳手等拆卸工具，如图 1-10 所示。

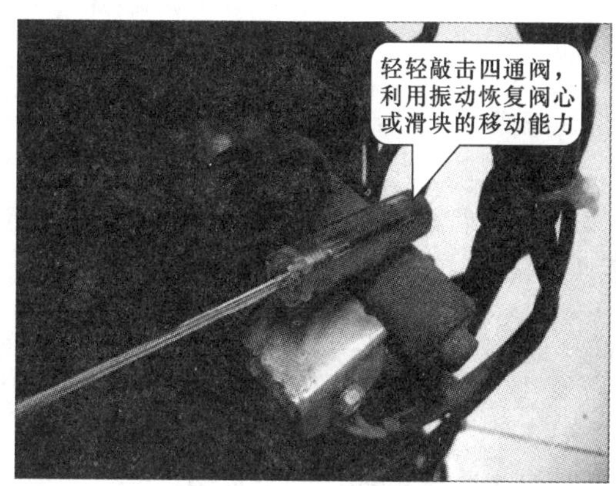

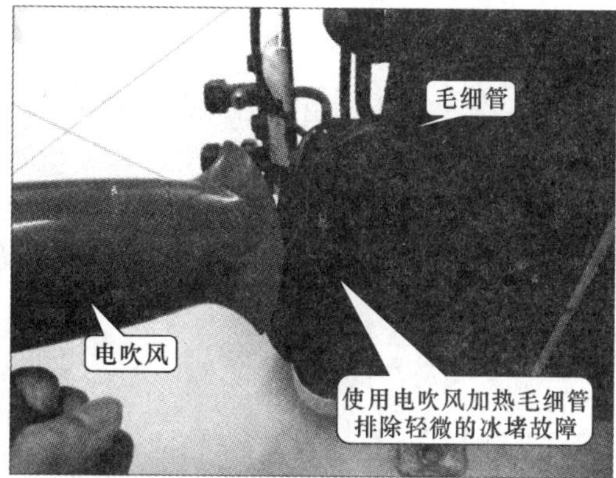

图 1-10　管路检修

第 2 章　建立空调器的检修思路

2.1　空调器的检修准备

在学习空调器的检修之前，应首先认识空调器的检修工具，掌握检修工具的基本用途，同时明确空调器的故障特点，以便快速查找故障并完成检修。

2.1.1　熟悉空调器的检修工具

维修人员在对空调器进行检修时，经常会用到拆装工具、加工工具、焊接工具、检修仪表、空调专用检修工具、清洁工具、辅助工具等。

1. 拆装工具

拆装工具主要用于空调器拆卸、安装和移机，主要包括螺丝刀、钳子、扳手、电钻等。

（1）螺丝刀

螺丝刀主要用来拆卸空调器外壳以及电路板上的固定螺钉，如图 2-1 所示。常用的螺丝刀有“十字”和“一字”两种，大小尺寸有多种规格，一般应根据实际应用进行选用。

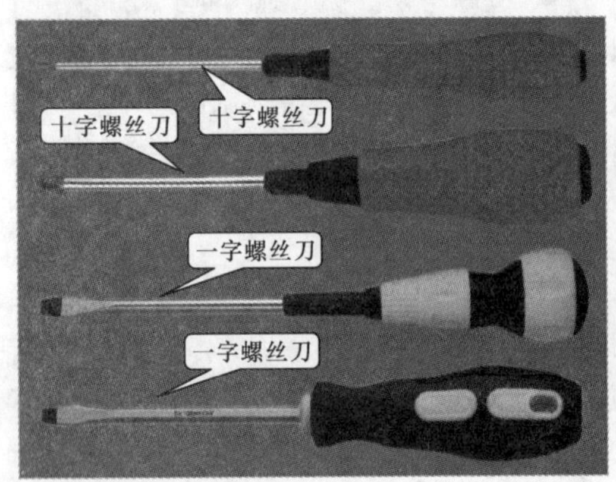

图 2-1　常用螺丝刀实物外形及使用

（2）钳子

钳子可用来拆卸空调器连接线缆的插件或某些部件的固定螺栓，在焊接空调器管路时，也可用来夹取制冷管路，常用的几种钳子如图 2-2 所示。

（3）扳手

在对空调器进行维修操作时，经常用到的扳手包括固定扳手、活络扳手、六角扳手等，通常用于拆卸或紧固空调器上的一些大型螺栓或阀门开关等，其实物外形和使用方法如图 2-3 所示。

（4）电钻

在墙面安装空调器时，需要使用电钻工具在墙面进行打孔操作，以便固定空调器的挂

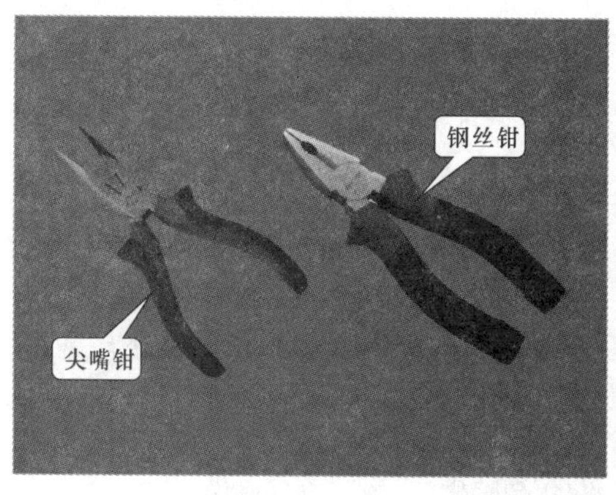

图 2-2　常用钳子的实物外形及使用

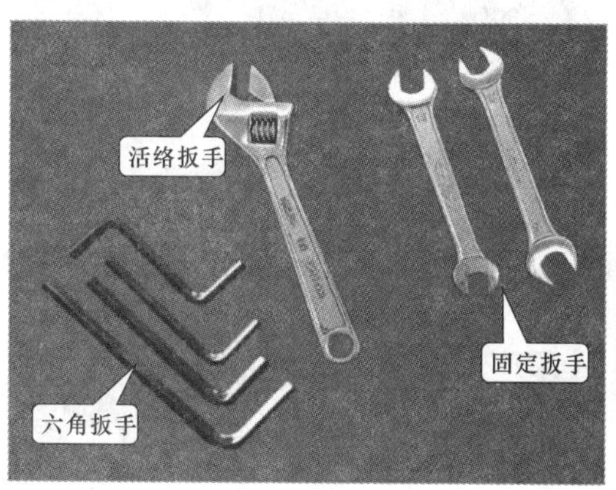

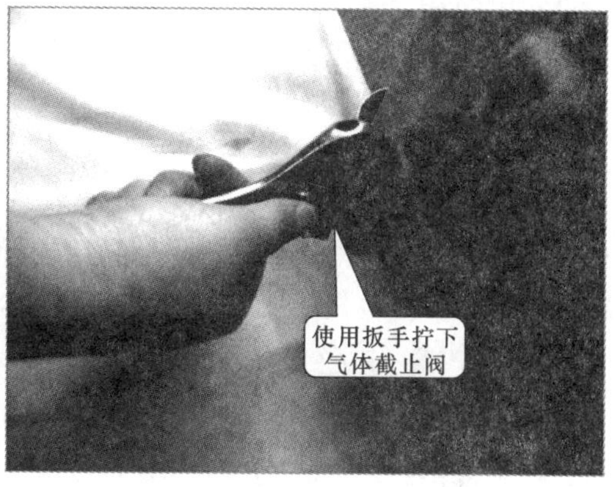

图 2-3　扳手的实物外形及使用

板，如图 2-4 所示。

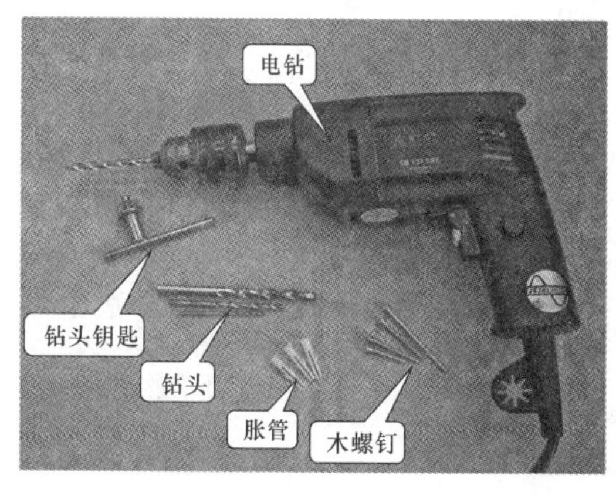

图 2-4　电钻的实物外形及使用

2. 加工工具

维修空调器时，常用的加工工具主要包括切管器、管子修边器、胀管扩口器，用于管路的切割、修边和管口胀管、扩口等。

(1) 切管器

切管器主要用于空调器制冷铜管的切割。在对空调器进行维修时，经常需要使用切管器切割不同长度和不同直径的铜管，如图2-5所示，可以看到，其主要由刮管刀、滚轮、刀片及进刀旋钮座组成。

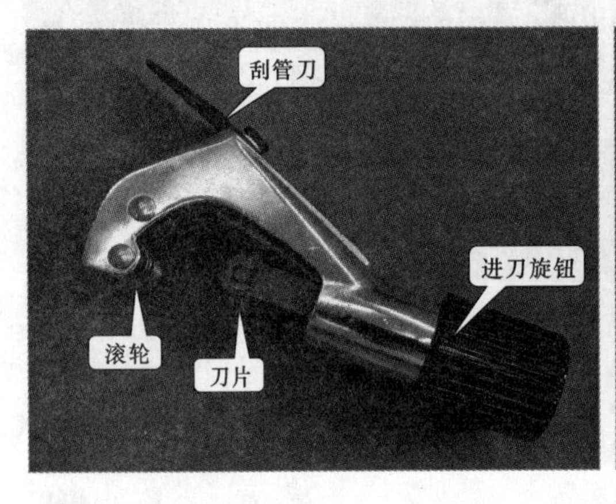

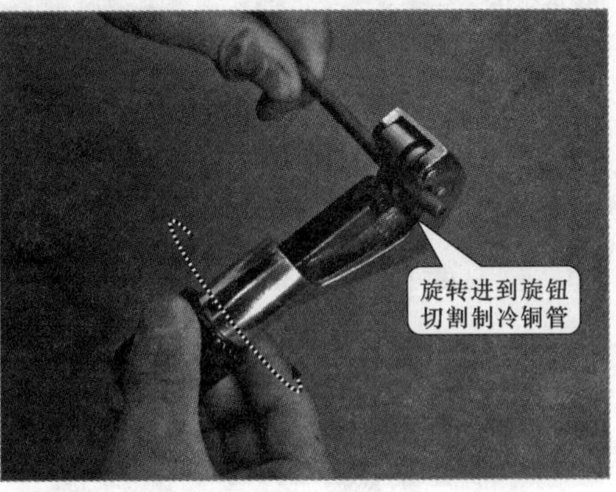

图2-5　切管器的实物外形及使用

(2) 管子修边器

管子修边器主要用于对切割后的管路进行磨边处理，去除管口上的毛刺，以免对焊接造成影响，其实物外形和使用方法如图2-6所示。

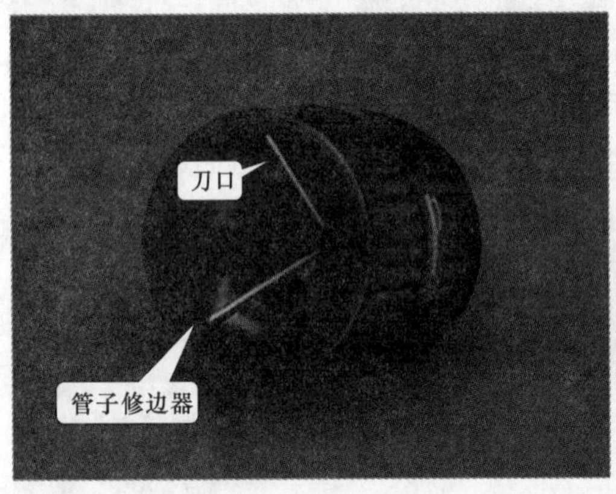

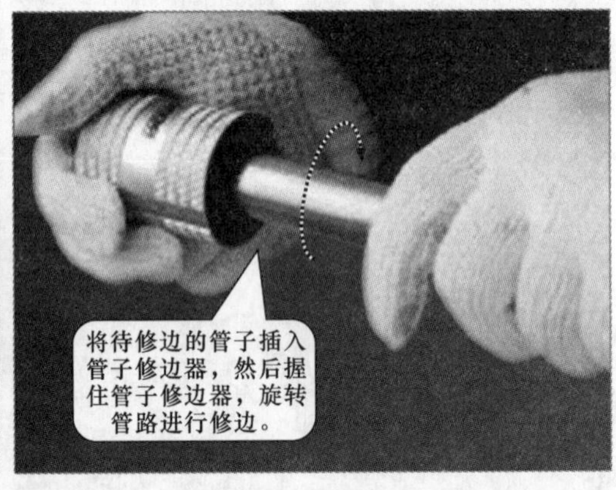

图2-6　管子修边器的实物外形及使用

(3) 扩管组件

扩管组件主要用于连接两段直径相同的铜管时，将其中一根铜管的连接口进行扩口，以便与另一根铜管良好插接，扩管组件主要包括顶压器、顶压支头和夹板。其实物外形及使用方法如图2-7所示。

3. 焊接工具

焊接工具用于空调器维修中管路和电子线路中元器件的焊接，主要包括气焊工具、电烙铁、焊料等。

(1) 气焊工具

气焊工具是空调器管路焊接中常用的焊接工具，包括氧气瓶、燃气瓶和焊枪，其实物外

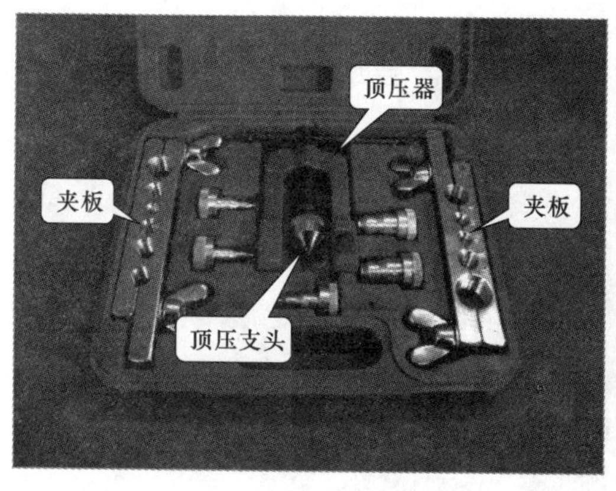

图 2-7　胀管扩口器的实物外形及使用

形及使用方法如图 2-8 所示。

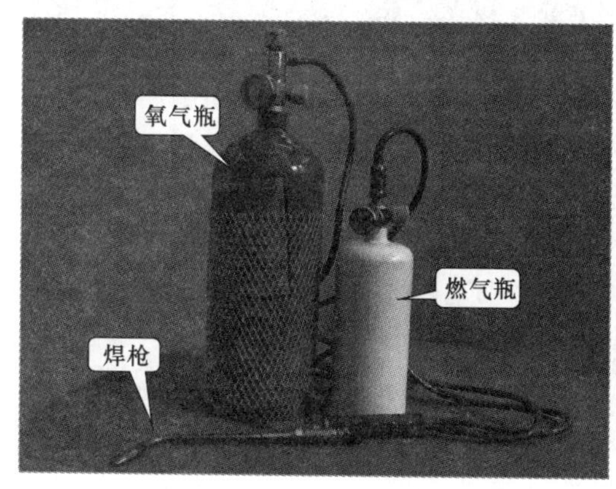

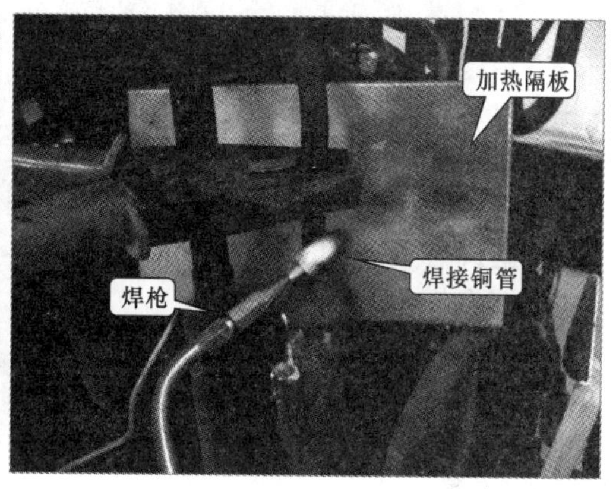

图 2-8　气焊工具的实物外形及使用

（2）电烙铁

对空调器电路部分的元器件进行拆焊或焊接操作时，电烙铁是最常使用到的焊接工具，其实物外形及使用方法如图 2-9 所示。电烙铁的体积较小，尤其是烙铁头比较小，而且尖细，预热时间短，功率小，适合焊接小面积的焊点。

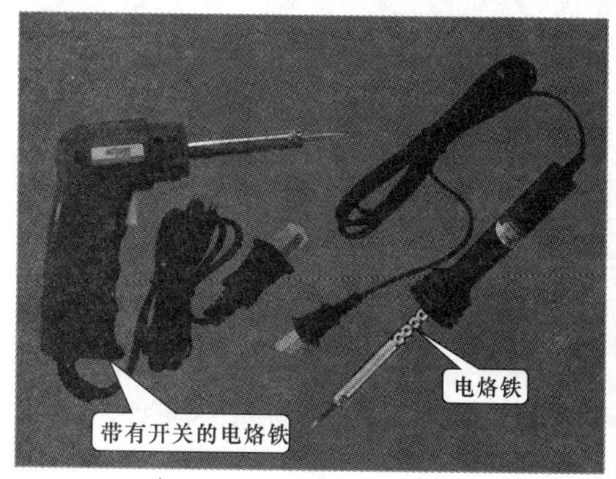

图 2-9　电烙铁的实物外形及使用

（3）焊料

焊料是指用于焊接的金属材料，多为金属条或金属丝，其实物外形及使用方法如图 2-10 所示。

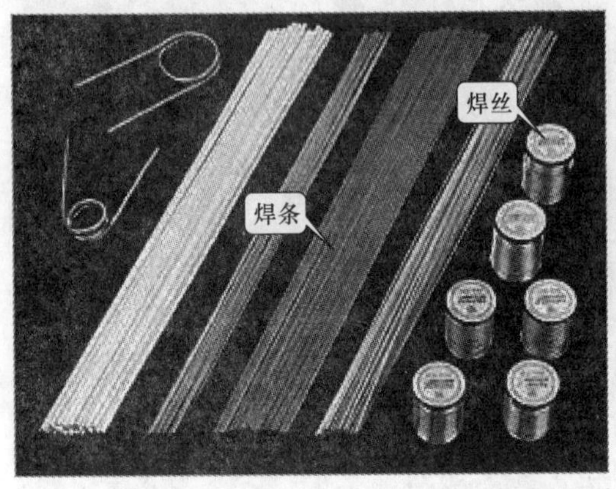

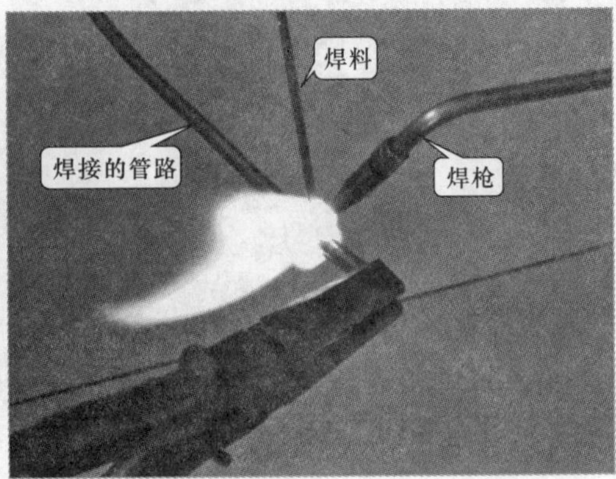

图 2-10　焊料的实物外形及使用

4. 检修仪表

检修空调器时，还常用到万用表、示波器、钳形表、兆欧表和电子温度计等检修仪表，用于检测空调器的电阻值、电压值、信号波形、对地阻值、温度等数据，以便根据数据判断空调器的工作状态是否正常。

（1）万用表

万用表是检测空调器电气系统的主要工具，电路是否存在短路或断路故障、电路中元器件性能是否良好、供电条件是否满足等，都可使用万用表来进行检测，其实物外形及使用方法如图 2-11 所示。

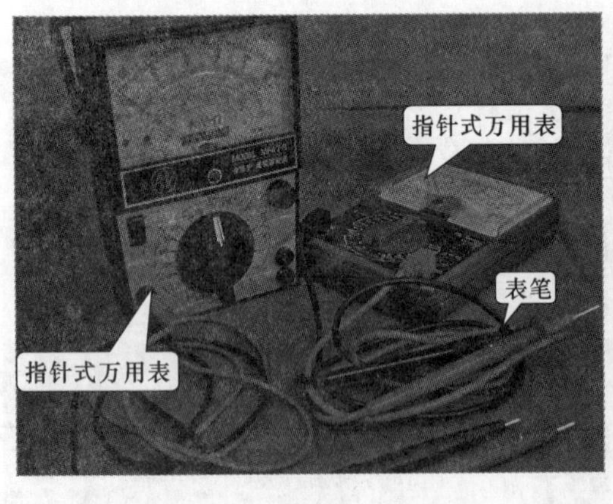

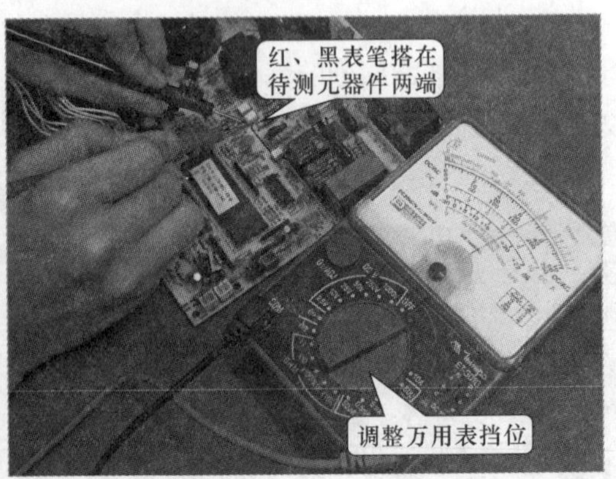

图 2-11　万用表的实物外形及使用

（2）示波器

在空调器电路的检修中，使用示波器可以方便、快捷、准确地检测出各关键测试点的相关信号，并以波形的形式显示在示波器的荧光屏上。通过观测各种信号的波形即可判断出故障点或故障范围，其实物外形及使用方法如图 2-12 所示。

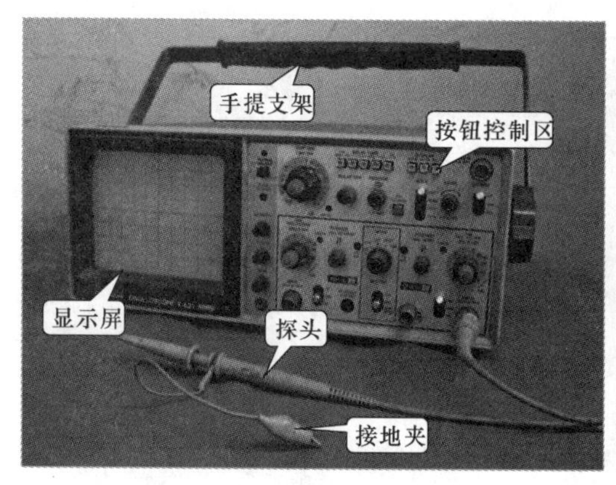

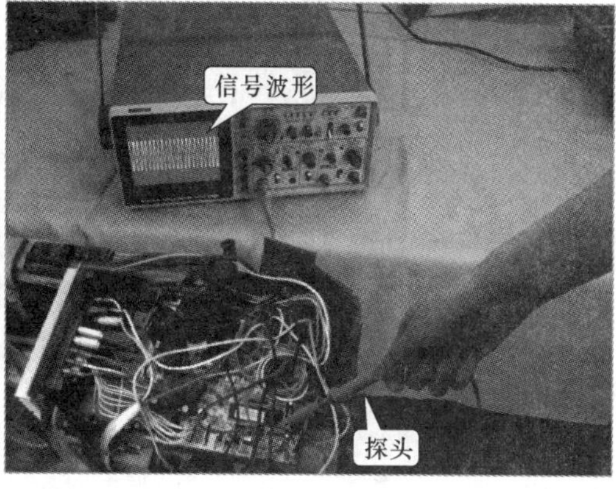

图 2-12　模拟示波器的实物外形及使用

（3）钳形表

钳形表也是检修空调器电气系统时的常用仪表，由于其钳口的设计，可在不断开电路的情况下，方便检测电路中的交流电流，因此在检修空调器时可用于检测空调器整机的启动电流和逆行电流等，以及压缩机的启动电流和逆行电流，其实物外形及使用方法如图 2-13 所示。

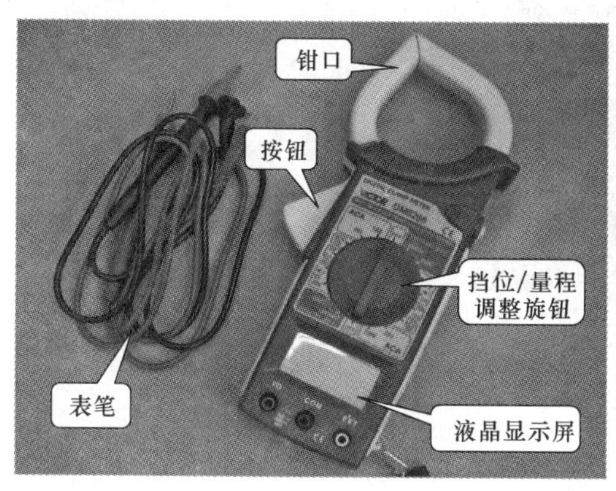

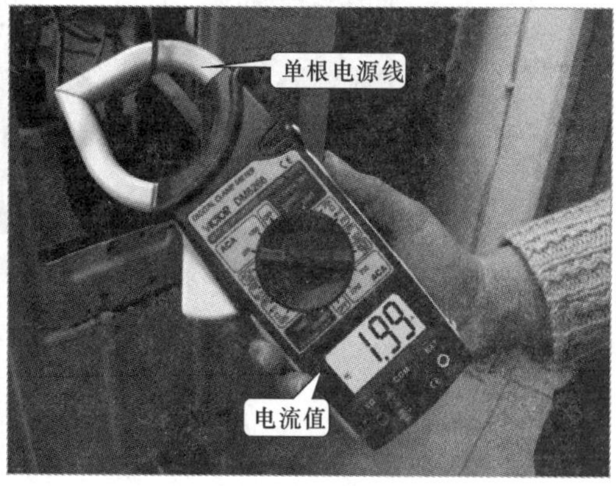

图 2-13　钳形表的实物外形及使用

（4）兆欧表

兆欧表是专门用来测量绝缘电阻的仪表，主要用于对绝缘性能要求较高的部件或设备进行检测，用以判断被测部件或设备中是否存在短路或漏电情况等。在检修空调器时，主要用于检测压缩机绕组的绝缘性能，如图 2-14 所示。

（5）电子温度计

电子温度计是用来检测空调器室内机进风口或出风口温度的仪表，可根据测得温度来判断空调器的制冷或制热是否正常，其实物外形及使用方法如图 2-15 所示。

5. 空调器专用检修工具

对空调器进行检修时，除了一些基本的检修工具和仪表外，还需要用到空调专用检修工具，如真空泵（带电子止回阀）、三通压力表阀、组合压力表阀、制冷剂钢瓶（氮气瓶及氮气）等。用于对空调进行抽真空、充注制冷剂等操作。

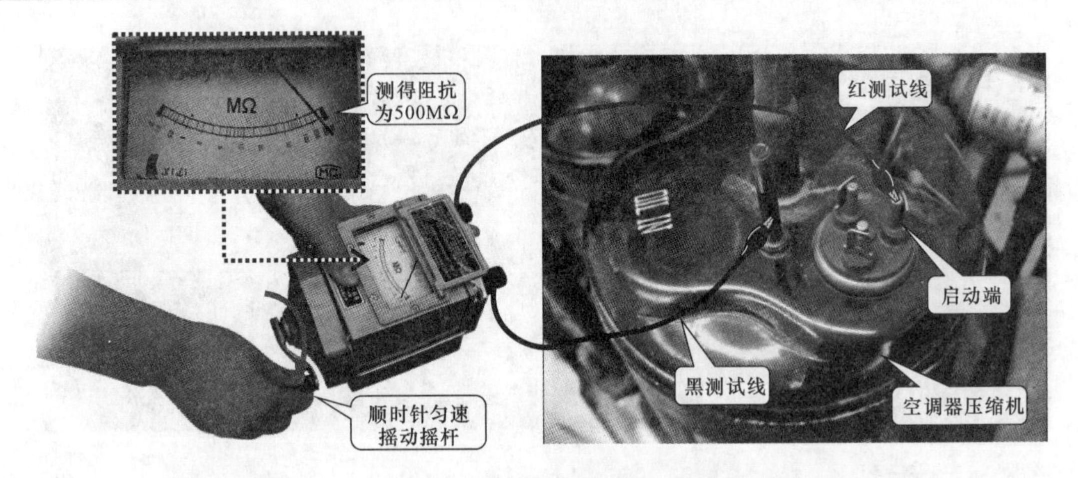

图 2-14　兆欧表的实物外形及使用

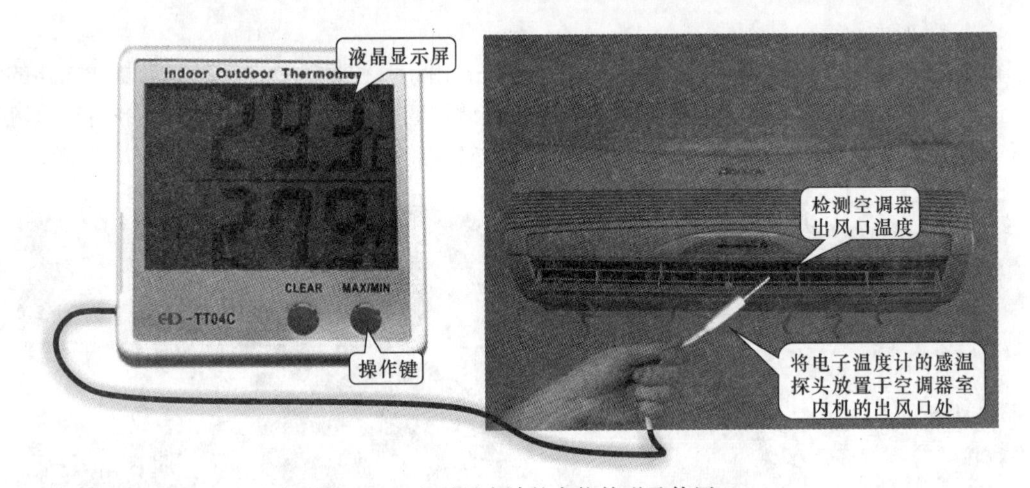

图 2-15　电子温度计的实物外形及使用

（1）真空泵（带电子止回阀）

真空泵用于对空调器制冷系统进行抽真空操作，其实物外形及使用方法如图 2-16 所示。空调器检修中常用的真空泵的规格为 2～4L/s（排气能力）。为防止介质回流，真空泵需带有电子止回阀。

图 2-16　真空泵的实物外形及使用

（2）三通压力表阀

三通压力表阀主要是在空调器制冷系统的抽真空、充注制冷剂及测量压力时使用，其实物外形及使用方法如图 2-17 所示，三通压力表阀主要是由三通阀、压力表和阀门三部分组成。压力表的最大量程一般为 0.9MPa 到 2.5MPa 不等，负压均为 0 ~ －0.1MPa。

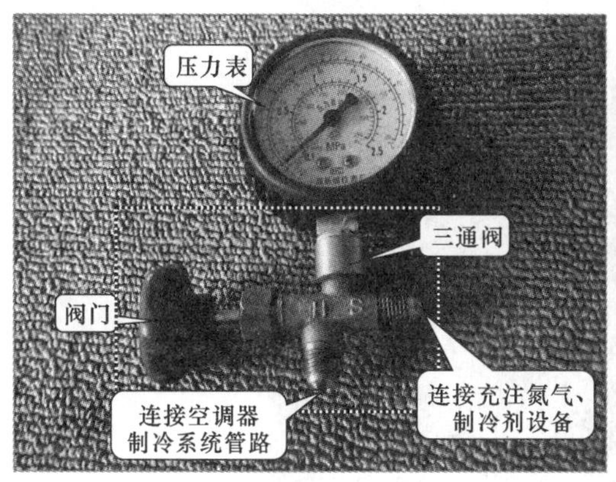

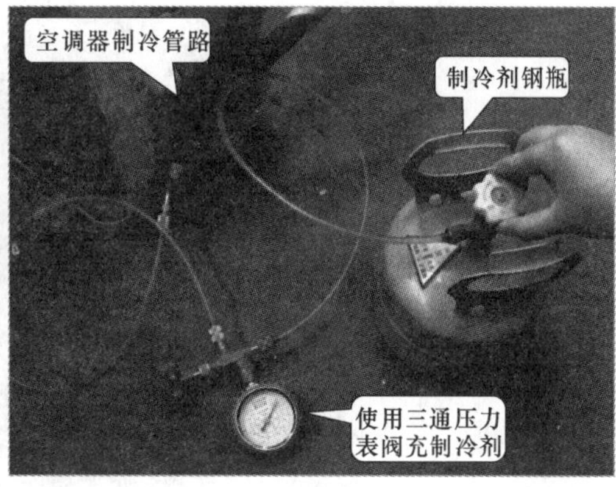

图 2-17　三通压力表阀的实物外形及使用

链接：

为了更加便捷地串接三通检修表阀，一些三通检修表阀带有标识 H、S，其中 H 表示连接制冷系统一端，S 表示连接充注氮气、制冷剂等设备的一端。

（3）组合压力表阀

组合压力表阀是指由高、低压表与控制阀门组合构成的压力表阀，可用于空调器维修中充注制冷剂或抽真空时，检测压力和控制流量。组合压力表阀中的低压表、高压表，分别使用蓝、红色控制阀进行控制，其实物外形如图 2-18 所示。

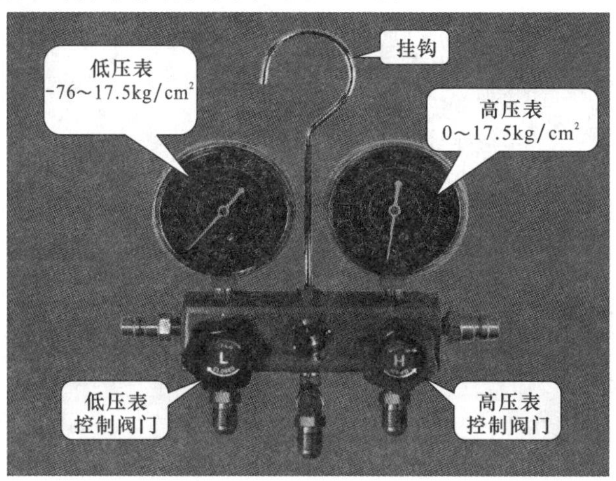

图 2-18　组合压力表阀实物外形

链接：

组合压力表阀的控制阀在低压表、高压表中还标有 L、H 标识及阀门旋转方向，L 为低压表控制阀门，H 为高压表控制阀门。

（4）制冷剂钢瓶

制冷剂钢瓶是用来存放制冷剂的专用容器，其实物外形如图 2-19 所示。目前，制冷剂钢瓶的容量主要分为 6kg、20kg、40kg，在进行空调器的维修时，可根据实际维修空调器的数量及维修使用量选择制冷剂钢瓶的容量。

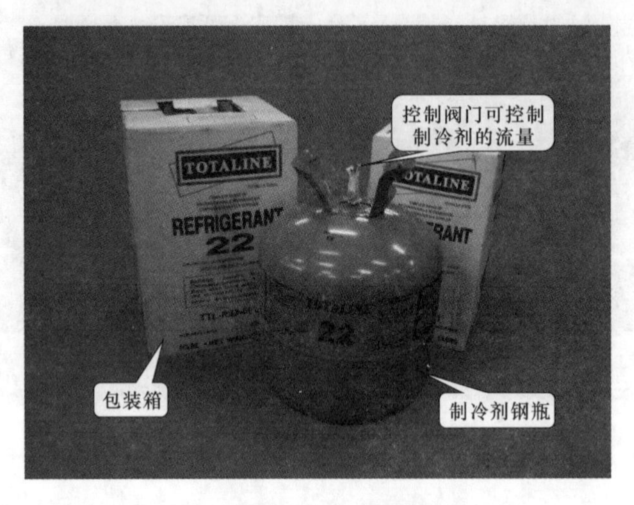

图 2-19　制冷剂钢瓶

（5）氮气钢瓶

在对空调器的管路进行维修时，氮气是必不可少的辅助材料。氮气一般压缩贮存在氮气瓶（钢瓶）中，如图 2-20 所示，可用于对空调器制冷管路进行吹洗、试压、检漏等操作。在使用过程中，在氮气瓶阀门口处必须接一个减压阀，并根据需要调节氮气瓶的排气压力。每次使用结束后，必须将装有氮气的钢瓶阀门关闭。

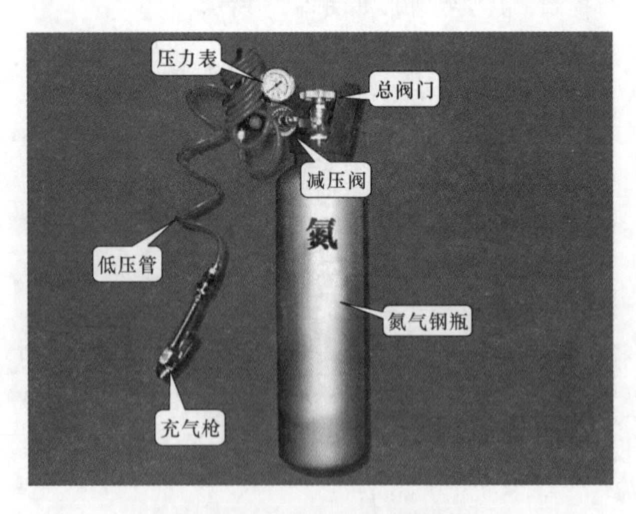

图 2-20　氮气钢瓶的实物外形

6. 清洁工具

清洁工具用于空调器维修过程中对空调器管路系统、电路板以及外壳进行清洁，有助于排除脏污，以便对空调器进行检测。清洁工具主要包括毛刷、吹气皮囊等。

（1）毛刷

毛刷一般用于清理空调器内部的灰尘，便于对内部以及电路进行检修，其实物外形及使用方法如图2-21所示。在使用毛刷进行清洁操作时，要考虑刷头的柔韧性，尽量选择比较柔软细腻的刷头，使用时力度要适当。

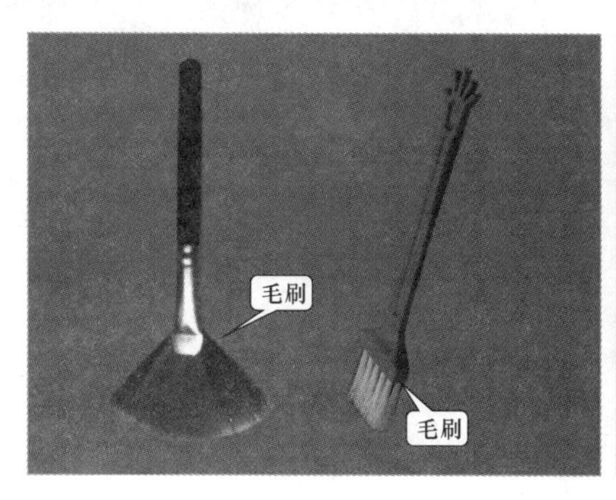

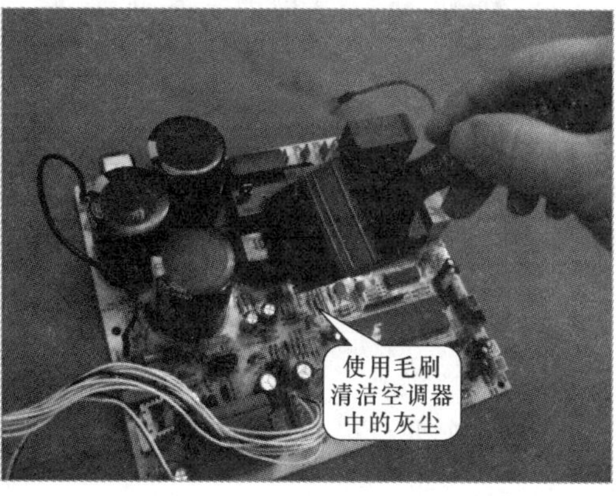

图2-21　毛刷的实物外形以及使用

（2）吹气皮囊

吹气皮囊用于清洁空调器电路板上一些不易清扫的部位或角落，其实物外形及使用方法如图2-22所示。

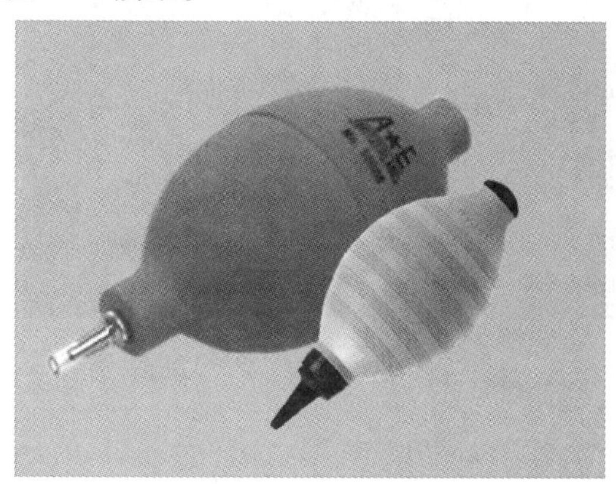

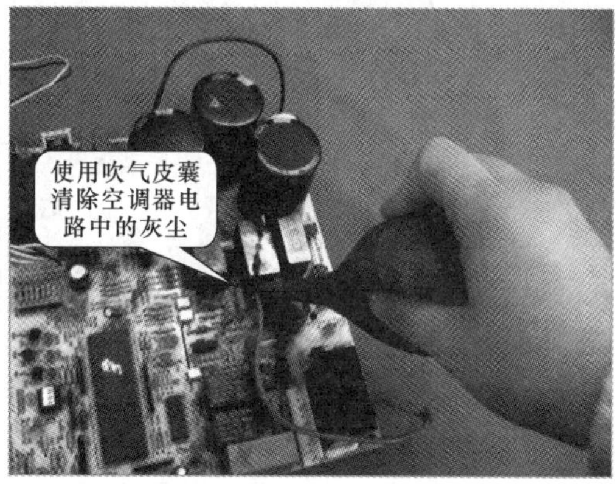

图2-22　吹气皮囊的实物外形以及使用

7. 辅助工具

除了上述几种主要工具外，在空调器维修中还要用到一些辅助工具，如保温管、维尼龙胶带、软管、真空泵油、检漏工具等。

（1）保温管

保温管是用于包裹空调管路的泡沫管，具有隔热保温、耐腐蚀和防水能力，其实物外形如图2-23所示。

（2）维尼龙胶带

维尼龙胶带也称空调包扎带，是空调维修中用于缠绕管路的PVC塑料胶带，具有不易燃烧，绝缘性能良好的特点，其实物外形如图2-24所示。

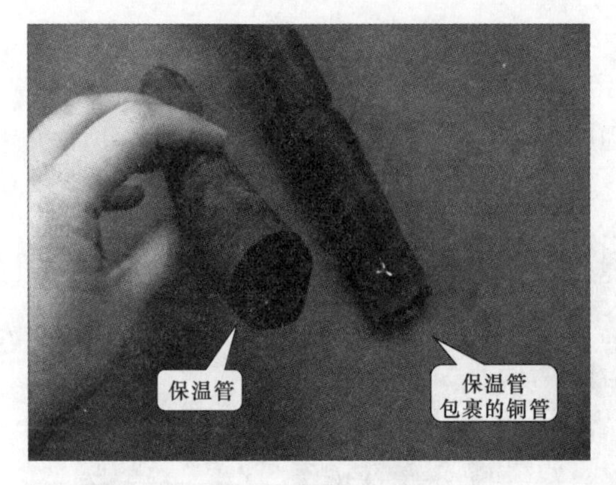

图 2-23　保温管实物外形

图 2-24　维尼龙胶带实物外形

(3) 连接软管

在维修空调器过程中，当需要对管路系统进行充注制冷剂、抽真空、充氮气等操作时，各设备或部件之间的连接均需要用到连接软管（加氟管）。目前，根据连接软管的接口类型不同，主要有公制 - 公制连接软管和公制 - 英制连接软管两种，如图 2-25 所示。

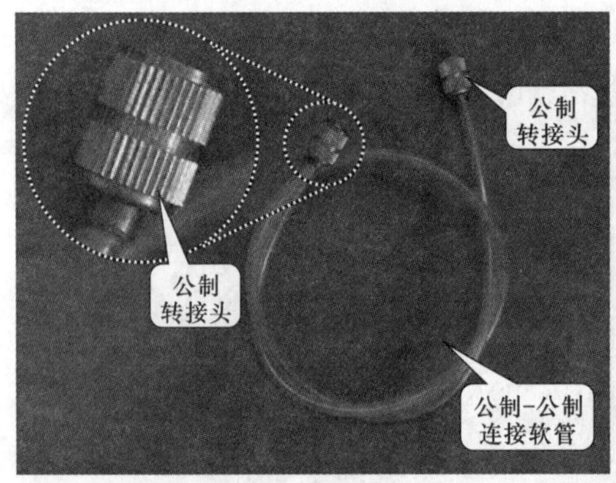

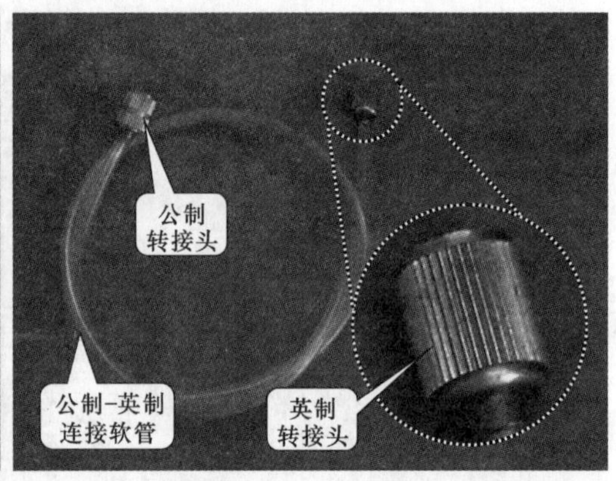

图 2-25　抽真空连接软管

提示：

不同接口类型的连接软管适用于不同设备或部件之间的连接，具体操作时，应首先明确设备或部件接口的类型，以此来选用合适的连接软管。

例如，在进行充注制冷剂、抽真空或充氮操作时，由于目前大多制冷剂钢瓶和三通压力表阀接口类型为公制，因此通常用公制 - 公制连接软管完成这两个部件之间的连接；由于空调器三通截止阀工艺管口的类型多为英制，因此，通常用公制 - 英制连接软管来完成三通压力表阀和空调器三通截止阀工艺管口的连接。

(4) 真空泵油

真空泵油是真空泵专用的润滑油，具有稳定性强、抗乳化、防锈、防腐蚀的特点，保证真空泵抽真空的效果。其实物外形如图 2-26 所示。由于真空泵油具备以上特性，因此不得使用普通机油代替真空泵油，防止普通机油的其他性能无法与真空泵匹配，而导致真空泵损坏。

图2-26　真空泵油的实物外形

（5）检漏仪

检漏仪是检测管路或容器密闭性的仪器，主要用于检测空调器的管路部分是否漏气。也可使用洗洁精（或肥皂）与水制成的洗洁精水（或肥皂水）进行检漏，如图2-27所示。

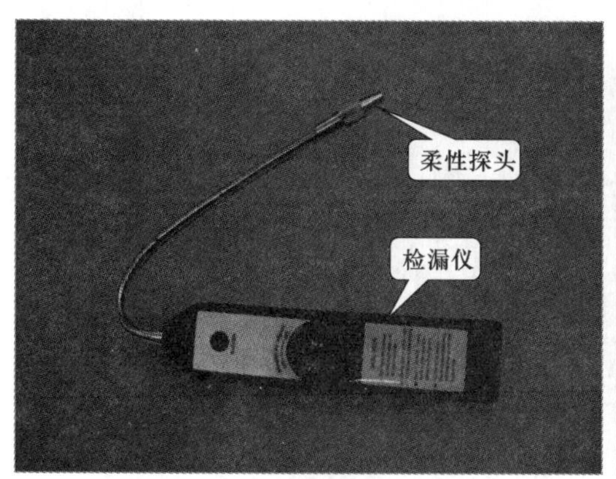

图2-27　检漏仪的实物外形

2.1.2　明确空调器的故障特点

空调器工作的环境比较恶劣，一般都在炎热的环境或是寒冷的环境，因而发生故障的情况比较多，在检修变频空调器的过程中，可根据空调器的故障特点大致判断出故障原因，并遵循检修流程查找出故障，对空调器进行检修。

1. 压缩机不运转的故障特点

压缩机不运转通常是由于控制电路、电源电路或自身发生故障引起的。压缩机不运转，常导致空调器出现不制冷、不制热的现象。排查压缩机不运转的故障时，可先检测控制电路和电源电路，然后再对压缩机自身进行检测，如图2-28所示。

2. 通电无反应的故障特点

空调器出现通电无反应的故障时，往往表现为通电后，使用遥控器控制空调室内机、室

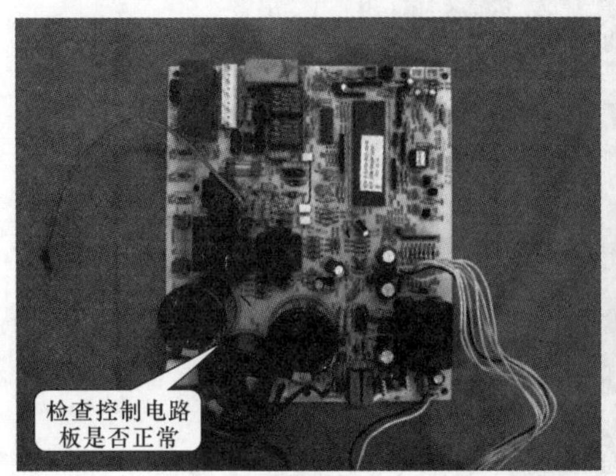

图 2-28　检查压缩机不运转故障

外机均无反应。出现此种现象，通常是由遥控接收电路、控制电路、电源电路等引起的。如图 2-29 所示，在检查开机无反应的故障时，可先确定空调器室内外机电源电路中的熔断器是否良好，然后依次对遥控接收电路中的遥控接收器、接插件或电源电路中的相关部分进行检测，排除故障。若检测遥控接收电路和电源电路均正常，此时再对控制电路中的相关器件进行检测，最终排除故障。

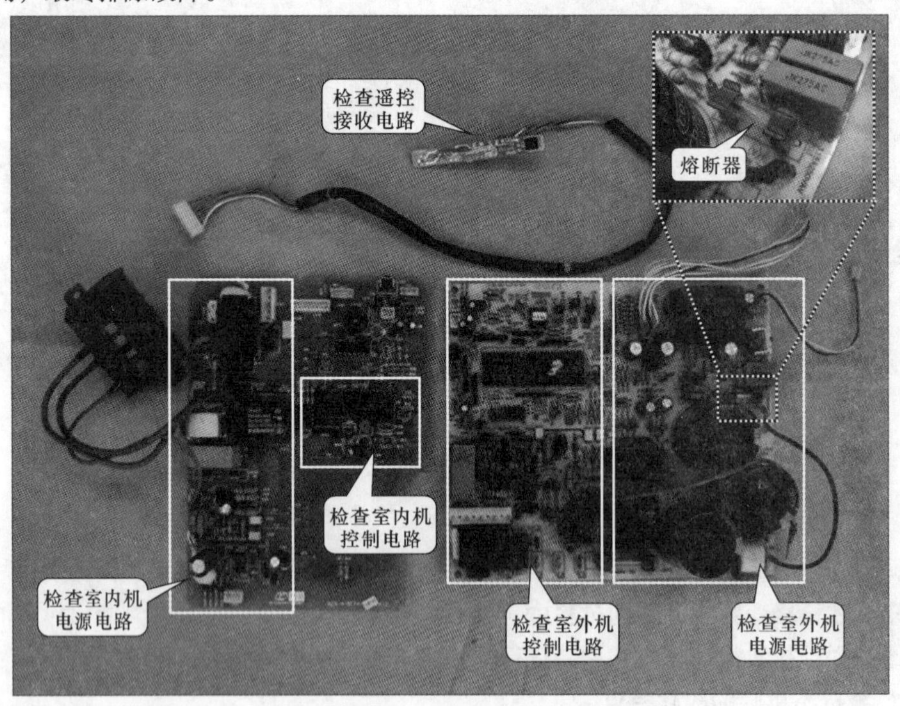

图 2-29　检查空调器的熔断器

3. 不通电的故障特点

空调器不通电故障，即是指通电无反应。空调器连接电源后，空调器显示屏无任何显示（或者空调器无通电提示音）。按动操作面板操作时，无任何反应，操作遥控器也无法开机，如图 2-30 所示。

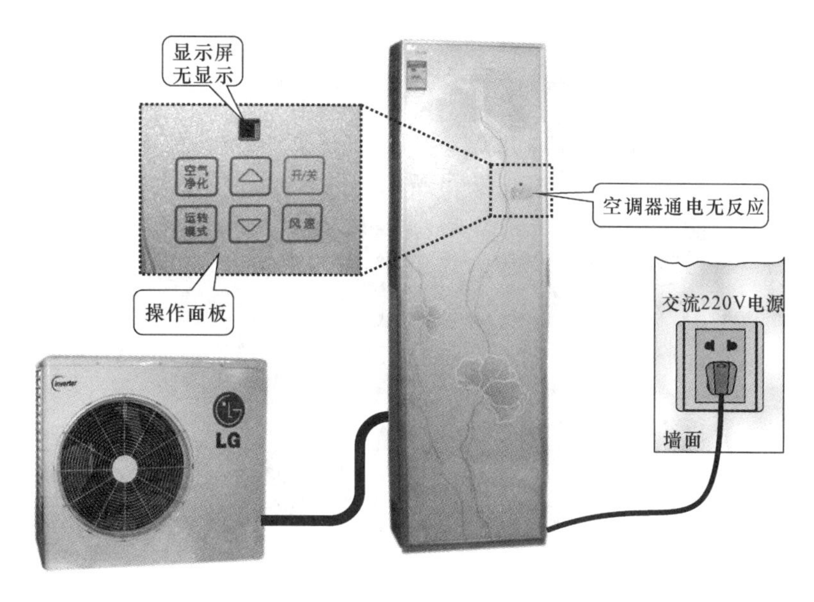

图 2-30　空调器不通电故障

空调器出现不通电的故障，往往是由电源电路、通信电路、控制电路损坏所导致的。检修时，可重点对电源电路和通信电路进行检测。

4. 开机跳闸的故障特点

开机跳闸的故障，是指当空调器开机启动时，室内的配电盘就出现保护器跳闸的现象。出现此种现象，多为空调器的内部电路有短路或漏电的情况。此种故障，往往是由于空调器的风扇电机启动电容损坏、变频模块击穿（若为变频空调器时）以及电源电路、滤波器、桥式整流堆、滤波电容或电抗器损坏所导致的，应重点对上述易损部件进行检测更换，如图 2-31 所示，以排除故障。

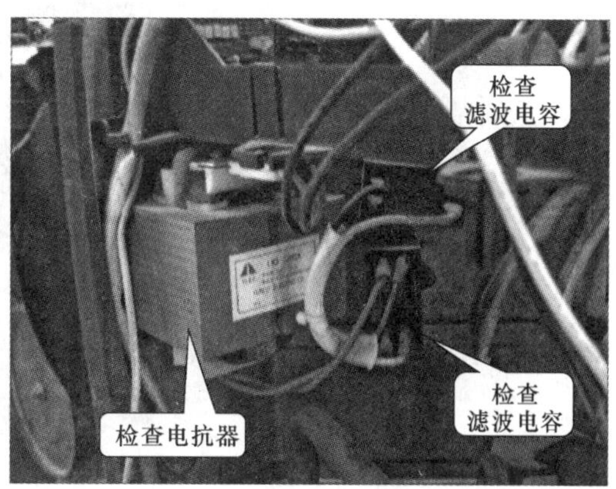

图 2-31　空调器室外机电路中的滤波电容

5. 制冷管路异常的故障特点

空调器制冷管路主要包括室内机管路和室外机管路，例如蒸发器、四通阀、干燥过滤器、毛细管、冷凝器等，如图 2-32 所示为典型空调器室外机中的制冷管路。制冷管路出现异常后，通常表现为制冷/制热效果差、不制冷或不制热、管路结霜、管路泄漏等故障，主要应对上述部件进行检查或更换。

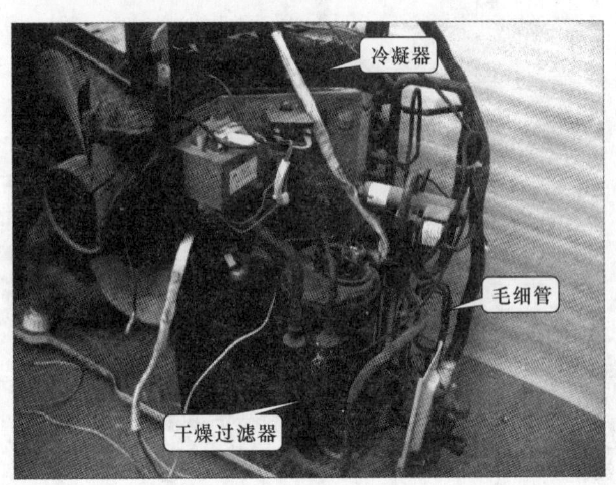

图 2-32　空调器的制冷管路

6. 不制冷也不制热的故障特点

空调器出现不制冷也不制热的故障，是指空调器通电后，开机正常，当设定温度后，空调器压缩机开始运转，运行一段时间后，室内温度无变化。经检查后，空调器出风口的温度与室内环境温度相同。由此判断空调器制冷制热功能失常。

空调器出现此故障后，多是由管路中的制冷剂不足、制冷管路堵塞、室内环境温度传感器损坏、控制电路出现异常导致的，应重点进行检查或更换。如图 2-33 所示为空调器的室内温度传感器部分。

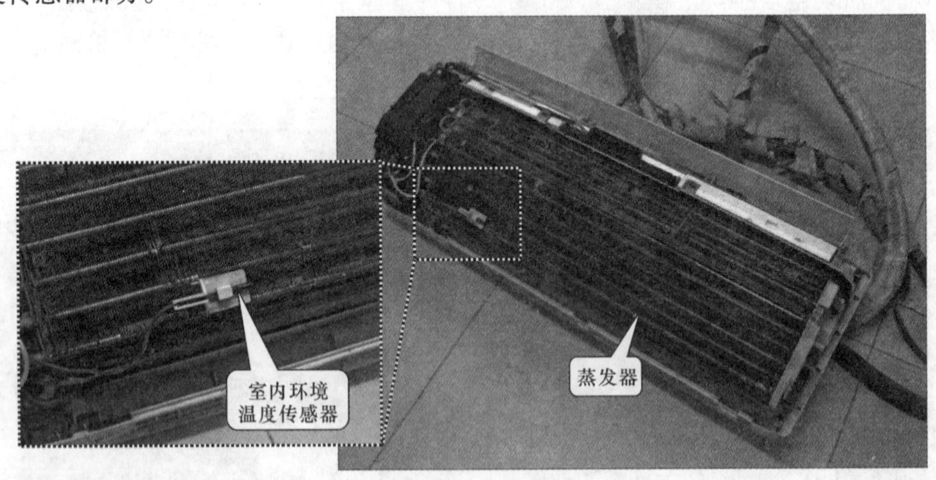

图 2-33　空调器室内温度传感器

7. 室外机结冰或结霜的故障特点

空调器在工作过程中，会根据室外机的结霜情况进行自动除霜。空调器出现结霜现象，是指空调器的室外管路部分出现结霜。

当空调器出现结冰或结霜的现象时，主要是由于室外机管路温度传感器和室外环境温度传感器，以及温度检测电路、控制电路出现故障所导致的。检测时，可重点对空调器的室外机温度传感器进行检查，如图 2-34 所示。

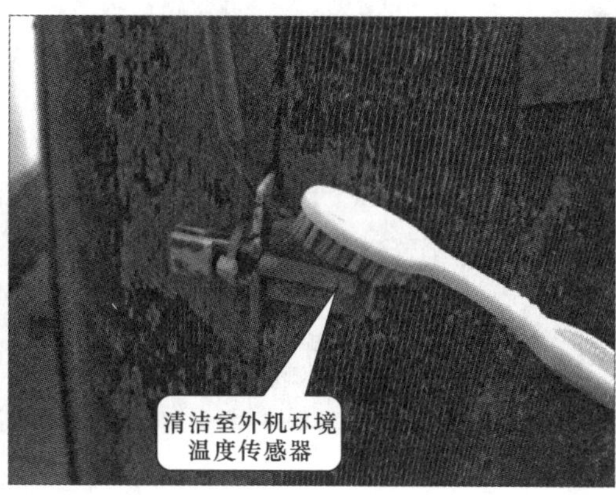

图 2-34　检查室外机的温度传感器

8. 空调器制冷/制热效果不良的故障特点

空调器使用一段时间后，发现其制冷/制热效果变差，制冷/制热温度达不到设定要求。空调器出现此种现象时，应重点检查其室外机风扇、室内风扇、导风板组件等是否正常。如图 2-35 所示为检查壁挂式空调器室内机风扇组件。

图 2-35　检查壁挂式空调器室内机风扇组件

9. 风向无法改变的故障特点

大多数空调器都带有导风板组件，由遥控器控制空调器的水平方向和垂直方向的导风，实现其向各方向送风。

当空调器出现无法改变送风方向的故障时，可重点检查空调器的遥控器、导风板组件是否出现故障，如图 2-36 所示为检查空调器的导风板组件。

10. 空调器显示屏显示异常的故障特点

空调器制冷或制热一段时间后，显示屏显示乱码。出现此种现象主要是因为空调器的附近有磁场的干扰，或空调器的显示电路异常所导致的。如图 2-37 所示为空调器的显示屏。

11. 变频压缩机间歇运转的故障特点

变频空调器的压缩机由变频电路驱动，并由过热保护电路对压缩机进行保护控制。压缩机出现频繁启动或停止后，往往会引起变频空调器出现制冷或制热效果不良、有噪声、显示

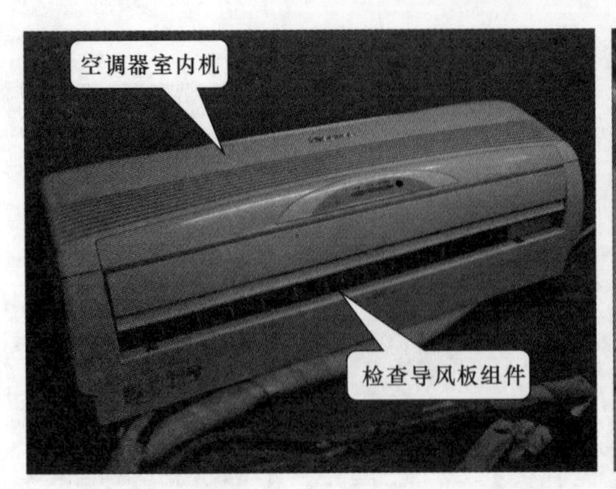

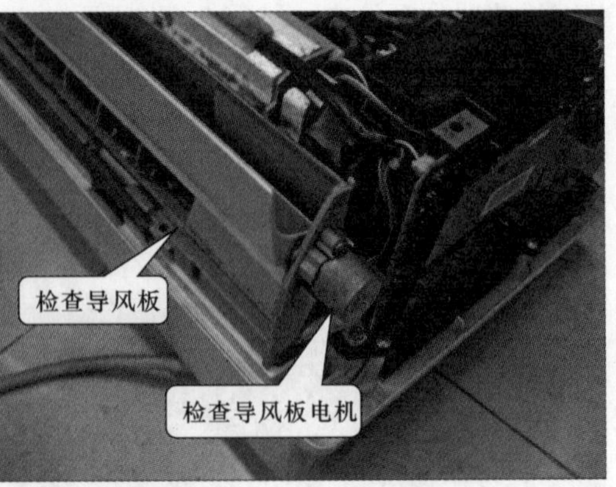

图 2-36　检查空调器的导风板组件

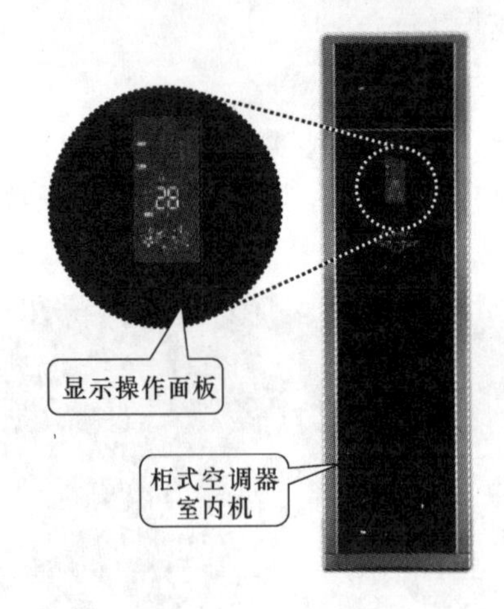

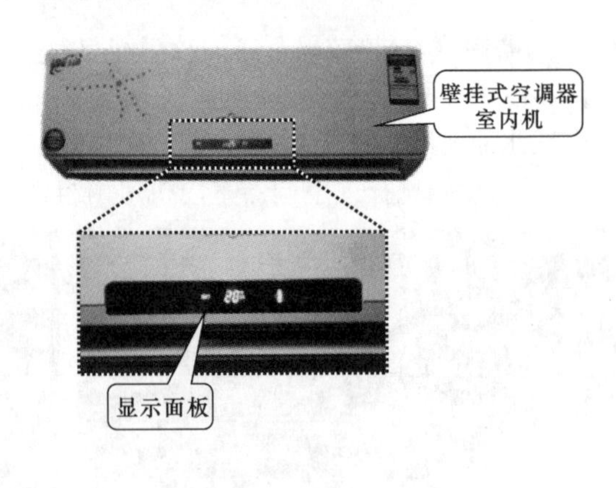

图 2-37　空调器的显示屏（柜式、壁挂式）

故障代码等现象。

当变频空调器出现压缩机间歇运转的故障时，应重点检查压缩机的过热保护器、保护电路、电抗器、变频驱动电路等是否存在故障，如图 2-38 所示。

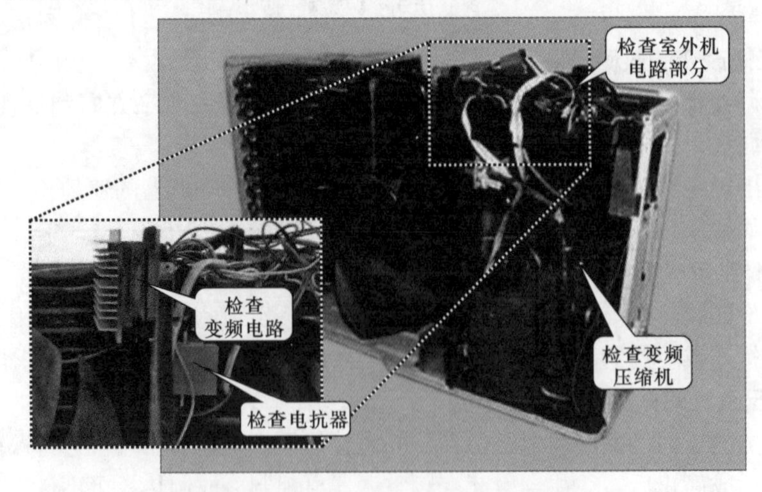

图 2-38　检查压缩机间隙运转的故障

2.2　空调器检修的基本方法和注意事项

2.2.1　空调器检修的基本方法

对空调器进行维修时，可首先借助一定的方法进行初步判定或检修，用以准确、快速地锁定故障。从而进行进一步的维修，下面介绍几种检修空调器的基本方法。

1. 观察法

观察法是通过观察空调器中的易损、易坏部件的电路、管路等部件，初步判断空调器有无异样，从而判断空调器的大致故障部位。空调器检修时，可采用观察法初判故障的部位或部件，主要有以下几个方面。

（1）观察制冷管路有无结霜

若空调器制冷出现异常，可先观察室外机的制冷管路是否出现结霜现象，如图 2-39 所示。一旦发现管路有结霜的现象，说明空调器存在制冷剂不足或相关闸阀部件堵塞的情况，应及时检修。

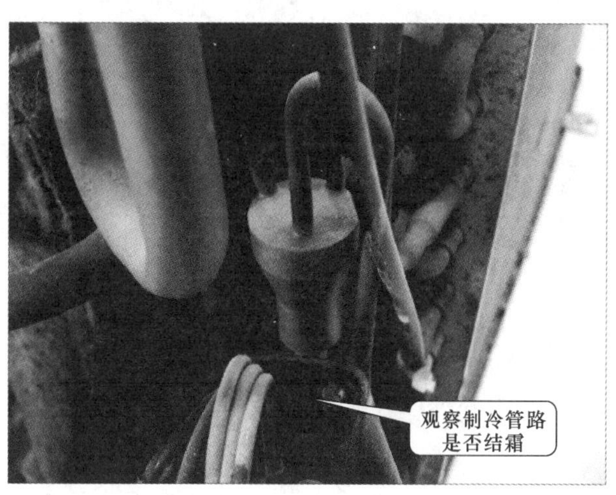

图 2-39　观察制冷管是否结霜

（2）观察排水管排水有无异常

观察排水管主要是指空调器在制冷情况下，观察室内机排出的冷凝水是否存在异常的情况，如图 2-40 所示。在夏季，若空调器滴水连续不断，则说明正常。若长时间只滴一点水或不滴水，则说明制冷剂不足或有其他故障，但同时要注意周围环境中水分的含量。

（3）观察风扇的运转状态是否正常

观察风扇主要是指空调器在通电运行状态下，观察室内机贯流风扇和室外轴流风扇是否正常转动，如图 2-41 所示。若风扇不转或间歇性停转，则可能是风扇组件或电源电路有故障。

（4）观察保险管有无断裂、发黑

观察保险管主要是查看电路板上的保险管是否发黑，如图 2-42 所示，若保险管有明显断裂或发黑现象，大多是由于空调器电路中存在短路或出现过载运转引起的，应及时检查。

图 2-40　观察排水管

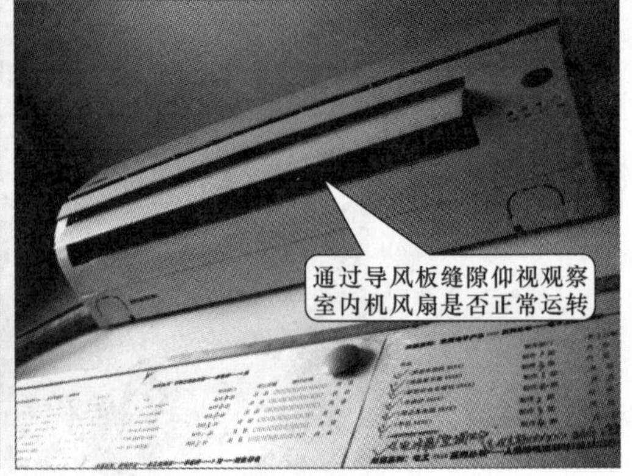

图 2-41　观察风扇

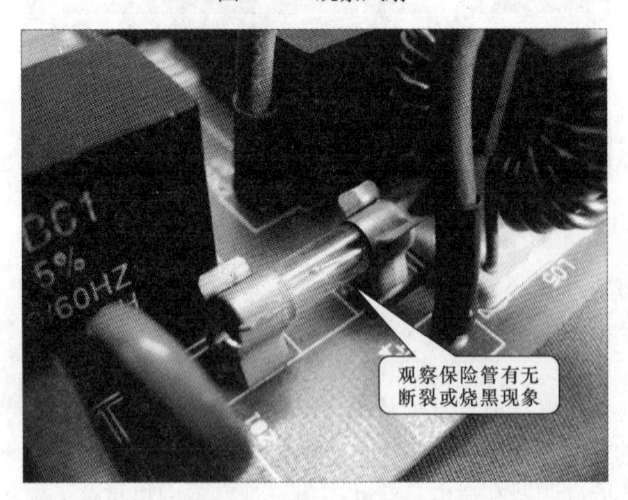

图 2-42　观察保险管

（5）观察接插件插接是否良好

观察接插件主要是查看电路板上的接插件有无松脱、歪斜、脱焊等现象，如图 2-43 所示，若插接不良可能导致空调器无法传输信号、无法供电，从而导致空调器不工作、工作不正常。

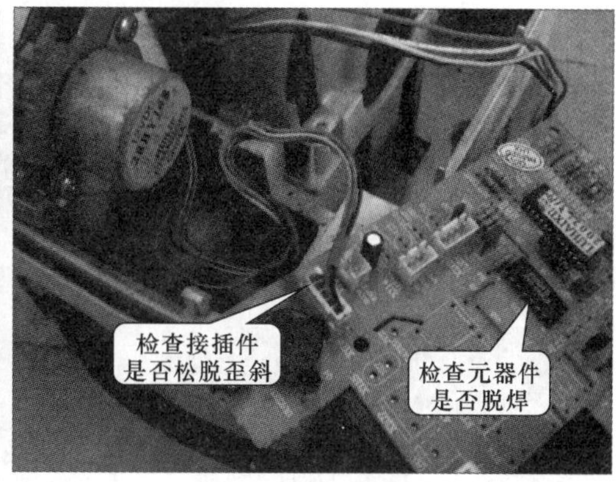

图 2-43　观察接插件

提示：

在观察空调器时，还可通过感知法检查空调器有无异常，如开机检查空调器是否能够运转、触摸空调器室外机管路检查管路温度、倾听空调器噪声、感受制冷效果等。

若碰触空调器时发现有轻微电击现象，则说明空调器存在漏电情况，应及时进行排查。

2. 代换法

空调器出现故障后，若无法直接判断是否为元器件损坏导致的故障，可采用代换法排查。例如，空调器的压缩机出现不运转故障，应重点检测压缩机及其驱动电路，即变频电路。由于变频电路资料比较稀缺，无法找到相应的电路结构时，可采用代换法，将变频电路中的变频模块取下，并用同型号、同规格、良好的变频模块进行代换。若代换后，故障排除，则说明原变频模块存在故障；若故障依旧，则表明电路中仍存在故障，应继续检测其他相关部位，直到故障排除。

3. 检测法

检测法是指通过使用万用表、示波器、钳形表、兆欧表、电子温度计等仪表对空调器的部件或相关参数进行检测，通过测得的电阻值、电压值、信号波形、温度等数据来判断空调器是否损坏。例如，使用钳形表检测空调器的启动电流，如图 2-44 所示。若实测结果与正常值偏差较大，则说明空调器内存在异常，应根据具体情况进一步检修。

图 2-44　检测法判断元件是否损坏

4. 修复法

修复法是指在空调器检修过程中，通过修复空调器管路系统的漏洞、充注制冷剂等方法使空调器恢复正常使用。

空调器长时间使用，管路系统可能会锈蚀损坏导致制冷剂泄漏，进而导致空调器在工作中因制冷剂不足而无法达到制冷、制热要求，此时就需要通过修复法对管路系统中存在的漏洞进行补焊，并补充制冷剂。如图 2-45 所示为焊接法修复空调器管路漏洞。

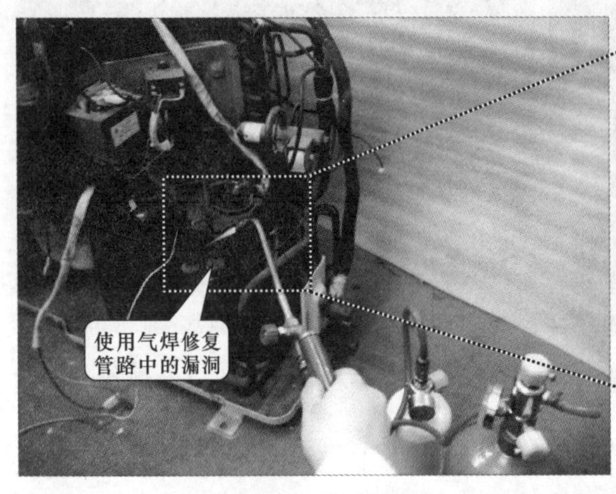

图 2-45　焊接法修复空调器管路漏洞

5. 清洁法

清洁法是指使用毛刷、吹气皮囊、氮气等对空调器内外及管路部分进行清洁。

空调器长时间使用，电路板和管路系统等处会堆积大量灰尘，管路内可能脏堵，不及时清洁可能会导致空调器制冷效果差，甚至不能工作。清洁空调器时一般可使用毛刷和吹气皮囊去除滤尘网、过滤网的灰尘，使用氮气清除管路内脏堵。

6. 故障指示查询法

故障指示查询法是指空调器出现故障时，可通过查询故障指示代码的含义判断空调器的故障部位。空调器其内部电路带有故障代码设定，当出现空调器自身可识别的故障后，其显示屏或指示灯会显示相应的故障指示，常见的空调器故障指示代码有指示灯代码和数字代码两种。

表 2-1 所列为海信 KFR—26GW/27FZBP 型空调器的故障代码，该空调器采用指示灯指示。例如，若该空调器的三个代码指示灯依次显示为“灭、灭、亮”，此时通过查询该表可知，该空调器出现“室内温度传感器短路、开路或相应检测电路故障”。

表 2-1　海信 KFR—26GW/27FZBP 型空调器的故障代码

LED1	LED2	LED3	故障内容
×	×	×	正常
×	×	★	室内温度传感器短路，开路或相应检测电路故障
×	★	×	室内热交换器温度传感器短路、开路或相应检测电路故障
★	×	×	压缩机温度传感器短路、开路或相应检测电路故障

（续）

LED1	LED2	LED3	故障内容
★	×	★	室外热交换器温度传感器短路、开路或相应检测电路故障
★	★	×	外气温度传感器短路、开路或相应检测电路故障
○	★	×	CT（互感线圈）短路、开路或相应检测电路故障
○	×	★	室外变压器短路、开路或相应检测电路故障
×	×	○	室内机和室外机信号通信异常
×	○	×	功率模块保护
★	○	★	最大电流保护
★	○	×	电流过载保护
×	○	★	压缩机排气温度过高
★	★	○	过电压/欠电压保护
×	★	○	压缩机外壳温度过高
★	★	★	室外存储器故障

注：★—LED 亮，○—LED 闪，×—LED 灭

表 2-2 所列为新科 3. 50BM 系列空调器的故障代码，该空调采用数字代码指示。例如，若该空调器的数字代码显示为 5，则通过查询表可知该空调器室内风机存在故障，故障原因为室内风机不良、驱动电路不良。

表 2-2　新科 3. 50BM 系列空调器的故障代码

故障代码	故障内容	故障原因
1	T1 故障	T1 开、短路或接触不良
2	T2 故障	T2 开、短路或接触不良
4	室内通信故障	室内基板不良、AC220、DC280V 接线错误
5	室内风机故障	风机不良、驱动不良
10	过电流保护	电流量超出电路中的额定电流
11	IPM 模块保护	IPM 不良、基板不良
12	AC 异常	
13	E^2PROM（EEPROM）故障	E^2PROM（EEPROM）只读存储器接触不良
14	T4 故障	T4 开、短路或接触不良
15	T3 故障	T3 开、短路或接触不良
16	T5 故障	T5 开路或接触不良
17	压机排气温度过高	
18	I 互感器异常	互感器异常、220V 接线错误
19	I 互感器异常	IPM 不良、220V 接线错误
20	室外通信故障	室外通信不良
23	少制冷剂故障	制冷剂泄漏
24	四通阀故障	EEPROM 接触不良

2. 2. 2　空调器检修的注意事项

空调器在拆装和检测过程中，应严格按照操作步骤进行，确保操作过程中空调器部件的

完好。同时应注意拆装检测人员的人身安全。

1. 空调器在拆装中应注意的安全事项

（1）拆卸空调器之前，要先切断电源

空调器在工作时连接市电电源，为避免拆卸时高压危险，拆卸前应首先将空调器断电，如图 2-46 所示。由于空调器断电后短时间之内仍有高压存在，因此断电后也要配备防护服等防电设施以防触电。

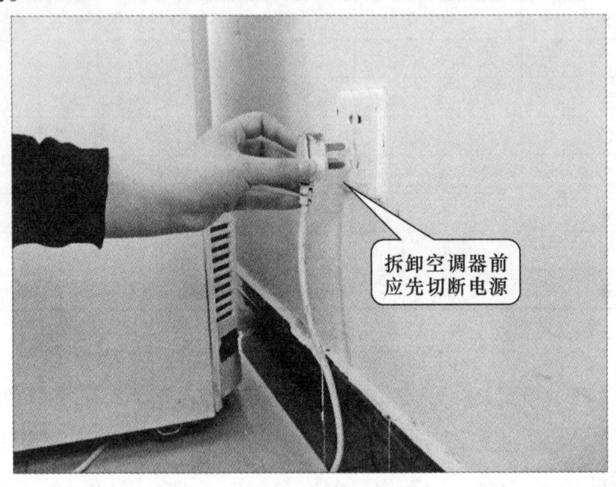

图 2-46　注意切断电源

（2）拆装空调器应选择通风的工作场所，并注意做好防火准备

由于空调器内有制冷剂，在维修过程中可能出现泄漏，泄漏的空调器制冷剂遇明火会生成有害气体。因此在拆装空调器应选择通风的工作场所，并注意做好防火灭火准备，如图 2-47 所示。

图 2-47　工作环境小型灭火器灭火

（3）移动空调器时，不要倾斜

空调器管路内部装有制冷剂等液体，移动时应直立移动。否则，可能会使压缩机里的冷冻润滑油流入热交换系统，粘附在管路系统内壁，使热交换性能变差，如图 2-48 所示为空调器的正确移动方法。

图 2-48　直立移动空调器

（4）拆装空调器部件时，不允许潮湿的物品接近空调器

拆卸空调器时，不可湿手操作，否则可能会使水分残留在部件上引起电路故障；也不要用喷水的方法或湿布清洁空调器内部，如图 2-49 所示。

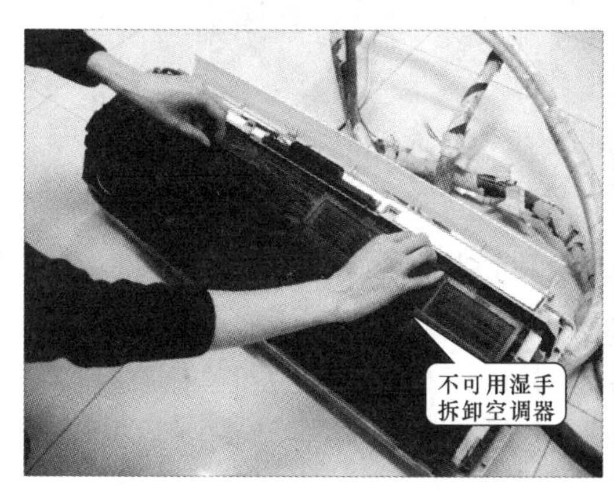

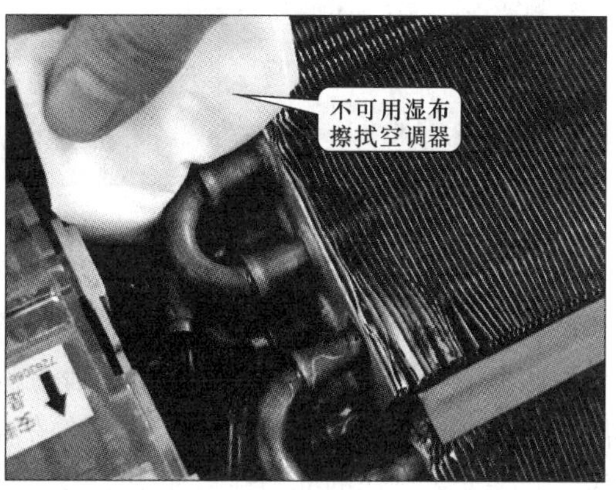

图 2-49　不可用水擦拭空调器

（5）拆卸空调器时，应确保空调器已冷却

进行拆卸操作前，务必检查空调器是否充分冷却。空调器部分部件工作久了温度较高，可能会引起皮肤灼伤，如图 2-50 所示。

（6）拆装空调器前，要注意判断连接固定方式

在拆卸空调器各部件前，应先判断部件的连接固定方式，常见的连接方式主要有螺钉紧固或焊接连接，也有很多空调器为了美观，采用卡扣固定方式。如图 2-51 所示为采用螺钉

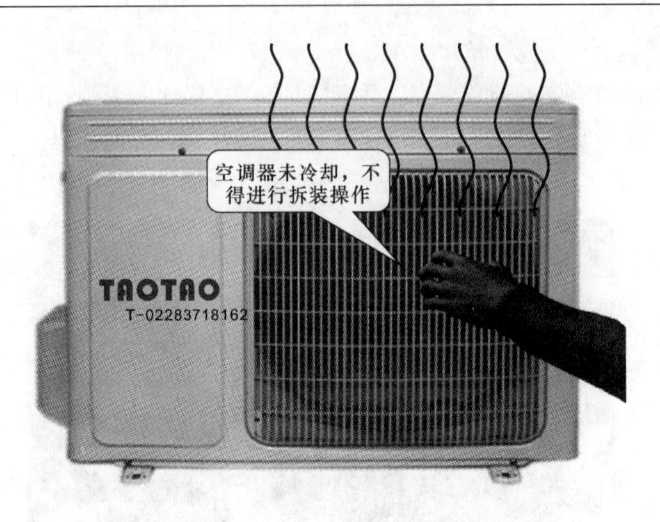

图 2-50　不得拆卸未冷却的空调器

和卡扣固定的空调器部件，拆卸时应根据不同的固定方式选择相应的方法操作，切不可盲目硬敲硬掰，以免造成内部元器件或空调器外观损伤。

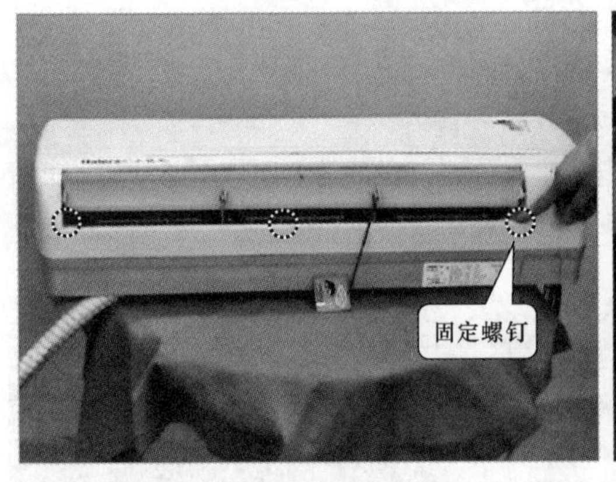

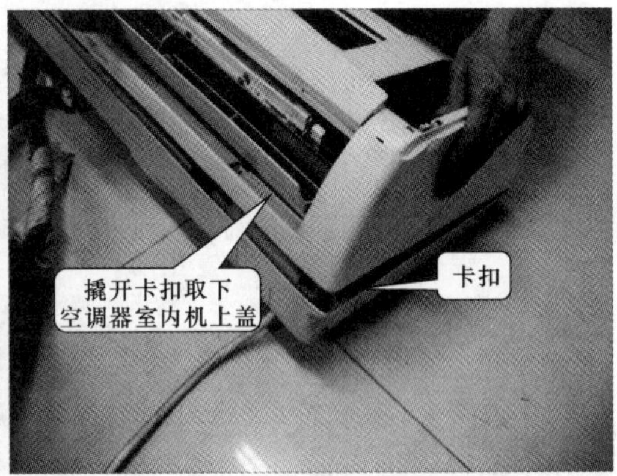

图 2-51　螺钉和卡扣固定的空调器部件

（7）拆卸空调器的管路时，要记清管路连接位置

空调器的管路很多，在拆卸时应记清管路的连接位置，以免在恢复组装时连接错误。在实际操作中，需要更换部件时可根据管路的粗细、位置、外形特征等进行记录，并根据记录安装，确保安装操作的准确性，如图 2-52 所示。

（8）拆卸空调器的电路板时，需谨慎

空调器室内机的电源电路板和智能控制电路板安装得十分紧凑，拆卸时要十分谨慎，切忌盲目拉拽，避免对电路元器件或电路板接线、印制线等造成损坏，如图 2-53 所示。

（9）在拆卸空调器时，不要接触外溢的制冷剂

在维修过程中，可能会出现有制冷剂泄漏，不要接触漏出的制冷剂，否则可能会导致肢体局部冻伤，如图 2-54 所示为外溢的制冷剂。

（10）安装空调器时，注意不要漏装元器件

对空调器内部进行检修后，在恢复组装时，应将所有的元器件，包括电气系统的元器件

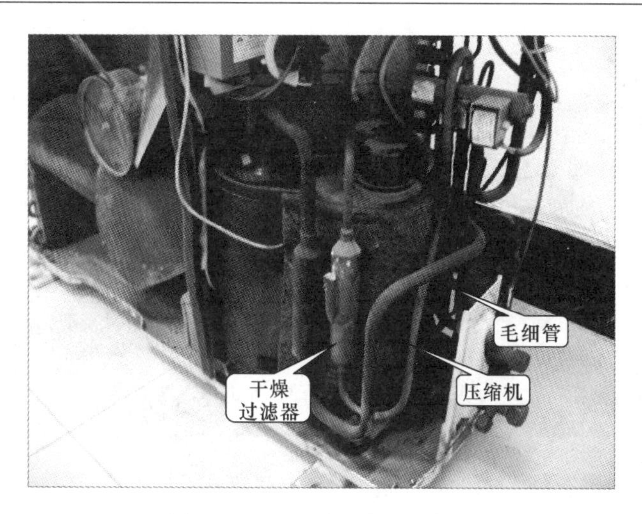

图 2-52　空调器压缩机的管路

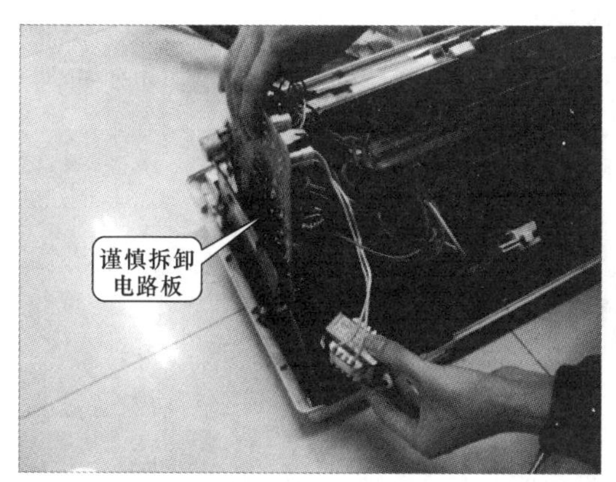

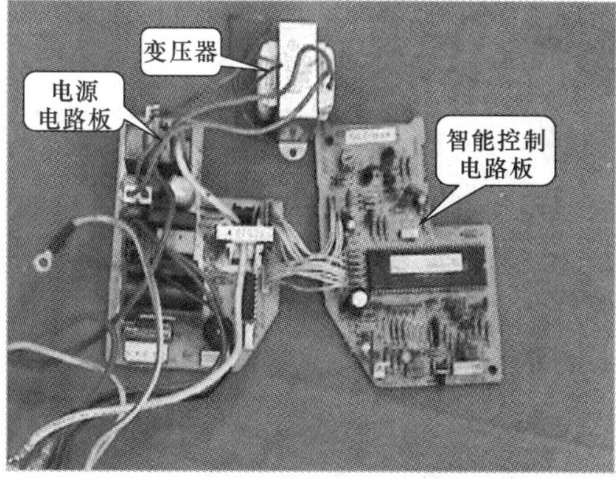

图 2-53　谨慎拆卸电路板

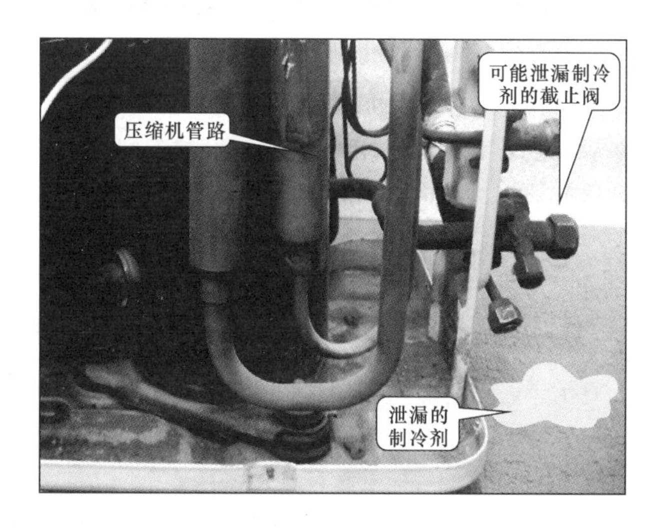

图 2-54　内填充有制冷剂的压缩机

和管路系统的部件全部装接完成，避免出现漏装情况，防止造成新的故障，如图 2-55 所示。

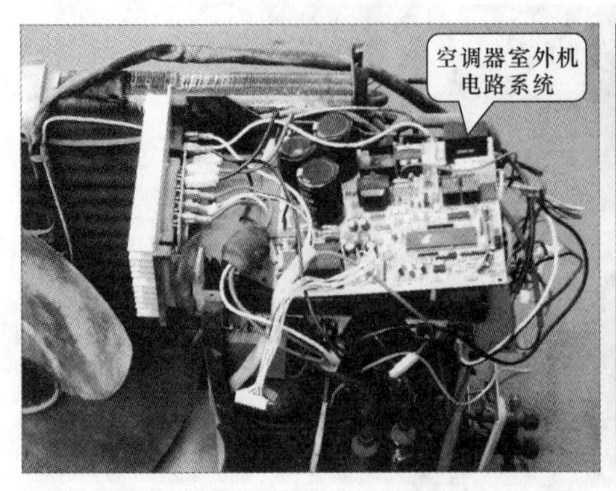

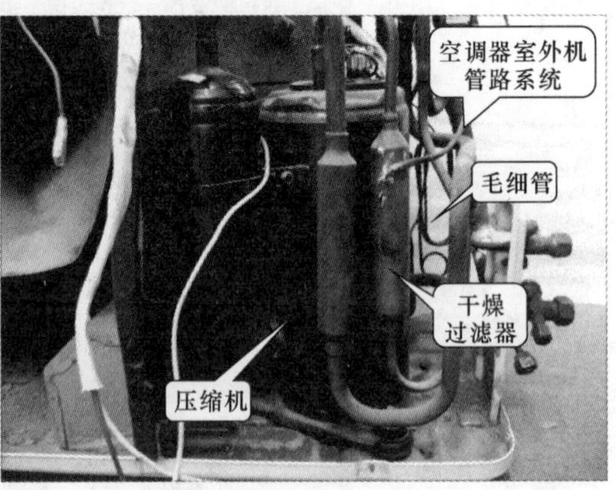

图 2-55　空调器电气系统中的元器件和管路系统的部件

（11）恢复组装空调器后，应检查部件完好

空调器检修完成后，需要进行恢复组装，恢复组装后应检查接插件插接是否到位，焊接的元器器件是否牢固，焊接的管路是否有泄漏，以免影响空调器重新使用，如图 2-56 所示。

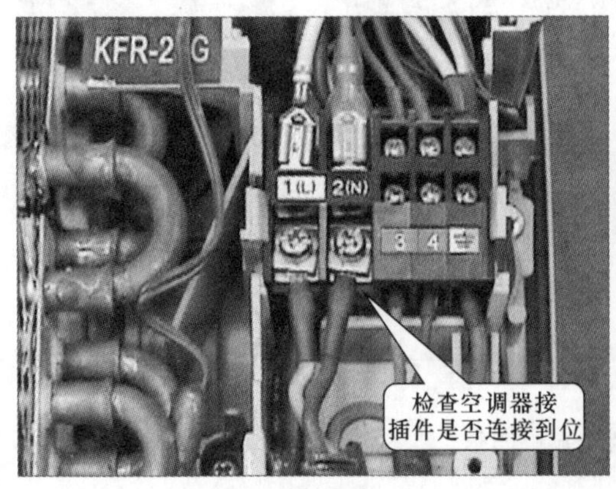

图 2-56　检查电路接插件和管路系统

（12）需要更换元器件时，应选择同型号元器件代换

更换新的元器件时应尽量采用同型号的元器件进行代换，实在没有配上，最好找就近地区专业维修站帮助，或查阅有关资料，寻找可代用的元器件以保证电路工作可靠性，如图 2-57 所示为空调器电路中典型元器件的型号及参数标志，代换时，可根据这些标志选用可代换的元器件。

2. 空调器在检测中应注意的安全事项

（1）检测空调器电路前，应先除尘

有些空调器的故障是由于空调器内部脏污严重引起的，因此在检测空调器前，应先除尘清洁，如图 2-58 所示。

（2）使用仪器仪表检测空调器部件时，要注意设备的安全

在使用仪器、仪表进行检测时，应按照安全操作要求执行，以免造成设备的损坏。如使用万用表测量电压时，要注意区分电压性质（交、直流）、电压的大小等，并严格按照万用表测电压的操作规范及要求进行操作，以免测量时造成万用表的损坏，如图 2-59 所示。

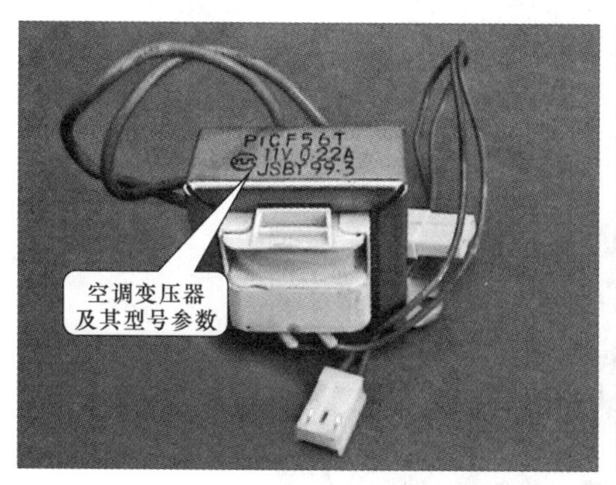

图2-57　空调器电路中的元器件及型号参数

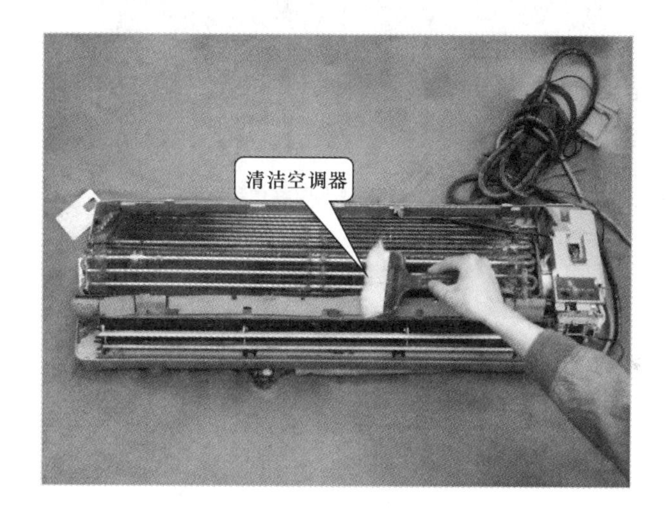

图2-58　清洁电路板

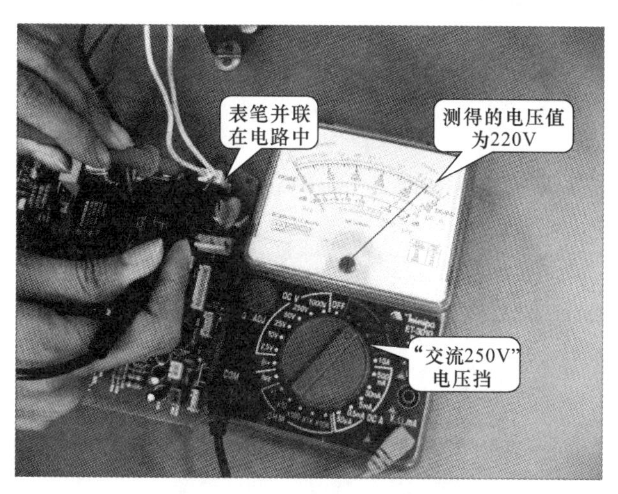

图2-59　按照说明书使用仪器仪表

（3）检测电路板时，注意不要将电路短路

实际带电操作时，应注意测试表笔或测试线夹不要同时夹住元器件两个引脚，不能将电路短路，如图 2-60 所示，若发现冒烟、打火焦臭味、异常过热等现象，应立即关机断电检查。

图 2-60　检测时不要将电路短路

第3章　认识空调器

3.1　空调器的整机结构

空调器的种类有很多，按结构不同可分为分体壁挂式空调器和分体柜式空调器，其中分体壁挂式是最为常见的空调器结构形式，如图3-1所示为典型分体壁挂式空调器的结构示意图。从图中可以看出，分体壁挂式空调器主要由室内机与室外机构成，室内机与室外机之间是通过管路和线缆连接在一起的，连接管路用来连接室内、室外的制冷系统，以形成封闭的制冷循环管路，而连接线缆用来传输通信信号和供电电压，实现室内机对室外机的控制。

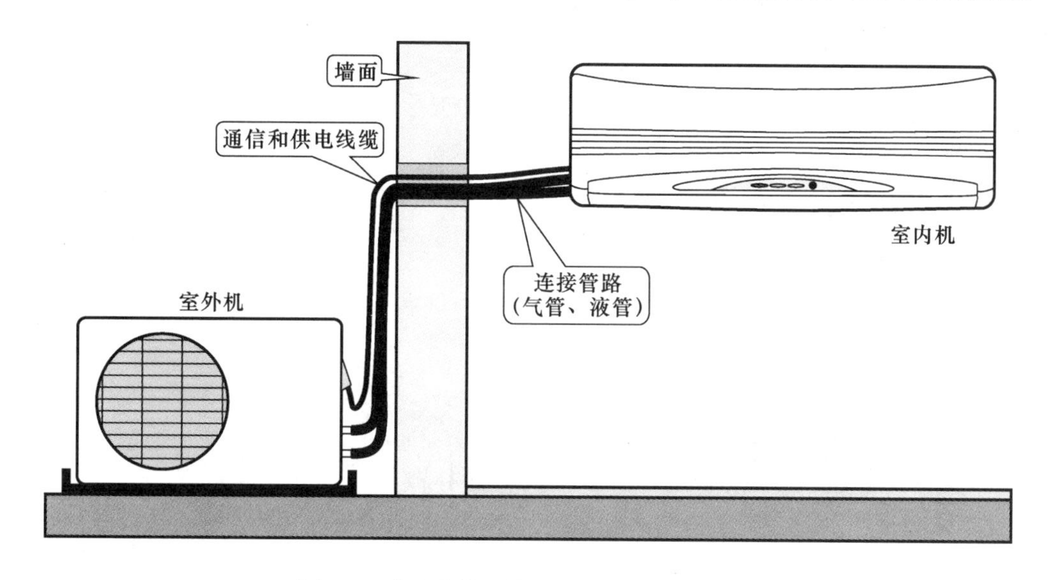

图3-1　典型分体壁挂式空调器的结构示意图

3.1.1　空调器室内机的结构

不同的分体壁挂式空调器的外形结构以及内部结构的设计形式基本相似，通常想要了解空调器的结构组成，除了进行拆卸直接观察外，还可通过查询相关机型的维修手册进行了解。图3-2所示为典型空调器室内机的结构分解图，从图中可以看出，空调器室内机主要是由上盖、过滤网、滤尘网、空调器前壳、导风板电动机、室内风扇电动机、贯流风扇、蒸发器、室内机电路板、显示和遥控接收电路和空调器后壳等部分构成的。

目前，常见的分体壁挂式空调器主要有普通空调器和变频空调器两种，但不论哪种空调器，其室内机的结构均相同，下面以海信KFR—35GW/06ABP型空调器为例，具体介绍空调器室内机的结构组成。

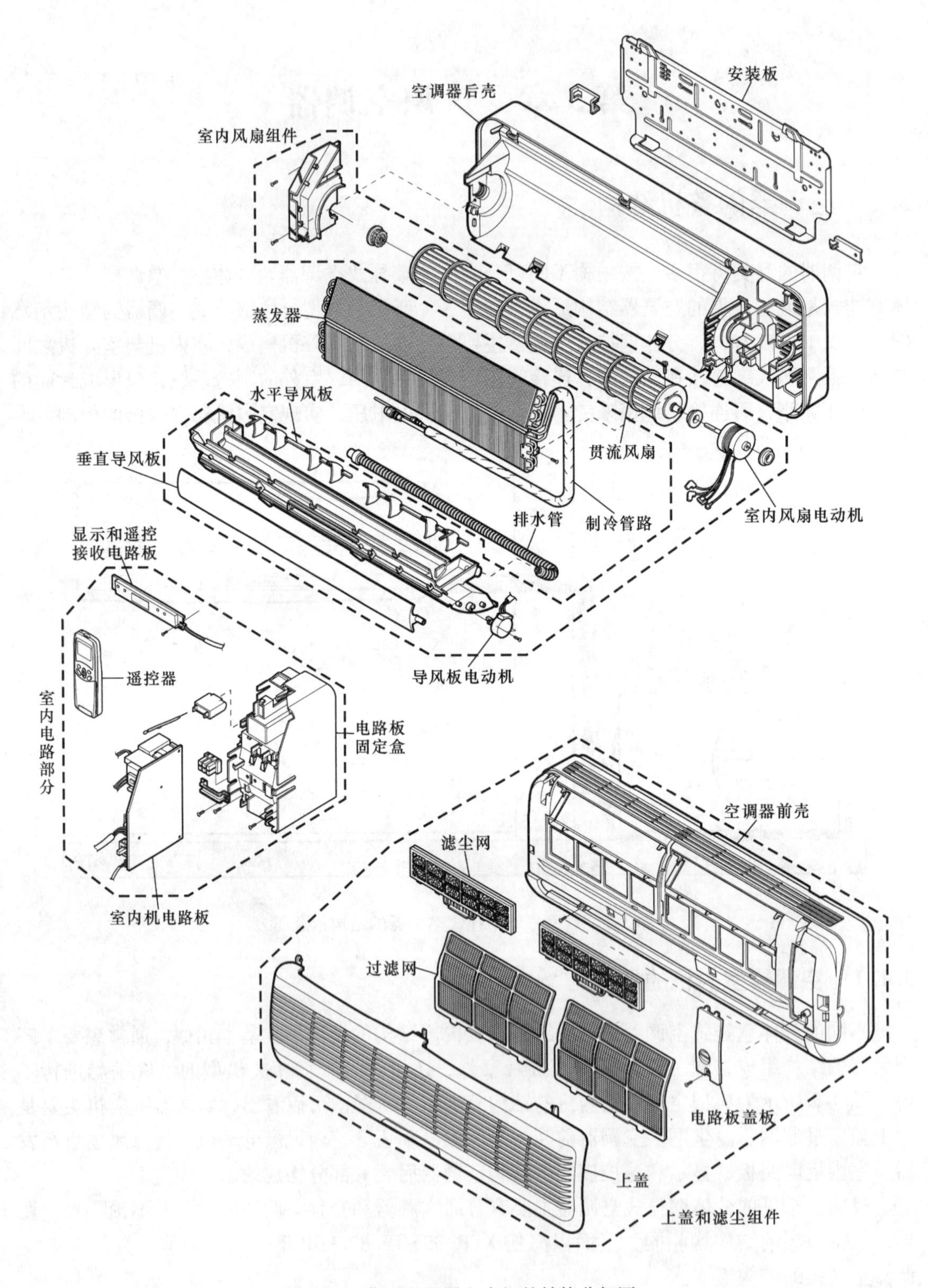

图 3-2　典型空调器室内机的结构分解图

1. 空调器室内机的外部结构

图3-3所示为海信KFR—35GW/06ABP型变频空调器室内机的外部结构，从图中可以看到，室内机的外部主要由上盖、进风口、空气过滤栅、显示板、出风口和导风板等部分构成。

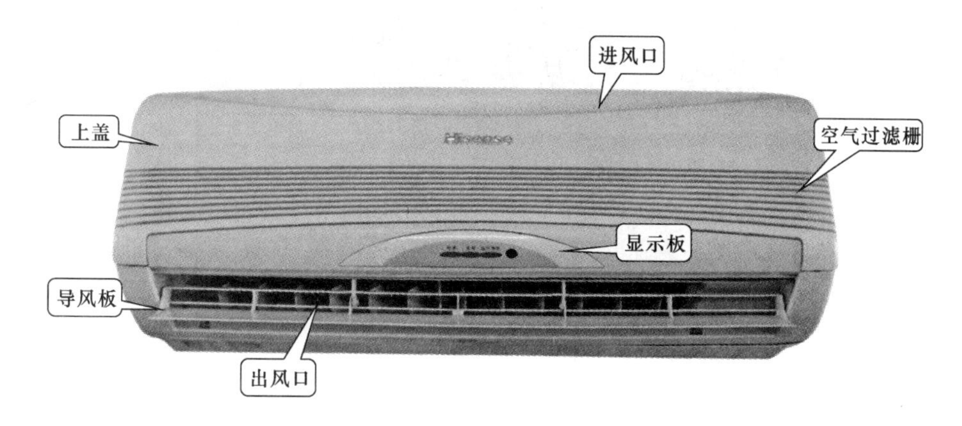

图3-3　海信KFR—35GW/06ABP型变频空调器室内机的外部结构

2. 空调器室内机的内部结构

将室内机外壳以及内部各部分拆开后即可看到其内部的结构组成，如图3-4所示为海信KFR—35GW/06ABP型变频空调器室内机的内部结构。从图中可清楚地看到空调器室内机中的导风板、过滤网、滤尘网、蒸发器、贯流风扇等部分。

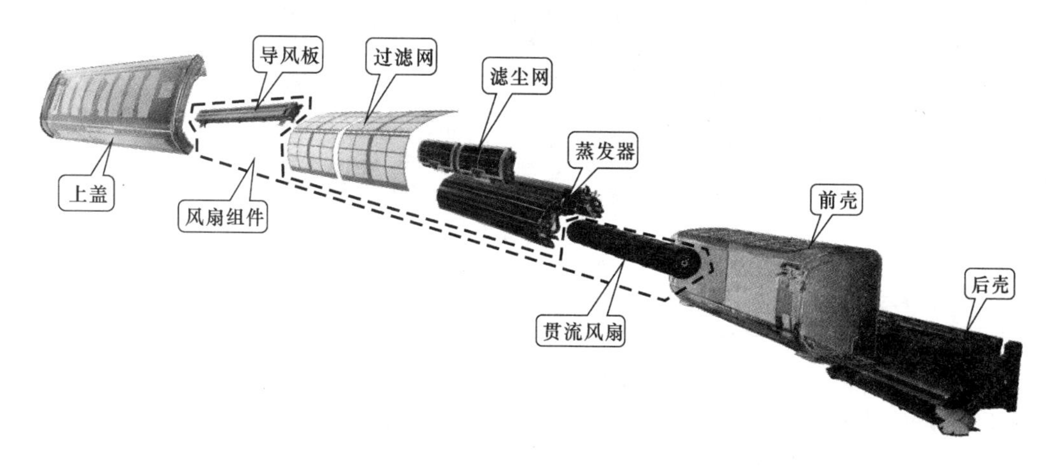

图3-4　海信KFR—35GW/06ABP型变频空调器室内机的内部结构

（1）风扇组件

空调器室内机的风扇组件安装在蒸发器附近，由贯流风扇扇叶、贯流风扇驱动电动机、导风板电动机、垂直导风板和水平导风板组成，风扇组件用来加速室内空气循环，加快制冷或制热效果，如图3-5所示。

（2）蒸发器

将空调器的前壳拆下后，就可以看蒸发器及其连接管路，如图3-6所示。蒸发器是制冷

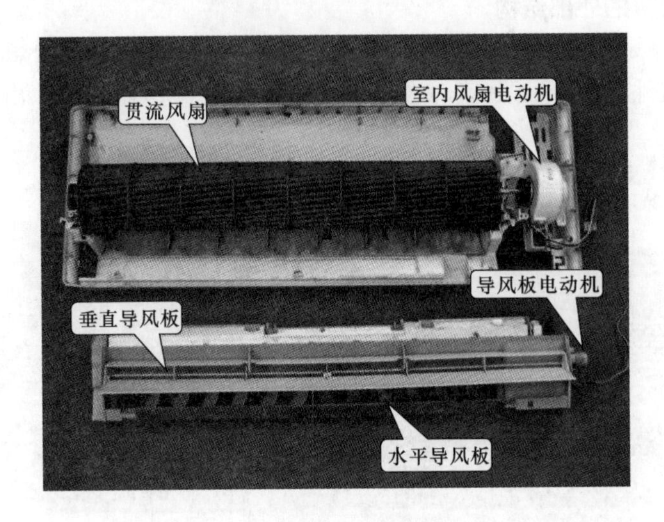

图 3-5　室内机的风扇组件

图 3-6　蒸发器

系统的重要组成部分，制冷剂在蒸发器中吸热气化，使蒸发器周围的空气温度降低，再通过风扇组件加速室内空气循环，来达到制冷的目的。

链接：

目前分体壁挂式空调器的蒸发器翅片多采用冲缝翅片结构，图 3-7 所示为冲缝翅片的实际外形。这种翅片结构会使空气在翅片的槽缝中来回流动，从而大大增强空气的循环和搅拌程度，最大限度地提高传热效率。

（3）电路部分

空调器室内机的电路部分主要包括电源电路、控制电路以及显示和遥控接收电路，如图 3-8 所示。电源电路主要为室内机和室外机提供工作电压，遥控接收电路接收遥控器送来的控制信号，控制电路根据该信号对室内机和室外机的各部分进行控制，并将空调器当前的工作状态通过显示电路中的指示灯显示出来。

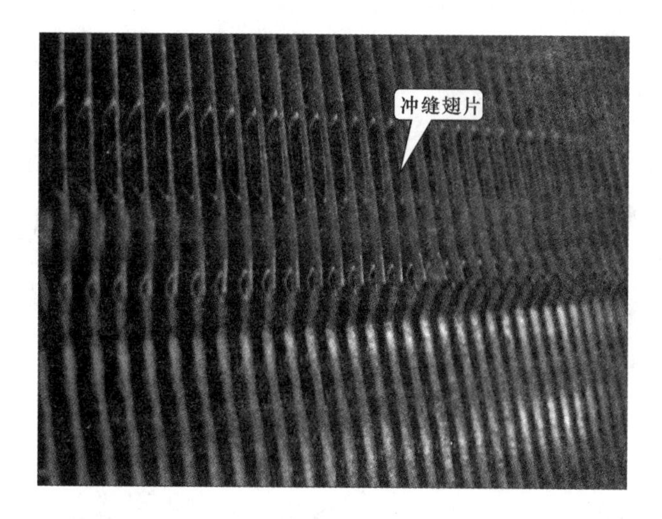

图3-7　冲缝翅片的实际外形

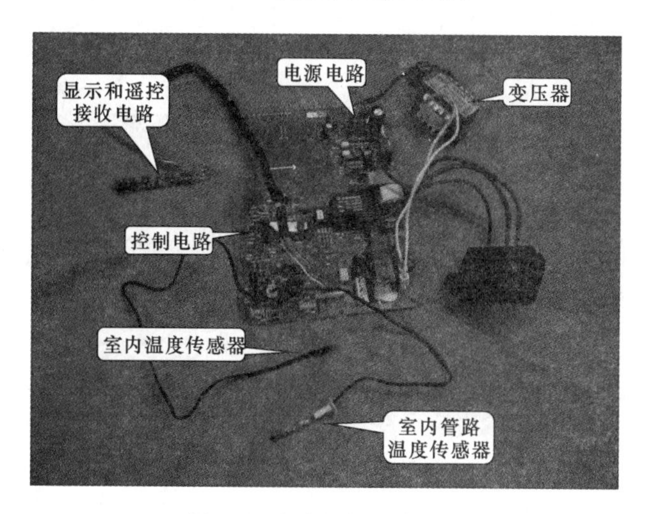

图3-8　室内机的电路部分

3.1.2　空调器室外机的结构

图3-9所示为典型空调器室外机的结构分解图，从图中可以看出，空调器室外机主要是由上盖、轴流风扇、室外风扇电动机、滤波器、变频模块、室外机电路板、电抗器、压缩机、过热保护继电器、冷凝器、前盖、侧盖、后盖、截止阀、闸阀组件和底座等部分构成的。

普通空调器室外机与变频空调器室外机的结构也基本相似，不同的只是在变频空调器中设置了专门的变频电路去驱动压缩机，下面我们仍以海信KFR—35GW/06ABP型空调器为例介绍空调器室外机的具体结构组成。

1. 空调器室外机的外部结构

图3-10所示为海信KFR—35GW/06ABP型变频空调器室外机的外部结构，从室外机外部可看到室外机的外壳、室外风扇排风口和截止阀等部分。

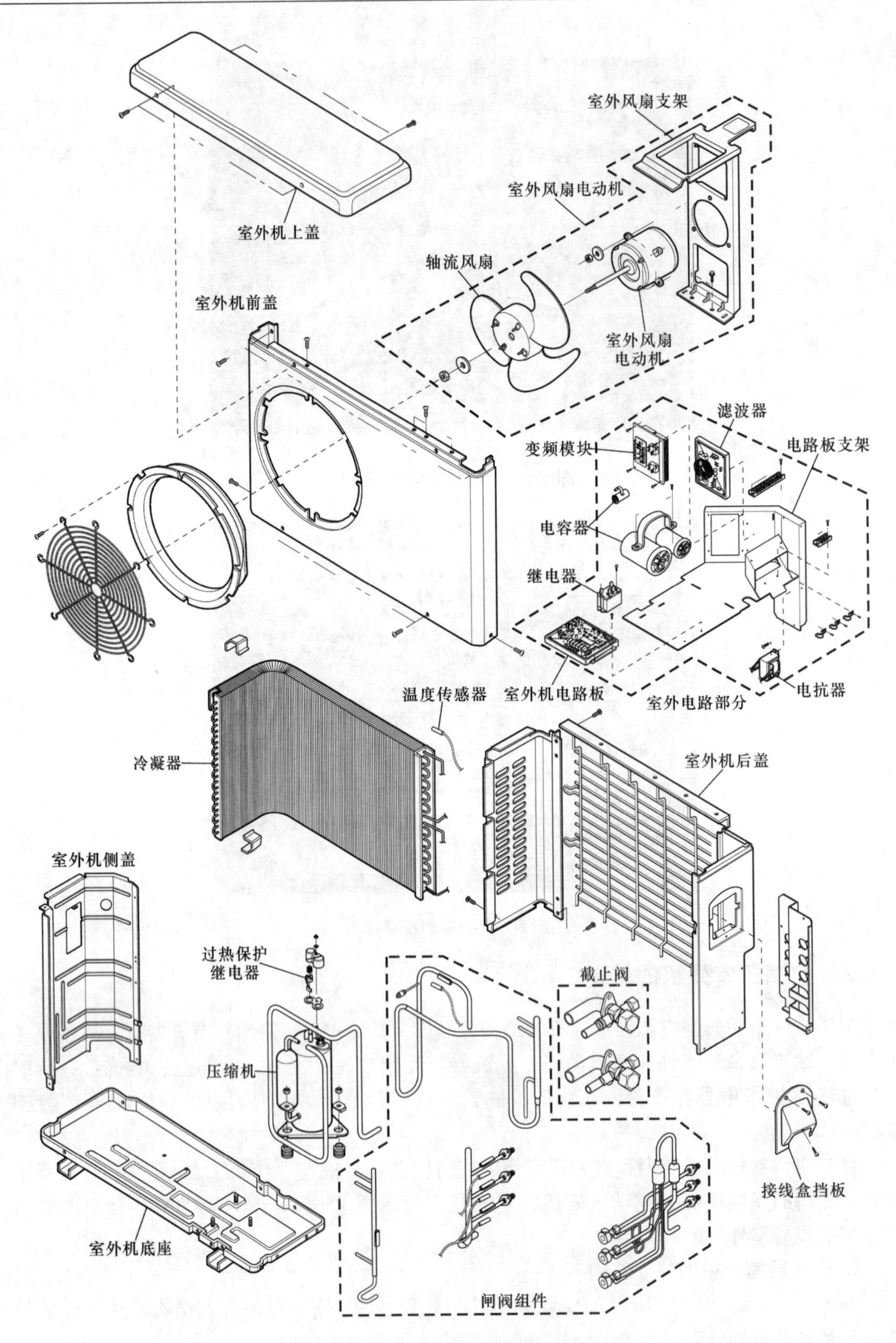

图 3-9　典型空调器室外机的结构分解图

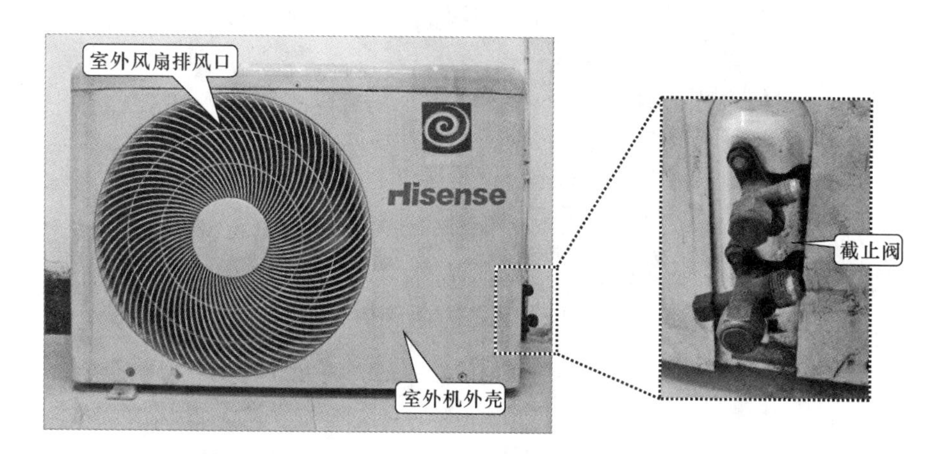

图 3-10　海信 KFR—35GW/06ABP 型变频空调器室外机的外部结构

2. 空调器室外机的内部结构

将室外机的外壳以及内部的隔热层拆下后，即可看到其内部的结构组成。图 3-11 所示为海信 KFR—35GW/06ABP 型变频空调器室外机的内部结构。从图中可以看到，空调器的室外机主要是由风扇组件、室外机电路板、变频模块、电抗器、滤波器、压缩机组件以及闸阀组件（干燥过滤器等）等构成的。

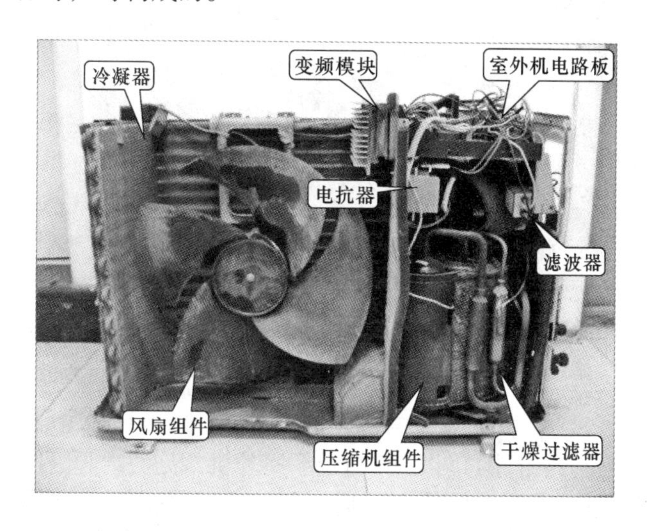

图 3-11　海信 KFR—35GW/06ABP 型变频空调器室外机的内部结构

（1）压缩机组件

压缩机组件由压缩机和过热保护继电器组成，如图 3-12 所示，其中压缩机是空调器制冷系统的核心部件，它可以改变制冷剂的温度和压力，从而使制冷剂的物理状态发生变化，通过热交换过程实现制冷或制热。

（2）风扇组件

室外机的风扇组件与室内机的不同，室外机风扇组件是由轴流风扇和室外风扇电动机构成的，如图 3-13 所示，室外风扇组件安装在冷凝器内侧，用来加速室外机内部的空气流动，加快冷凝器的散热。

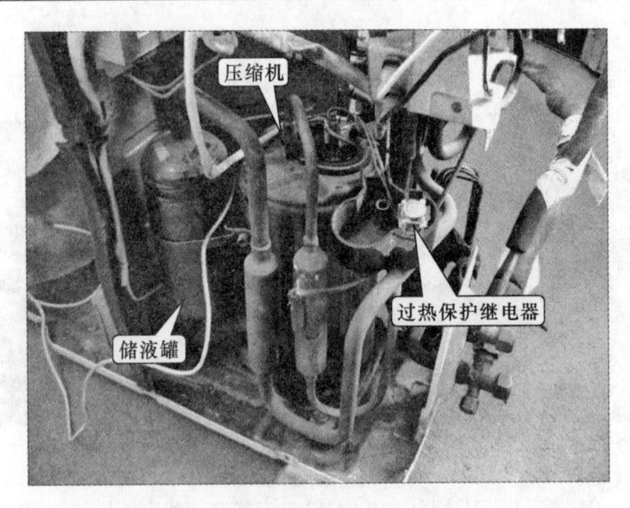

图 3-12　压缩机组件

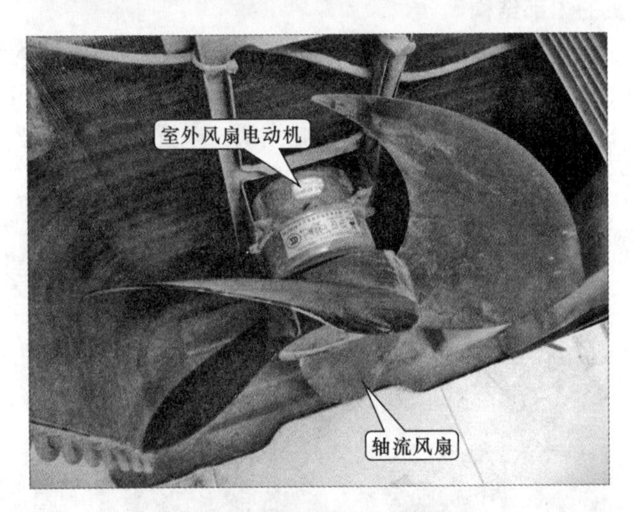

图 3-13　室外机风扇组件

(3) 闸阀组件

室外机的管路较多，在管路上安装有多个闸阀组件，用来对制冷剂进行限流、降压、过滤等处理，室外机中的闸阀组件如图 3-14 所示。室外机常见的闸阀组件包括，电磁四通阀、

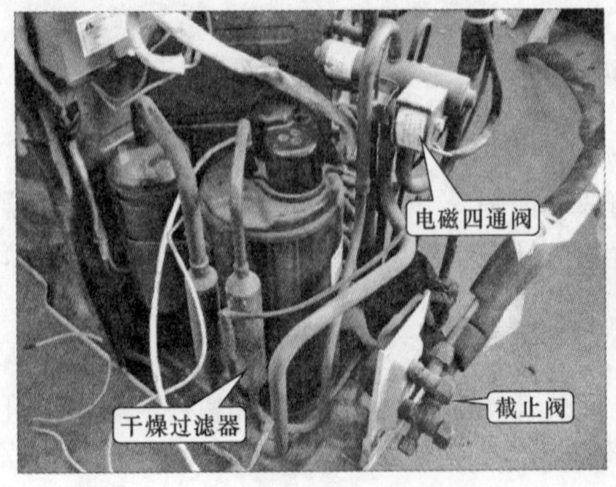

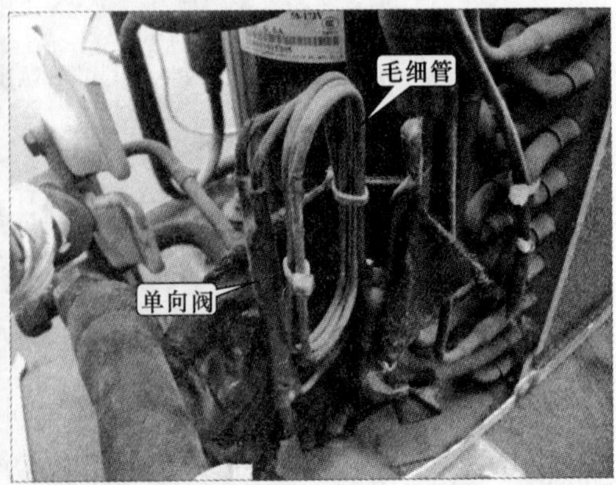

图 3-14　室外机中的闸阀组件

截止阀、单向阀、毛细管、干燥过滤器等。

（4）冷凝器

冷凝器是室外机中重要的热交换部件，它是由多组的 S 形铜管胀接铝合金散热翅片制成的，如图 3-15 所示。制冷剂在冷凝器中散热液化后，才会被送到室内机中。

图 3-15　冷凝器

（5）电路部分

变频空调器与变通（定频）空调器的不同之处就在于室外机的电路部分，变频空调器的室外机电路部分由室外机电路板、变频电路、电抗器、滤波器等部分组成，如图 3-16 所示。

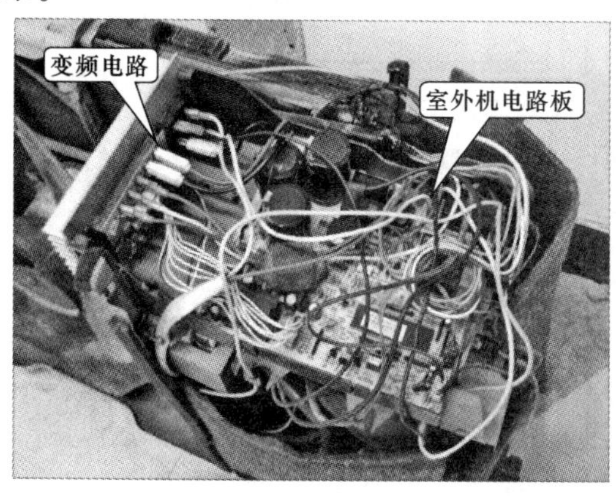

图 3-16　室外机的电路部分

3.2　空调器的工作过程

在对空调器进行检修之前，对其整机工作原理和电路系统的工作过程有所了解，有助于对故障原因的分析和判断。

3.2.1　空调器的整机工作原理

空调器是一种对室内温度、湿度等进行调节的设备，其最重要的作用就是对室内的温度进行降温或升温控制。目前市场上比较流行的是变频空调器，其压缩机受变频模块控制，可使室内温度保持恒定不变，比定频空调器更节能环保。图 3-17 所示为典型变频空调器的电路系统和管路系统的控制关系。

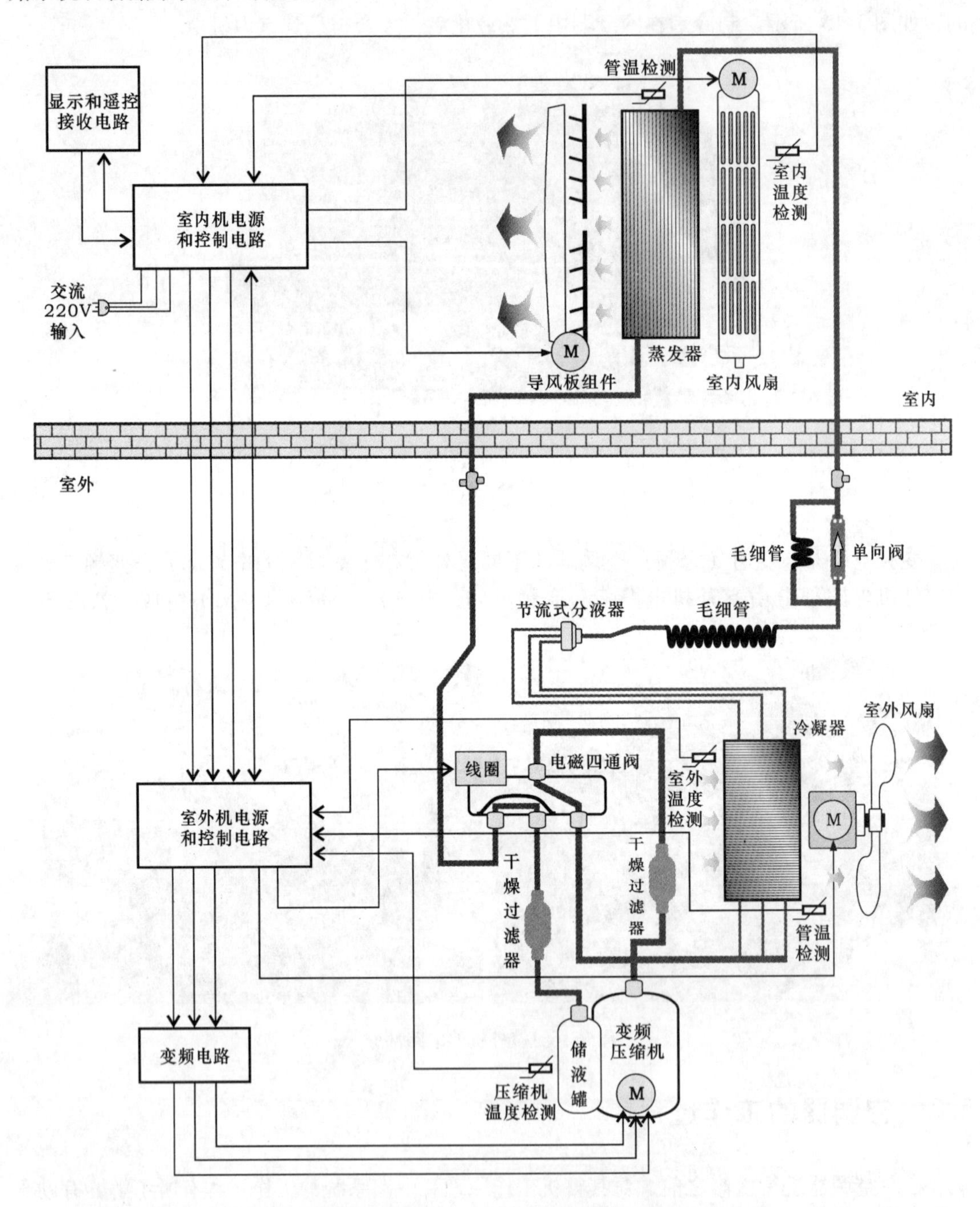

图 3-17 典型变频空调器的电路系统和管路系统的控制关系

从图中可以看出，管路系统主要由压缩机、电磁四通阀、冷凝器、干燥过滤器、毛细管、单向阀、蒸发器等部分构成。

在室内机中，由遥控信号接收电路接收遥控信号，控制电路根据遥控信号对室内风扇电动机、导风板电动机进行控制，并对室内温度、管路温度进行检测，同时通过通信电路将控制信号传输到室外机中，控制室外机工作。

在室外机中，控制电路板根据室内机送来的通信信号，对室外风扇电动机、电磁四通阀等进行控制，并对室外温度、管路温度、压缩机温度进行检测；同时，在控制电路的控制下变频电路输出驱动信号驱动变频压缩机工作。另外，室外机控制电路也将检测信号、故障诊断信息以及工作状态等信息通过通信接口传送到室内机中。

空调器的制冷、制热工作模式，是空调器最重要的工作模式，下面将分别对制冷、制热的工作原理进行讲解。

1. 制冷工作原理

图 3-18 所示为典型变频空调器的制冷工作原理。在变频空调器进行制冷工作时，电磁四通阀未通电，内部滑块初始状态将 C、D 口接通。

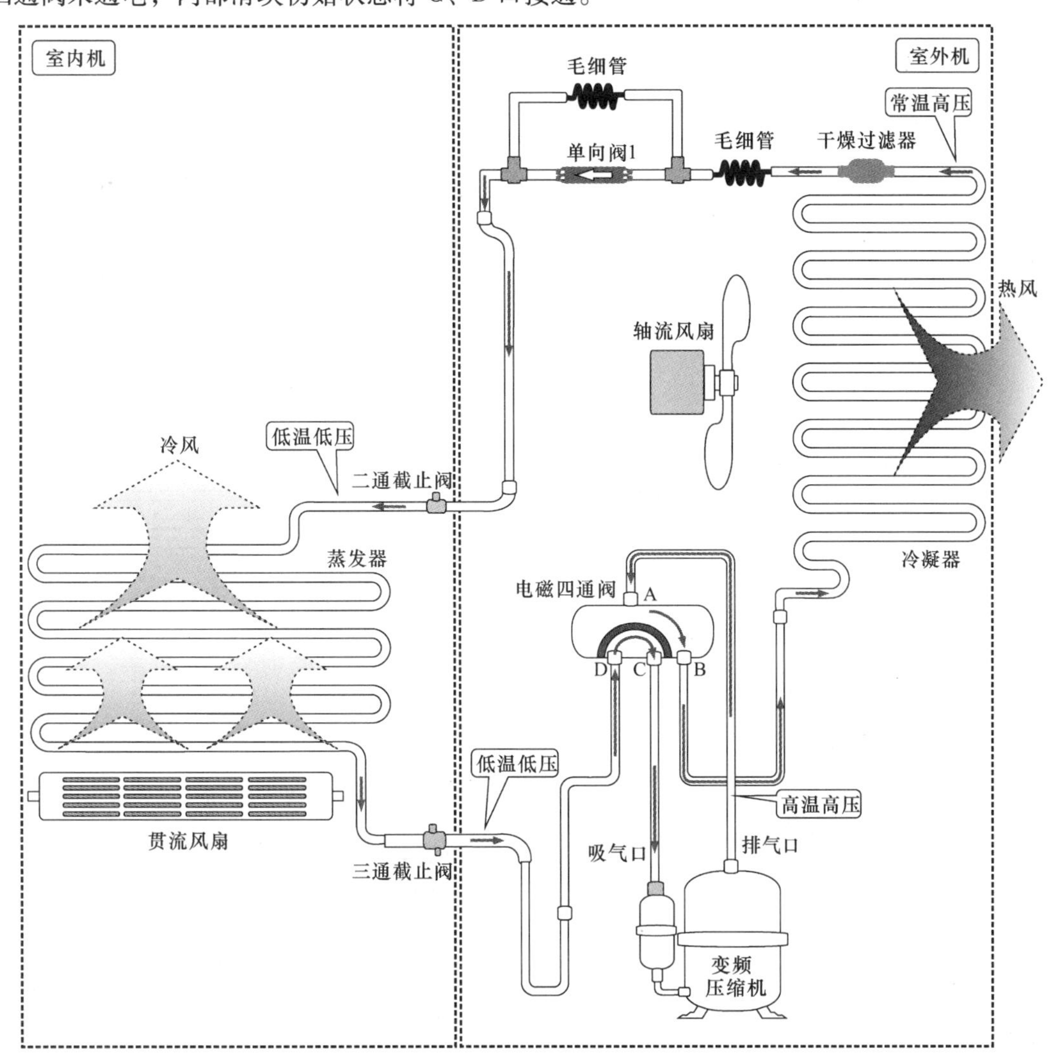

图 3-18　典型变频空调器的制冷工作原理

当变频压缩机开始工作后，制冷剂在变频压缩机中被压缩，变成高温高压的过热气体，经变频压缩机排气口排出，由电磁四通阀的 A 口进入，经电磁四通阀的 B 口送到冷凝器中，高温高压的气体在冷凝器中进行冷却，并由轴流风扇将散发出的热量吹出机体外。

高温高压的制冷剂气体经冷凝器冷却后变为常温高压制冷剂液体，经干燥过滤器、毛细管和单向阀，进行过滤、节流降压后，送出低温低压的制冷剂液体，再经二通截止阀（液体截止阀）送入到室内机中。

制冷剂液体在室内机的蒸发器中吸热汽化，使蒸发器周围空气的温度下降，室内风扇将冷风吹入到室内，室内温度降低。

汽化后的低温低压制冷剂气体再经三通截止阀（气体截止阀）送回到室外机中，经电磁四通阀的 D 口、C 口后，由变频压缩机的吸气口吸回到变频压缩机中，进行下一次制冷循环。

2. 制热工作原理

变频空调器的制热循环和制冷循环的过程正好相反，如图 3-19 所示，在制冷循环中，室内机的热交换设备起蒸发器的作用，室外机的热交换设备起冷凝器的作用。因此，室外机

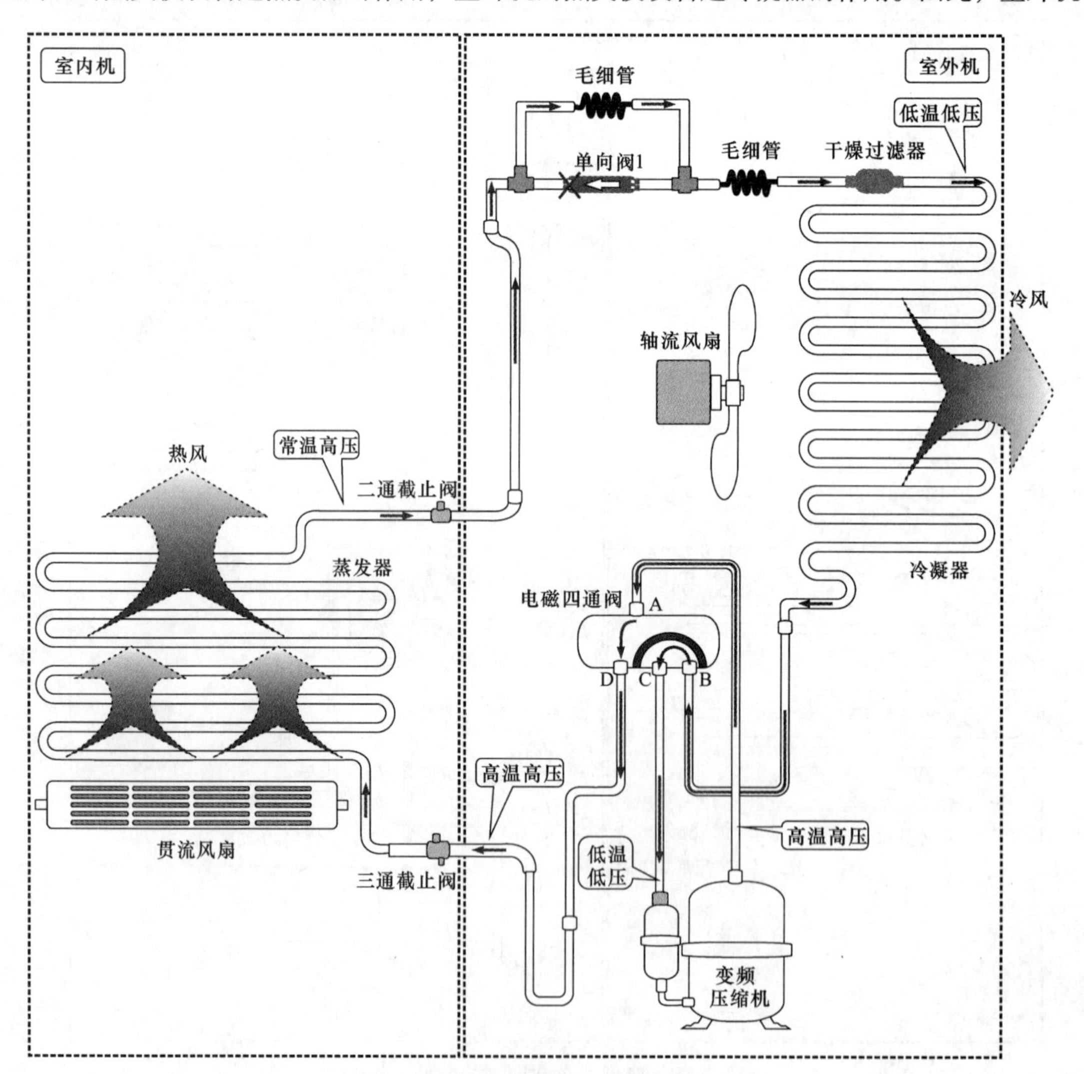

图 3-19　典型变频空调器的制热工作原理

吹出的是热风，室内机吹出的是冷风；而变频空调器制热时，室内机的热交换设备起冷凝器的作用，而室外机的热交换设备则起蒸发器的作用。此时，室内机吹出的是热风，而室外机吹出的是冷风。

在变频空调器进行制热工作时，电磁四通阀通电，内部滑块将 C、B 口接通。

当变频压缩机开始工作后，制冷剂在变频压缩机中被压缩成高温高压的过热气体，制冷剂在变频压缩机中的流向不变，高温高压的制冷剂由变频压缩机的排气口排出，经电磁四通阀的 A 口进入，从 D 口送出，通过三通截止阀送到室内机的蒸发器中。此时，室内机的蒸发器起到冷凝器的作用，过热的制冷剂通过蒸发器散发出热量，并由贯流风扇吹到室内，室内温度升高。

制冷剂经蒸发器冷却成常温高压的液体后，再由二通截止阀从室内机送回到室外机中。此时，单向阀截止，制冷剂经毛细管、干燥过滤器，再经过节流降压后，变为低温低压的制冷剂液体送入室外机的冷凝器中。

低温低压的制冷剂液体在冷凝器中进行吸热汽化，重新变为低温低压的气体，并由轴流风扇将冷气由室外机吹出。制冷剂再通过电磁四通阀的 B 口、C 口后经由压缩机的吸气口回到变频压缩机中，开始下一次制热循环。

3.2.2　空调器电路系统的工作过程

空调器的电路系统是由室内机电路和室外机电路共同构成的，不同类型空调器的电路系统工作过程十分相似，如图 3-20 所示为典型变频空调器的电路结构框图。

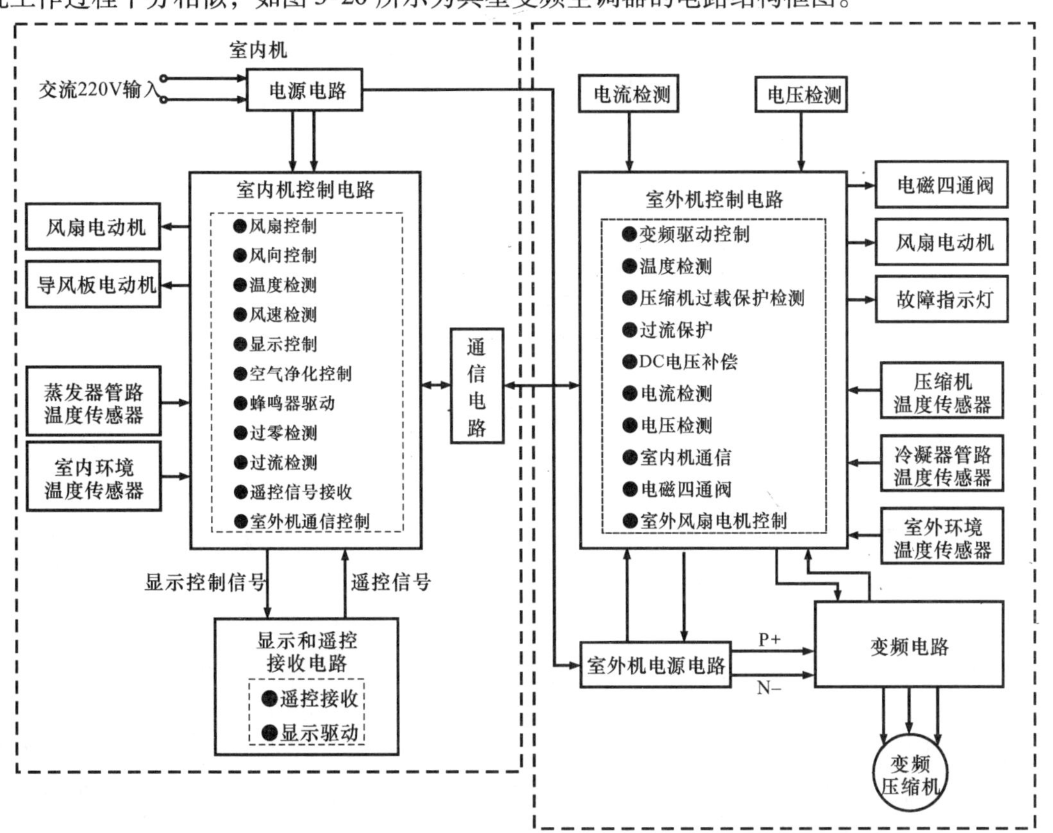

图 3-20　典型变频空调器的电路结构框图

空调器工作时，交流220V电压经过室内机给室外机供电。用户通过遥控器给室内机发送人工控制指令，室内微处理器收到指令后，除对室内机的风扇电动机、导风板电动机发出工作指令外，还将控制信号通过通信电路传送到室外机的微处理器中，由室外机的微处理器对变频电路、室外风扇电动机、电磁四通阀等部件发出控制信号。室外机的工作状态也由通信电路送回到室内机的微处理器中，微处理器再将工作状态变成驱动信号，经显示电路显示出来。

1. 室内机电路系统的工作过程

图3-21所示为典型变频空调器室内机电路接线图。从该接线图中可以发现，变频空调器室内机电路主要是由控制电路板、室内风扇电动机、导风板电动机、温度传感器、端子板和电源插头等构成的。

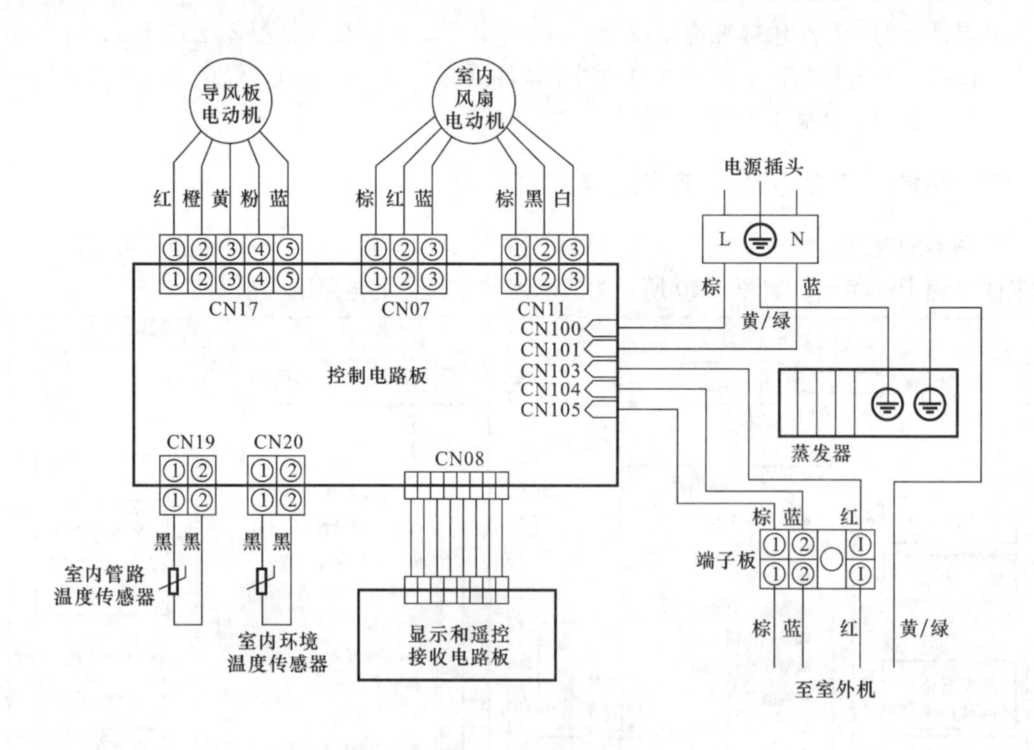

图3-21　典型变频空调器室内机电路接线图

图3-22所示为变频空调器室内机电路系统的工作过程，室内机电路可进行开/关机、工作模式设置、制冷温度设置、制热温度设置等操作，并通过遥控发射器对室内机的微处理器发出人工操作指令。室内机微处理器与室外机的微处理器进行数据通信，将控制信号送到室外机微处理器，分别对室内机、室外机的各部分进行自动控制。

2. 室外机电路系统的工作过程

图3-23所示为典型变频空调器室外机电路接线图。从该接线图中可以发现，变频空调器室外机电路主要是由变频电路、变频压缩机、控制电路板、室外风扇电动机、电磁四通阀、过热保护继电器、温度传感器、滤波器和端子板等构成的。

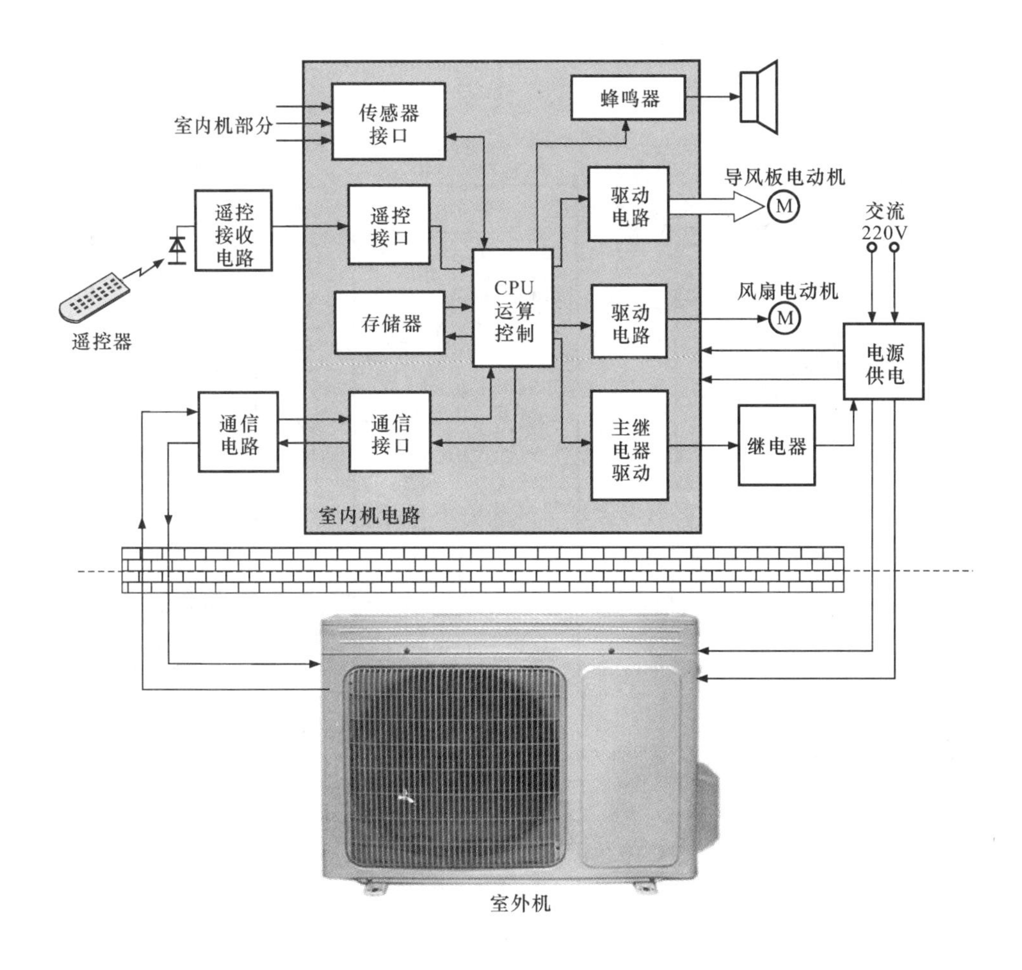

图 3-22　变频空调器室内机电路系统的工作过程

图 3-24 所示为变频空调器室内机电路系统的工作过程，室外机电路接收室内机电路送来的通信信号，在室外机微处理器的控制下，对变频电路、风扇驱动电路等部分进行自动控制。

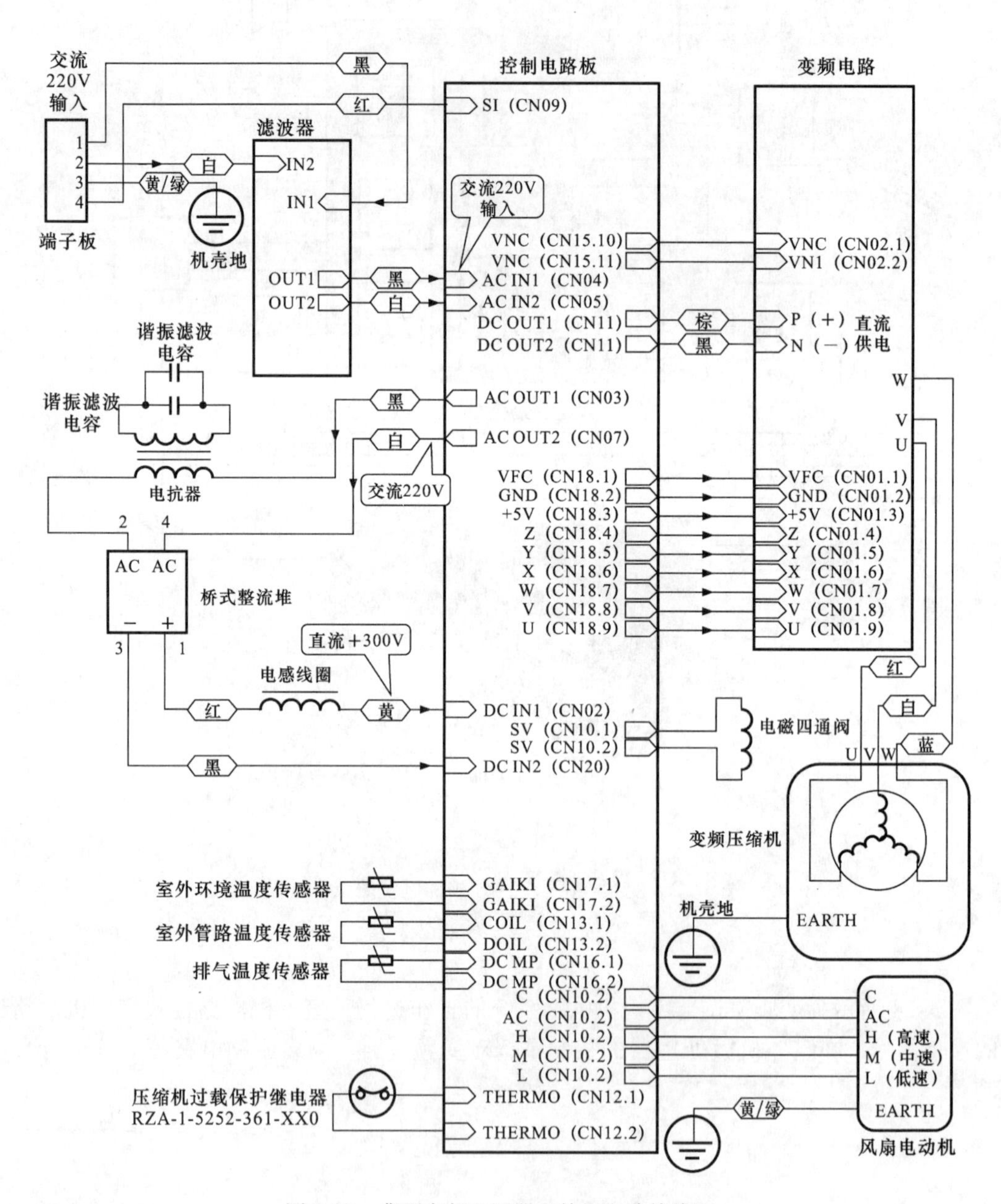

图3-23 典型变频空调器室外机电路接线图

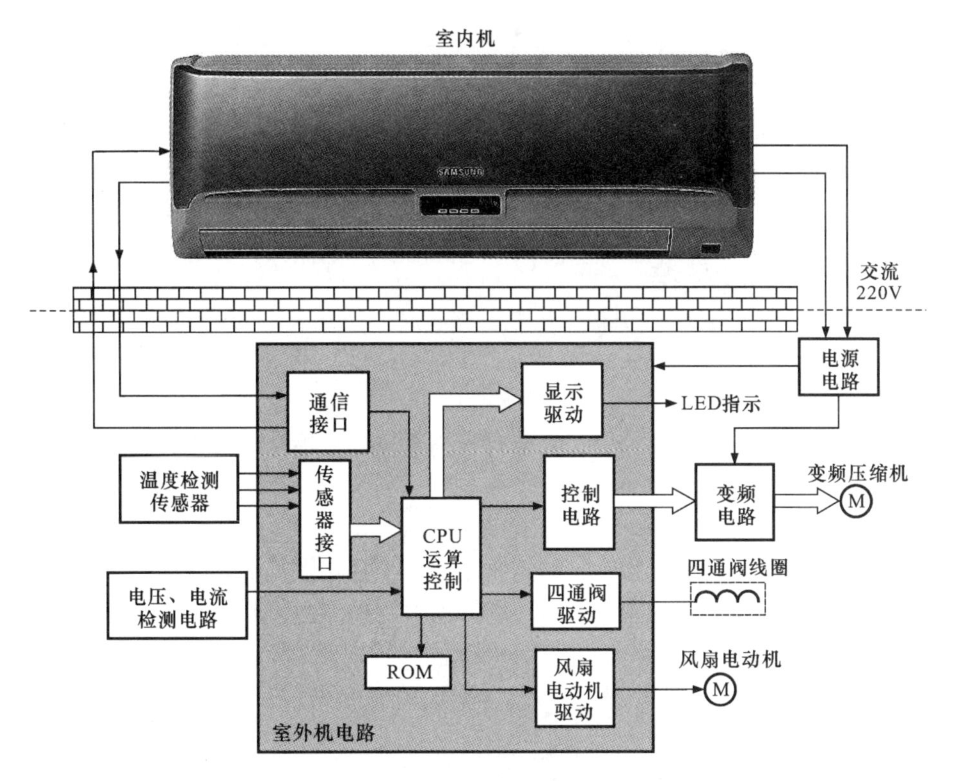

图 3-24　变频空调器室内机电路系统的工作过程

第4章　掌握空调器的管路检修技能

4.1　管路的加工和焊接

4.1.1　管路的加工技能

当空调器的管路系统发生故障时，需要对管路系统进行检修。检修时，需要对空调器内部的管路进行切割和扩口加工。

1. 空调器管路切割技能

当空调器的管路系统发生故障时，对需要更换制冷管路进行切割操作。切割时要选用专用的切割工具，即切管器，如图4-1所示，切管器主要是由进刀旋钮、切割刀片、滚轮以及刮管刀构成。

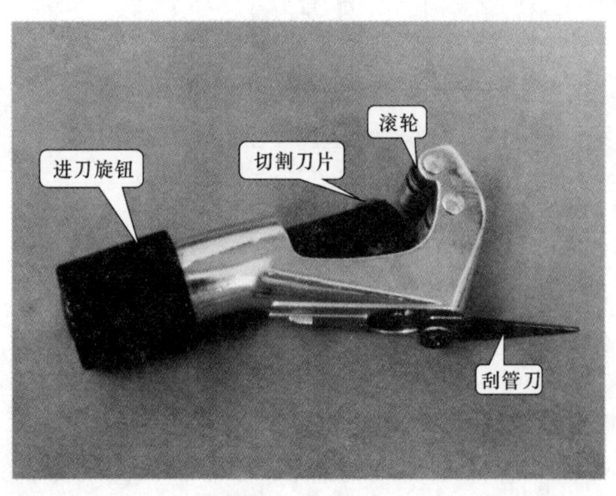

图4-1　切管器

(1) 调节切管器

空调器管路多为铜管，在使用切管器对铜管进行切割时，首先旋转进刀旋钮调节切割刀片和滚轮之间的间距，使该间距大于待切割的铜管直径，便于铜管的放入，如图4-2所示。

(2) 将铜管放入切管器中

将需要切割的铜管放置在切管器刀片和滚轮之间，使铜管与切管器的刀片相互垂直，如图4-3所示，然后缓慢旋转切管器的进刀旋钮，使切管器的刀片接触铜管的管壁。

(3) 对铜管进行切割

开始切割时，用手握紧铜管防止铜管脱落，然后顺时针方向旋转切管器，在旋转时应使铜管与切管器垂直，且每转动一圈，需调节一次进刀旋钮，使刀片逐渐切入铜管，保证铜管在切管器刀片和滚轮间受力均匀，直到将铜管切断，如图4-4所示。

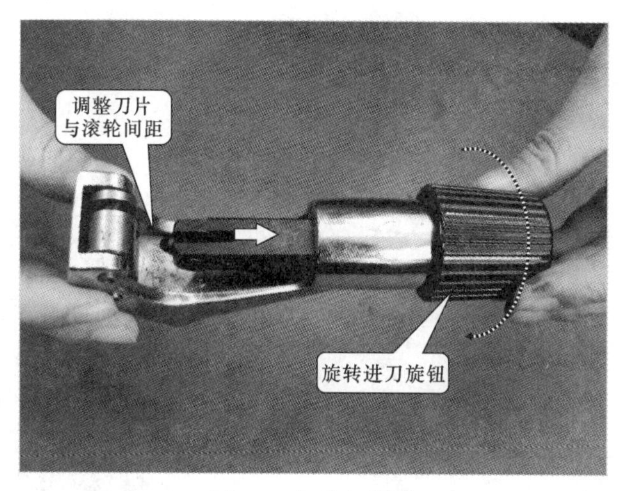

图4-2　调节切管器

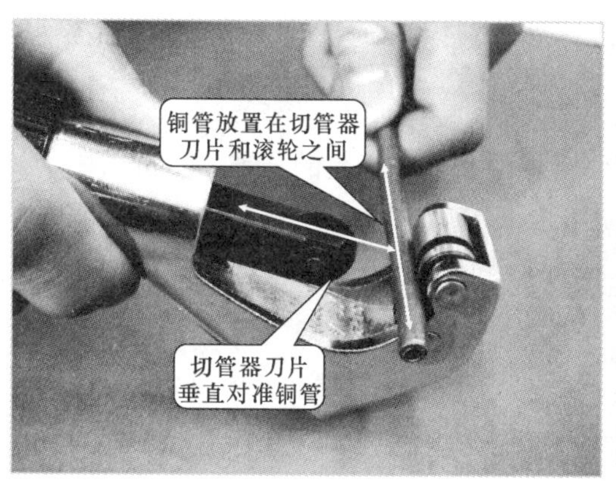

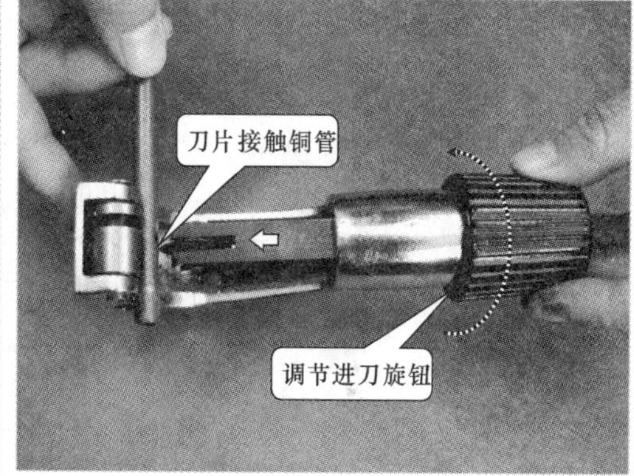

图4-3　将铜管放入切管器中

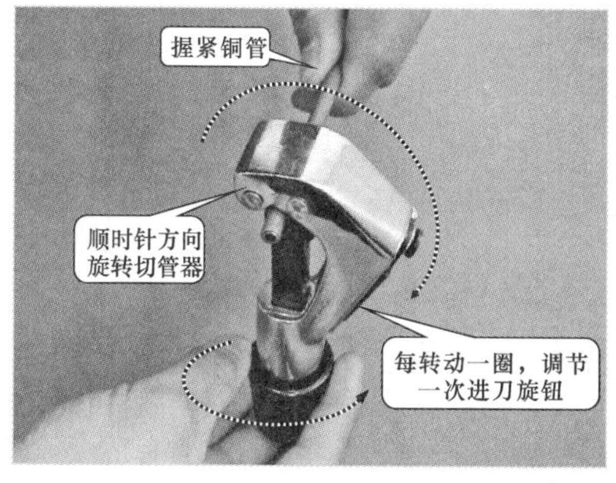

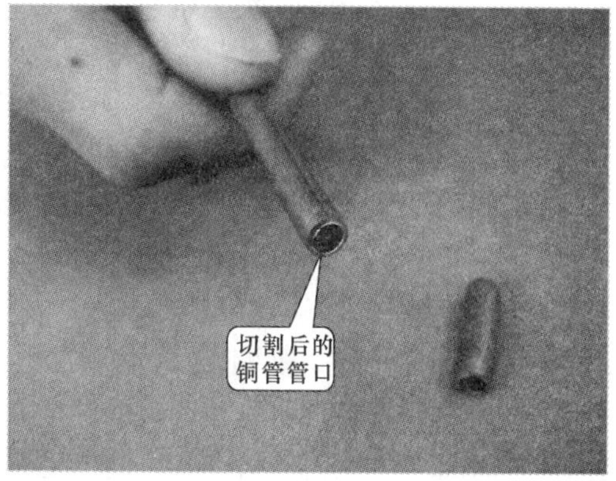

图4-4　旋转切管器与进刀旋钮

链接：

在维修空调器的管路系统时，若需要对毛细管进行切割，可以使用专用的毛细管剪刀，如图4-5所示。将毛细管剪刀的钳口钳住毛细管需要切割的部位，此时用力握紧手柄即可将毛细管剪断。

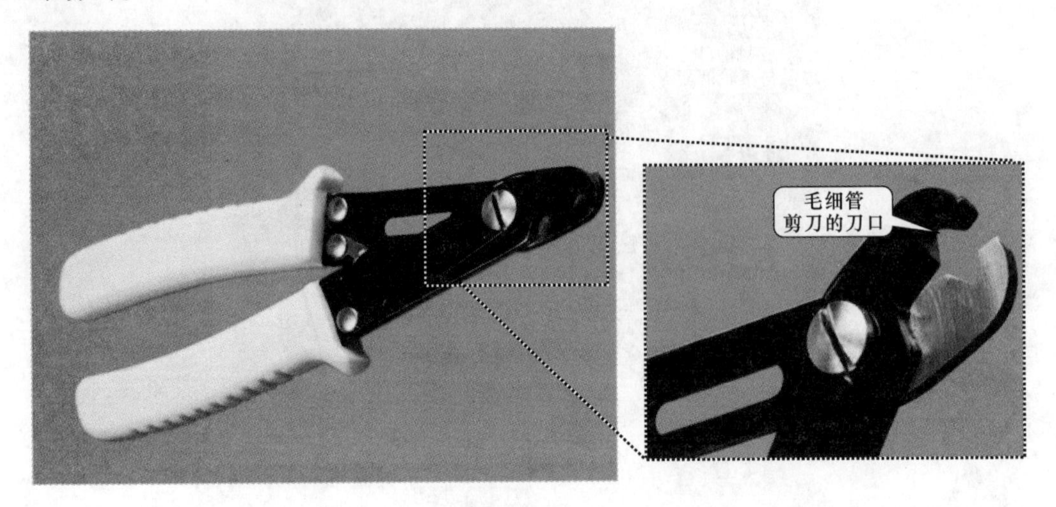

图 4-5　毛细管剪刀

在条件允许的情况下，可以使用专用的修管器对切割的铜管口进行修整，如图 4-6 所示为修管器的实物外形，从图 4-6 中可以看出在修管器的一端有凸起的圆锥体，可以用于打磨铜管内壁的毛刺，在修管器的另一端为凹向内部的圆锥体，用于打磨铜管外壁的毛刺。

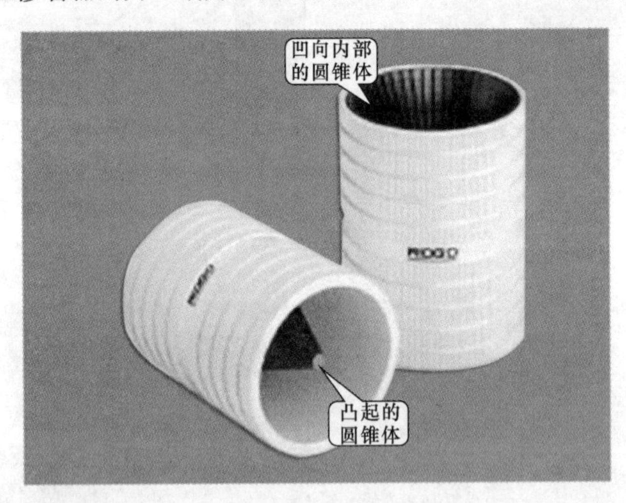

图 4-6　修管器实物外形

在使用修管器修整切割铜管口的毛刺时，先将待修整铜管垂直放入修管器的凹入圆锥端，轻轻转动修管器，对铜管的管口外壁毛刺进行修整；再将铜管垂直放入修管器凸起圆锥端，轻轻转动修管器，对铜管的管口内壁毛刺进行修整，如图 4-7 所示。

2. 空调器管口的加工技能

在维修空调器管路时，根据管路连接要求及应用环境的不同，对管口的加工操作也有所不同。通常空调器管路的管口主要有喇叭口和杯形口两种，在对管口进行加工时，应使用专用的扩管组件，如图 4-8 所示，扩管组件主要包括顶压器、不同外形的锥形支头、扩管器夹板等部件。

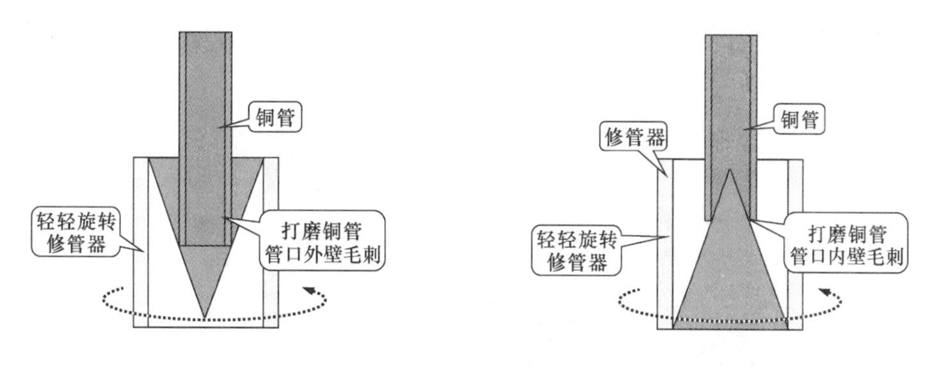

图 4-7　修管器的使用方法

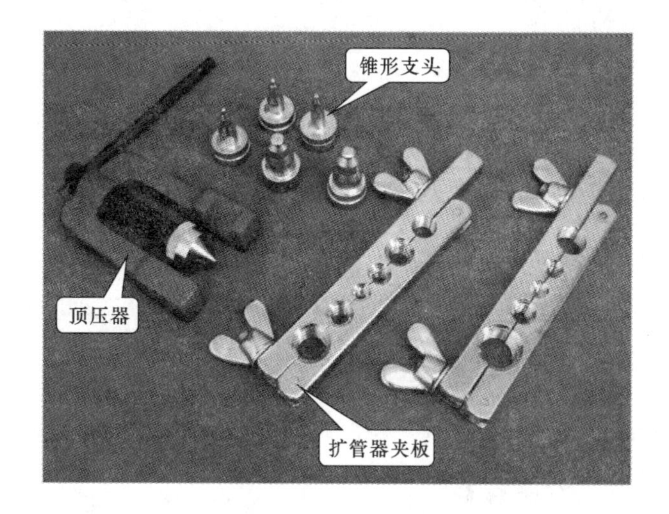

图 4-8　扩管组件

（1）喇叭口加工的方法

喇叭口主要用于通过纳子进行连接的管路，该类管口主要在空调器的室内外机管路进行连接时使用。

在将铜管口加工为喇叭口时，先将需要加工的铜管放置在与铜管管径相同的扩管器夹板孔中，使管口朝向喇叭口斜面一侧，如图 4-9 所示，露出的长度应与该孔斜面长度相等。

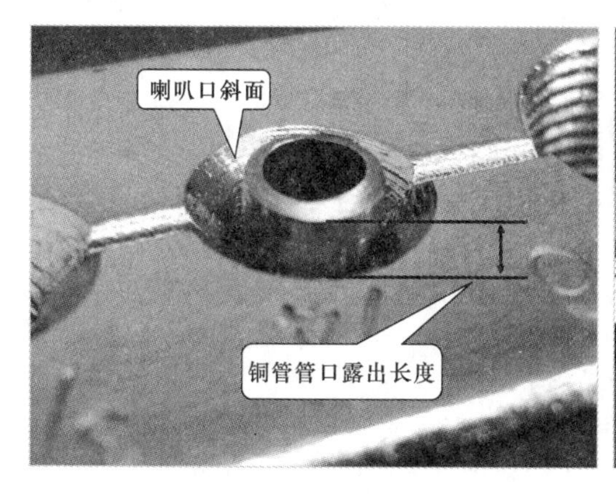

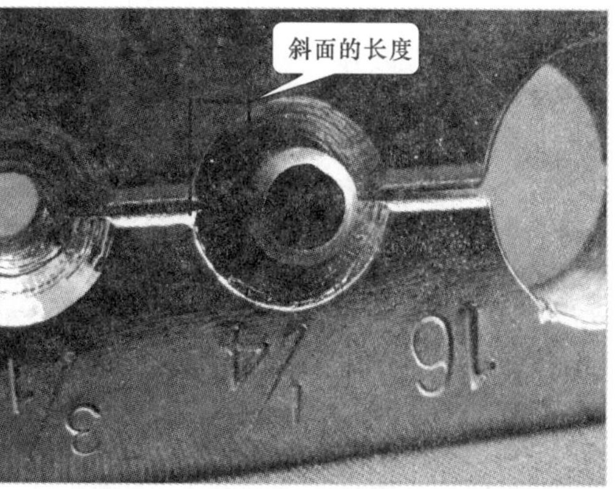

图 4-9　喇叭口露出扩管器夹板的长度

扩喇叭口所使用的锥形支头没有规格之分，可以给任何直径的铜管扩压喇叭口，如图4-10所示。

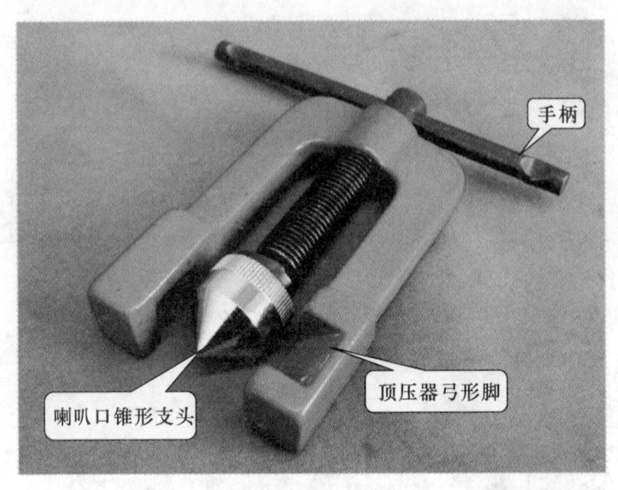

图4-10　喇叭口锥形支头

确认铜管被夹牢后，将顶压器的锥形支头垂直顶压到铜管口上，使顶压器的弓形脚卡住扩管器夹板，此时顺时针转动顶压器上端的手柄，进行扩口操作，如图4-11所示。

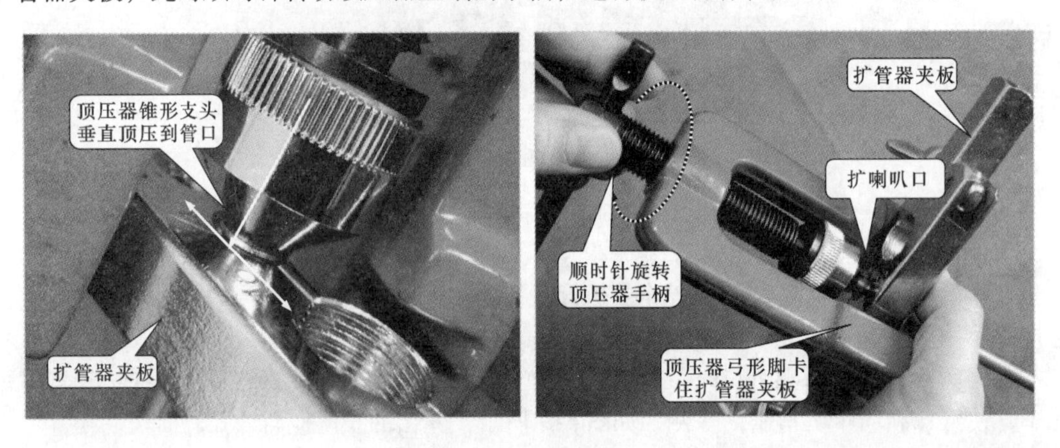

图4-11　扩喇叭口

当顶压器手柄无法继续转动时，说明铜管口已扩为喇叭口。此时逆时针转动顶压器上的手柄，使锥形支头与铜管分离，然后将扩管器夹板从顶压器的弓形脚中取出，最后再将扩管器夹板打开，取出已扩成喇叭口的铜管，如图4-12所示。

（2）杯形口加工的方法

杯形口主要用于空调器中制冷管路的连接，当两根铜管需要进行焊接时，为了使焊接牢固，通常需要将一根铜管的管口加工为杯形口，以便于另一根管路能够插入，如图4-13所示。

在将铜管口加工为杯形口时，首先需要根据加工铜管的直径选择合适的扩管器夹板孔径，以及合适的杯形口锥形支头，然后将需要加工的铜管放置在与铜管管径相同的扩管器夹板孔中，使管口朝向斜面一侧，并确保铜管露出的长度与锥形支头的长度相等，如图4-14所示。

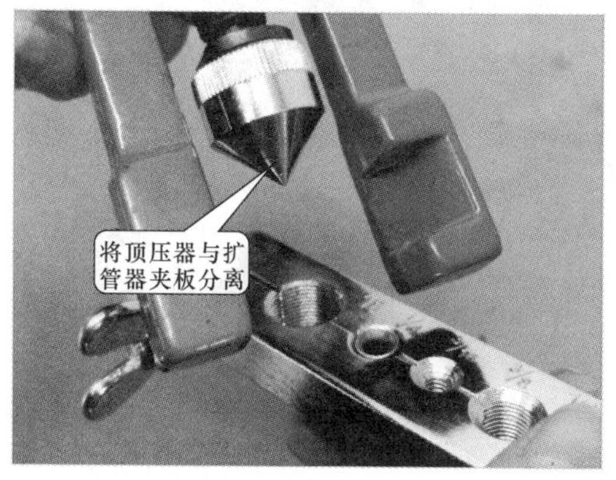

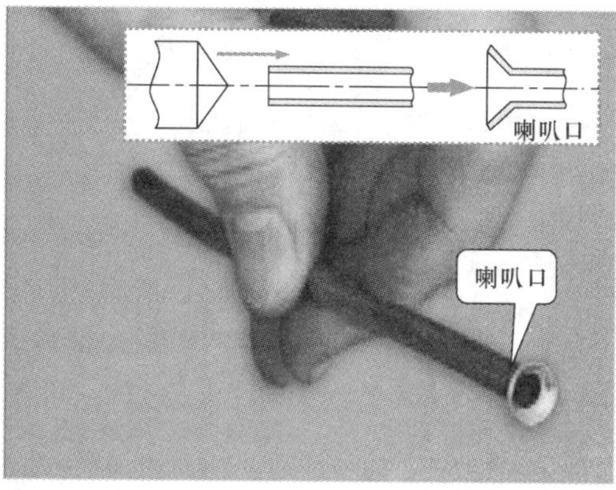

图 4-12　扩好的喇叭口

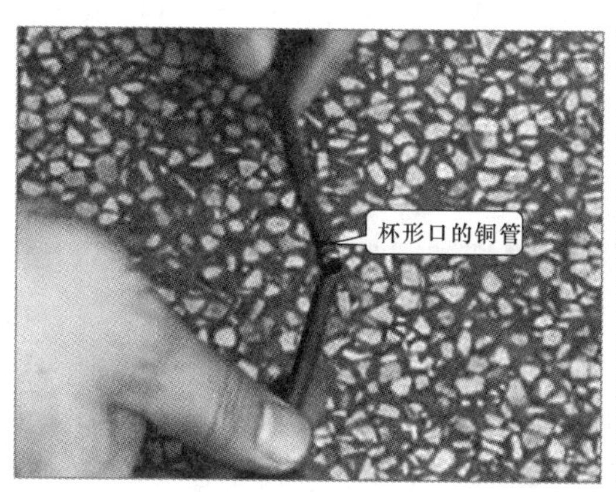

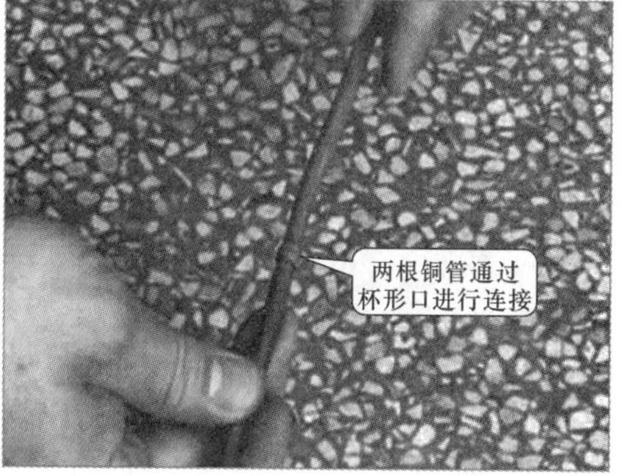

图 4-13　杯形口在空调器管路中的应用

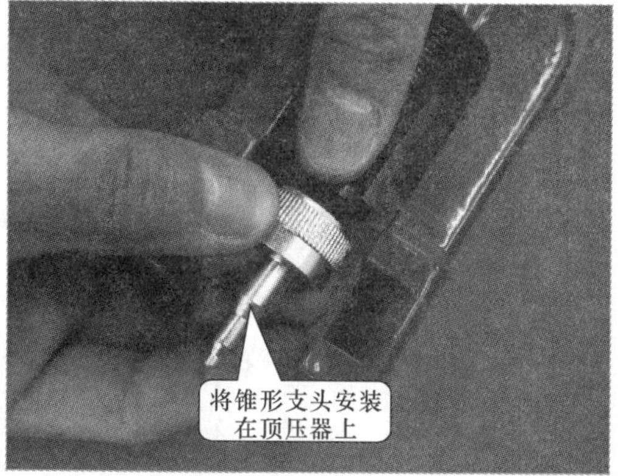

图 4-14　杯形口露出扩管器夹板的长度

确认铜管被夹牢后，将顶压器的锥形支头垂直顶压到铜管口上，使顶压器的弓形脚卡住扩管器夹板，此时沿顺时针方向旋转顶压器顶部的手柄，直至顶压器的锥形支头将铜管口扩成杯形，如图 4-15 所示。

杯形口扩压完成以后，逆时针转动顶压器上的手柄，使顶压器的锥形支头与铜管分离，

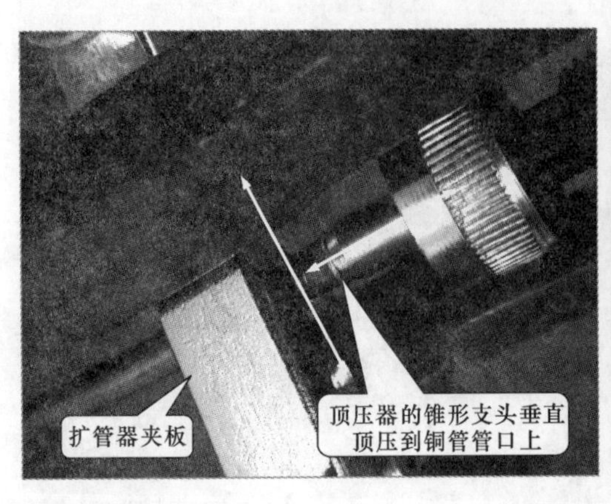

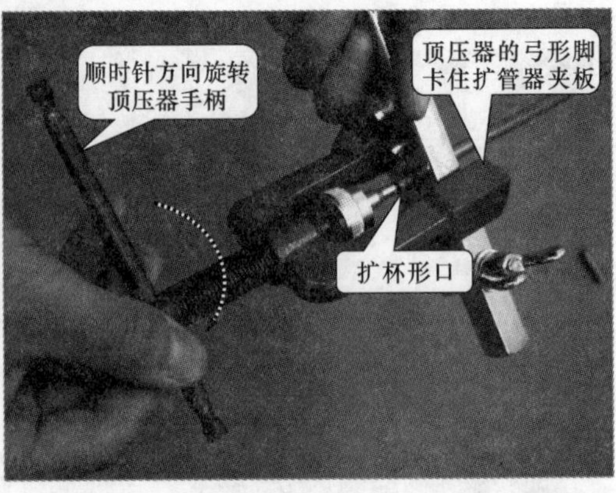

图4-15　杯形口扩口操作

然后将扩管器夹板从顶压器的弓形脚中取出，最后再将扩管器夹板打开，取出已完成杯形口扩口的铜管，如图4-16所示。

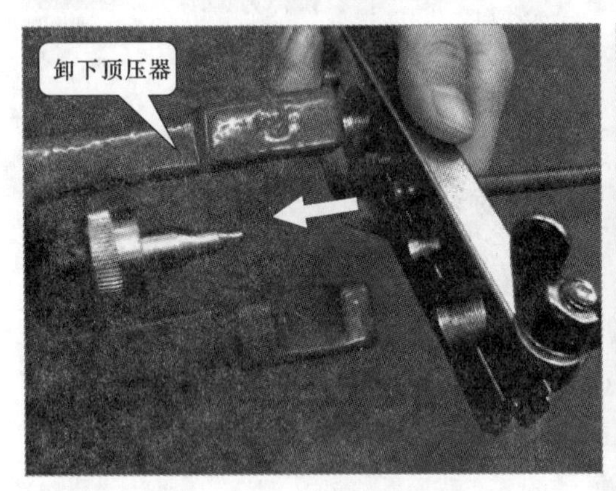

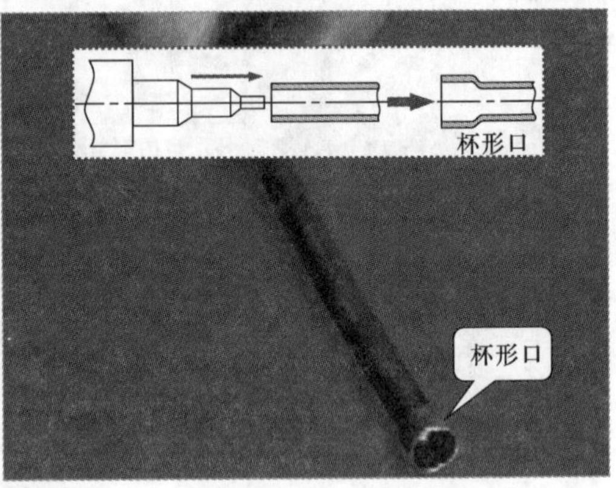

图4-16　扩好的杯形口

提示：

在对管路进行扩口加工时，要始终保持锥形支头与铜管垂直，否则会出现歪口或裂口的现象，如图4-17所示。

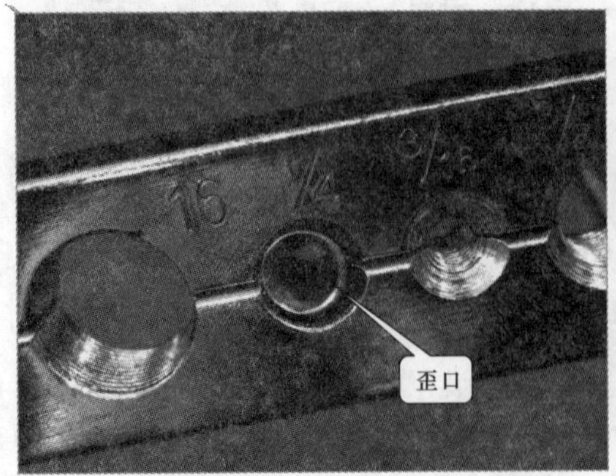

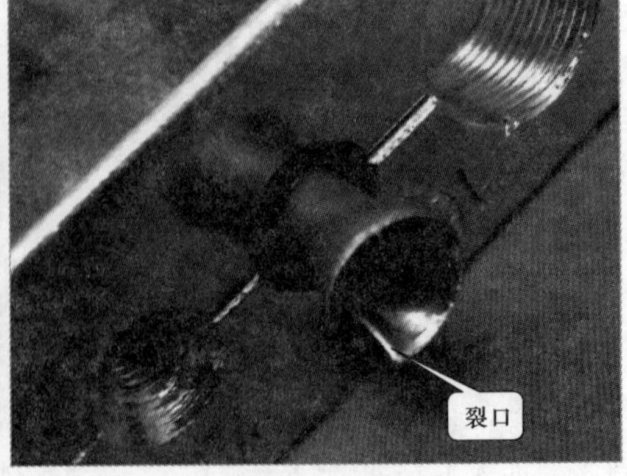

图4-17　畸形的杯形口

4.1.2　管路的焊接技能

空调器制冷管路的连接多数采用焊接操作，因为经过焊接后的管路连接可靠，外表圆滑，而且不易发生泄漏、堵塞等现象。

空调器管路的焊接技能主要包括选择焊料、充氮、焊接和冷却 4 步。

1. 选择焊料

焊料是在空调器管路焊接时，添加到焊缝中的金属合金材料。其熔化温度与管路的熔化温度相接近。在空调器中常用的焊料主要有铜焊料和银铜焊料，焊料通常制作成金属丝或金属条，如图 4-18 所示为常用的铜焊料和银铜焊料的实物外形，两种焊料的颜色较接近，通过外观不易区分。

图 4-18　常用的铜焊料和银铜焊料

铜焊料和银铜焊料的化学成分不同，其性能也有所差异，因此焊接时可根据需要进行选择，表 4-1 所列为铜焊料和银铜焊料的性能对比。

表 4-1　铜焊料和银铜焊料的性能对比

材料	强度	还原性	焊接温度	焊接难度	助焊剂	价格
铜焊料	高	具备	高	大	不需要	低
银铜焊料	低	不具备	低	小	需要	高

2. 充氮

空调器在焊接时容易和周围的空气发生氧化反应，形成氧化物，影响管路焊接的质量和效果，同时还会影响制冷系统的清洁度，因此在管路焊接之前必须进行充氮保护。

焊接前首先将扩管处理后的管路插接在一起，就近选择接口连接氮气瓶。

图 4-19 所示为焊接时管路充氮示意图。对管路进行充氮时，需要使用氮气专用减压器，氮气专用减压器有高压、低压两个连接端口，其中高压端口直接拧在氮气瓶上，低压端口通过连接软管与空调器管路相连。

充氮设备连接完成后，就可进行充氮操作了，当管路直径小于 10mm 时，应采用预充式

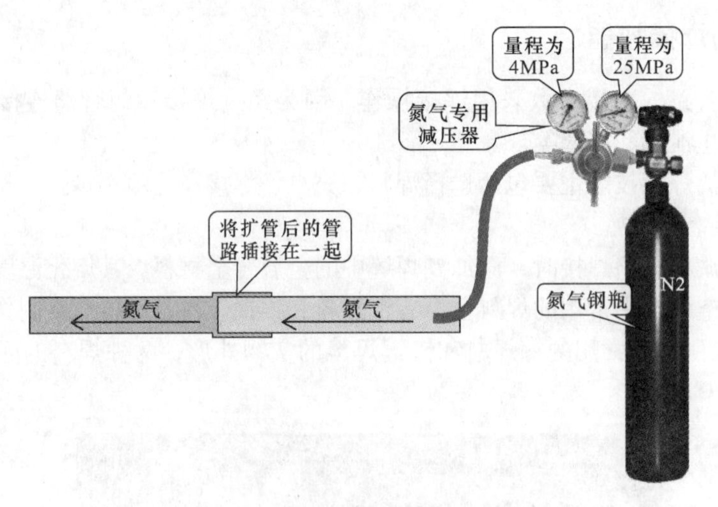

图4-19　焊接时管路充氮示意图

进行充氮，即调节充氮压力为0.05~0.2MPa，充氮3~5秒后停止，立即进行焊接。这种焊接方法可以有效避免较细管路焊接过程中的起泡现象。

当管路直径大于10mm时，可边充氮边焊接，充氮压力为0.05~0.1MPa。

链接：

氮气专用减压器用于将氮气瓶内的高压气体降低后，输出所需的低压气体，在该减压器上设有两块压力表，其中右侧压力表用于指示氮气钢瓶内的压力，而左侧压力表用于指示输出的压力，而输出压力可通过调节转动手柄进行调节。

提示：

对多管口的管路进行充氮时，需堵住部分管口使氮气流向焊接处，保证焊接质量，如图4-20所示。

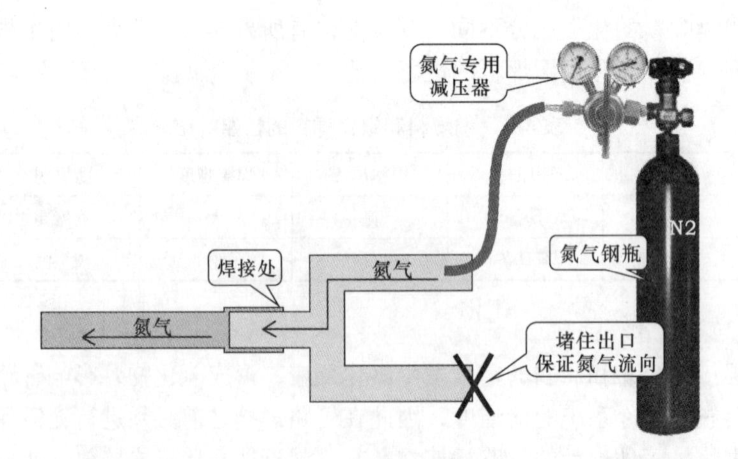

图4-20　多管口管路充氮

链接：

如图4-21所示为焊接管路是否充氮气的效果比较。由图4-21中可看出，充氮焊接时，管路内壁光亮如新，直接焊接时，管路内壁有灰黑色氧化层，可能导致管路堵塞。

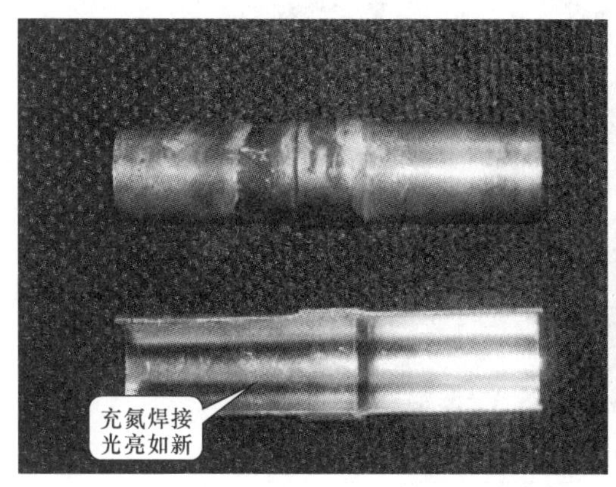

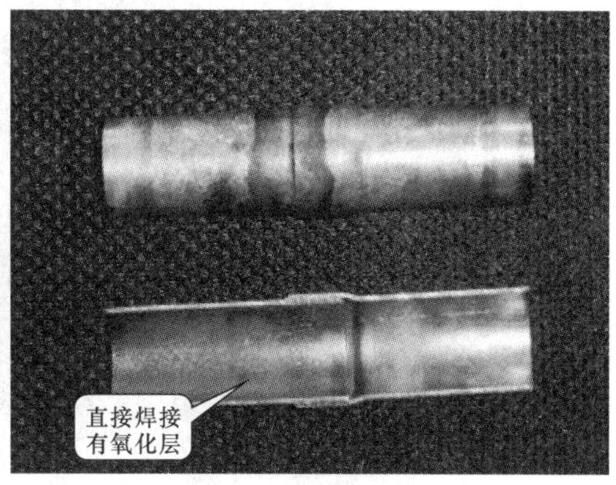

图 4-21　焊接管路是否充氮气的效果比较

3. 焊接

焊接是指利用气体火焰做热源，将管路系统中的铜管连接在一起的技能。在空调器管路维修中，常使用套焊法进行焊接，焊接后的管路连接可靠，外表圆滑，而且不易发生泄漏、堵塞现象。图 4-22 所示为空调器管路焊接时常使用的焊接工具。

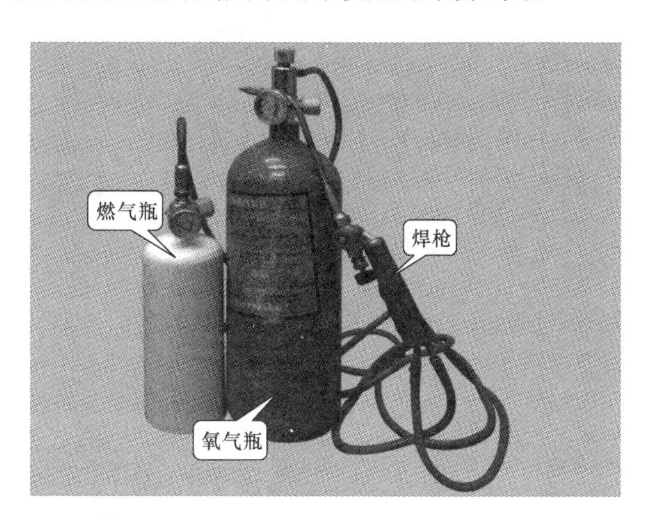

图 4-22　常用焊接工具

空调器维修中常见的焊接操作是将两根相同直径的铜管焊接在一起，焊接前需要将其中一根铜管的端口扩成杯形口，使另一根铜管能够贴合地套接在该铜管上，然后再进行焊接操作，如图 4-23 所示。

链接：

在对管路进行焊接时，需要将两根铜管对插连接，为了连接牢固需要将其中一根铜管的管口加工为杯形，但由于铜管直径的不同，因此加工杯形口的深度也有所不同，如图 4-24 所示。

(1) 打开氧气瓶和燃气瓶

焊接管路之前，先打开氧气瓶总阀门，通过氧气瓶控制阀门，调整氧气输出压力，使压

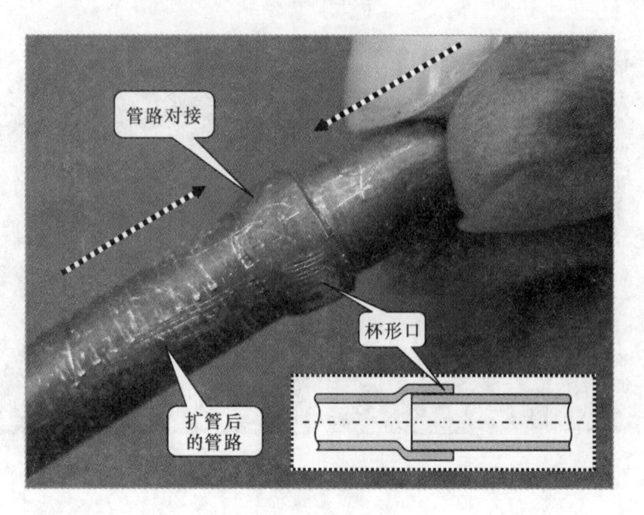

图 4-23　焊接示意图

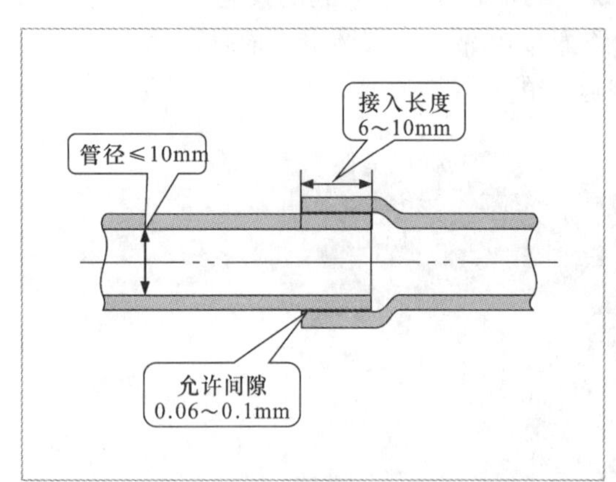

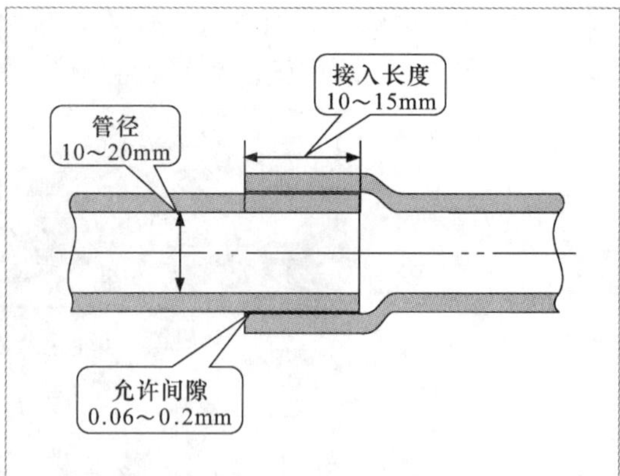

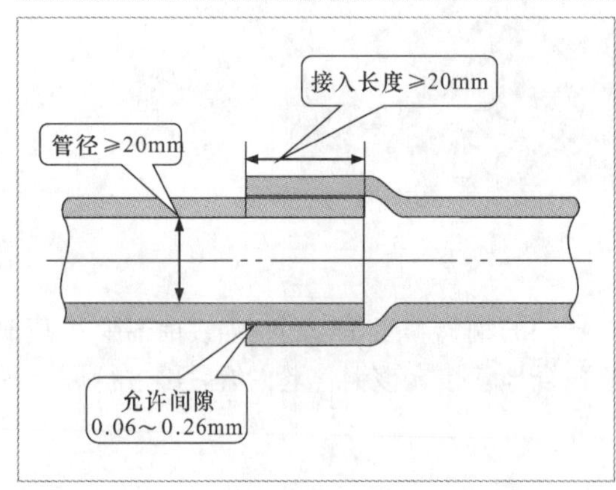

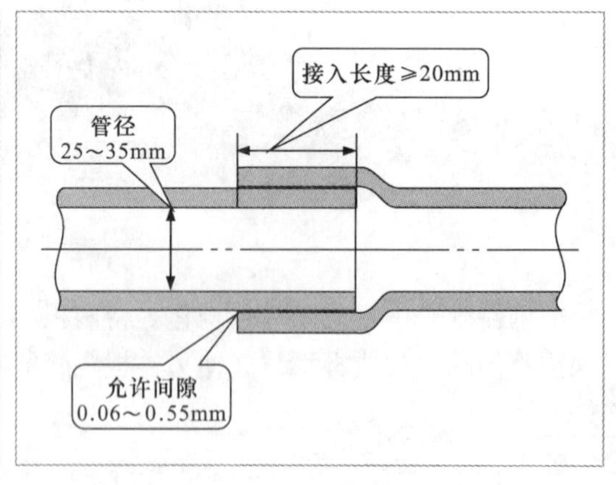

图 4-24　焊接时杯形口加工深度的要求

力表显示的氧气输出压力保持在 2kgf（千克力，1kgf = 9. 8N）以下，然后再打开燃气瓶总阀门，通过该阀门使燃气输出压力保持在 5kgf 以下，此时氧气和燃气通过连接软管进入焊枪，如图 4-25 所示。

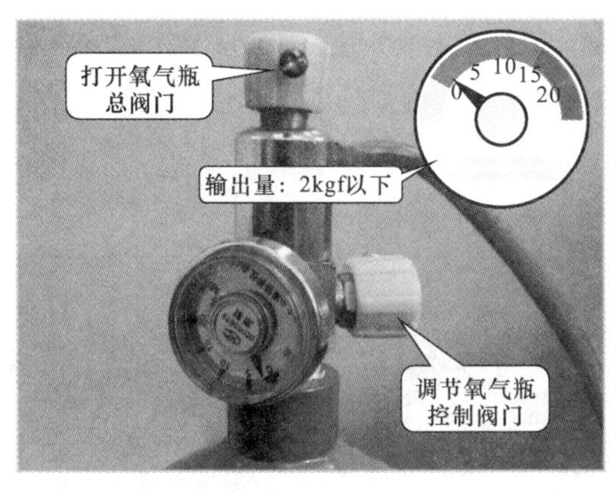

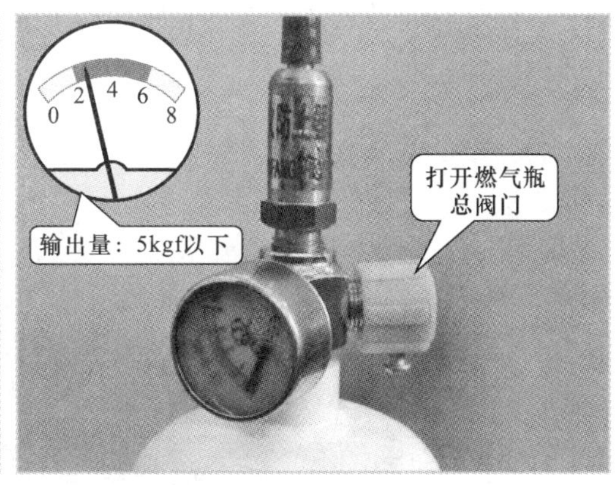

图 4-25　氧气瓶和燃气瓶的操作

（2）打开焊枪控制旋钮

接下来先打开焊枪上的氧气控制旋钮，排出焊枪内的空气后关闭，再打开燃气控制旋钮，然后将打火机置于枪嘴下方 3cm 左右的地方进行点燃，如图 4-26 所示。

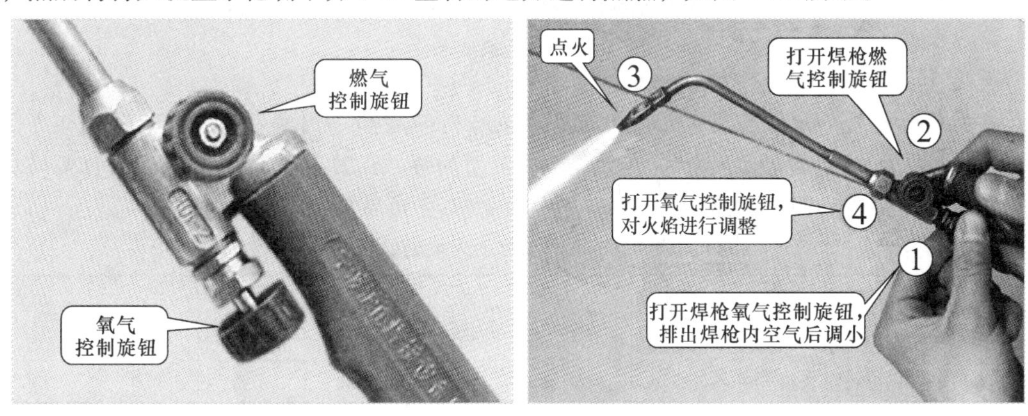

图 4-26　焊枪的操作

点火后再打开氧气控制旋钮，对火焰进行调整。通过调节氧气和燃气控制旋钮，使火焰呈中性火焰，如图 4-27 所示。中性火焰外焰呈天蓝色，中焰呈亮蓝色，内焰即焰心呈明亮

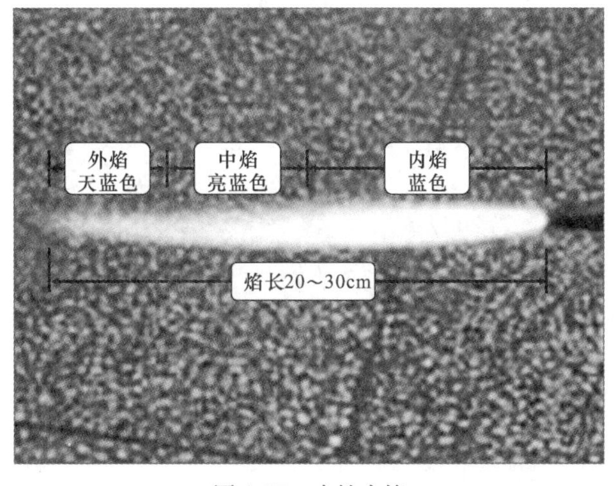

图 4-27　中性火焰

的蓝色，其中内焰是最适合进行管路焊接的火焰。

提示：

调节火焰时应注意燃气与氧气的均衡，若氧气或燃气开得过大，就不容易出现中性火焰，反而成为不适合焊接的过氧焰或碳化焰，如图 4-28 所示，过氧焰温度高，火焰逐渐变为蓝色，焊接时会产生氧化物，而碳化焰的温度较低，无法焊接管路。

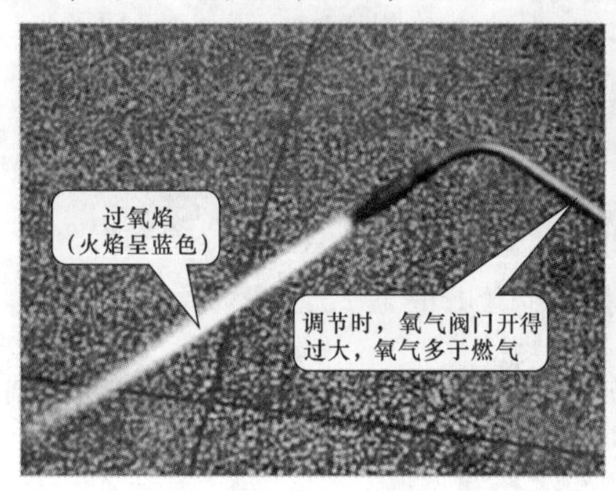

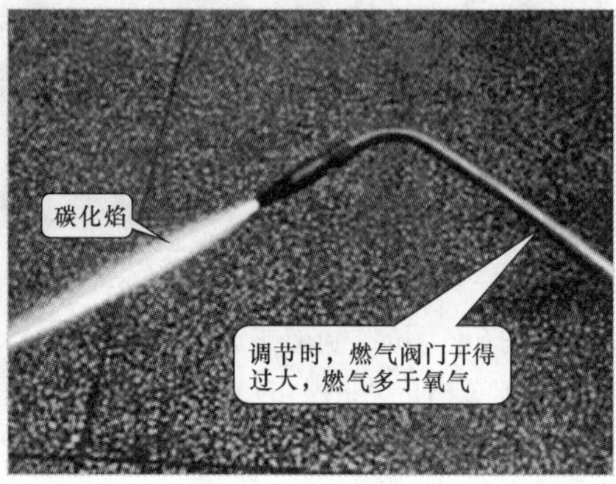

图 4-28　过氧焰或碳化焰

链接：

表 4-2 所列为不同温度下火焰的颜色，从表中可以看出不同颜色的火焰其温度都有所不同，焊接时应根据空调器管路材质的不同选择不同的焊接温度，即调整不同颜色的火焰。例如焊接时磷铜焊条的焊接温度为 600℃，黄铜焊条的焊接温度为 1300℃。

表 4-2　不同温度下火焰的颜色

颜色	白天可见	暗红	鲜红	浅红	橙	黄	浅黄	白色	白而有光
温度（℃）	525	600	725	830	900	1000	1080	1180	1300

（3）焊接

焊枪火焰调节完成后，便可对插接的铜管进行焊接了。将焊枪倾斜 80°～85°，火焰对准铜管接口，旋转铜管进行预热，将铜管焊接口预热为桃红色，如图 4-29 所示。

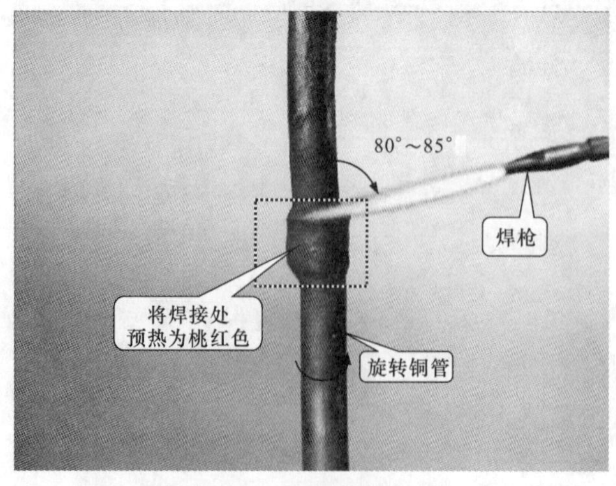

图 4-29　预热铜管焊接处

当铜管焊接处被加热至桃红色时，将焊条放置在焊接口处，与铜管间的角度约为 45°，倾斜焊枪使焊条与焊枪火焰间的角度保持在 90°，与铜管的角度保持在 45°，利用中性火焰的高温将焊条熔化，使其均匀的包围在两铜管焊接处，如图 4-30 所示。

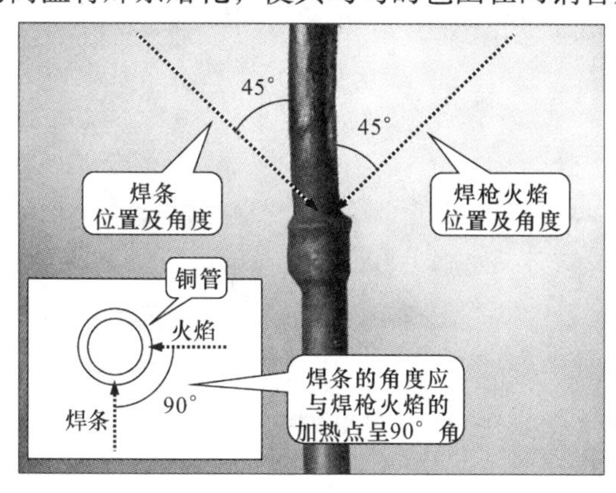

图 4-30　管路的焊接

将焊条移开，继续对铜管焊接处进行均匀加热 5 ~ 10s 左右，此时便可完成焊接操作。

焊接时应观察焊料的流向与流量，焊接完成后需要检查焊接效果，查看焊接铜管的形状，焊料是否均匀，焊接表面是否光滑，是否附着异物等。

(4) 关闭焊枪控制旋钮

焊接完毕后先关闭焊枪的氧气控制旋钮，然后关闭焊枪的燃气控制旋钮，焊枪熄火，如图 4-31 所示。

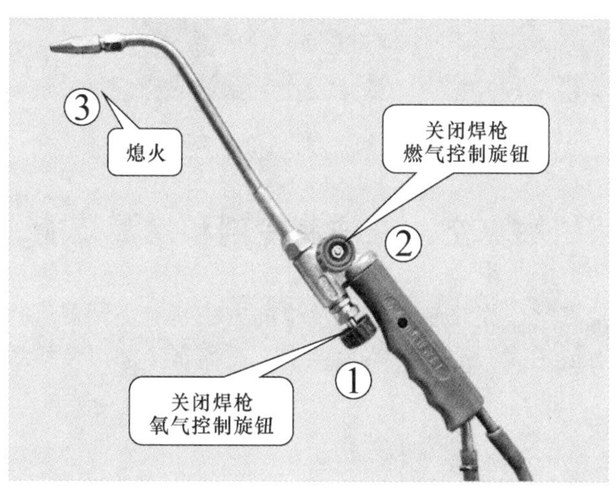

图 4-31　熄灭火焰

(5) 关闭燃气瓶和氧气瓶

关闭焊枪阀门火焰熄灭后，再关闭燃气瓶和氧气瓶总阀门，如图 4-32 所示。

4. 冷却

为避免焊接后的高温管路被氧化，应继续充氮至管路恢复到室温，如图 4-33 所示。

由于管路的体积不同，因此散热的时间也不相同，焊接结束后可根据管路的直径大致估算冷却充氮时间，通常直径在 35mm 以下的管路焊接完成后需继续充氮 40s，直径在 35mm 以上的管路冷却充氮时间应相应增加。

图 4-32　关闭氧气瓶和燃气瓶总阀门

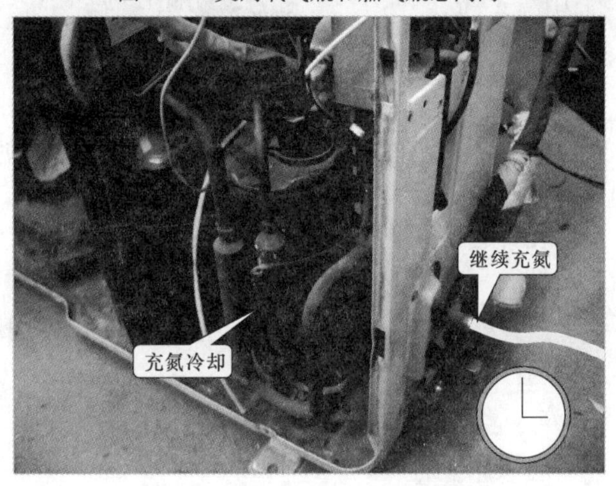

图 4-33　焊接后的冷却

4.2　空调器管路的抽真空、充注制冷剂和检漏技能

掌握空调器管路抽真空、充注制冷剂以及检漏方法是对空调器进行维修的必要技能。虽然空调器的生产厂家有所不同，但其管路抽真空、充注制冷剂以及检漏方法基本相同，下面分别对其进行介绍。

4.2.1　空调器管路抽真空技能

空调器管路抽真空是为了将管路中的空气全部抽出，防止空气带有杂质和水分，在空调器运行后造成管路堵塞。除此之外有些空调器中的制冷剂与空气混合后可能发生化学变化，引起管路系统中的压力异常、管路破裂等现象。

在对空调器管路进行抽真空时，需要使用真空泵（带有电子止回阀，主要用于防止真空泵中的机油逆流进入空调的管路系统中）、连接软管以及三通压力表阀，如图 4-34 所示。在真空泵上端有进气口、排气口和电源开关；在连接软管的两端都带有不同大小的纳子连接头；三通压力表主要由压力表、阀门和两个阀口构成，两个阀口用于与连接软管进行连接。

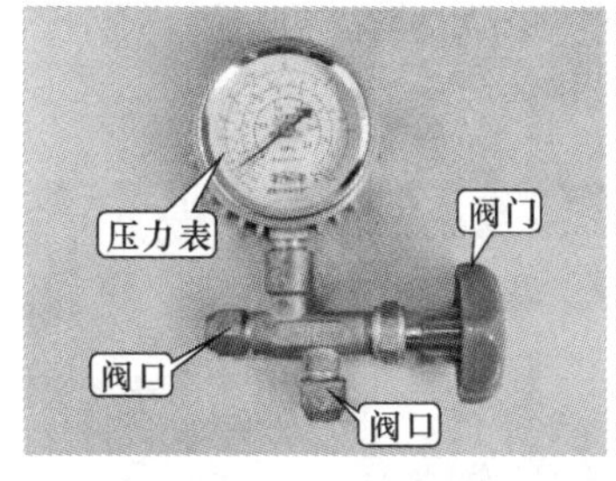

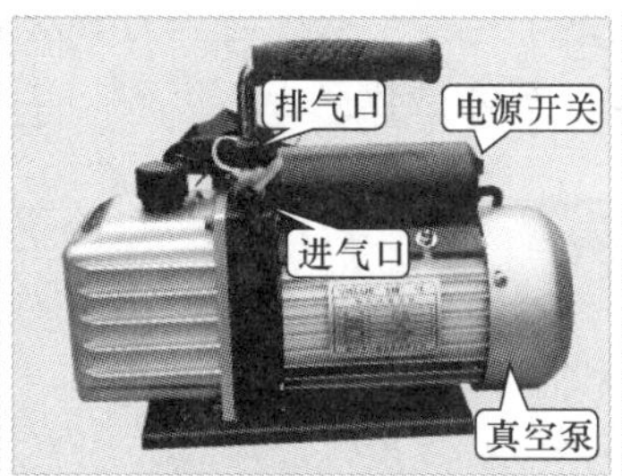

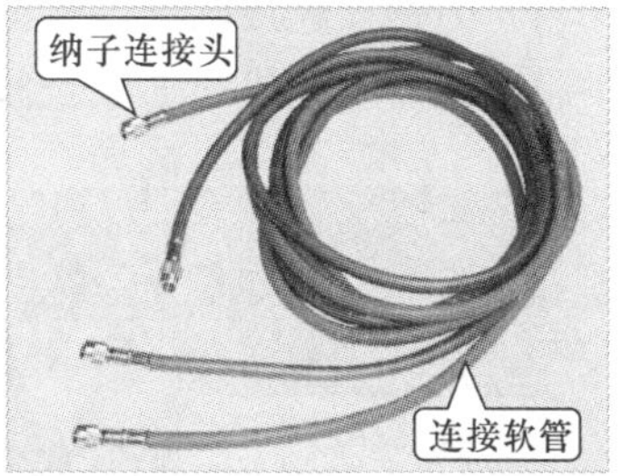

图 4-34　空调器抽真空使用的工具

1. 抽真空时设备的连接方法

在三通压力表阀的阀口上设有螺帽，连接三通压力表阀时，应先将三通压力表阀两个阀口上的螺帽拧下，如图 4-35 所示。

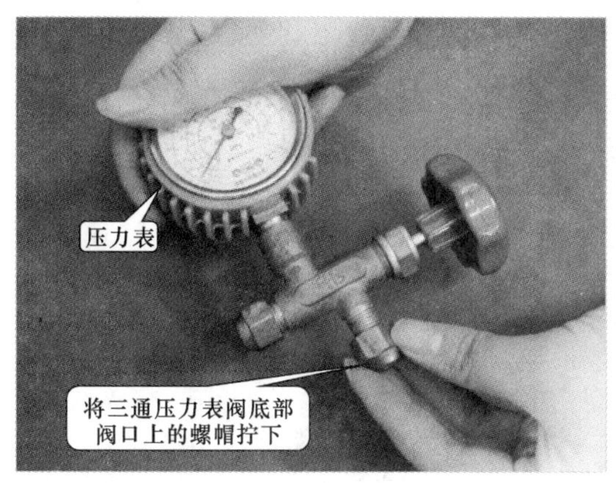

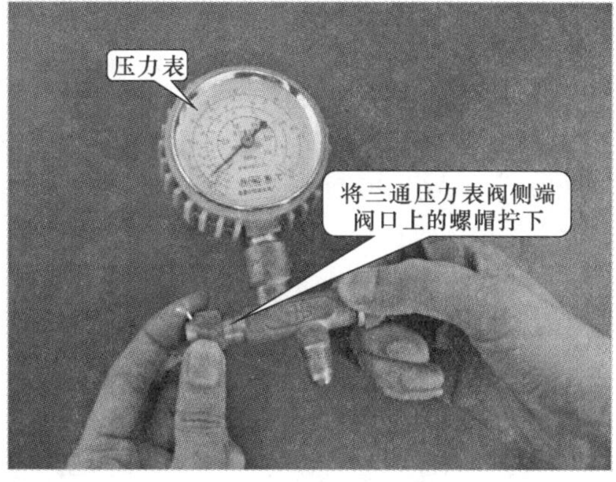

图 4-35　将三通压力表阀阀口上的螺帽取下

然后将一根连接软管一端的纳子连接头与三通压力表阀底部的阀口进行连接，再将该连接软管另一端的纳子连接头连接公制转接头，如图 4-36 所示。

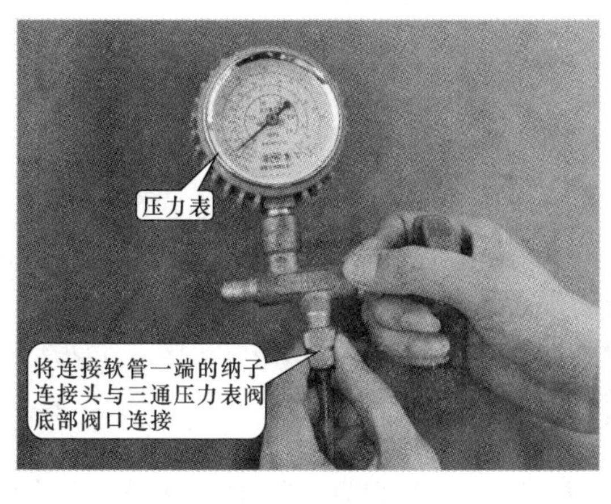

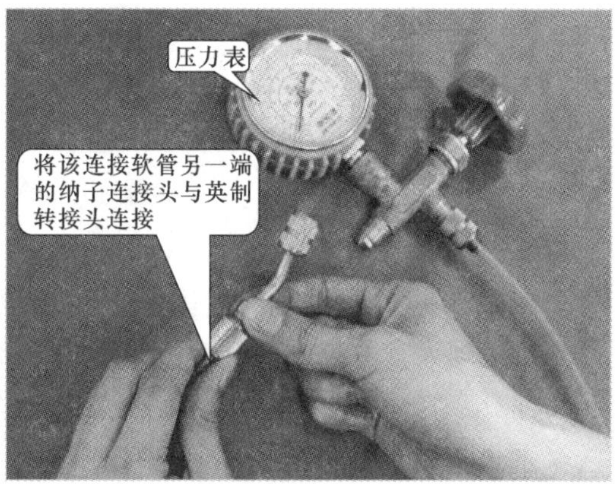

图 4-36　将连接软管与压力表的阀口进行连接

再将另一根连接软管一端的纳子连接头与三通压力表阀侧端的阀口进行连接，然后使用扳手将空调器室外机三通截止阀（气体截止阀）工艺管口上的阀帽拧下，如图 4-37 所示。

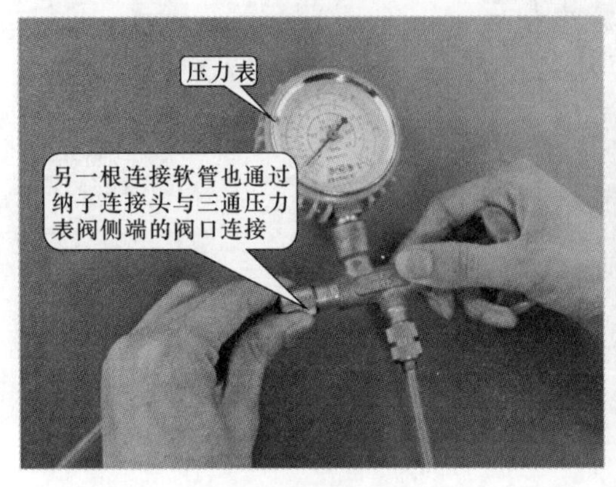

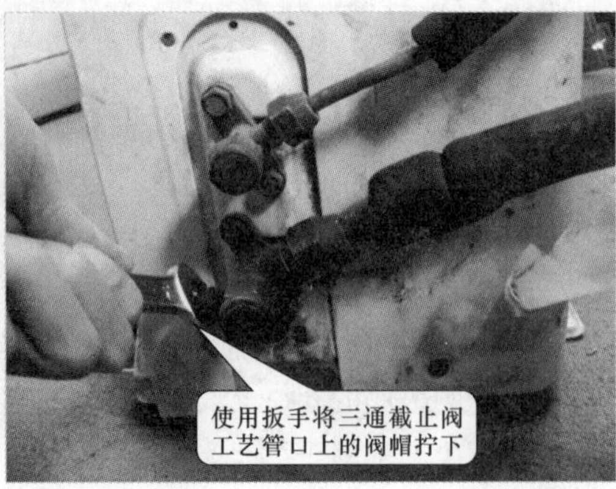

图 4-37　连接软管与三通压力表阀连接并取下工艺管口铜帽

将带有公制转接头的连接软管通过公制连接头与三通截止阀（气体截止阀）的工艺管口进行连接，然后再将另一根连接软管通过另一端的纳子连接头与真空泵上的进气口进行连接，如图 4-38 所示。

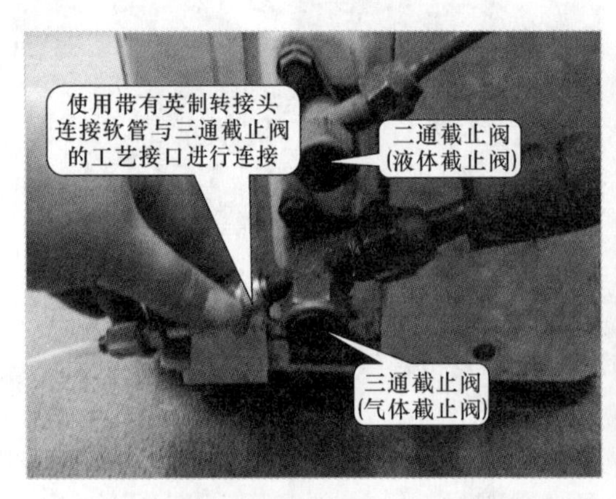

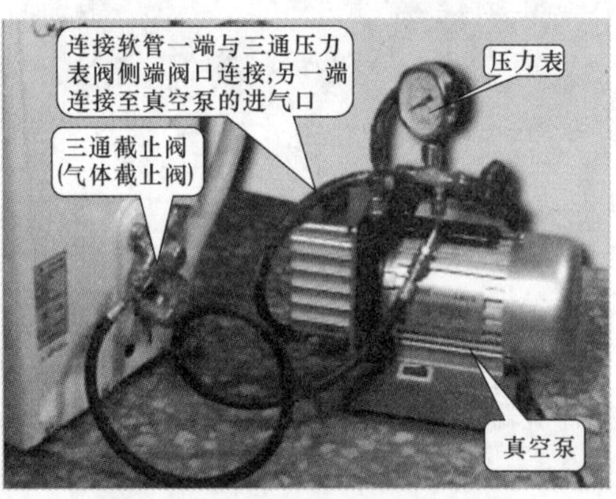

图 4-38　连接软管与三通截止阀（气体截止阀）以及真空泵连接

链接：

在连接软管两端均带有纳子连接头，但由于空调器三通截止阀（气体截止阀）的工艺管口需要连接带有阀针的纳子接头，所以需要使用专用带有阀针的英制转接头对连接软管管口进行转接，如图 4-39 所示为带有阀针的英制转接头。

在进行抽真空前应再次对管路的连接顺序进行检查，以确保管路连接正确，如图 4-40 所示为抽真空时三通压力表阀与真空泵和三通截止阀的连接示意图。

2. 抽真空的操作方法

对空调器抽真空时，可以对整体的管路系统抽真空，也可以只对室内机或室内机与室外机连接的管路进行抽真空；且在抽真空时应确保空调器处于关机状态。

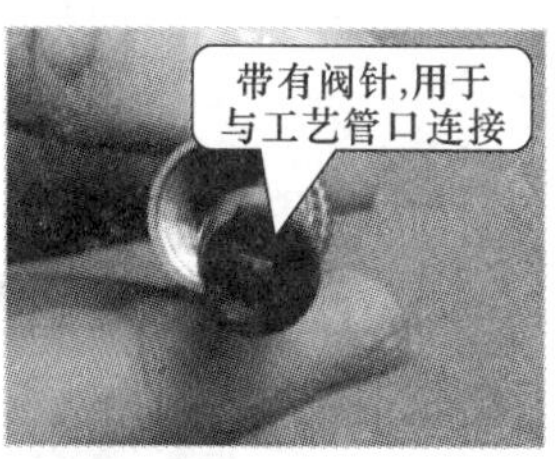

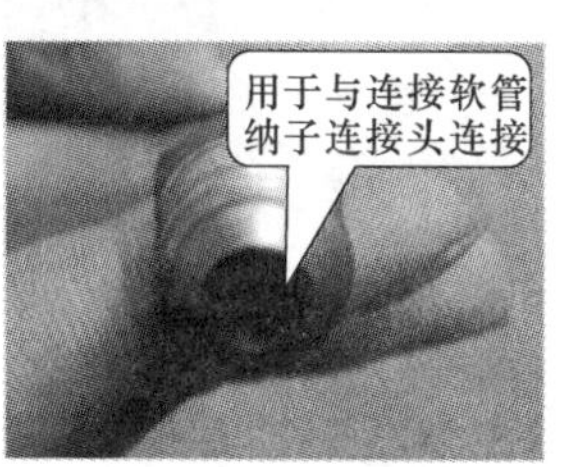

图 4-39　带有阀针的英制转接头

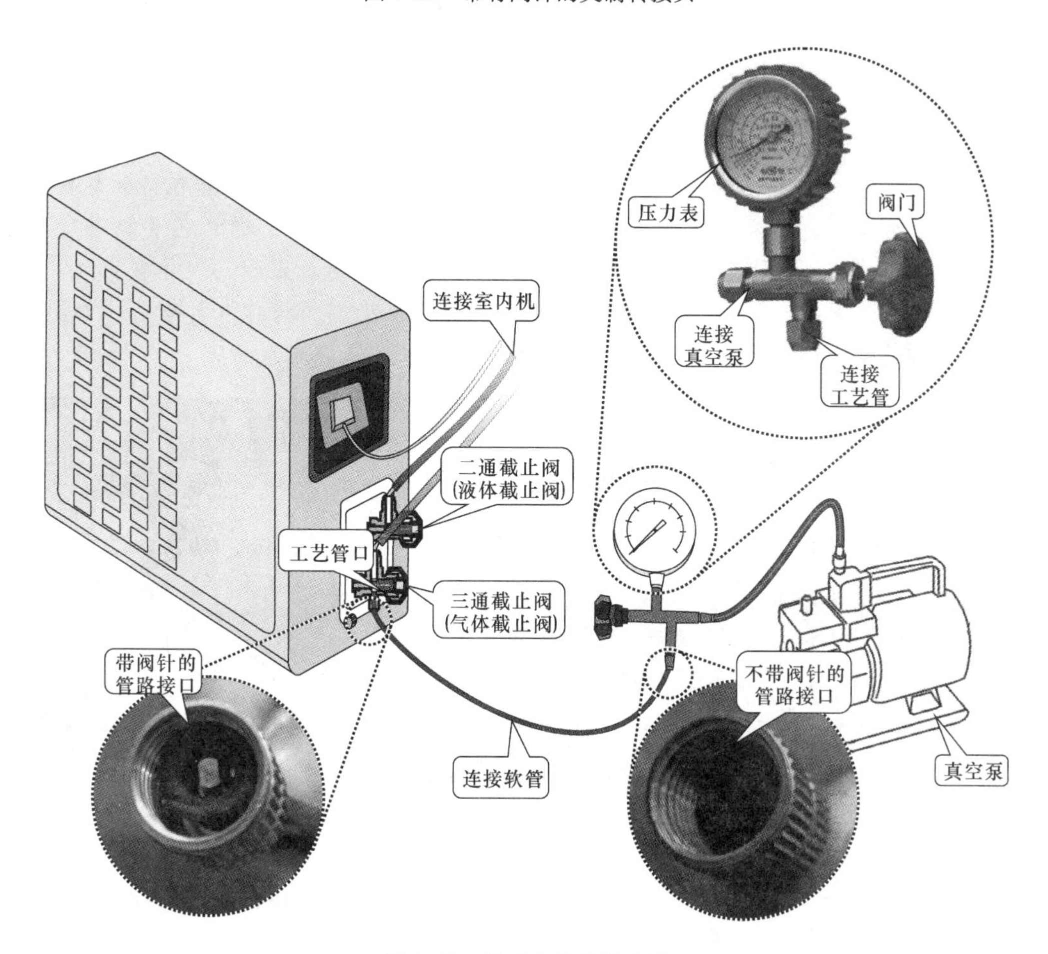

图 4-40　抽真空的连接方法

(1) 空调器整体管路抽真空的方法

空调器整体管路抽真空主要用于管路检修时，当抽真空设备连接完成后，对空调器整体管路进行抽真空时，将三通压力表阀上的阀门打开，再使用六角扳手将空调器二通和三通截止阀的阀门打开，然后再将真空泵上的电源开关打开，此时开始对空调器整体管路系统进行抽真空，如图 4-41 所示。

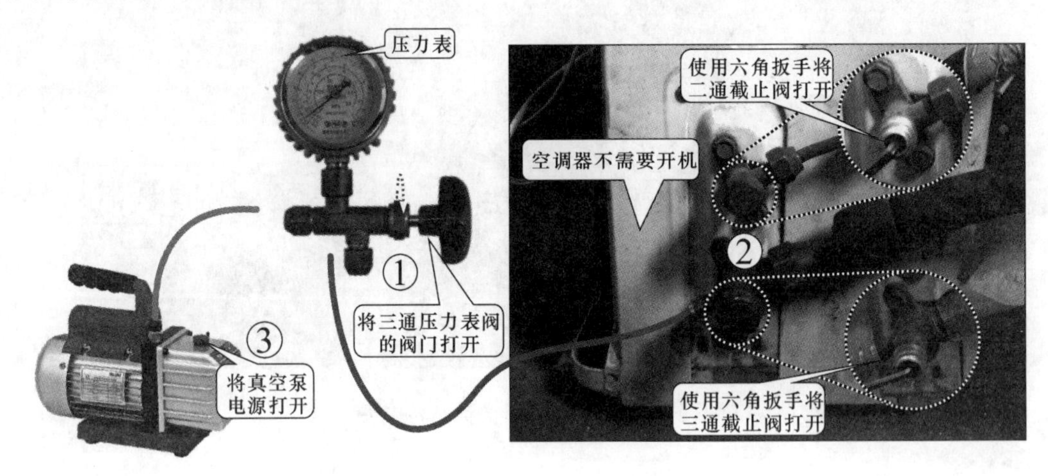

图 4-41　空调器整体管路抽真空开启的方法

链接：

在对空调器整体管路进行抽真空前，应将管路中的制冷剂排出，注意在排放制冷剂时，应将已连接压力表的连接软管与空调器三通截止阀（气体截止阀）的工艺管口进行连接，然后使用六角扳手将空调器三通截止阀（气体截止阀）和二通截止阀（液体截止阀）的阀门打开，此时应注意工艺管口不可对准操作人员，防止制冷剂将操作人员冻伤，如图 4-42 所示，并且排放制冷剂时的操作环境应通风，防止制冷剂对人体造成伤害。

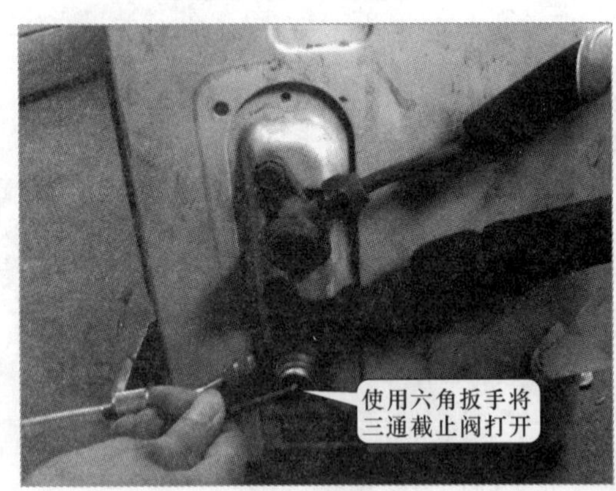

图 4-42　空调器中制冷剂的排除方法

当真空泵开始进行抽真空时，观察压力表中指针的读数，当压力表上的指针指示到达 -0.1MPa时，应继续抽真空 10～15min 左右，此时空调器的管路中已呈真空状态，如图 4-43 所示。

抽真空完成后，先将三通压力表阀上的阀门关闭，再将真空泵上的电源开关关闭。然后将空调器放置一段时间（约 30min），观察压力表指针的读数是否发生变化，若压力值发生

图4-43　观察压力表的读数

变化，说明管路中有泄漏的地方，应对管路进行检漏操作，并对其进行补焊；若管路压力未发生变化，说明管路密闭性良好，此时可使用六角扳手将空调器三通截止阀的阀门关闭，再将连接有压力表的连接软管断开，如图4-44所示。

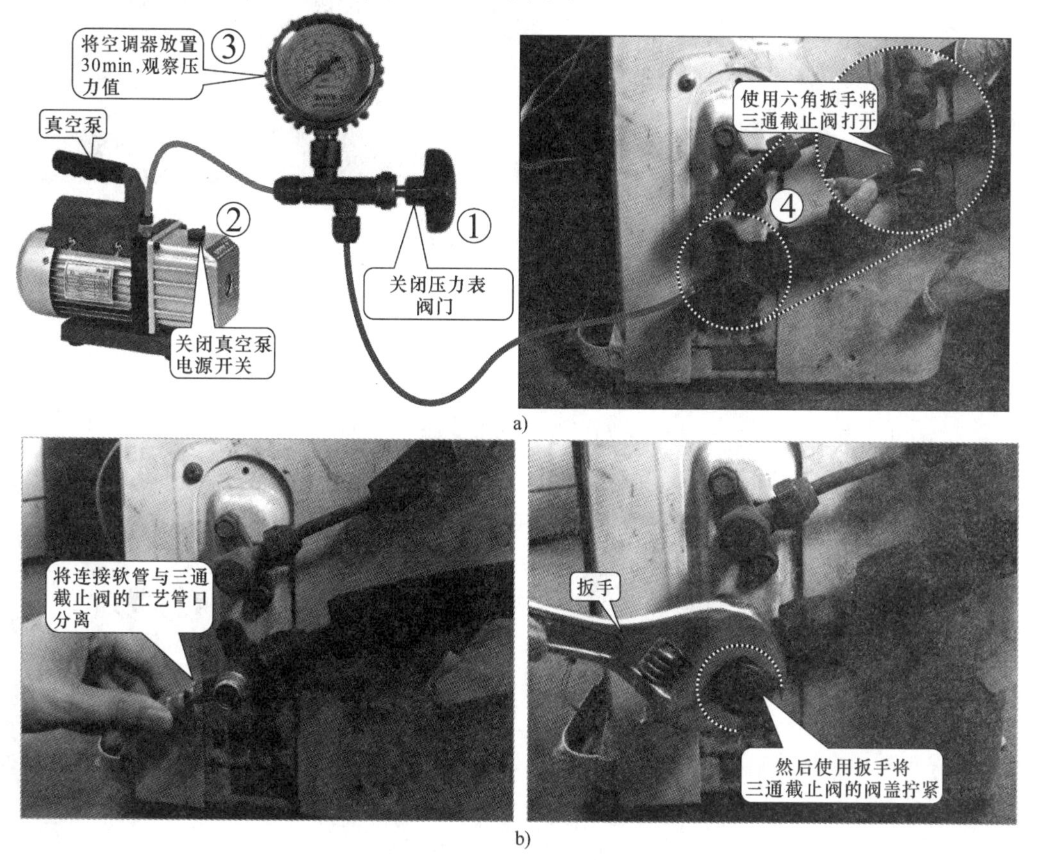

图4-44　空调器整体管路抽真空停止的方法

a）阀门的关闭顺序　b）将连接软管与三通截止阀阀口分离，并将阀帽拧紧

至此空调器整体管路的抽真空操作便完成了，此时可以对制冷管口进行充注制冷剂

操作。

（2）空调器部分管路抽真空的方法

在安装新空调器时，厂家通常已对室外机的管路系统进行了抽真空操作，并将制冷剂充注于室外机中。所以在对新空调器进行安装并连接好制冷管路后，需要对室内机管路以及连接管路进行抽真空处理。

使用上述的抽真空管路连接方法将抽真空设备连接完成后，不需要将空调器上三通截止阀（气体截止阀）和两通截止阀（液体截止阀）的阀门打开，应先将真空泵上的电源开关打开，然后再将三通压力表阀的阀门打开，如图 4-45 所示，此时便开始对室内机管路与连接管路进行抽真空工作了。

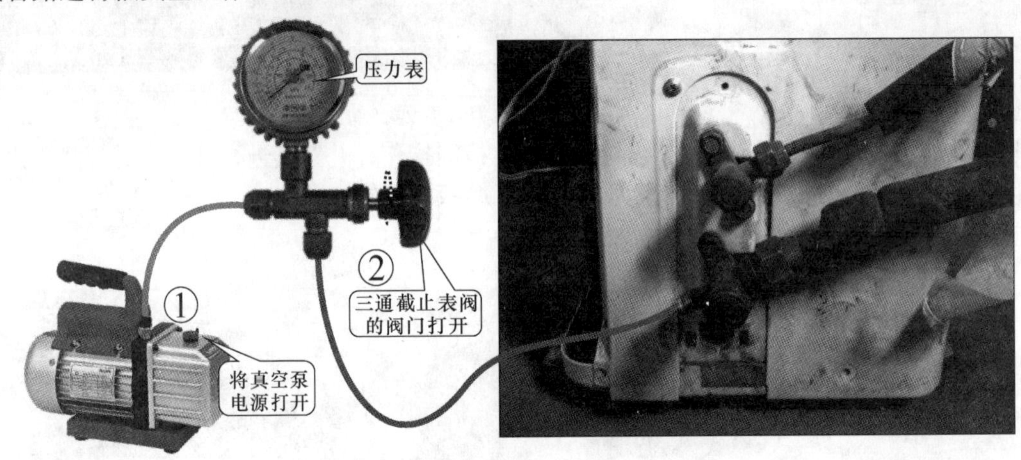

图 4-45　空调器部分管路抽真空的开启方法

抽真空的过程中，观察压力表指针指示的读数，当压力到达 -0.1MPa 时，应继续抽 10～15min 左右，如图 4-46 所示，此时管路中的空气和杂质即可抽出。

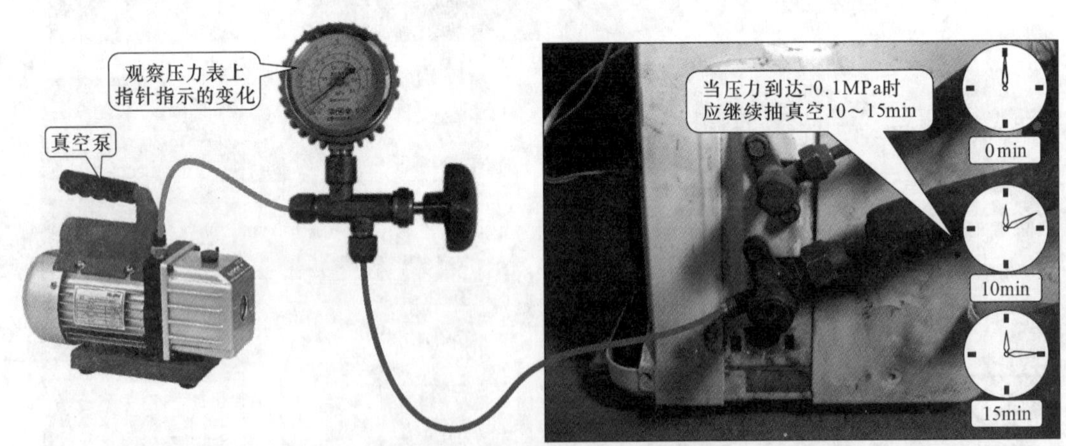

图 4-46　观察压力表的数值

抽真空完成后，先将三通压力表阀的阀门关闭，再将真空泵的电源开关关闭。然后将空调器放置一段时间（约 30min），观察压力表指针指示读数是否发生变化，若压力未发生变化时，说明管路密闭性能良好，此时可将软管与三通截止阀（气体截止阀）的工艺管口分离，并迅速使用扳手将铜帽紧固在工艺管口处，如图 4-47 所示。

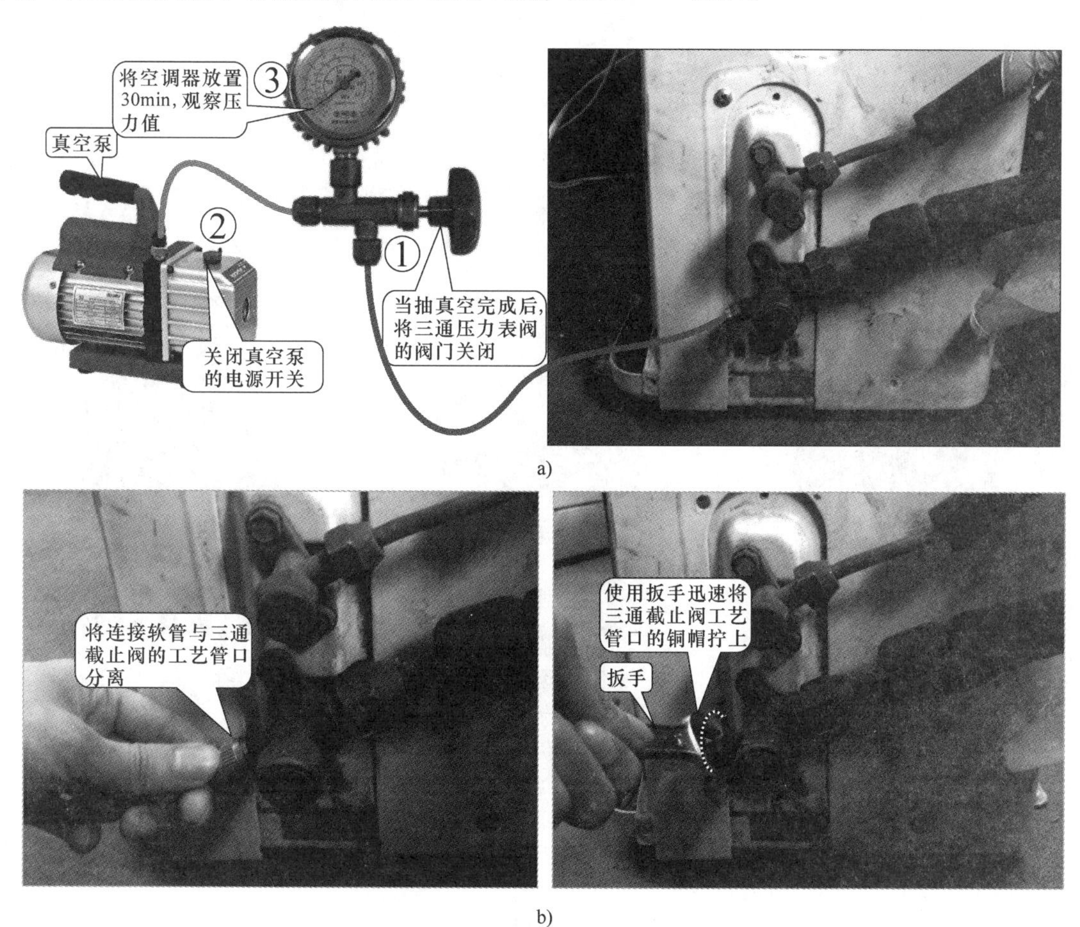

图 4-47　抽真空停止的方法

a）阀门关闭顺序　b）迅速取下连接软管并将工艺管口铜帽盖上

抽真空停止后，使用六角扳手将三通截止阀（气体截止阀）和两通截止阀（液体截止阀）的阀门打开，如图 4-48 所示，此时即可开机试运行。

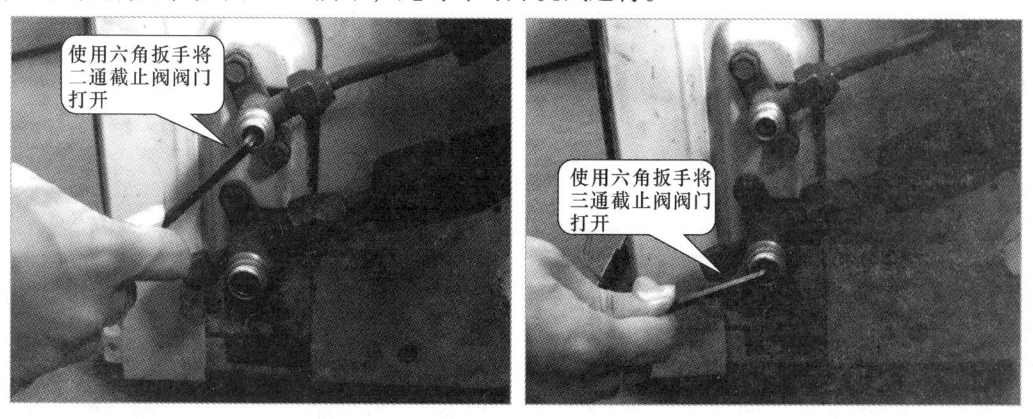

图 4-48　打开截止阀的阀门

4.2.2　空调器管路充注制冷剂技能

空调器的管路系统进行检修或管路系统发生泄漏后，都需要对空调器充注制冷剂，因此空调器管路充注制冷剂的技能也是空调器维修人员必须掌握的基本技能之一。

目前，应用在空调器中常见的制冷剂有 R22、R407C 以及 R410A 三种，选用时可根据制冷剂钢瓶上的标识进行区分，如图 4-49 所示，不同制冷剂的化学成分也有所不同，它们适用的压缩机也有所不同。

制冷剂R22

制冷剂R407C

制冷剂R410A

图 4-49　空调器制冷剂

链接：

不同类型的制冷剂化学成分不同，因此其性能也不相同，表 4-3 所列为 R22、R407C 以及 R410A 制冷剂性能的对比。

表 4-3　制冷剂性能的对比

制冷剂	R22	R407C	R410A
制冷剂类型	旧制冷剂（HCFC）	新制冷剂（HFC）	
成分	R22	R32/R125/R134a	R32/R125
使用制冷剂	单一制冷剂	疑似共沸混合制冷剂	非共沸混合制冷剂
氟	有	无	无
沸点（℃）	-40.8	-43.6	-51.4
蒸汽压力（25℃）/MPa	0.94	0.9177	1.557
臭氧破坏系数（ODP）	0.055	0	0
制冷剂填充方式	气体	以液态从钢瓶取出	以液态从钢瓶取出
冷媒泄漏是否可以追加填充	可以	不可以	可以

制冷剂通常都封装在钢瓶中，常见的钢瓶可以分为带有虹吸功能和无虹吸功能的钢瓶，如图 4-50 所示。带有虹吸功能的制冷剂钢瓶可以正置充注制冷剂，而无虹吸功能的制冷剂

钢瓶需要倒置充注制冷剂。

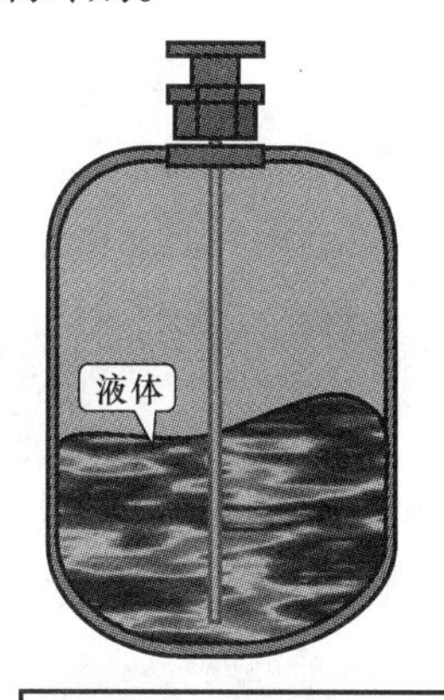

图 4-50　制冷剂钢瓶的内部结构图

链接：

由于使用 R22 制冷剂和 R410A 制冷剂的空调器管路中的压力有所不同，在充注制冷剂时，使用的连接软管材质以及耐压值也有所不同，并且连接软管的纳子连接头直径也不相同。见表 4-4 所列。

表 4-4　制冷剂连接软管的异同点

制冷剂		R410A	R22
连接软管耐压值	常用压力	5.1MPa(52kgf/cm^2)	3.4MPa(35kgf/cm^2)
	破坏压力	27.4MPa(280kgf/cm^2)	17.2MPa(175kgf/cm^2)
连接软管材质		HNBR 橡胶 内部尼龙	CR 橡胶
接口尺寸		1/2　UNF　20 齿	7/16　UNF　20 齿

不同类型的制冷剂充注时的工具和具体操作方法有所差异，下面分别以制冷剂 R22 以及制冷剂 R410A 为例，介绍两种制冷剂的充注方法。

1. R22 制冷剂的充注方法

使用 R22 制冷剂的空调器在进行管路清洁和抽真空后，应当按照规定对其充注相应的制冷剂。充注 R22 制冷剂一般使用压力在 -0.1 ~ 2.4MPa 的压力表以及符合耐压值的连接软管。

首先将三通压力表阀底部的阀口、侧方的阀口分别与两根连接软管进行连接，将三通压力表阀侧端上的连接软管与 R22 制冷剂钢瓶上的接口进行连接，将三通压力表阀底部连接的带有阀针连接软管虚拧在空调器室外机三通截止阀（气体截止阀）工艺管口上，注意应先将工艺管口上的铜帽取下，如图 4-51 所示。

连接软管将制冷剂钢瓶上的阀门打开，再将三通压力表阀的阀门开启，此时在连接软管与三通截止阀虚拧处有气体排出，当看到雾态的液体流出时，说明连接管路中的空气已经排放干净，此时应将连接软管与三通截止阀（气体截止阀）工艺管口拧紧，如图 4-52 所示。

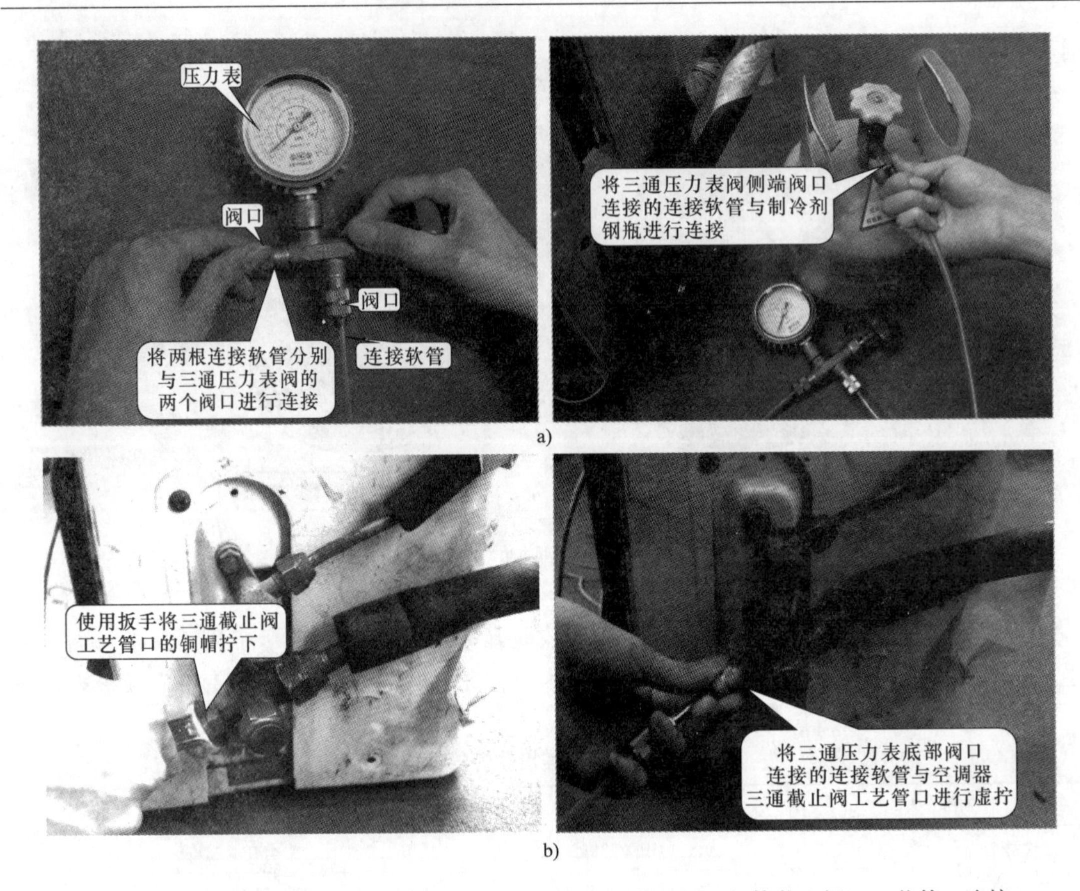

图 4-51　通过连接软管和压力表将制冷剂钢瓶与三通截止阀（气体截止阀）工艺管口连接

a）用软管将三通压力表阀侧端阀口与制冷剂钢瓶进行连接

b）用软管将三通压力表阀底部阀口与空调器上三通截止阀工艺管口连接

提示：

若冬天无法进行制冷模式运行时，可以将室外机的感温探头放在热水中，使空调器强制制冷运转，如图 4-53 所示。

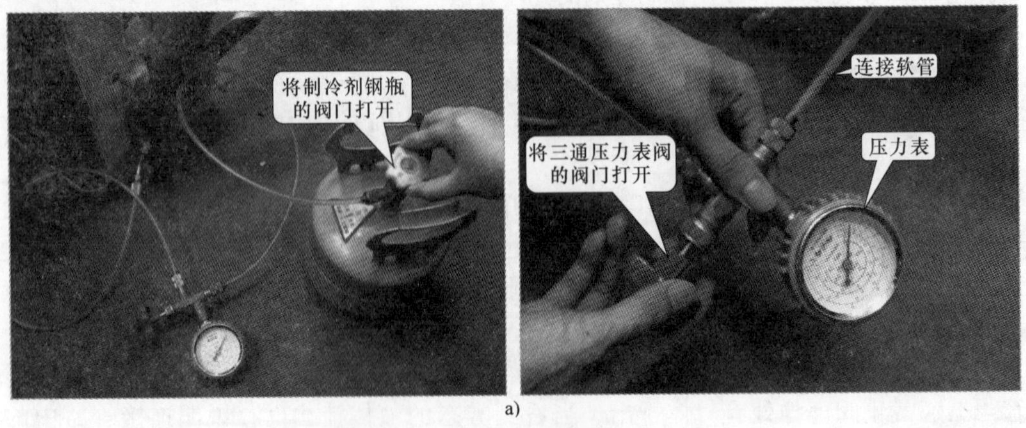

图 4-52　排放连接管路中的空气

a）将制冷剂钢瓶上的阀门打开后再将三通压力表阀的阀门打开

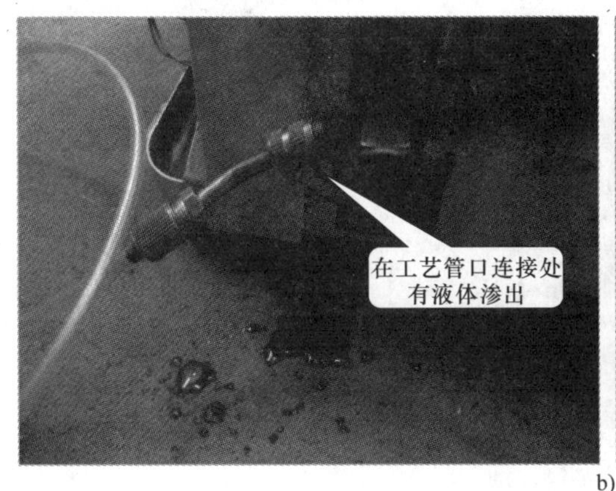

b)

图4-52　排放连接管路中的空气（续）

b）观察有制冷剂由工艺管口喷出后，将连接软管与工艺管口紧固

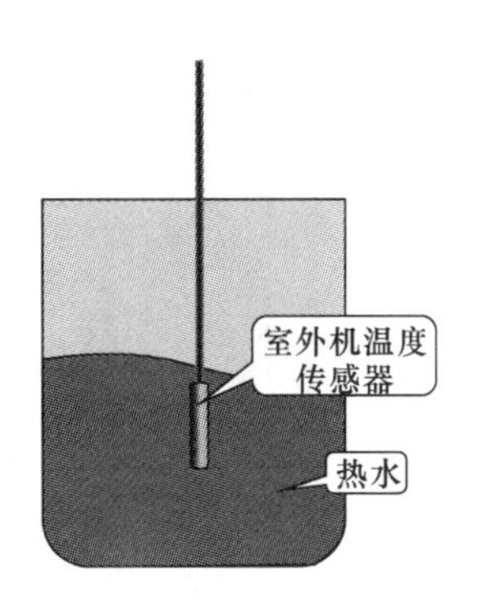

图4-53　强制空调器制冷

充注制冷剂的管路连接完成后，便可开始进行制冷剂充注操作。首先使用六角扳手将空调器室外机上的三通截止阀（气体截止阀）和两通截止阀（液体截止阀）的阀门打开，开始为空调器管路中充注R22制冷剂，此时观察压力表上的压力值，当运行压力到达0.4～0.5MPa时，已达到充注量，如图4-54所示。

提示：

在对空调器充注制冷剂时，除了使用压力表判断充注制冷剂的量，也可以使用专用的电子秤通过称重来判断，不同的空调器充注制冷剂的重量也有所不同，如图4-55所示标识制冷剂充注的重量为2.45kg，不应过多。但若少量的制冷剂泄漏时，由于无法得知泄漏的制冷剂重量，因此还需要通过运行压力来判断需充注制冷剂的量。

值得注意的是，不可以仅通过空调器室外机的三通截止和两通截止阀是否结霜来判断充注制冷剂的量，该方法容易出现误差，从而导致制冷剂充注过多或过少。

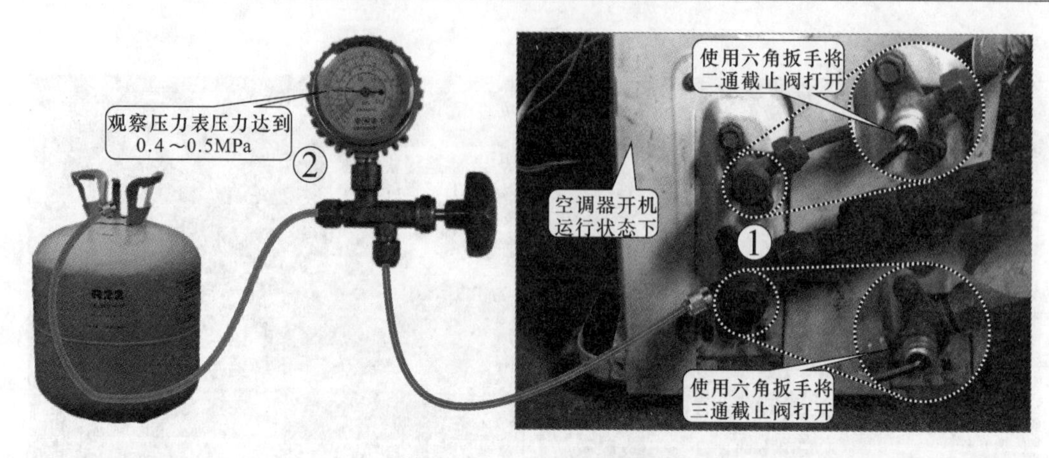

图 4-54　充注制冷剂

KF-71LW/B33

分体落地式房间空调器

制　冷　量	7150W
相数　额定电压	～220V
额 定 频 率	50Hz
制冷/制热 额定电流	13A
制冷/制热 额定功率	2080/1950W
电热管额定功率	1200W
最大输入功率	3200W
制冷剂名称及注入量	R22　2450g
噪声（室内/室外）	52/63dB(A)
循环风量	1080m³/h
防触电保护类别	I
风量	105kg
排气侧最高工作压力	3.0MPa
吸气侧最高工作压力	0.8MPa

HUABAO®

KF-71LW/B33
(7100)
分体落地式房间空调器
(室内机)

额定制冷量：	7150W
噪声：室内机：	52dB(A)
室外机：	63dB(A)
室内机循环风量：	1080m³/h
制冷剂名称/注入量：	R22/2.45kg
额定电流：	13A
电源：额定电压：	220V~
额定频率：	50Hz
额定输入功率：	2750W
质量：室内机：	50kg
室外机：	68kg
防触电保护类别：	I类
最严酷条件下输入电流：	18.5A
最严酷条件下输入功率：	3600W
吸气侧允许工作过压：	0.8MPa
排气侧允许工作过压：	3.0MPa

出厂编号：0000782

图 4-55　空调器铭牌标识上标注充注制冷剂的重量

当空调器管路中的制冷剂充注完毕后，首先将三通压力表阀的阀门关闭，再将制冷剂钢瓶上的阀门关闭，然后将空调器室外机三通截止阀（气体截止阀）工艺管口上的连接软管拧下，最后将三通截止阀（气体截止阀）和二通截止阀（液体截止阀）的阀盖以及三通截止阀（气体截止阀）工艺管口上的铜帽盖上，如图 4-56 所示。

此时，空调器 R22 制冷剂的充注操作完成，最后对管路进行检漏测试，在下文中有对管路检漏技能具体的介绍。

2. 空调器管路充注 R410A 制冷剂技能

对使用 R410A 制冷剂的空调器充注制冷剂时，应先对管路进行清洁和抽真空后操作。充注 R410A 制冷剂一般可以选择组合压力表阀，高压压力表量程应在 -0.1～5.3MPa，低压

图4-56　连接软管的断开

压力表量程应在-0.1~3.8MPa；使用的连接软管应当为R410A制冷剂充注专用，并且符合管路压力；此外还应当选用专用的加液器接口辅助操作，如图4-57所示。

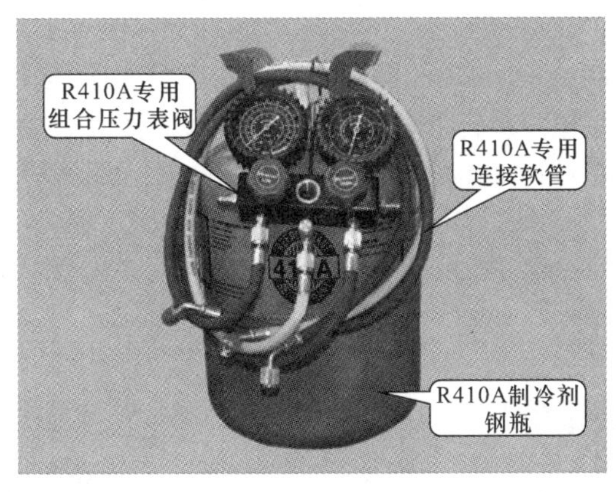

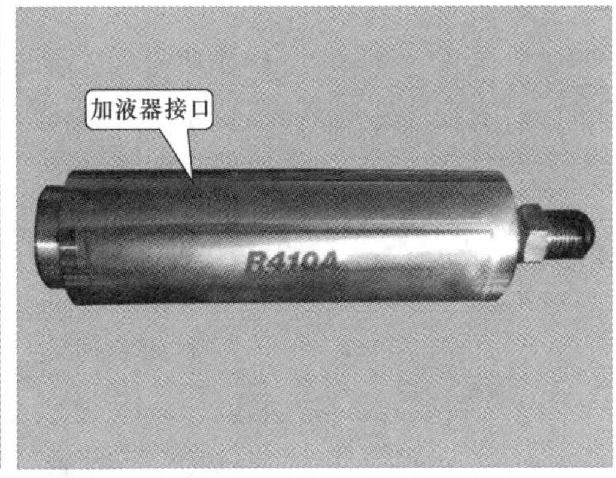

图4-57　空调器管路充注R410A制冷剂的工具

提示：

R410A制冷剂专用的连接软管，不可以用于充注其他制冷剂。这是由于若使用连接软管充注其他制冷剂后，可能会有制冷剂残留，当再次使用该连接软管充注R410A时，连接软管中残留的其他制冷剂会与R410A制冷剂发生化学变化，从而可能影响空调器的正常制冷。

在充注制冷剂R410A前，应当确保空调器处于制冷运行模式下。将连接软管分别连接组合压力表阀的低压接口和中间接口上，将与组合压力表阀中间接口通过连接软管与安全加液器进行连接，然后再通过安全加液器的转接头与制冷剂R410A钢瓶接口进行连接；将与组合压力表阀低压接口相连的连接软管与安全加液阀进行连接，如图4-58所示为管路的连接方法。

链接：

安全加液器和安全加液阀是充注R410A制冷剂时的专用工具，主要是为了保证R410A制冷剂能以液态的方式充注到空调器的管路中。由于R410A制冷剂化学分子的特殊性，若以气态充注到空调器的管路中时，会发生化学变化，从而影响到空调器的正常运行。

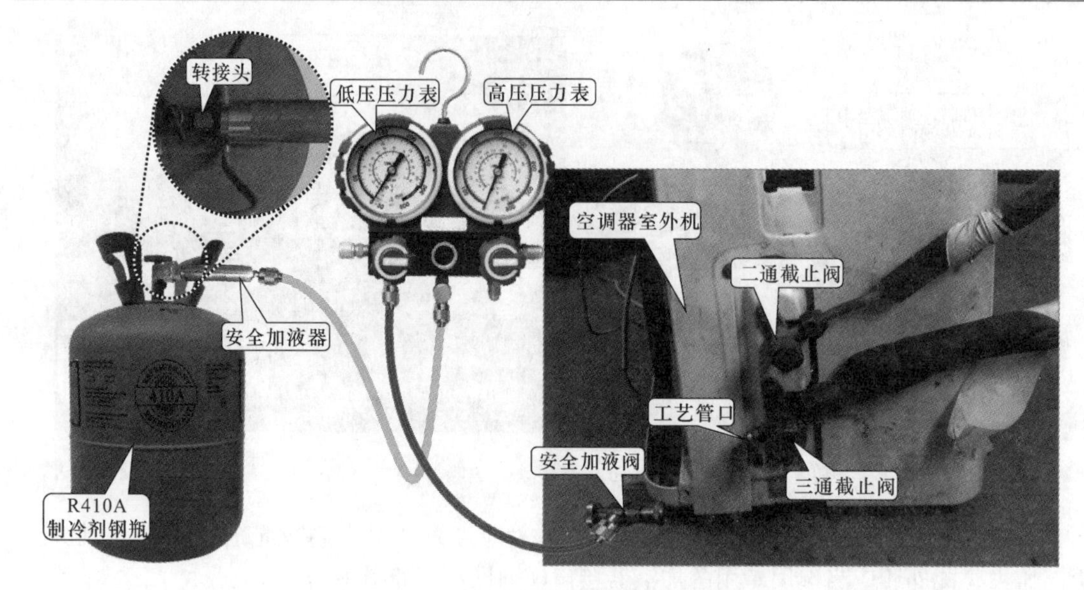

图 4-58　充注 R410A 制冷剂钢瓶的连接方法

接下来进行软管中空气的排出操作。先将制冷剂 R410A 钢瓶打开，然后将组合压力表阀中间管口的阀门打开，再将低压压力表阀门打开，然后将安全加液阀打开，观察安全加液阀口是否有制冷剂喷出，当有制冷剂喷出时，说明此时连接软管中的空气已经排放干净，如图 4-59 所示为具体操作顺序和连接方法示意图。

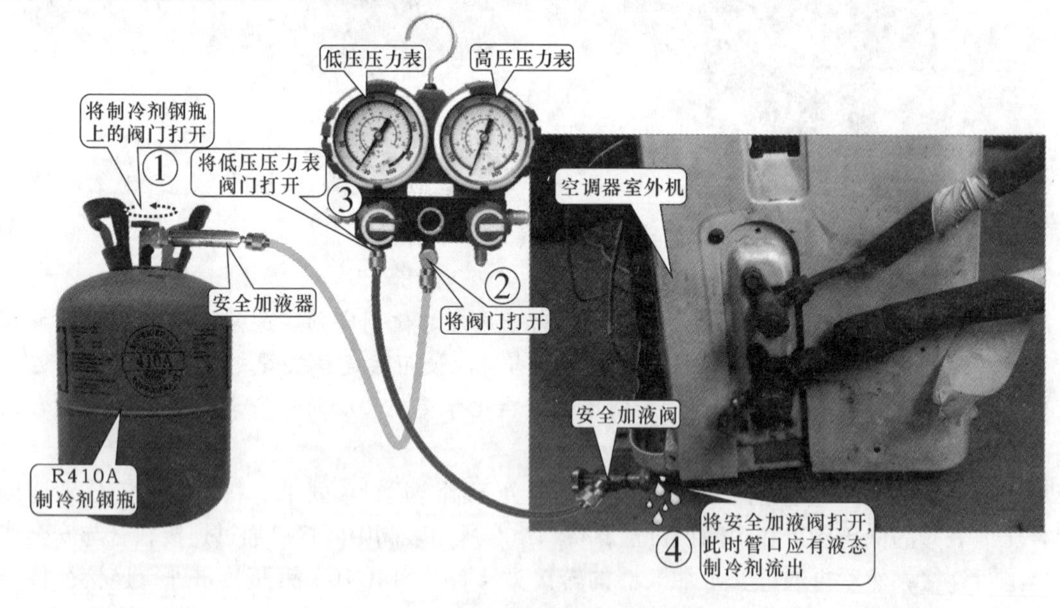

图 4-59　连接软管中空气的排出方法

当连接软管中的空气排放掉之后，应当将安全加液阀的阀门关闭，防止过多制冷剂流失，此时应快速将安全加液阀与空调器三通截止阀（气体截止阀）的工艺管口进行连接，然后再将安全加液阀的阀门打开，接着使用六角扳手将三通截止阀（气体截止阀）和二通截止阀（液体截止阀）的阀门打开，此时制冷剂 R410A 即可充至空调器管路中，如图 4-60 所示。

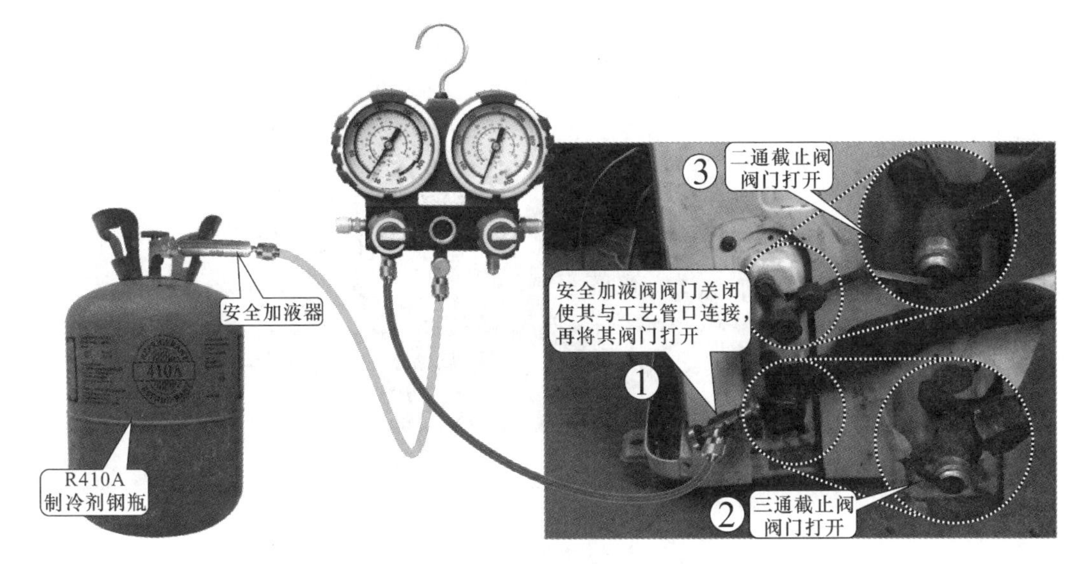

图 4-60　R410A 制冷剂的充注方法

在充注制冷剂过程中，应注意观察组合压力表阀中低压压力表上的指针指示，当压力到达 4 ~ 5bar，即 0.4 ~ 0.5MPa 时，制冷剂充注完成。接下来，先将压力表阀门关闭，再将组合压力表阀中间接口连接的软管的阀门关闭，然后再将制冷剂钢瓶阀门关闭，最后将空调器工艺管口连接的安全加液阀关闭并将其取下，如图 4-61 所示。

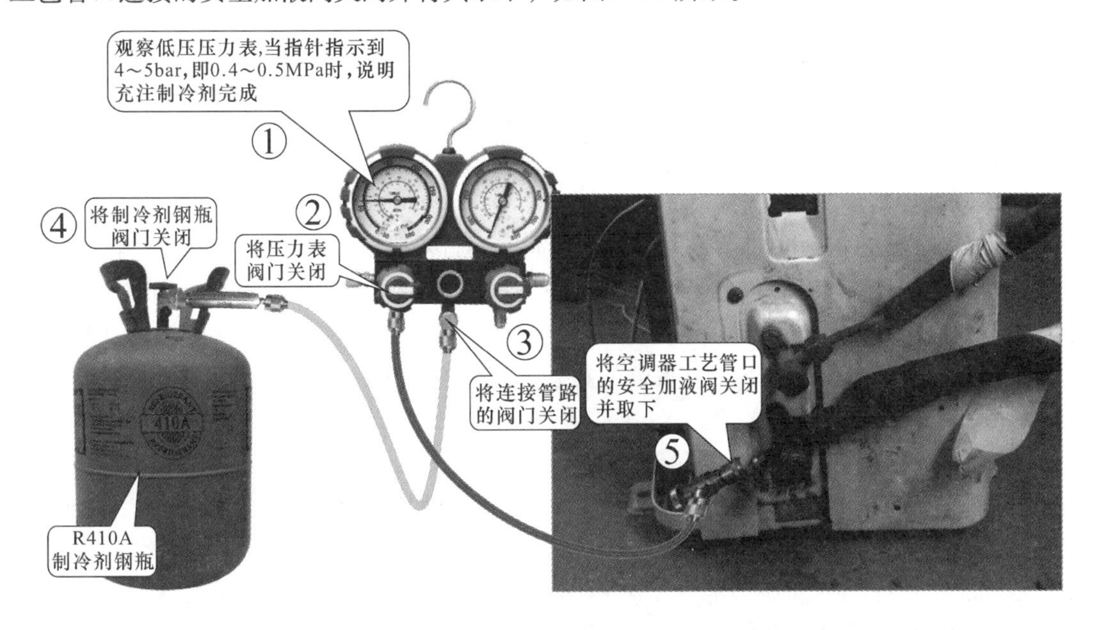

图 4-61　制冷剂充注完成阀门关闭的顺序

链接：

不同生产厂家生产的组合压力表阀，其压力表上的单位也有所差异，在空调器管路系统中常用于标识压力的单位为 MPa（兆帕），还可以使用 bar 表示压力的单位，换算比例为 1bar = 0.1MPa，还有些压力表使用 psi 表示压力单位，换算比例为 14.5psi = 1kg/cm^2，psi 与 MPa 之间的换算为 145psi = 1MPa，如图 4-62 所示为压力表上的单位符号。

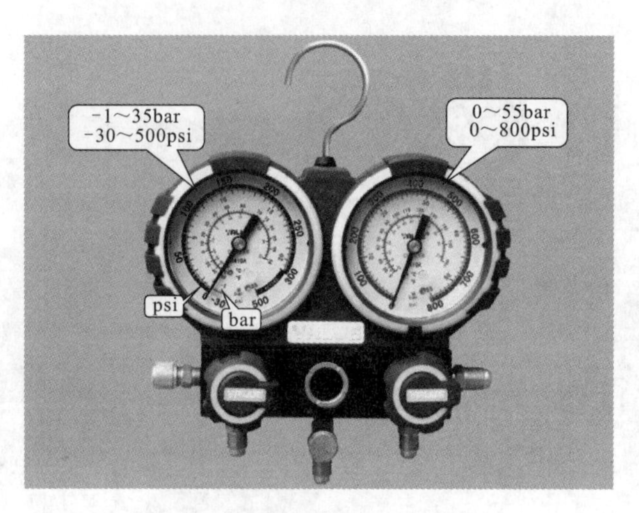

图 4-62　压力表上的单位符号

4.2.3　空调器管路检漏技能

空调器常常因为管路中发生泄漏从而影响制冷或制热效果，空调器管路系统中也常常因为堵塞而发生故障，因此空调器的检漏技能是空调器维修人员必备的技能之一。

当空调器管路系统发生泄漏时，可使用专用的检漏仪进行检漏；也可通过发泡液、洗洁精水或荧光法进行检漏。

提示：

当怀疑空调器管路系统中有泄漏时，可通过对管路系统抽真空，进行保压观察，来初步判断管路系统是否有泄漏，然后通过检漏方法，查找具体的泄漏点。

1. 专用检漏仪的检漏方法

使用专用检漏仪检测管路系统是否发生泄漏时，首先应对空调器制冷管路进行连接。由于制冷剂的化学分子不同，所以不可使用相同的检漏仪。如对充注 R22 制冷剂的空调器管路系统进行检漏时，可以使用检测“氟”元素的检漏仪进行检测，而在对充注 R410A 以及 R407C 等无“氟”元素制冷剂的空调器管路系统进行检漏时，可以使用专用的卤素检漏仪，并且确保其检测灵敏度符合要求。

虽然对采用不同制冷剂的空调器管路系统进行检漏时所使用的检漏仪有所不同，但其检漏方法基本相同，如图 4-63 所示，空调器维修人员将检漏仪开关打开，然后将检漏仪的感应头端靠近空调器管路连接的部位，此时通过检漏仪上的指示灯提示，即可判断空调器管路接口是否发生泄漏。

2. 通过洗洁精水进行检漏

洗洁精水检漏的方法与使用发泡剂检漏的方法相同，检漏时可根据实际情况进行选择。到用户家庭中进行维修时，便于携带，可以选择发泡剂检漏；若在维修站进行检漏时，可以制作洗洁精水进行检漏。

使用洗洁精水进行检漏时，可以准确地查找出泄漏的方位，便于对空调器管路进行修补。首先需要调制洗洁精水，将洗洁精与水以 1∶5 的比例放置在容器中进行调制，当其起泡

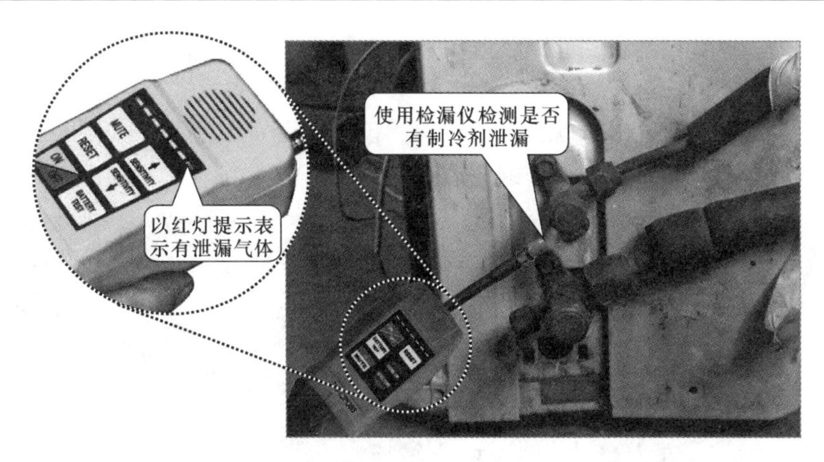

图 4-63　使用专用检漏仪进行检漏的方法

后，使用毛刷将其涂抹在管路上，重点涂抹管路接口以及各个器件的连接接口处，如图4-64所示，此时若洗洁精水有大量的泡沫产生，说明该处发生泄漏。

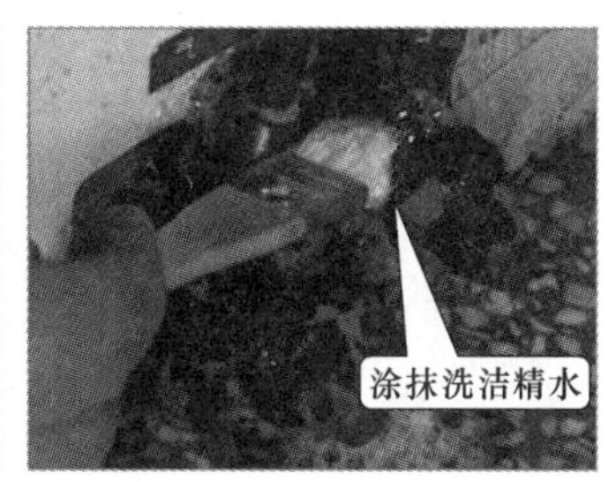

图 4-64　通过洗洁精水进行检漏

3. 使用荧光法进行检漏

荧光检漏方法相对于其他两种检漏方法较为复杂，需要使用专业的荧光检漏设备，在使用该方法进行检漏前，应确定该荧光剂与空调器制冷剂不会发生化学变化。如图 4-65 所示，荧光法进行检漏时，需要使用荧光剂、紫外线灯或蓝光灯、注射工具、连接端口、护目镜以及消除剂等工具。

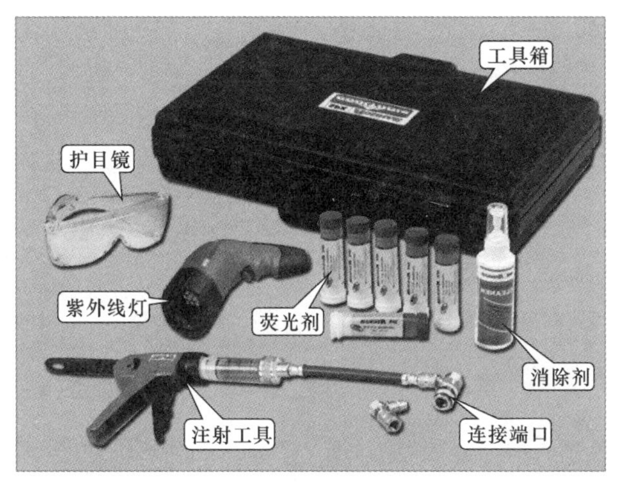

图 4-65　荧光法检漏工具

先将荧光剂添加到空调器的管路系统中，将空调器开机运行，荧光剂充分的溶解在管路系统中，然后使用专用的紫外线灯或蓝光灯，对空调器管路系统进行照射，当有制冷剂泄漏时，制冷剂中的荧光剂会发出黄绿色光线，说明该处管路发生泄漏，如图 4-66 所示，此时可以使用消除剂将泄漏荧光色制冷剂颜色消除。

图 4-66　荧光法进行检漏

第 5 章　掌握空调器的安装、移机方法

5.1　空调器的安装方法

对空调器进行安装时，应首先确定空调器室内机的安装位置，然后将室内机与制冷管路进行连接，最后再对空调器室内机进行固定；室内机安装固定完成后，确定空调器室外机的安装位置并进行固定，然后将室外机与室内机的电气系统进行连接，最后将室内机引出的制冷管路与固定好的室外机进行连接，此时便完成了空调器的安装。

链接：

空调器安装完成后，应按照规定对管路进行抽真空处理，然后才可充注制冷剂，确保各步骤操作均正确合理后，便可对空调器进行开机试运行。

5.1.1　空调器室内机的安装及连接方法

空调器室内机通常可以分为壁挂式和柜式两种。由于两种室内机固定形式不同，因此其安装方法也有所差异，下面分别对两种不同室内机的安装以及连接方法进行介绍。

1. 壁挂式空调器室内机的安装及连接方法

安装壁挂式空调器室内机时，应当先确定室内机的安装位置，如图 5-1 所示。通常室内机距上方天花板和左右两侧，墙壁或物体之间的左右距离应在 5cm 以上，底部距离地面的距离应在 150cm 以上。

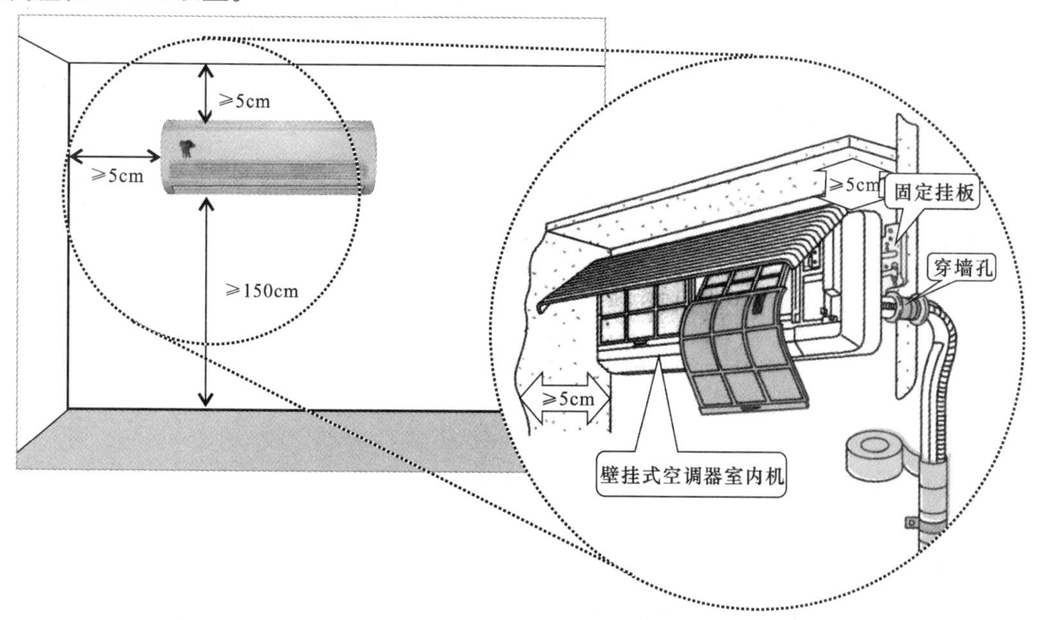

图 5-1　壁挂式室内机安装位置

（1）安装空调器室内机固定挂板

使用与室内机形状相同的纸板放置在已确定的空调器安装位置的墙面上，使用铅笔沿纸板在墙面上进行标记，然后将挂板放置在室内机安装墙面的区域内，使用铅笔在挂板安装孔内进行标记，如图 5-2 所示。

图 5-2　标记室内机安装的位置

使用电钻在挂板孔标记的位置进行钻孔操作，并使用锤子将膨胀管分别敲入各钻孔中，如图 5-3 所示。

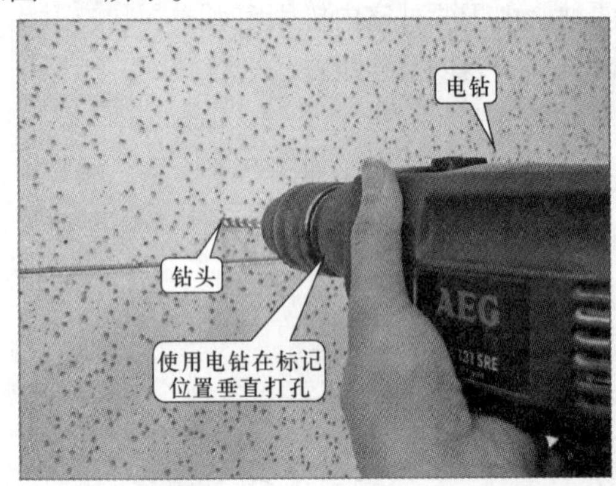

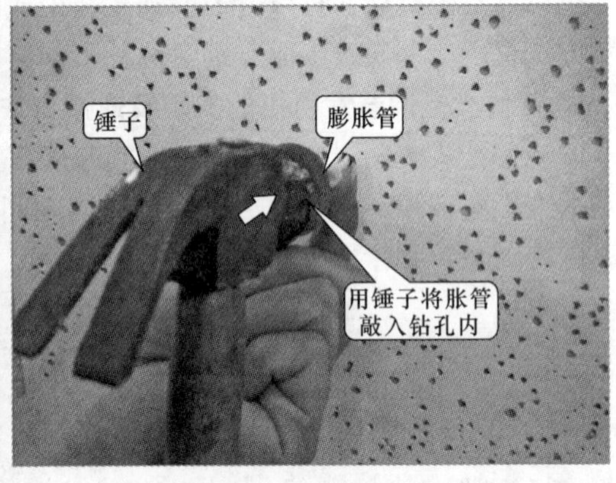

图 5-3　安装膨胀管，将固定挂板与膨胀管对齐

将固定挂板放置在墙面上，使挂板的固定孔与墙壁上的膨胀管孔对齐，然后将套有垫圈的固定螺钉放置在固定孔与膨胀孔内，并使用合适的螺丝刀将固定螺钉拧紧，如图 5-4 所示。

当固定挂板的 4 个固定孔中全部拧入固定螺钉后，固定挂板便安装完成了，如图 5-5 所示。

链接：

不同的壁挂式空调器室内机固定挂板的形式也有所不同，比较常见的有整体式固定挂板和分体式固定挂板两种，虽然形式不同，但其安装方法基本相同，如图 5-6 所示。

（2）穿墙孔的开凿

壁挂式空调器室内机的固定挂板安装完成后，便可进行穿墙孔开凿操作，如图 5-7 所示。穿墙孔是空调器室内机与室外机之间连接管路及电气线路的通道，通常情况下穿墙孔的

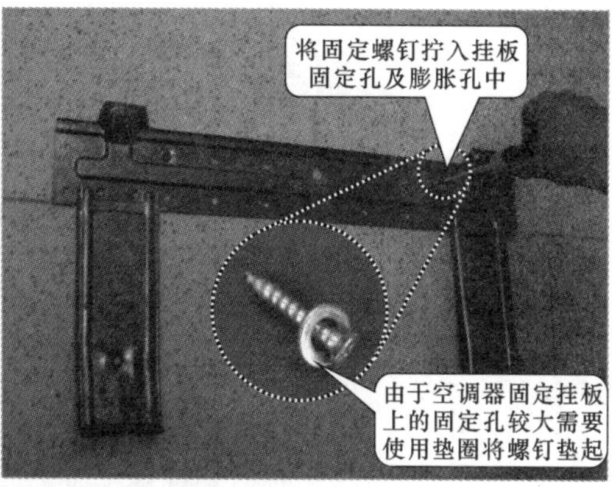

图 5-4　紧固膨胀螺钉

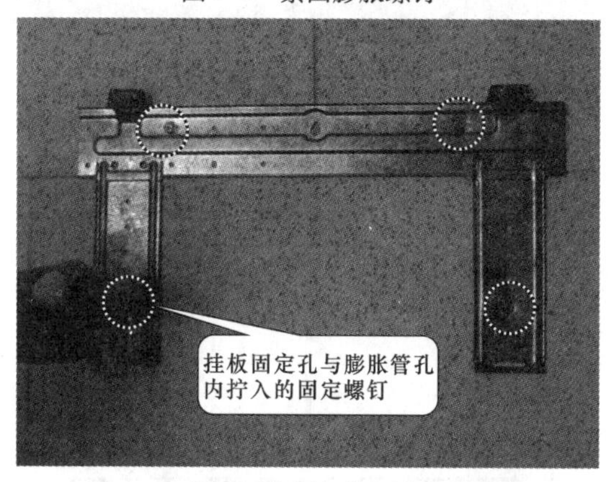

图 5-5　使用固定螺钉将固定挂板固定

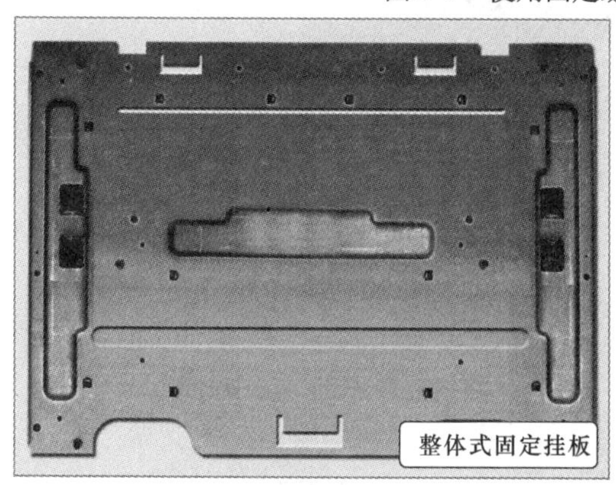

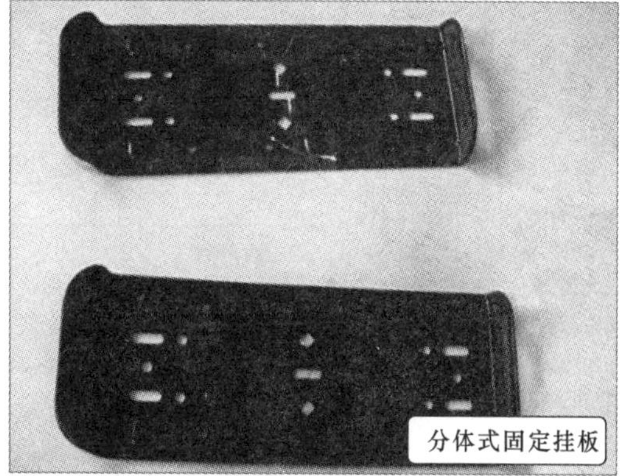

图 5-6　不同的固定挂板

位置应位于固定挂板的下方，这样可以使冷凝水由室内机的排水口流出时有一个高度落差，从而使冷凝水顺利排出室外。

穿墙孔的位置确定后，需要对墙面进行开凿，如图 5-8 所示，开凿的穿墙孔直径通常为 70mm 左右，且一般需要保持一定的倾斜角度，倾斜距离通常为 5 ~ 7mm。

（3）管路的连接

壁挂式空调器室内机的固定挂板安装完成后，需要对管路进行连接。如图 5-9 所示，将壁挂式空调器室内机的外壳打开，在其后部即可看到内部的制冷管路。

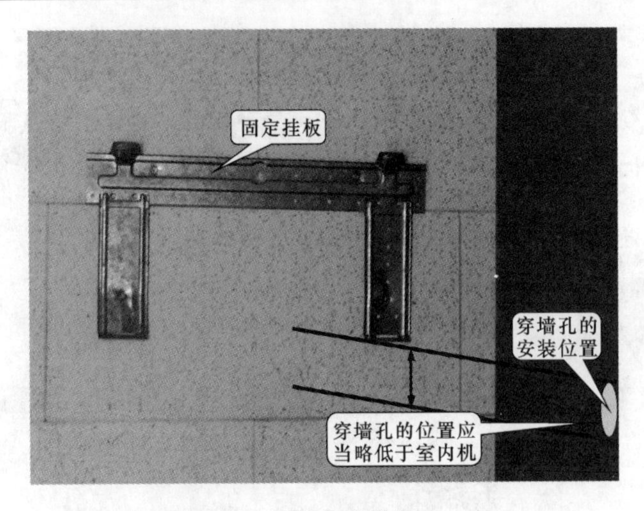

图 5-7　穿墙孔的位置

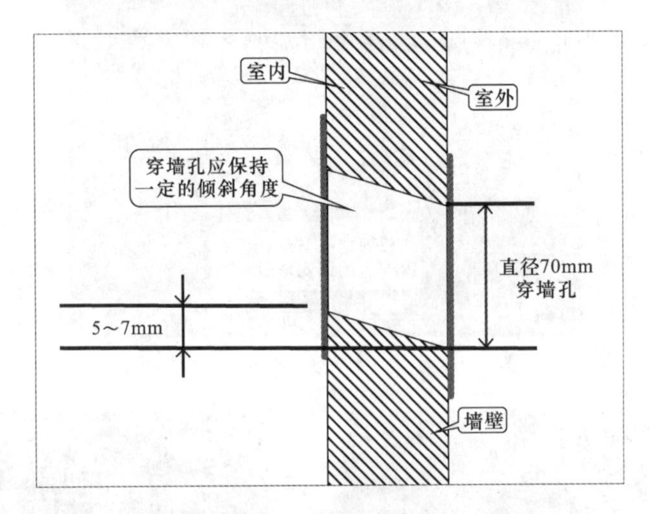

图 5-8　穿墙孔的角度

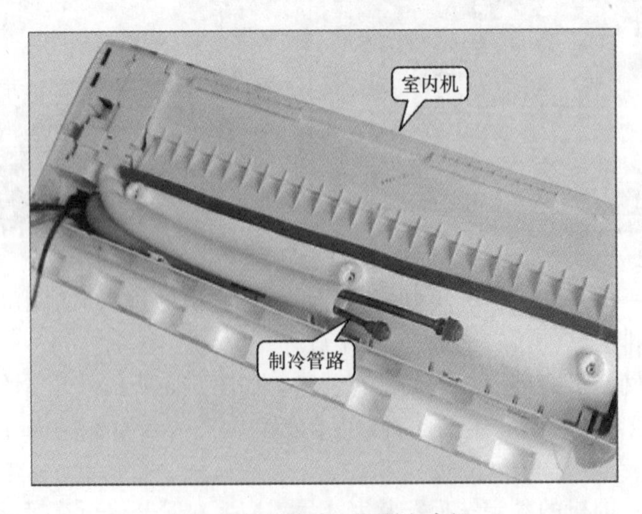

图 5-9　壁挂式空调器室内机

链接：

若室内机制冷管路的管口未加工，则需要先对连接的制冷管路管口进行加工，如图 5-10 所示，首先将拉紧螺母（纳子）插入铜管中，然后将铜管的管口加工为喇叭口，具体的加工方法在前文中有具体的介绍。

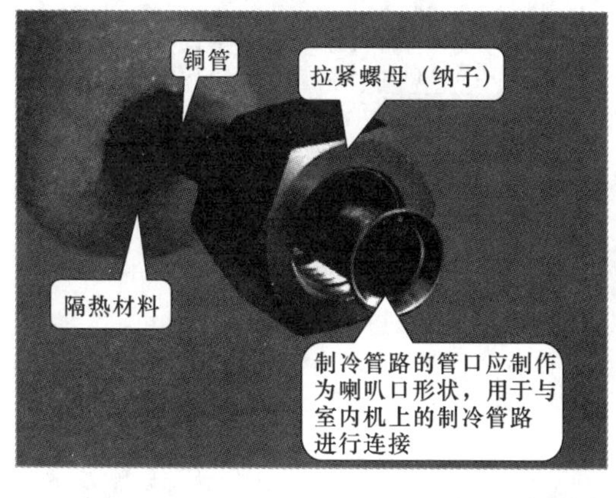

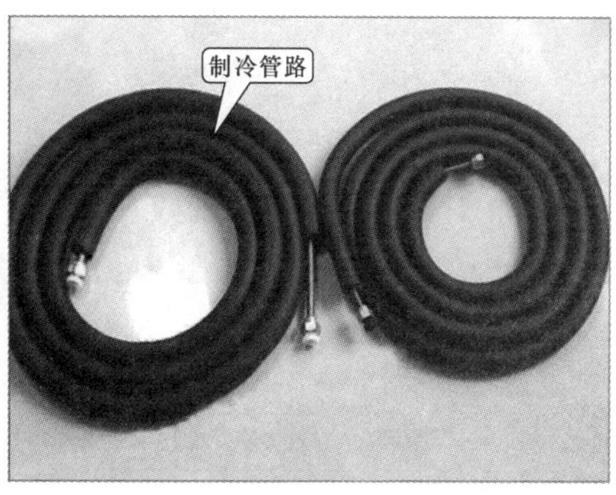

图 5-10　对需要连接的铜管口进行加工

如图 5-11 所示，将壁挂式空调器室内机制冷管路的气管（粗管）、液管（细管）管口上的塑料防护帽拧下，此时可看到管口处还有一个黑色的封闭塞，用于保护管路，防止灰尘或者潮湿的空气进入，进行管路连接时需要将该黑色封闭塞取下。此时，应注意防止灰尘或者水等杂质通过制冷管路的管口进入。

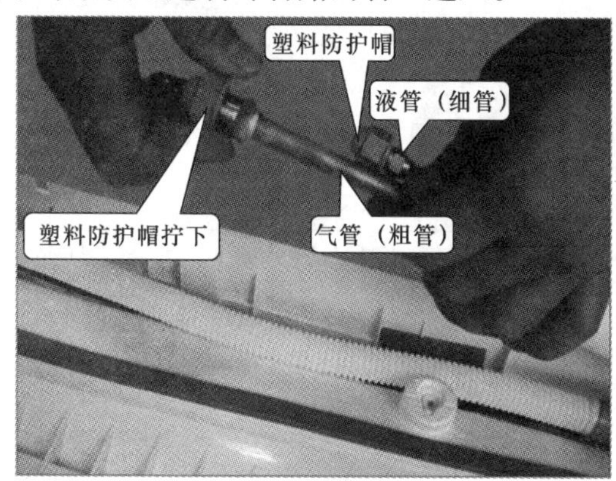

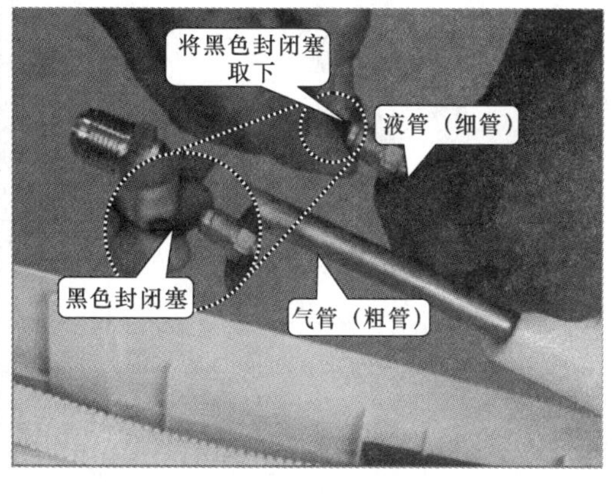

图 5-11　将室内机汽管与液管上的塑料防护帽与封闭塞取下

将加工完成的制冷管路的管口与室内机中对应的管路进行连接，如图 5-12 所示，将连接管路的气管（粗管）与室内机的气管（粗管）进行连接，将连接管路的液管（细管）与室内机的液管（细管）进行连接。

连接管路与室内机管路连接完成后，用活络扳手将各管路的拉紧螺母（纳子）拧紧，使管路紧密连接，以防泄漏，如图 5-13 所示。

链接：

由于空调器使用的制冷剂有所不同，因此其配管的喇叭口尺寸也有所不同，表 5-1 所列为不同制冷剂配管喇叭口的扩管尺寸以及拉紧螺母的尺寸。

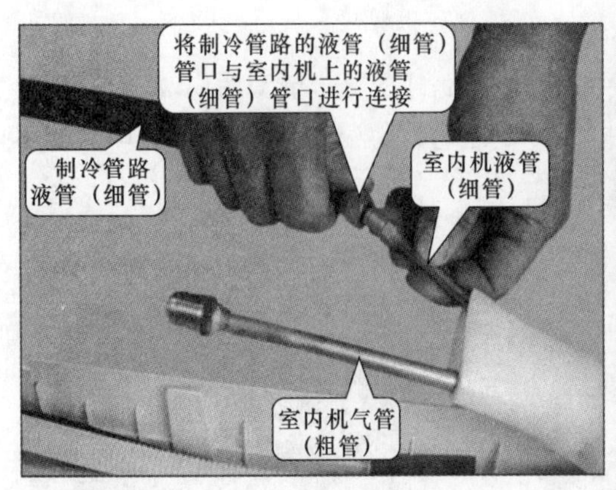

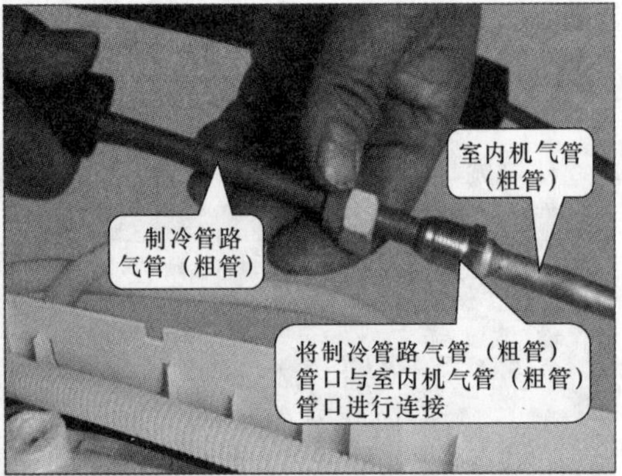

图 5-12　将连接管路与室内机上对应的管路进行连接

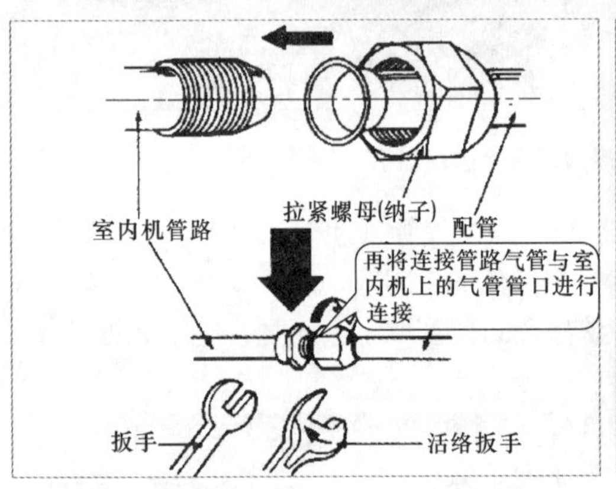

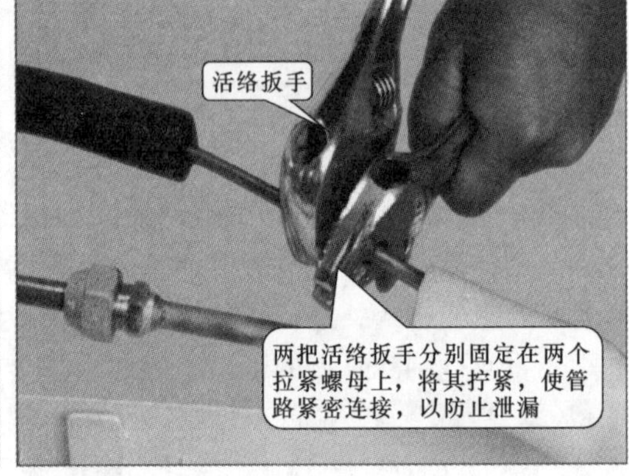

图 5-13　使用扳手将管路上的拉紧螺母（纳子）拧紧

表 5-1　喇叭口的扩管尺寸以及拉紧螺母的尺寸

制冷剂型号	公称尺寸/in	外径/mm	喇叭口尺寸/mm	拉紧螺母尺寸/mm
R22	1/4	6. 35	9. 0	17
	3/8	9. 52	13. 0	22
	1/2	12. 70	16. 2	24
	5/8	15. 88	19. 4	27
R410a	1/4	6. 35	9. 1	17
	3/8	9. 52	13. 2	22
	1/2	12. 70	16. 6	27
	5/8	15. 88	19. 7	29

注：1in＝2. 54cm。

管路连接完成，确保连接无误后，将制冷管路的连接接口处包裹一层保温棉，然后使用防水胶带将保温棉的两端进行紧固，如图 5-14 所示。

将排水管与壁挂式空调器室内机的排水管对接，对接后使用防水胶带缠紧接口处，如图 5-15 所示。

在壁挂式空调器室内机两端设有配管口，安装空调器是可根据安装位置和穿孔墙的位

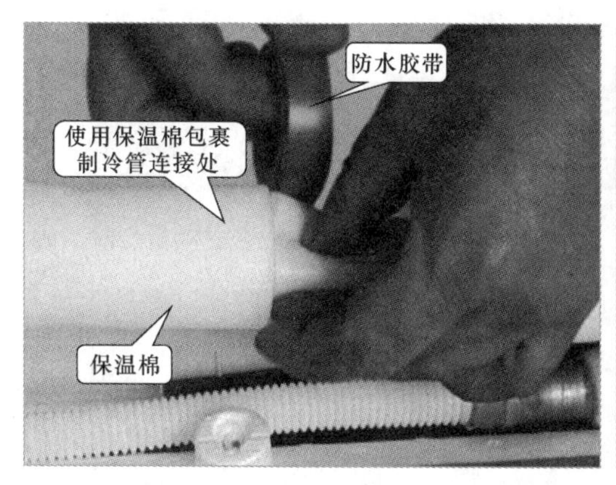

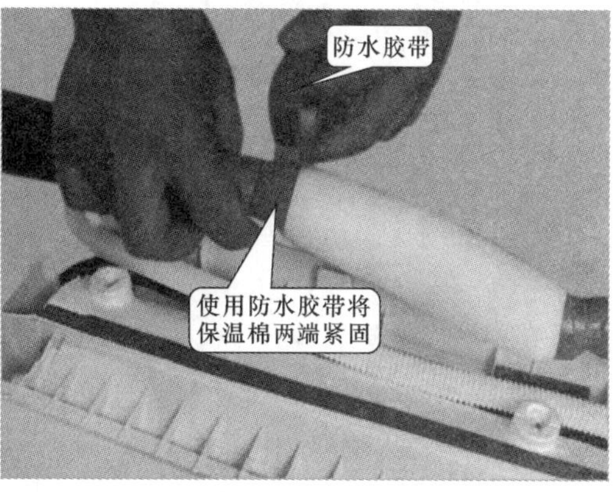

图5-14　在制冷管路接口处包裹保温棉

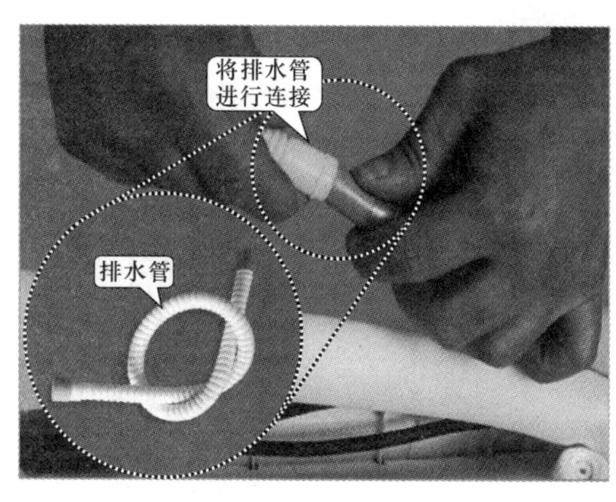

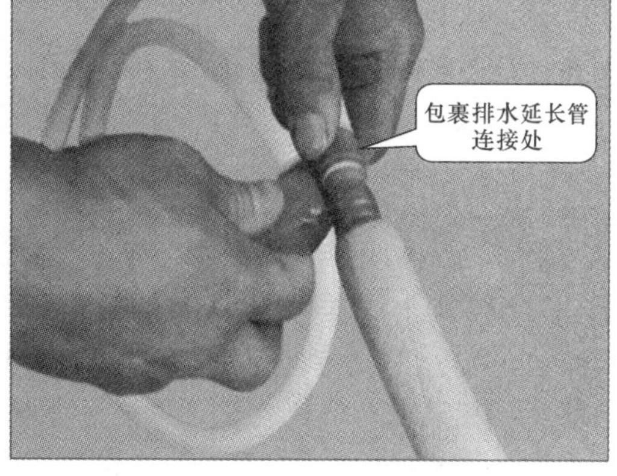

图5-15　连接排水管

置，选择合适的一端配管口，并使用锯条将该配管口的挡片打开，如图5-16所示。

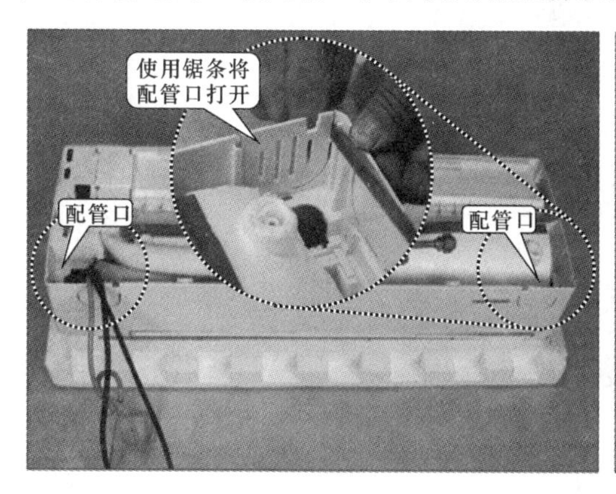

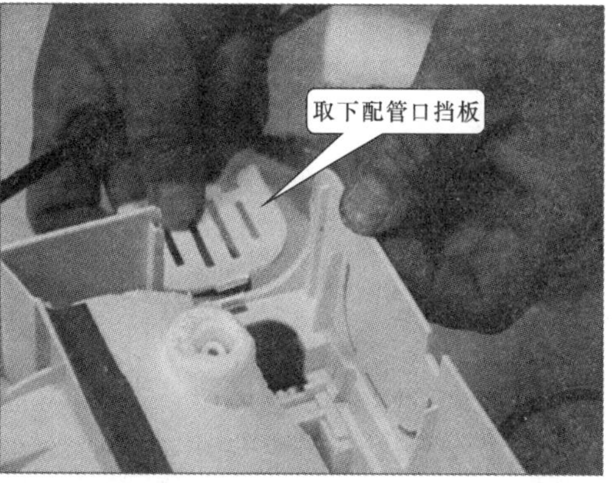

图5-16　将壁挂式空调器室内机的配管口打开

使用维尼龙胶带将排水管、连接线缆、连接后的制冷管路（气管和液管）缠绕包裹在一起，如图5-17所示。缠绕时应注意连接管路、排水管和线缆伸出墙外后，各自的安装位置不一致，因此在缠绕包裹的末端时，要将线缆和排水管分岔出来置于维尼龙胶带的外端。

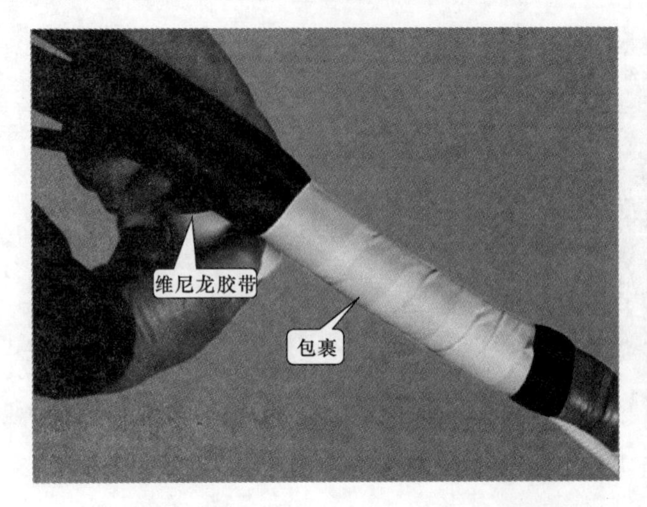

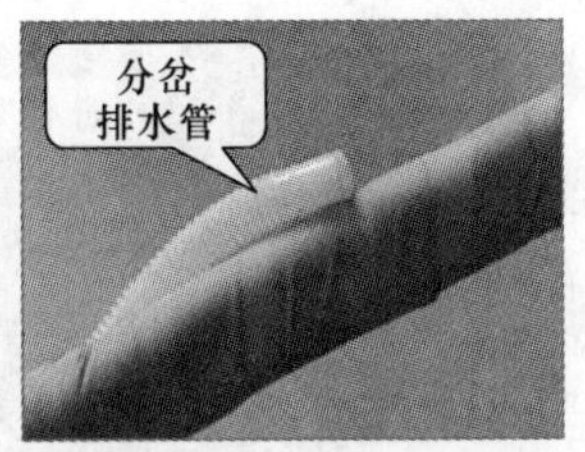

图 5-17　包裹管路

由于制冷管路需要分别与室外机气体截止阀（即三通截止阀）和液体截止阀（即二通截止阀）连接，因此气管和液管的末端，也需要分别缠绕包裹，如图 5-18 所示。

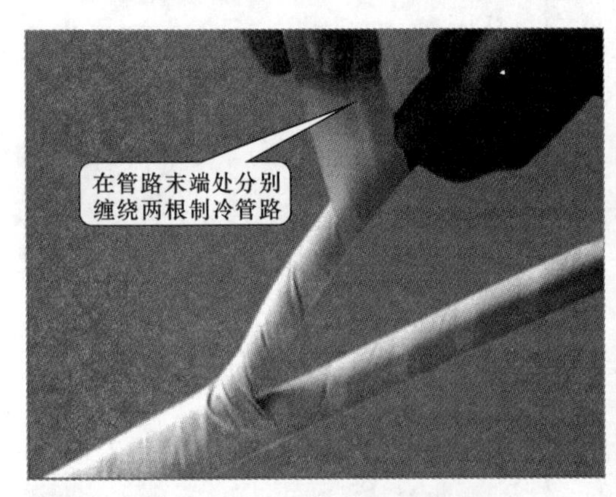

图 5-18　在管路末端分别缠绕两根制冷管路

提示：

制冷管路、连接线缆以及排水管使用维尼龙胶带缠绕时，应注意它们的排放位置，如图5-19所示，两根制冷管路必须有单独的保温棉进行保温，连接线缆必须与排水管分隔，防止排水管损坏时，连接线缆带电工作，从而导致空调器整体损坏。

制冷管路、排水管和连接线缆缠绕包裹完成后，由空调器左侧配管口伸出，然后将壁挂式空调器室内机固定于已安装好的固定挂板上，当听到“咔嚓”的声音后，说明壁挂式空调器安装完成，如图 5-20 所示。

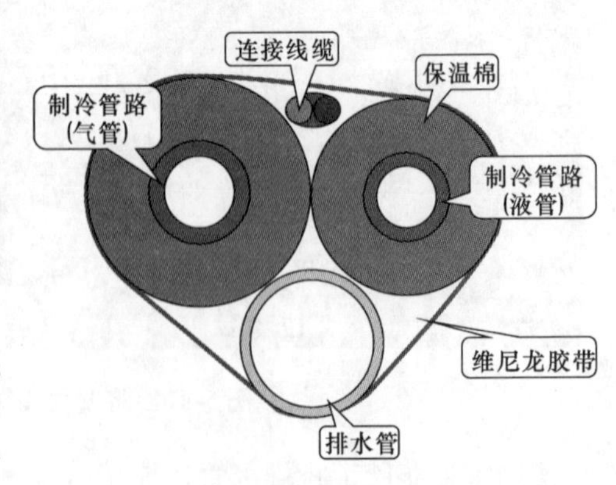

图 5-19　制冷管路、连接线缆以及排水管包裹时的位置

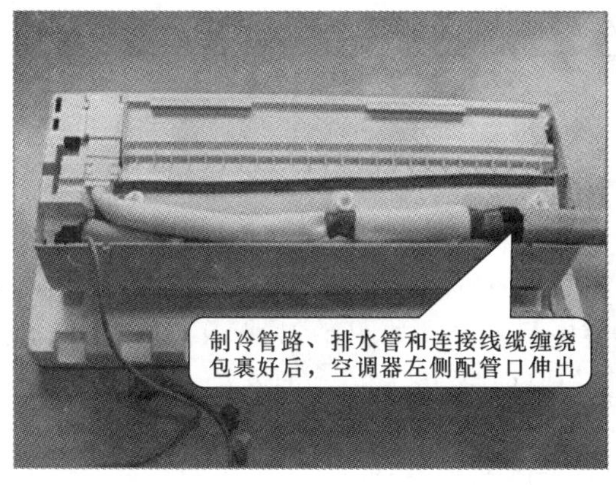

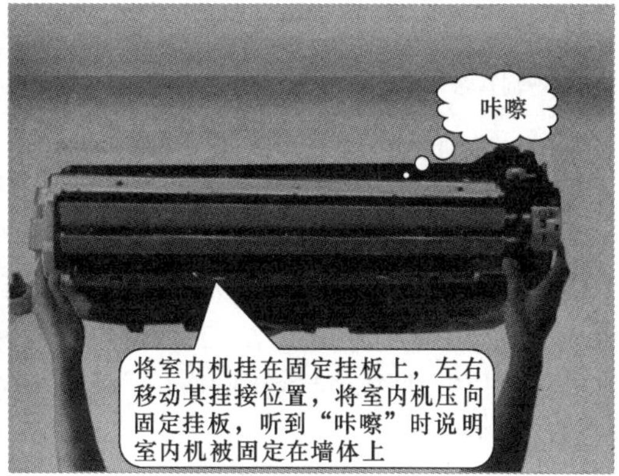

图5-20　固定壁挂式空调器室内机

链接：

空调器室内机安装时，若原厂附带的制冷管路长度不足时，可以配置延长的制冷管路，但应注意不同制冷剂循环的制冷管路压力不同，所使用的延长制冷管路的厚度以及耐压力也有所不同。选择时应根据所需管路承载压力、制冷剂以及铜管尺寸进行选择，制冷剂铜管的选择见表5-2所列。配管折弯的尺寸，见表5-3所列。

表5-2　制冷剂铜管选择

制冷剂型号	公称尺寸/in	外径/mm	壁厚/mm	设计压力/MPa	耐压压力/MPa
R22	1/4	6.35（±0.04）	0.6（±0.05）	3.15	9.45
	3/8	9.52（±0.05）	0.7（±0.06）		
	1/2	12.70（±0.05）	0.8（±0.06）		
	5/8	15.88（±0.06）	10（±0.08）		
R410a	1/4	6.35（±0.04）	0.8（±0.05）	4.15	12.45
	3/8	9.52（±0.05）	0.8（±0.06）		
	1/2	12.70（±0.05）	0.8（±0.06）		
	5/8	15.88（±0.06）	10（±0.08）		

表5-3　配管折弯的尺寸

公称尺寸/in	外径/mm	正常半径/mm	最先半径/mm
1/4	6.35	大于100	小于30
3/8	9.52	大于100	小于30
1/2	12.70	大于100	小于30

提示：

若制冷管路延长后的长度超过标准长度5米时，必须追加制冷剂，制冷剂的追加量见表5-4所列。

表 5-4　制冷剂追加量

制冷剂管路长度	5m	7m	15m
制冷剂追加量	不需要	40g	100g

2. 柜式空调器室内机的安装及连接方法

柜式空调器室内机的连接方法同壁挂式空调器室内机的方法基本形同，但柜式空调器室内机的安装位置以及固定方法与壁挂式空调器室内机不同，如图 5-21 所示，柜式空调器室内机的安装位置应距左右墙面 10cm 以上，并且与墙面呈 45°左右，且在柜式空调器室内机前方不可有障碍物。

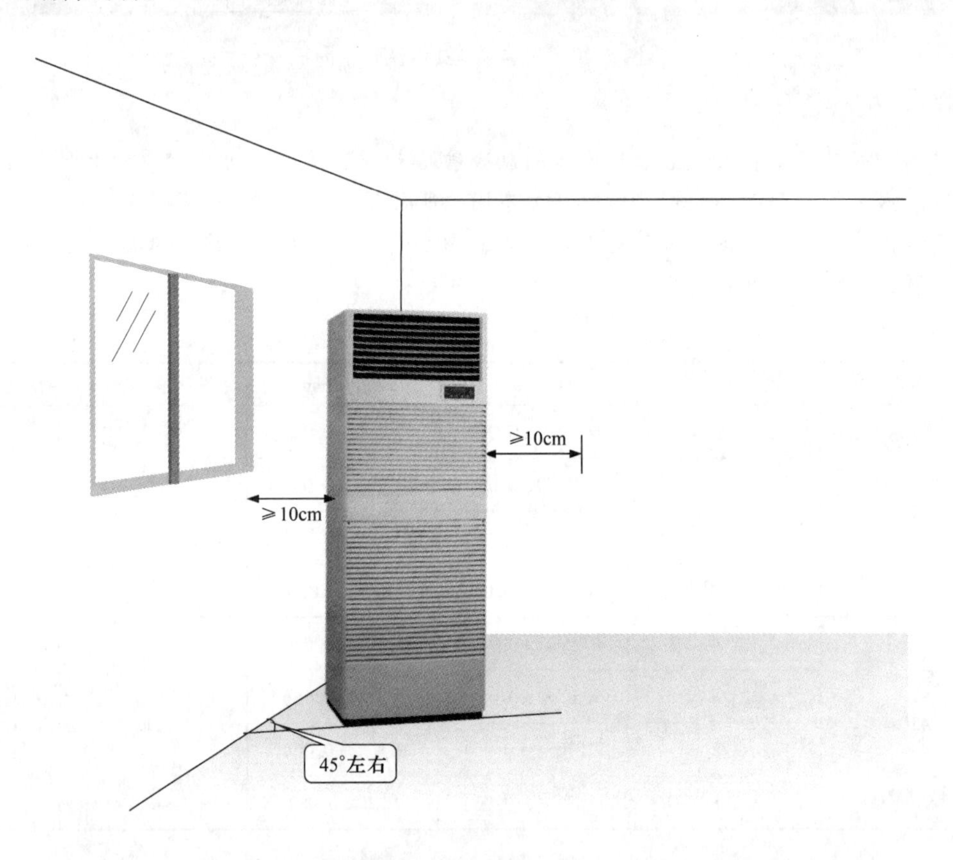

图 5-21　柜式空调器室内机的安装位置

柜式空调器室内机放置在水平的地面上即可使用，也可将其固定在水平地面上。如图 5-22 所示，将柜式空调器固定在水平地面上时，先将柜式空调器室内机摆放到安装位置，将其底部入风口挡板打开，使用记号笔在需要固定螺孔处进行标记，然后使用电钻在地面上进行开孔，再将柜式空调器上的固定螺孔与地面上的孔对齐，使用固定螺钉将柜式空调器室内机固定在地面上即可。

柜式空调器室内机的安装，同样需要将内部的气管、液管，排水管与制冷管路气管、液管以及排水管进行连接，使用维尼龙胶带将连接好的气管、液管、排水管以及连接线缆进行

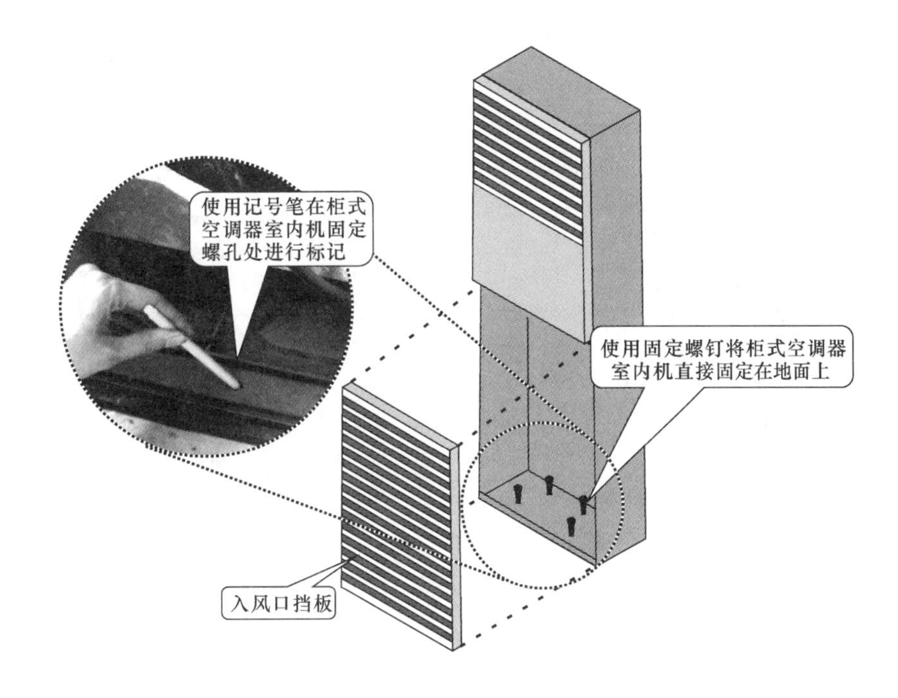

图5-22　柜式空调器室内机的固定方法

缠绕，如图5-23所示，具体的缠绕方法与壁挂式空调器室内机制冷管路、排水管以及连接线缆的缠绕的方法相同。

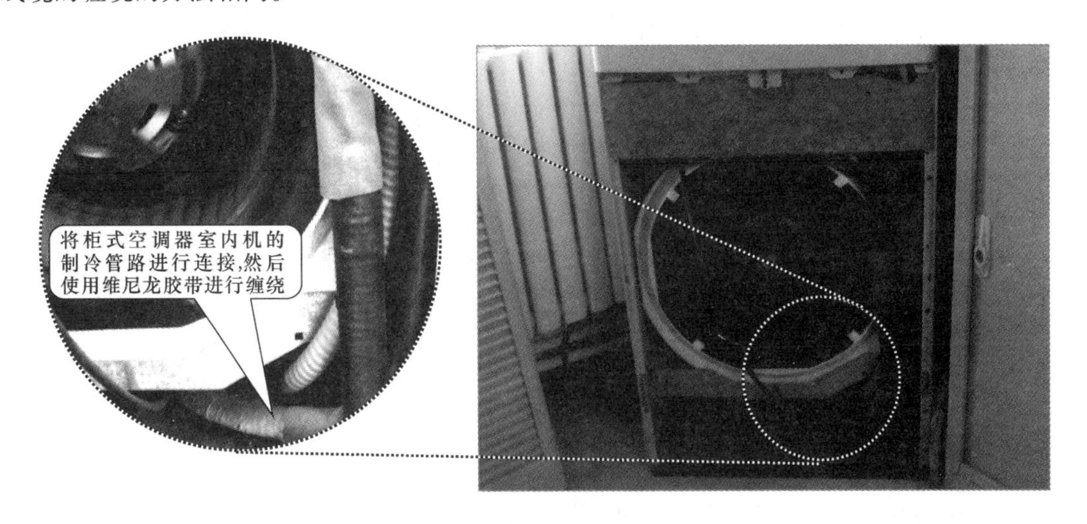

图5-23　柜式空调器管路的加工方法

5.1.2　空调器室外机的安装及连接方法

空调器室外机的固定方式主要有底座固定和角钢支撑架固定两种。

1. 空调器室外机在底座上的固定方法

将空调器室外机固定在底座上时，底座的高度应在15~30cm，室外机前端120cm距离内不应有障碍物，后端距墙面的距离应当大于等于20cm，且左右两端30cm的范围内也不应有障碍物，如图5-24所示，这样可以保证室外机周围的空气可以正常循环。通常情况下底座可以使用木质材料，也可使用混凝土浇注底座。

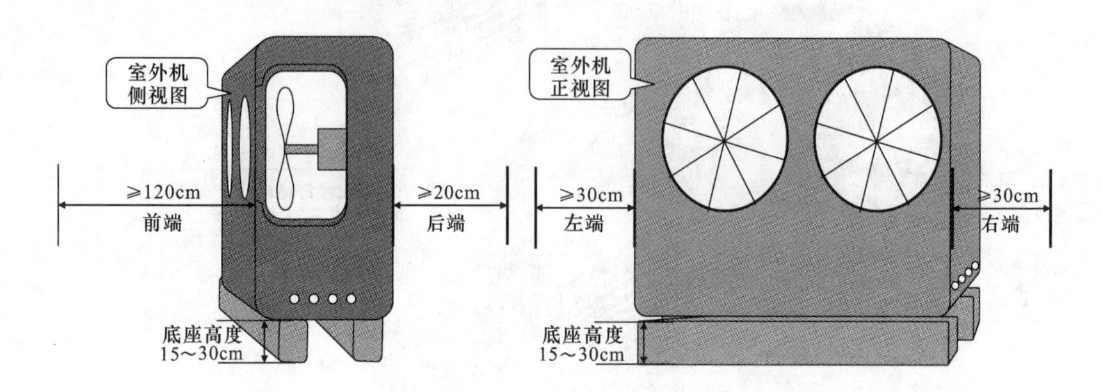

图5-24　空调器室外机固定与底座上的位置

图5-25所示为空调器室外机固定在底座上的方法。根据空调器室外机地脚的位置，在混凝土底座上的固定孔处放入钩状螺栓，使用水泥进行浇注，将螺栓固定在底座上，然后将空调器室外机的地脚对准螺栓孔放置在混凝土底座上，再使用扳手拧紧螺母进行固定。

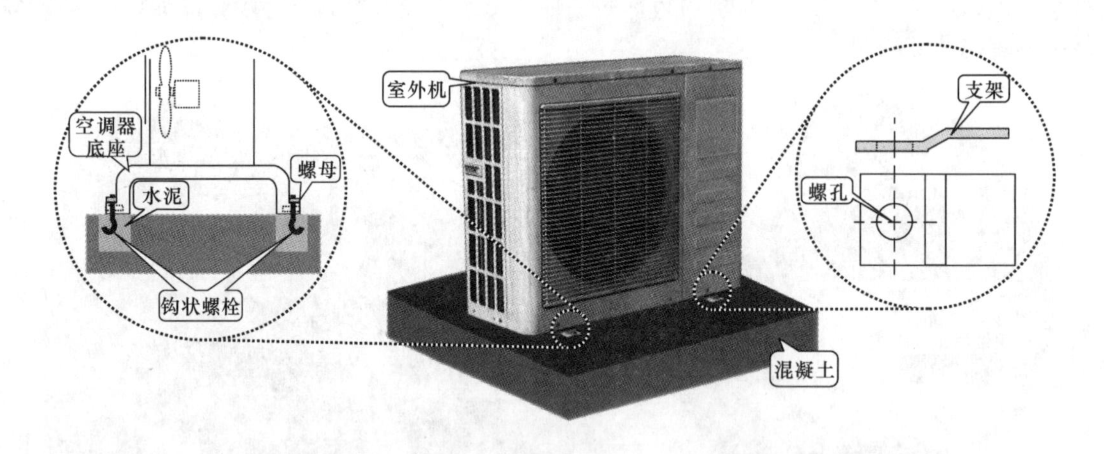

图5-25　空调器室外机的安装在水泥底座上的方法

2. 空调器室外机在角钢支撑架上的固定方法

当空调器室外机无法安装在固定底座上时，可以使用角钢支撑架对其进行固定，图5-26所示为角钢支撑架的实物外形。

固定室外机前，应先对角钢支架进行安装时。首先选择合适的位置，以保证空调器的正常通风。具体的安装方法与壁挂式空调器室内机固定挂板的安装方法基本相同。如图5-27所示，首先在室外的墙壁上确定空调器室外机安装的位置，根据角钢支撑架上的孔在墙面上进行标记，再使用电钻在墙面上开孔，将角钢支撑架通过螺栓螺母固定在墙面上，然后将空

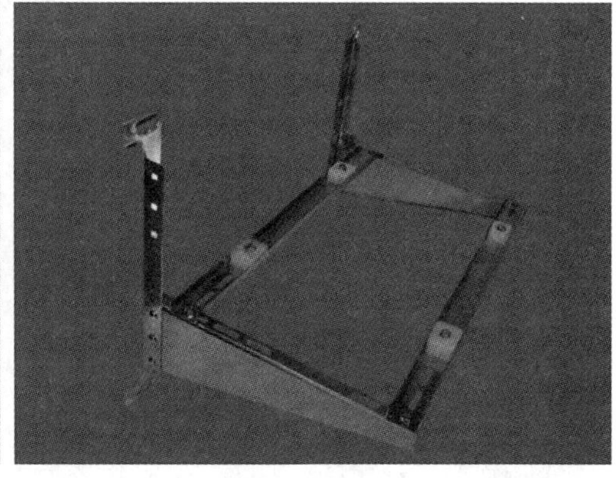

图 5-26　角钢支撑架的实物外形

调器室外机放置于角钢支撑架上，使空调器室外机底座上的螺孔与角钢支撑架上的螺孔对齐，并使用螺栓进行固定。

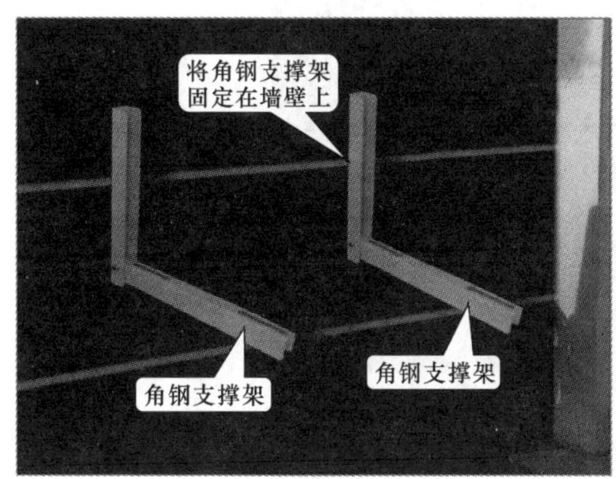

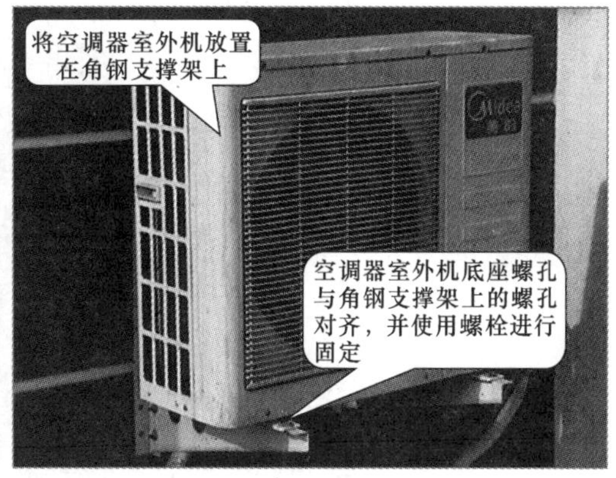

图 5-27　安装角钢支撑架，对空调器室外机进行固定

3. 空调器室外机管路的连接方法

空调器室外机固定完成后，应将室内送出的管路与空调器室外机上的管路接口进行连接，连接时应对室内机送出液管（细管）的连接管口使用瓶装氮气进行清洁，然后再与室外机二通截止阀（液体截止阀）进行连接，并使用扳手拧紧拉紧螺母（纳子），并固定；液管连接完成后，对室内机送出气管（粗管）的连接管口用氮气清洁，然后与室外机三通截止阀（气体截止阀）进行连接，如图 5-28 所示。

图 5-29 所示为空调器室外机管路连接后的效果图，当管路连接完成后，应继续对空调器的电气线缆进行连接。

4. 空调器室外机电气线缆的连接

空调器室外机管路部分连接完成后，就需要对其电气线缆进行连接了。空调器室外机与室内机之间的信号连接是有极性和有顺序的，连接时，应参照空调器室外机外壳上电气接线图上的标注顺序，对室内机送出的线缆进行连接，如图 5-30 所示。

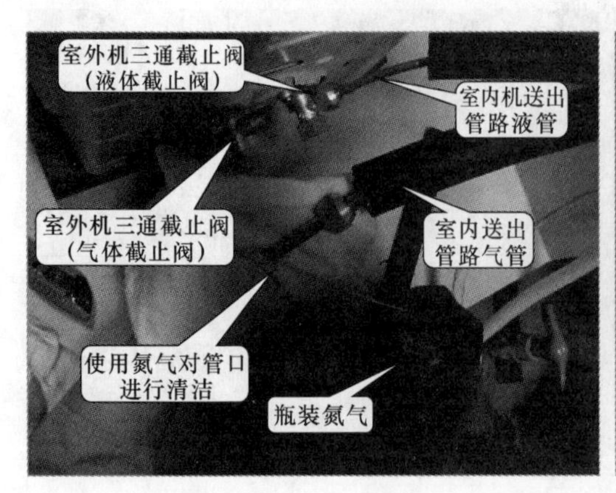

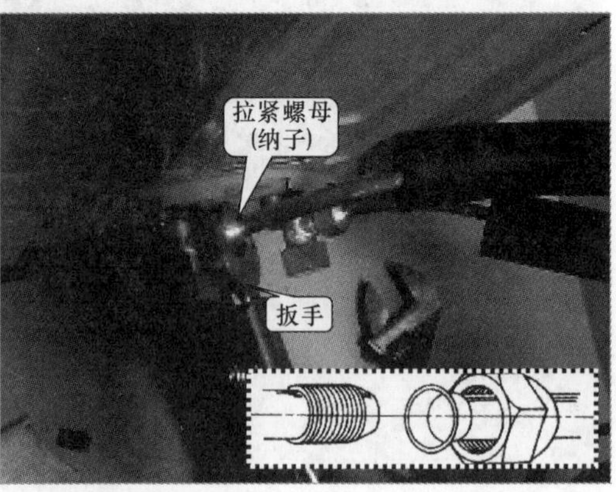

图 5-28　室外机管路连接的方法

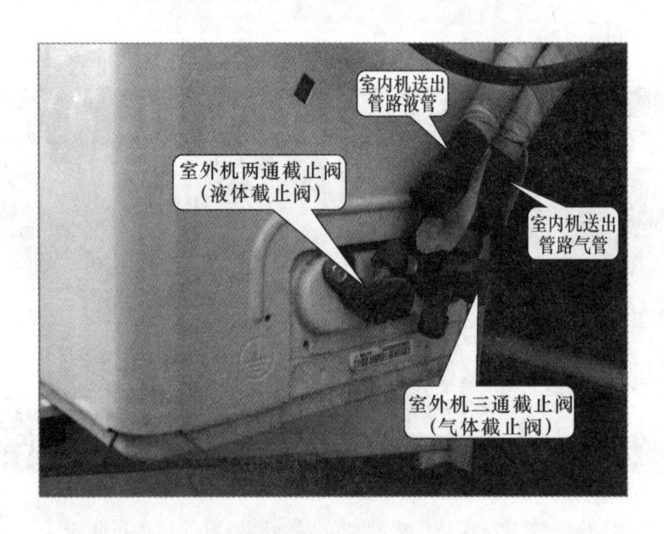

图 5-29　空调器室外机管路连接后的效果

对空调器室外机电气线缆进行连接时，应先将空调器室外机接线盒的保护盖取下，如图 5-31 所示，接线盒保护盖通常位于三通截止阀和两通截止阀的上边，使用十字螺丝刀将固定螺钉取下，即可将保护盖取下。

根据空调器外壳上的电气接线图，将电气线缆连接到室外机接线盒对应的端子上，拧紧固定螺钉，然后检查连接线缆是否牢固以及接线是否正确，当确保连接线缆正常时，使用压线板将连接线缆压紧，并使用固定螺钉将压线板固定，如图 5-32 所示。此时空调器室外机的电气线缆连接便完成了，将接线盒的保护盖重新装好即可。

链接：

值得注意的是，空调器室外机与室内机连接完成后，对空调器进行开机运行前，应先对管路进行抽真空处理，保证制冷管路与室内机管路内部清洁，然后充注制冷剂后才可开机运行，具体的抽真空方法可参照上文。

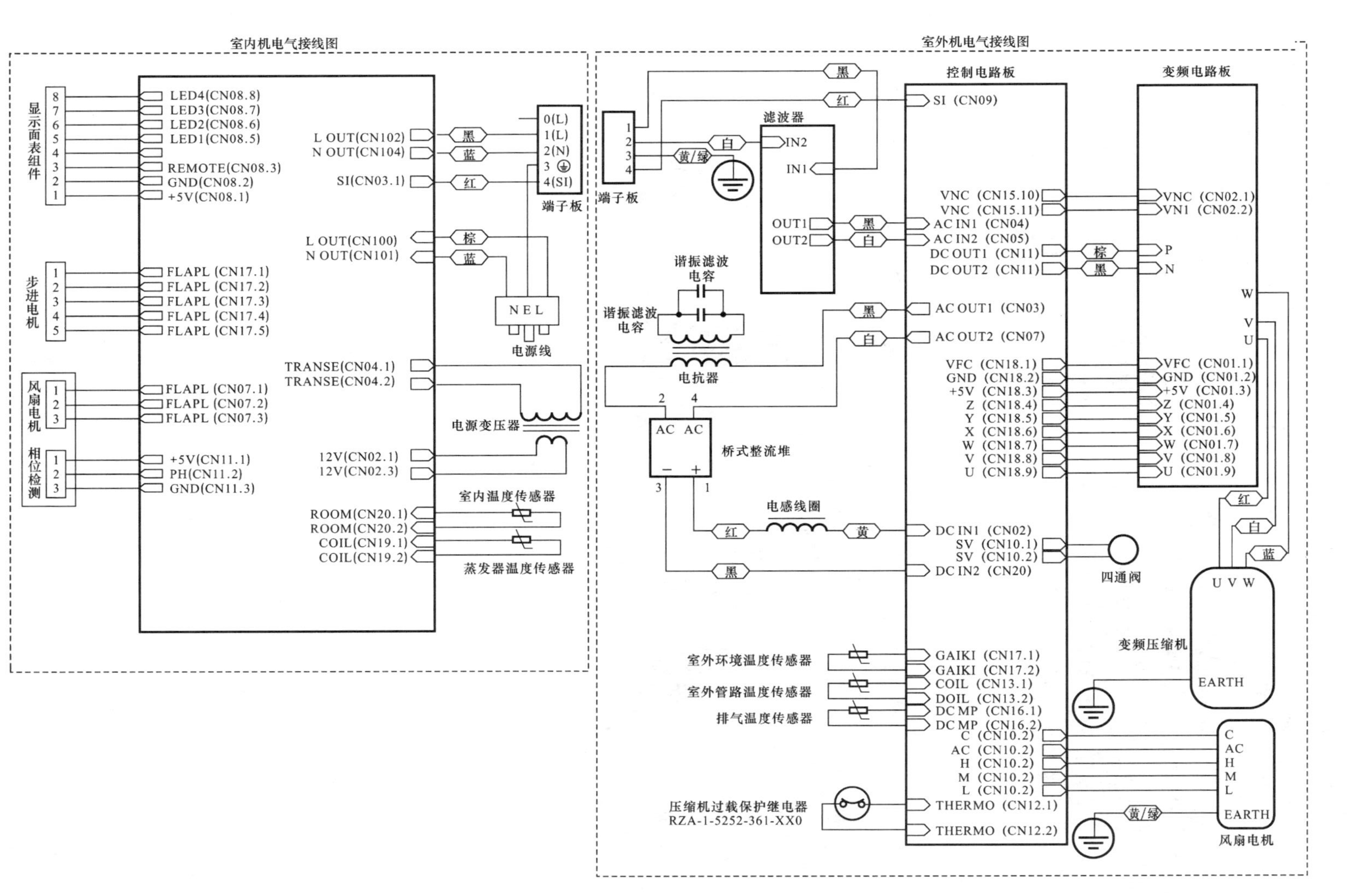

图5-30　空调器电气接线图

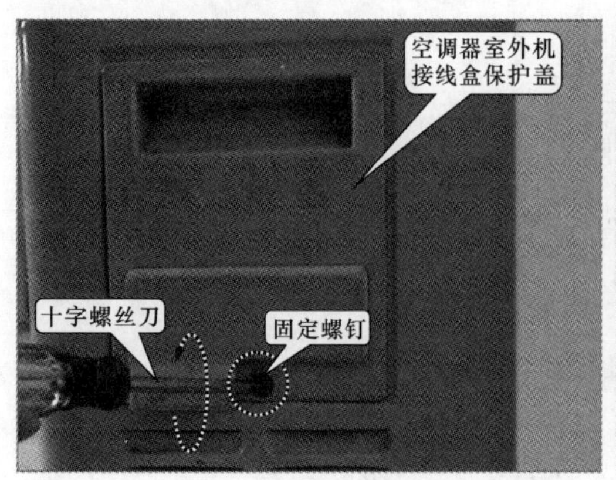

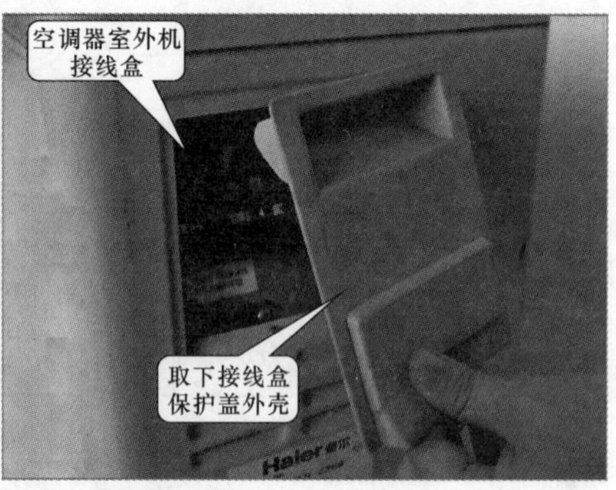

图 5-31　取下空调器室外机上接线盒保护盖

图 5-32　空调器室外机电气线缆的连接

5.2　空调器的移机方法

空调器移机操作时，需要将空调器室内机管路以及制冷管路中的制冷剂回收到室外机中，且应保证空调器移机前可以正常运行。

1. 空调器回收制冷剂的方法

空调器回收制冷剂时，需要将空调器开机运行 10 ~ 15min 左右，观察待移机的空调器运行是否正常，当确定空调器运行正常时，即可将空调器停机。

回收制冷剂前，先将各设备如三通压力表阀、连接软管、制冷剂钢瓶等进行连接。三通压力表阀一端通过连接软管与制冷剂钢瓶进行连接，再将另一根连接软管与三通压力表阀的底部阀口进行连接，连接完成后先将制冷剂钢瓶阀门打开，再将三通压力表阀门打开，将连接软管中的空气排出，如图 5-33 所示。

当看到连接软管中有制冷剂排出时，将与三通压力表阀底部阀口连接的连接软管的另一端迅速与空调器三通截止阀的工艺管口进行连接，此时再将制冷剂钢瓶阀门关闭，如图5-34所示为回收制冷剂时制冷设备的连接方法。

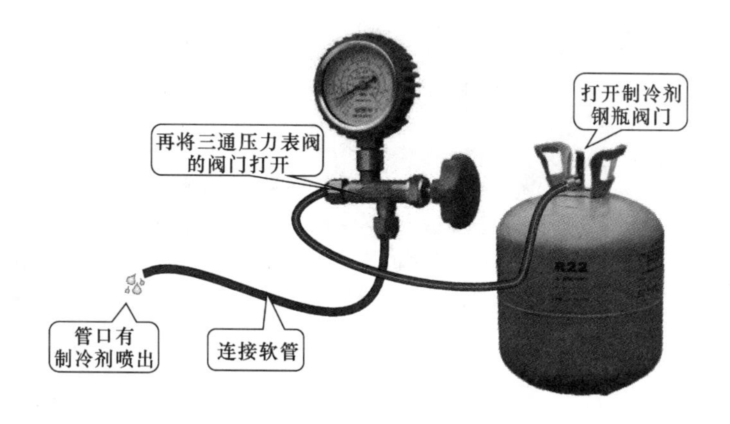

图5-33　排放管路中的空气

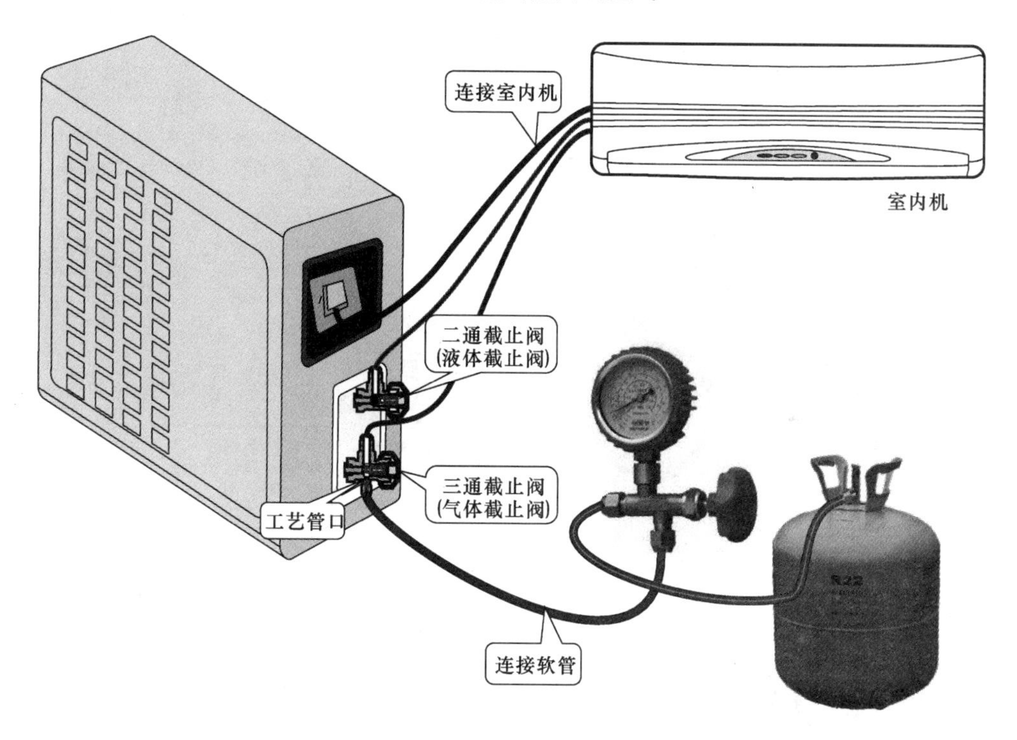

图5-34　空调器回收制冷剂时制冷设备的连接方法

空调器回收制冷剂时的制冷设备连接完成后，将空调器开机并在制冷模式下运行，此时使用六角扳手将二通截止阀阀门关闭，观察三通压力表的压力变化，当压力到达0MPa时，说明制冷剂已经回收到室外机中，此时使用六角扳手将三通截止阀阀门关闭，然后将空调器停机，如图5-35所示。

提示：

在回收制冷剂时，压力表上压力值的变化时间较短，通常在1min以内，所以在回收制冷剂时，应集中注意力观察压力表的变化。同时在对空调器三通截止阀和两通截止阀阀门进行关闭和打开时，操作应当迅速，防止劣质的三通截止阀和两通截止阀处于半开、半关状态而导致损坏。

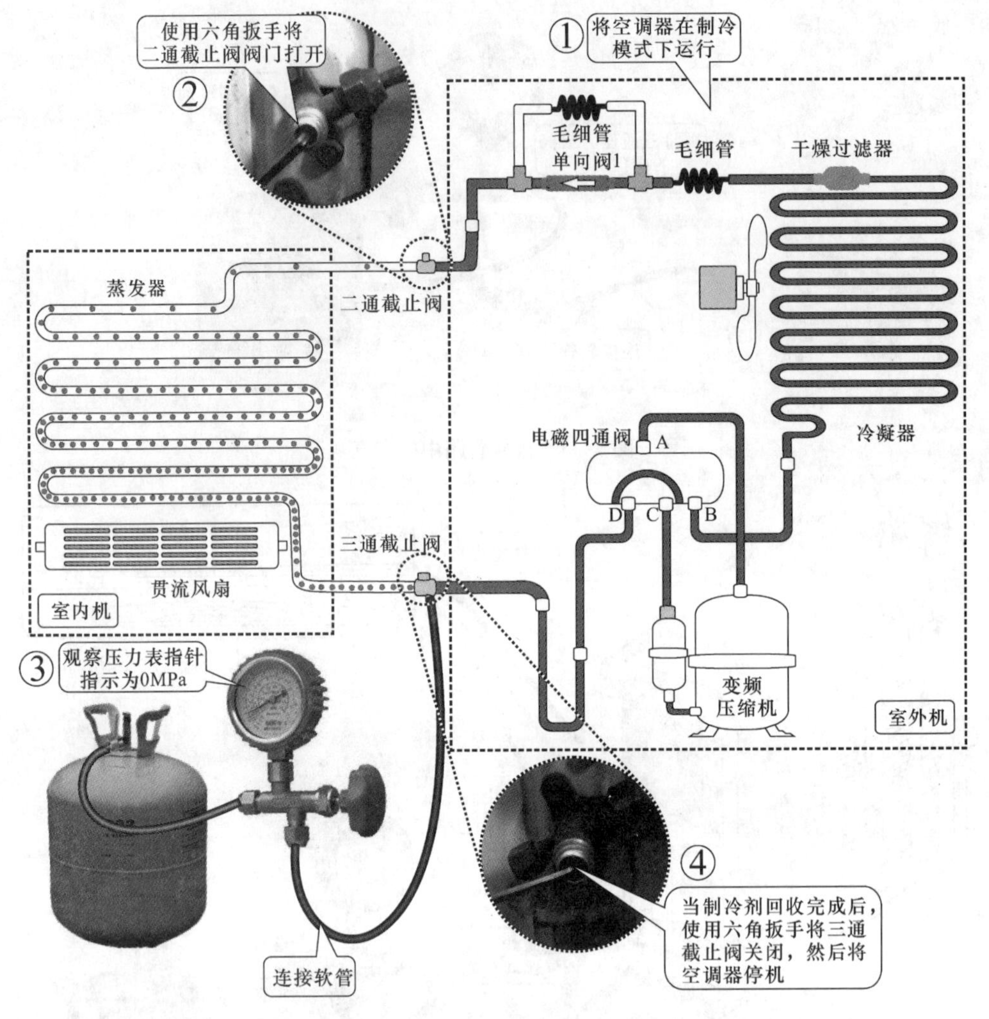

图 5-35　回收制冷剂的过程

链接：

使用压力表观察压力值回收制冷剂是较为安全的方法，也是较适合于初学的维修者操作。对于维修经验丰富的维修师傅，也可以通过观察三通截止阀上结霜的情况以及压缩机的声音进行判断，而不需要连接三通压力表阀及制冷剂钢瓶等设备。不使用三通压力表阀等设备回收制冷剂时，也要在空调器制冷运行模式下进行，先将二通截止阀阀门关闭，然后观察三通截止阀阀门上是否有结霜现象，当出现结霜并化霜后，说明制冷剂已经回收完成，此时应将三通截止阀阀门关闭，并将空调器停机。

2. 空调器移机拆卸方法

制冷剂回收完成后，便可将室外机与室内机引入的连接管路使用扳手拧开，然后使用铜帽将室外机三通截止阀和二通截止阀管路接口封住，连接管路管口也应使用胶布封堵，防止灰尘和杂质等进入，如图 5-36 所示。

室外机与连接管路分离后，此时使用扳手和螺丝刀将室外机底角上的固定螺栓取下，此时即可将室外机移走，然后将室内机由固定挂板上取下，再使用十字螺丝刀将固定挂板上的螺钉拧下，将固定挂板取下。

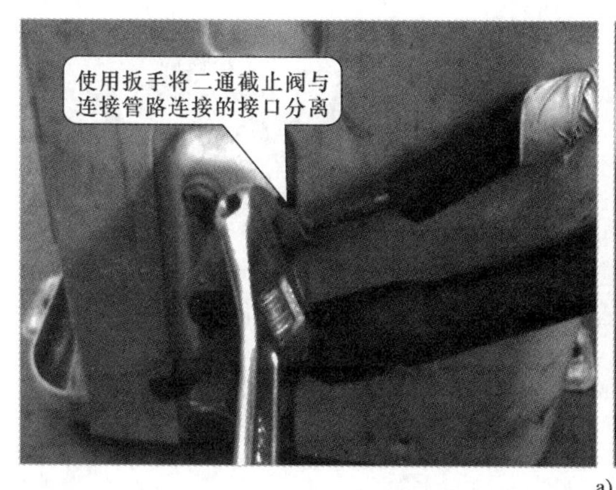

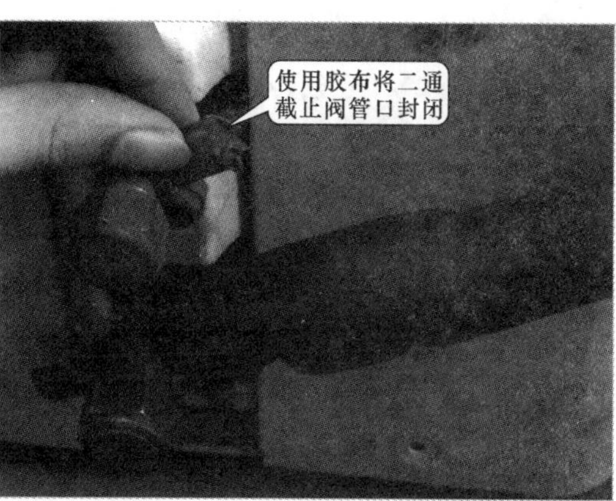

a)

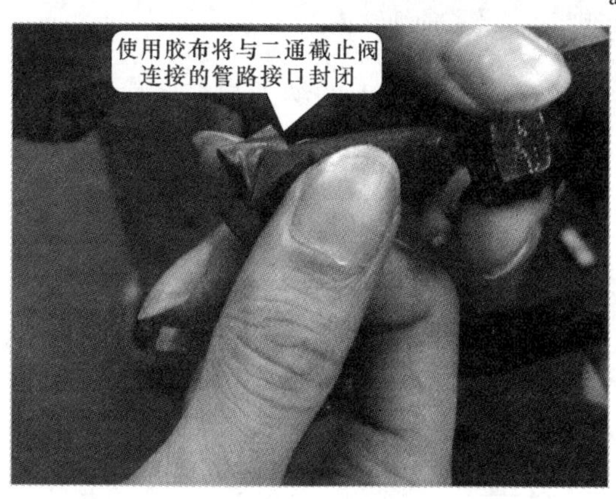

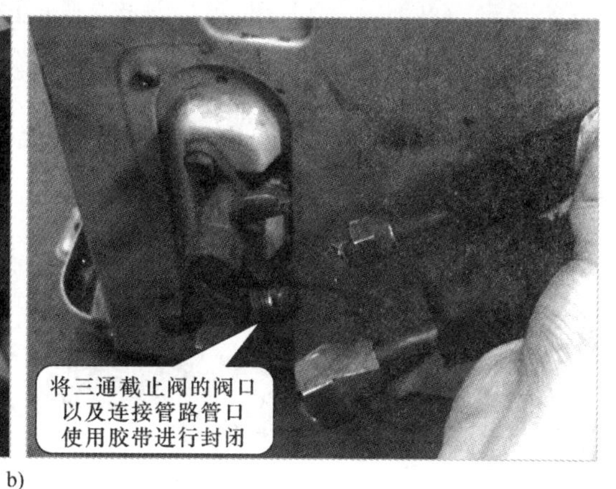

b)

图5-36　将室外机与连接管路分离

a）将连接管口拧开　b）使用胶布封闭管口

链接：

在对空调器室内机以及连接管路进行移动时，应注意不可将连接管路弯折为死角，防止安装时，管路发生断裂。

3. 空调器移机后重新安装的方法

重新安装空调器室内机和室外机之前，需要检查制冷管路、线缆和排水管是否变形、断裂。检查无问题后，便可重新安装空调器。

将室内机与室外机安装到指定位置，将制冷管路、线缆和排水管从穿墙孔中穿出，连接好线缆。

（1）将室内机管路进行排气

由于移机操作中，室内机管路已处于打开状态，管路中很容易进入空气，因此在重新连接室内机与室外机之前，首先应将室内机管路及连接管中的空气排出。

先将空调器室外机二通截止阀与室内机引出的连接管路中细管（液管）上的纳子拧紧，并用内六角扳手松开二通截止阀阀门一圈，室外机内的制冷剂便经连接管路的细管送入室内机管路中，具体操作如图5-37所示。

随着制冷剂进入室内机，可听到连接管路的粗管（气管）管口处有吱吱声，即制冷剂将室内机管路中的空气从粗管管口处顶出。当连接管路排气持续30s左右（用手感觉一下有

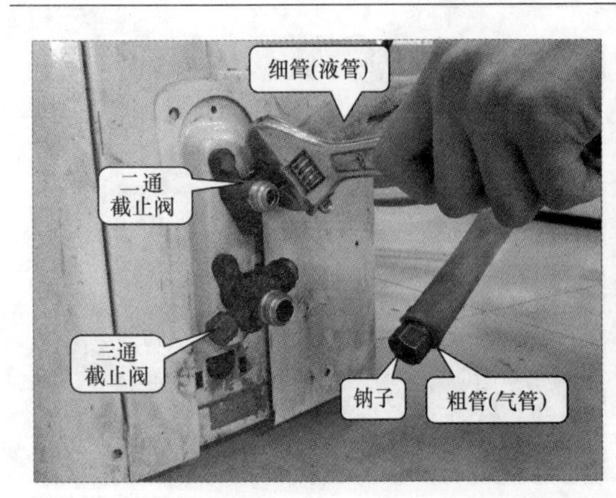

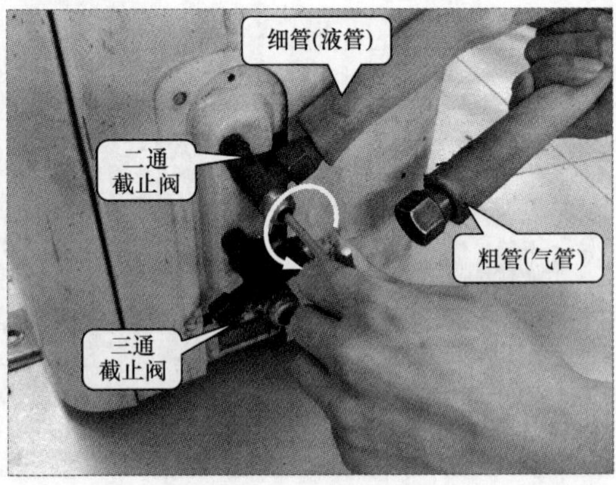

图 5-37　连接二通截止阀与连接管路的细管

冷气排出）时，即可用扳手迅速将连接配管粗管（气管）管口上的纳子与三通截止阀连接拧紧，至此室内机管路排气操作完成，如图 5-38 所示。

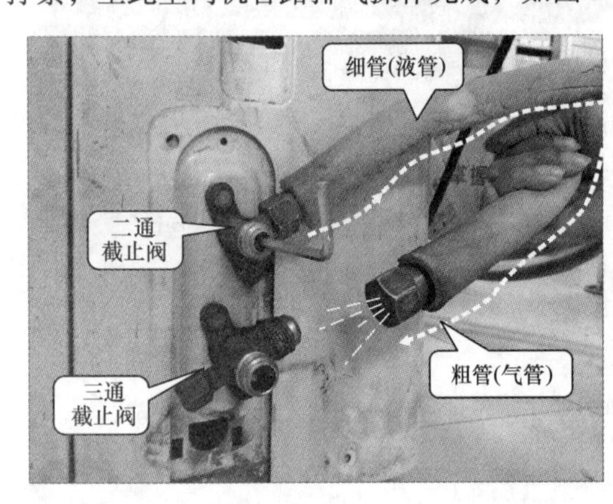

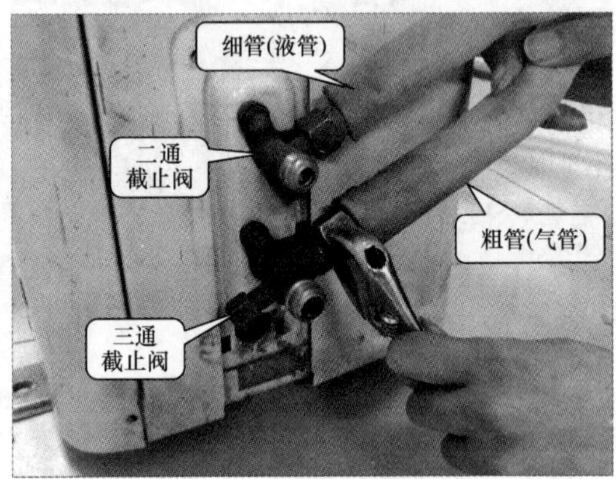

图 5-38　排出室内机管路中的空气

链接：

这里所说的排气时间 30s 只是一个参考值，实际操作时还要用手去感觉喷出的气体是否变凉，来掌握适当的排气时间。掌握好排气时间对空调器的使用来说非常重要，因为排气时间过长，制冷系统内的制冷剂就会过量流失，从而影响空调器的制冷效果；而排气时间过短，室内机及管路中的空气没有排净，也会影响空调器的制冷效果。

空调器的重新安装过程中，还要对空调器的管路部分进行检漏。比较简便的方法是使用肥皂水对管路进行检漏。将肥皂水分别涂抹在可能发生泄露的室内机、室外机的两个接口和二通截止阀及三通截止阀的阀芯处，具体操作如图 3-29 所示。观察 2min，如有气泡产生，说明有泄漏。

若发现制冷剂有泄漏现象，应及时将泄露部位进行处理。若因制冷剂泄露导致空调器中制冷剂过少，就需要重新充注制冷剂，这一步骤包括对泄露部位进行处理、充氮清洁检漏、抽真空、重新充注制冷剂等系一列操作，具体操作方法参照前文中的介绍，这里不再重复。

排水实验也是空调器重装完毕后的一个重要检查项目，其具体操作方法如图 5-40 所示。

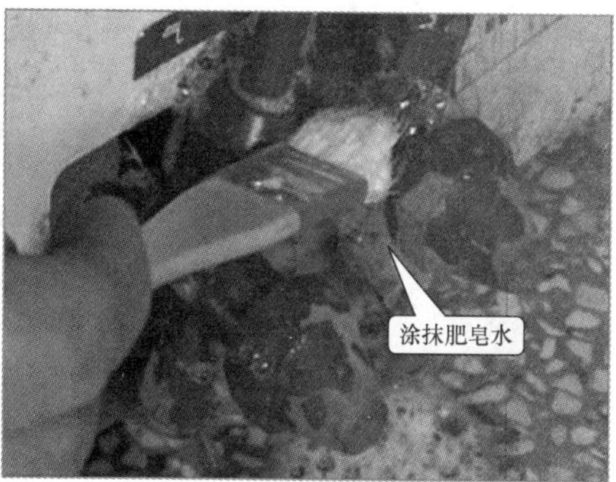

图 5-39　检漏操作

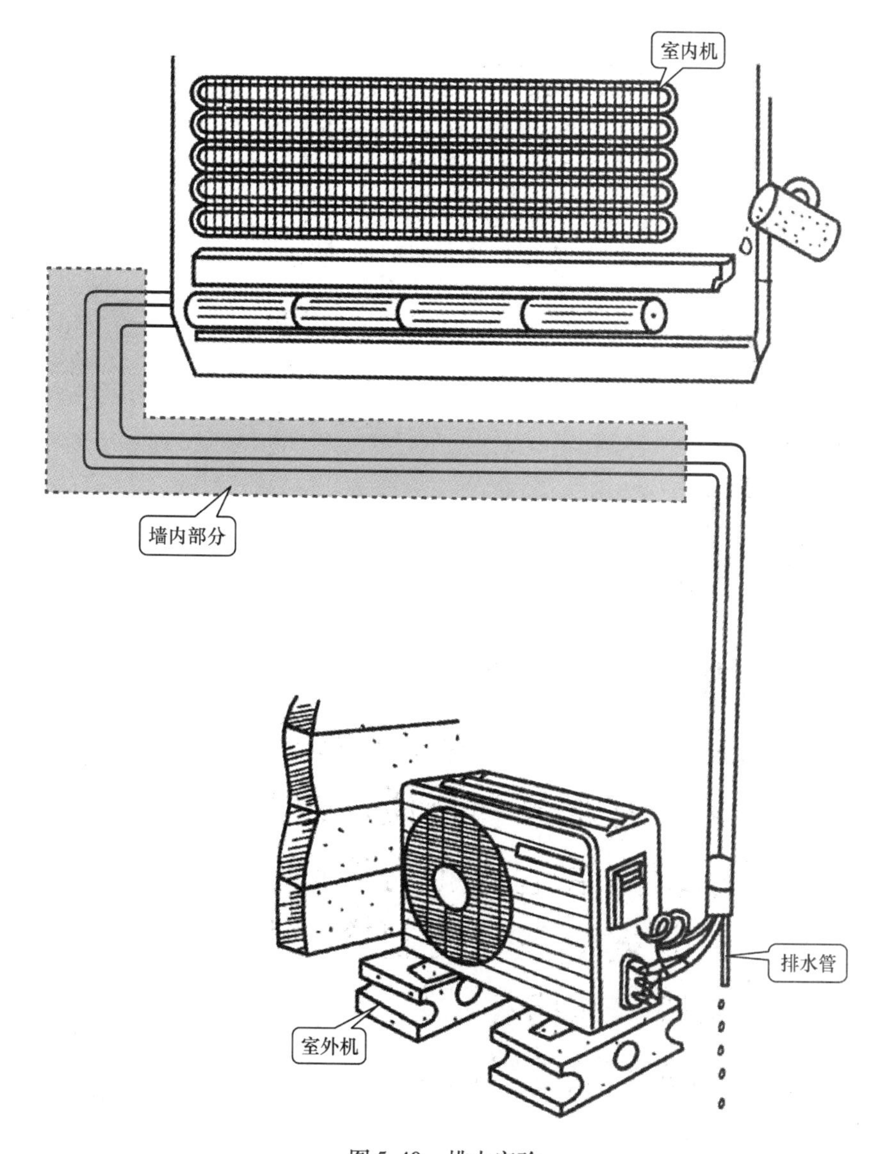

图 5-40　排水实验

先卸下室内机外壳，将水倒入排水槽中，观察水是否能顺畅地从排水槽顺着排水软管流向室外。如果水能畅通地流出，室内机也无水渗出，说明排水系统良好；如果水从室内机溢出，那么就要检查排水管路是否有堵塞以及空调器室内机安装是否水平。

打开空调器，检查一下空调器的各种运行参数是否正常。若有数据不正常，则应根据故障现象进行检修；若各数据正常，则说明空调器正常。

第6章　掌握空调器压缩机组件的检修方法

6.1　空调器压缩机组件的检修分析

6.1.1　空调器压缩机组件的结构特点

空调器中的压缩机组件主要用于对制冷剂进行压缩，为管路中的制冷剂进行循环提供动力，制冷剂在循环过程中进行热交换，从而实现制热或制冷。图6-1所示为海信KFR—35W/06ABP型空调器中的压缩机组件。

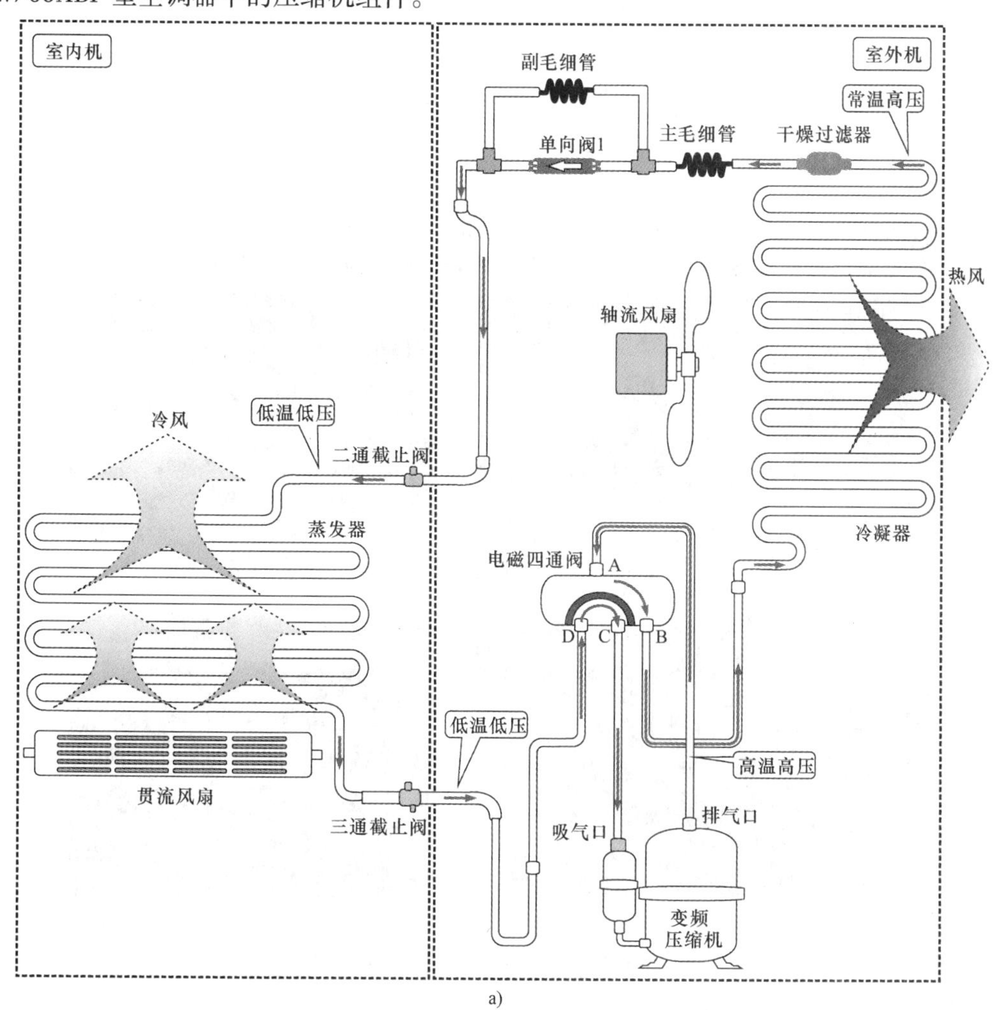

a)

图6-1　海信KFR—35W/06ABP型空调器的室外机中压缩机组件

a）压缩机在空调器中的作用

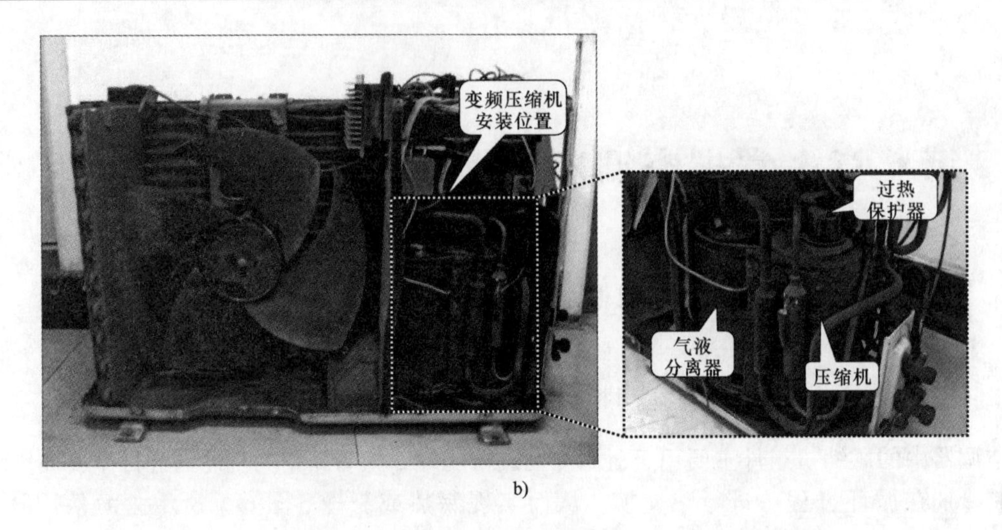

b)

图 6-1　海信 KFR—35W/06ABP 型空调器的室外机中压缩机组件（续）
b）压缩机的安装装置

通常空调器压缩机组件位于空调器室外机中，主要是由压缩机、过热保护继电器和汽液分离器构成。

1. 压缩机

压缩机是通过吸气口将制冷管路中的制冷剂抽入其内部进行强力压缩，并将压缩后的高温高压的制冷剂从排气口输出，驱动制冷剂在管路中循环流动，其实物外形如图 6-2 所示。

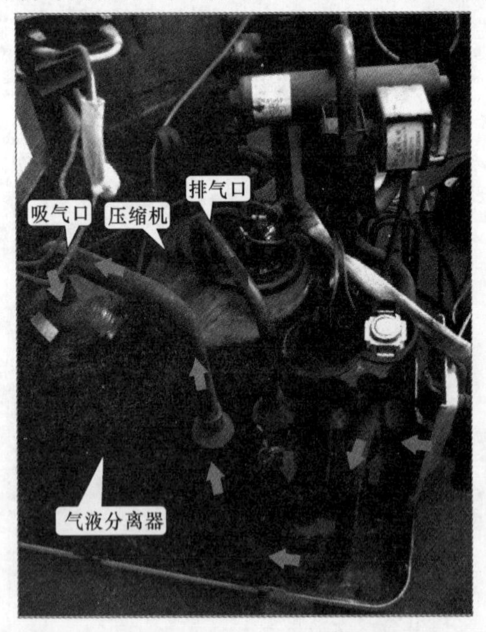

图 6-2　压缩机的实物外形

空调器中的压缩机可以分为涡旋式压缩机、直流变速双转子压缩机以及旋转活塞式压缩机。其中涡旋式压缩机与直流变速双转子压缩机多用于变频空调器中，受变频电路的控制，而旋转活塞式压缩机主要用于定频空调器中，受继电器的控制。

（1）涡旋式压缩机

涡旋式压缩机主要由涡旋盘、吸气口、排气口、电动机以及偏心轴等组成，并且内部采用的电动机为直流无刷电动机，如图 6-3 所示。

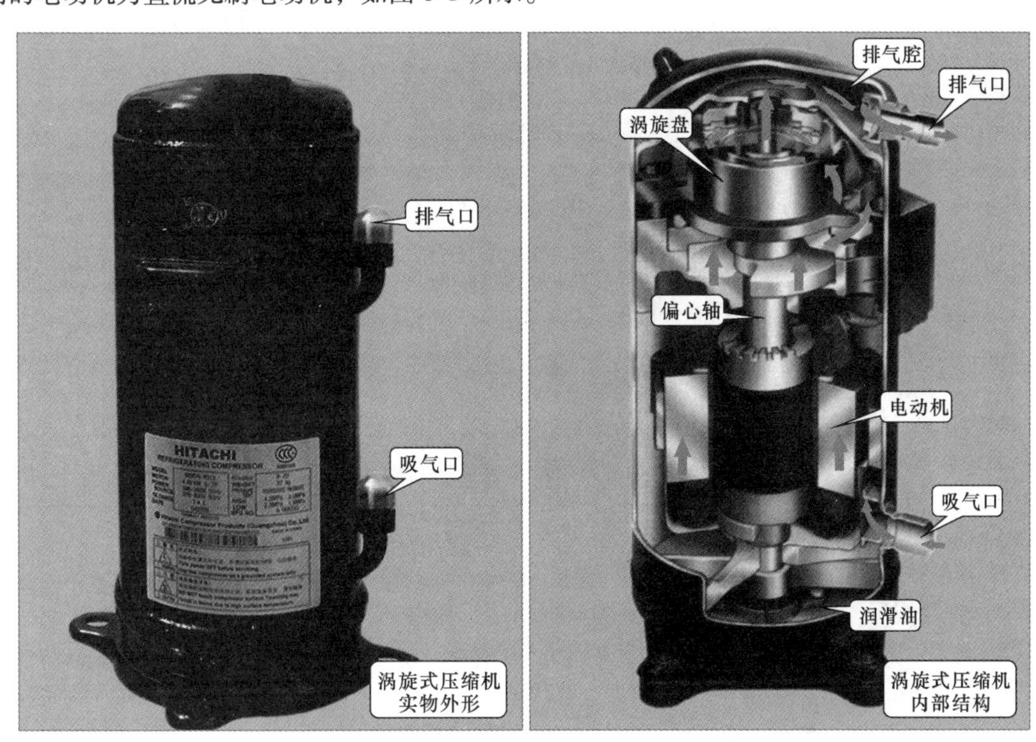

图 6-3　涡旋式压缩机实物外形以及结构

在涡旋式压缩机中有两个涡旋盘，分别为定涡旋盘与动涡旋盘。定涡旋盘固定在支架上，动涡旋盘由偏心轴驱动，基于轴心运动，图 6-4 所示为涡旋盘的实物外形。

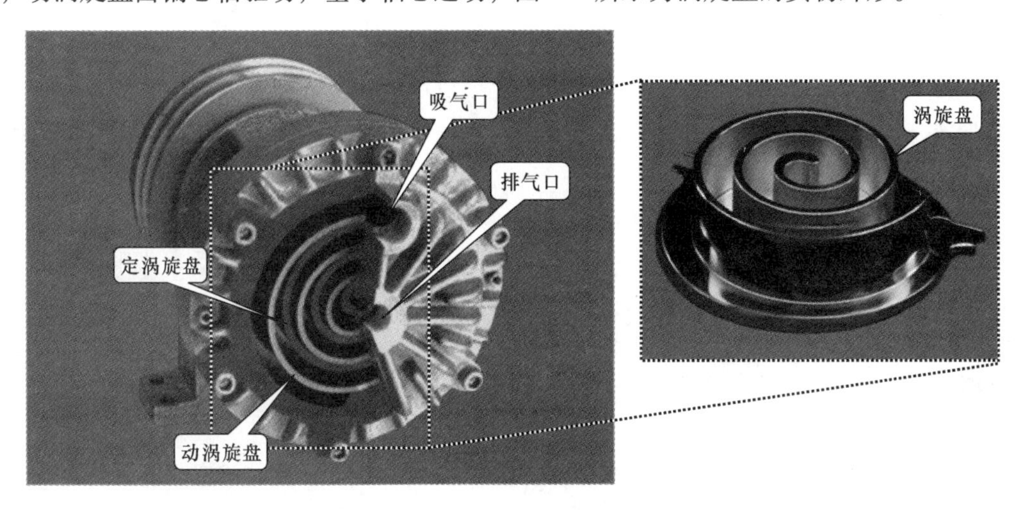

图 6-4　涡旋式压缩机内的涡旋盘

（2）直流变速双转子压缩机

直流变速双转子压缩机主要是针对环保制冷剂 R410A 所设计的，将机械部分设计在变频压缩机机壳的底部，而直流无刷电动机则安装在上部，通过直流无刷电动机对压缩机的汽缸进行驱动，如图 6-5 所示。

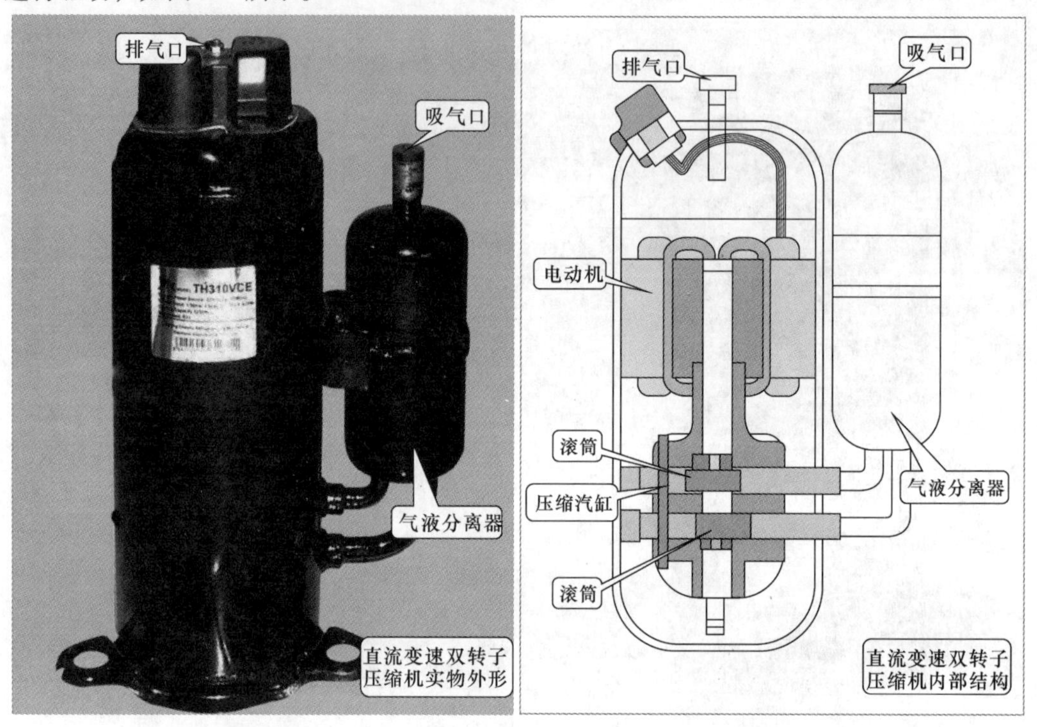

图 6-5　直流变速双转子压缩机以及内部结构

由图中可以看出，直流变速双转子压缩机是由 2 个气缸组成，此种结构不仅能够平衡两个偏心滚筒旋转所产生的偏心力，使压缩机运行更平稳，还使气缸和滚筒之间的作用力降至最低，从而减小压缩机内部的机械磨损。

链接：

与压缩机进行连接的气液分离器主要用于将制冷管中送入的制冷剂进行气液分离，将气体送入压缩机中，将分离的液体进行储存，图 6-6 所示为气液分离器的实物外形以及内部结构。

（3）旋转活塞式压缩机

旋转活塞式压缩机在空调器中的应用较为广泛，图 6-7 所示为旋转活塞式压缩机的实物外形以及内部结构。旋转活塞式压缩机主要是由壳体、接线端子、汽液分离器组件、排气口和吸气口等组成。在该旋转活塞式压缩机内部设有一个气舱，在气舱底部设有润滑油舱，用于承载润滑油。

链接：

旋转式压缩机根据内部转子个数的不同，又可以分为单转子旋转活塞式压缩机和双转子活塞式压缩机。图 6-8 所示为双转子旋转活塞式压缩机，采用双气缸结构，在两个气缸之间有一个隔热板，使两个气缸相互成 180°角。两个气缸中气体的吸气、压缩和排气构成 180°

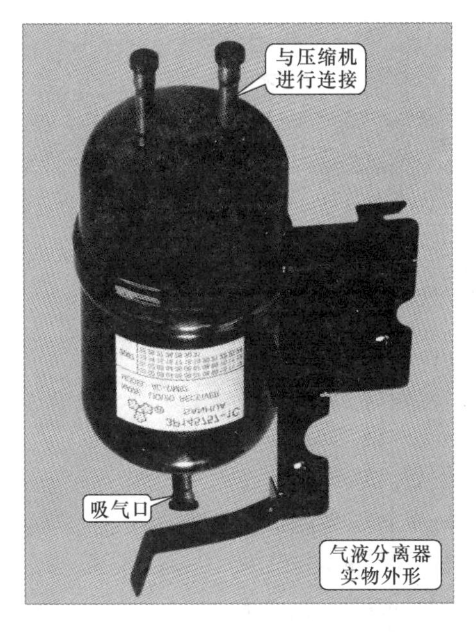

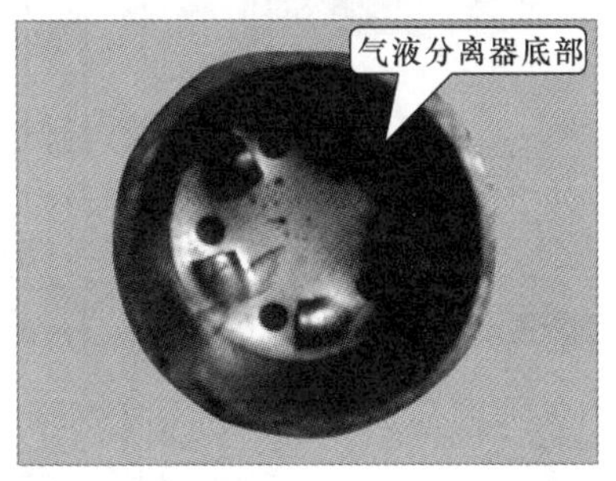

图 6-6　气液分离器的外形以及内部结构

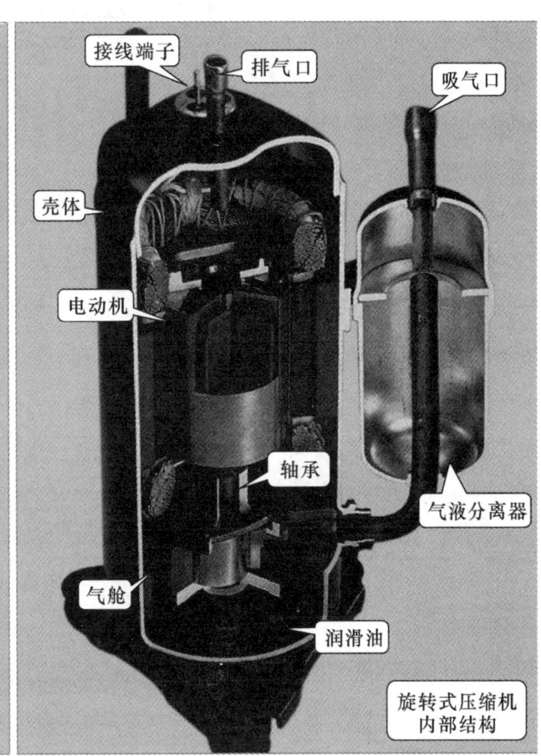

图 6-7　旋转时压缩机的实物外形及内部结构

相位差。双转子（双气缸）旋转活塞式压缩机的制冷量大于单转子（单气缸）式的压缩机，其气缸的尺寸是单气缸的 1 倍以上，而运转中的负荷扭矩和振幅显著减小，有利于旋转活塞式压缩机性能的提高。

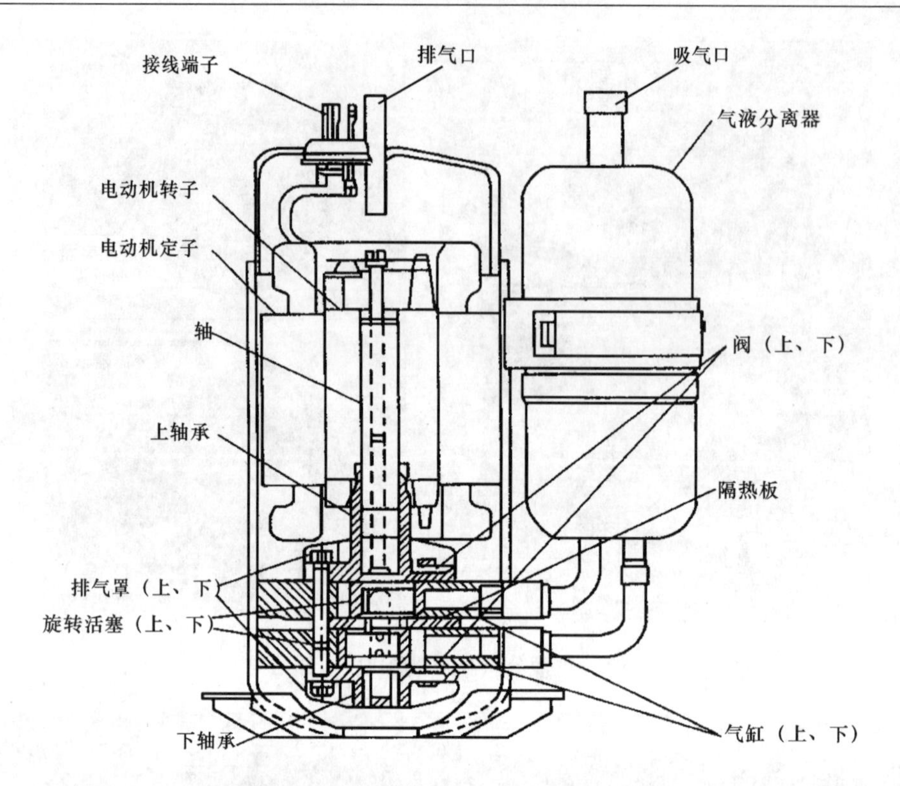

图 6-8　双转子旋转活塞式压缩机内部结构

2. 过热保护继电器

图 6-9 所示为过热保护继电器及其内部结构，过热保护继电器外部有两个接线端子，用于连接信号线缆，底部有感应面，在其内部设有静触点和金属片，在金属片上设有动触点。在常温下两个接线端子之间是导通的，当出现过热的情况，两接线端子之间断开。

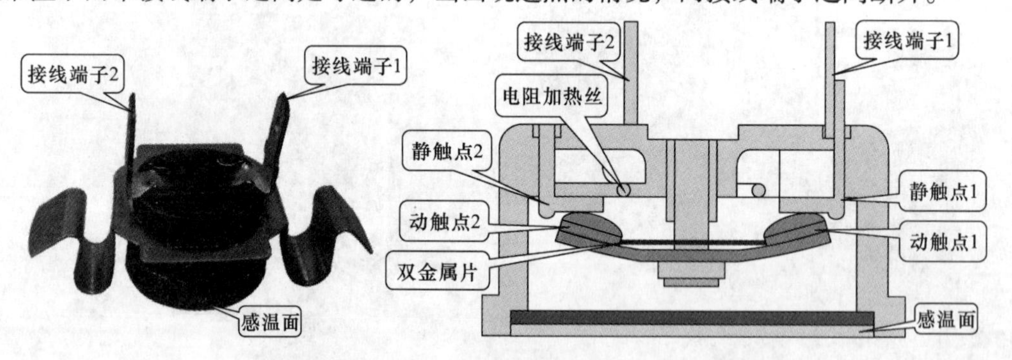

图 6-9　过热保护继电器的实物外形及内部结构

链接：

在有些过热保护继电器上还设有调节螺钉，用于调节该过热保护继电器进行保护的温度，如图 6-10 所示。

6.1.2　空调器压缩机组件的检修流程分析

压缩机组件是对制冷剂进行压缩从而使之在管路中循环并完成热交换的动力部件，若压缩机组件系统出现故障，可能会引起空调器制冷/制热效果差，甚至可能会出现无法开机起动的故障现象，对压缩机组件进行检修时，首先要了解其工作原理和检修流程。

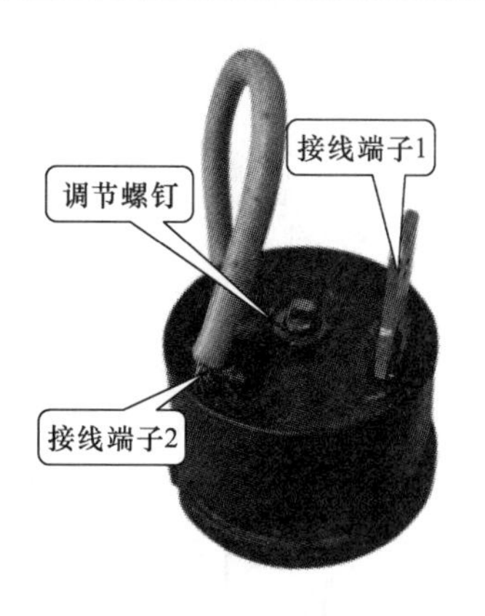

图6-10　带有调节螺钉的过热保护继电器

1. 空调器压缩机组件的工作原理

图6-11所示为空调器压缩机组件的控制原理。空调器由交流220V为室内机进行供电，当启动空调器后，由室内机控制电路为室外机电源和控制电路进行供电，室外机电源和控制电路为变频模块提供供电电压和控制信号，由变频模块将控制信号和电源电压送至变频压缩机上，变频压缩机开始进行工作，由吸气口吸入制冷剂，经过压缩机对制冷剂进行压缩，由排气口排出，送入热交换系统中，进行热交换循环。

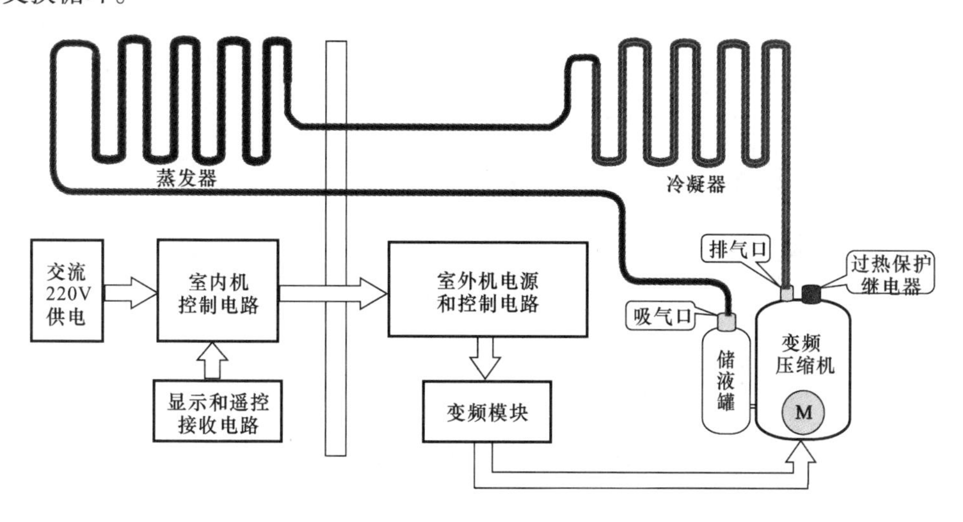

图6-11　空调器压缩机组件的控制原理

链接：

在海信KFR—35W/06ABP型空调器中的压缩机驱动为变频压缩机，变频压缩机大都采用直流无刷电动机，采用变频驱动方式。此种电动机的定子线圈制成三组（三相方式），由驱动电路按顺序为定子线圈供电，使之形成旋转磁场。转子是由永磁体构成的，这样在启动和驱动时，驱动电流的相位必须与转子磁极保持一定的相位关系，因而在电动机中必须设有转子磁极位置的检测装置（霍尔元件），直流无刷电动机的结构如图6-12所示。

如图6-13所示，变频压缩机的直流无刷电动机采用变频驱动方式，需要专门的控制电路，即功率模块。它可以将直流电源变成驱动电动机旋转的交流电，从而驱动电动机旋转并实现对转速的控制。直流无刷电机的定子线圈被制成三组，由驱动电路按顺序为定子线圈供电，使之形成旋转磁场。且在直流无刷电动机的定子上装有霍尔元件，用以检测转子磁极的旋转位置，为驱动电路提供参考信号，将该信号送入智能控制电路中，与提供给定子线圈的电流相位保持一定关系，再由功率模块中的6个晶体管进行控制，按特定的规律和频率转换，实现电动机速度的控制，具体变频驱动的过程在第7章中进行详细介绍。

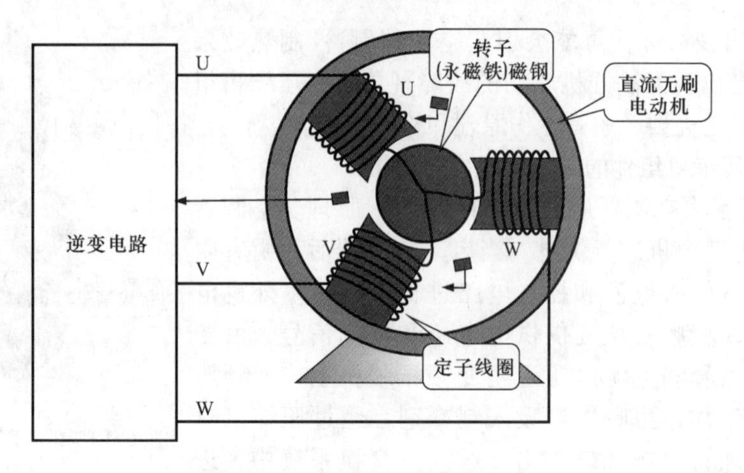

图 6-12　直流无刷电动机的结构

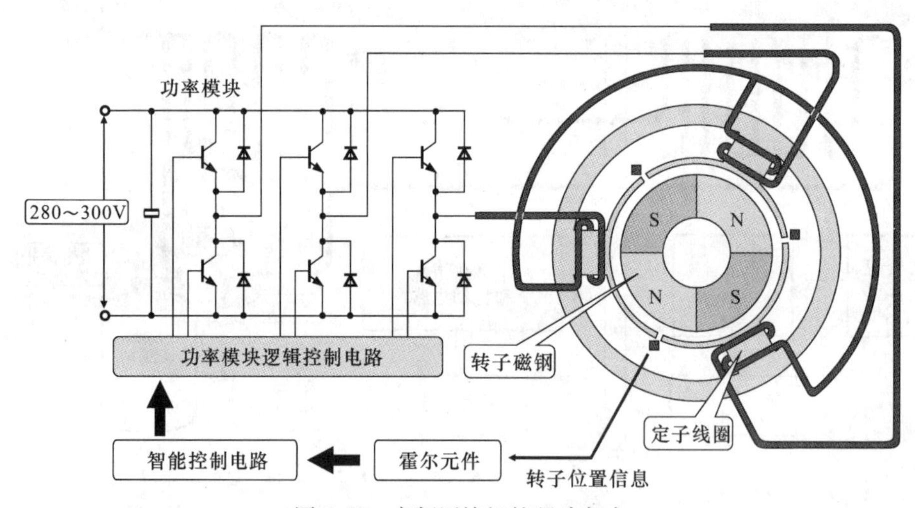

图 6-13　变频压缩机的驱动方式

（1）涡旋式压缩机的工作原理

图 6-14 所示涡旋式压缩机的工作原理。涡旋式压缩机的工作主要是由定涡旋盘与动涡旋盘实现，定涡旋盘作为定轴不动，动涡旋盘围绕定涡旋盘进行旋转运动，对压缩机吸入的气体进行压缩，使气体受到挤压，当动涡旋盘与定涡旋盘相啮合时，使内部的空间不断缩小，并且使气体压力不断增大，最后通过涡旋盘中心的排气口排出。

（2）旋转活塞式压缩机的工作原理

旋转活塞式压缩机采用电动机直接与偏心轴相连进行驱动，当电动机旋转时，带动偏心轴旋转，实现滚动转子沿着汽缸内壁转动，进行吸气、压缩、排气的循环动作，从而使制冷剂受到压缩，使之在制冷管路系统中循环运动，达到制冷效果。图 6-15 所示为旋转活塞式压缩机的顶部剖视图，可以看到滚动转子将汽缸内部划分为压缩室和吸入室两个部分。

当压缩机内的电动机旋转时，偏心轴也随之旋转，同时带动滚动转子沿着汽缸的内壁转动，如图 6-16 所示。转动的同时，从吸气口中不断地有气体涌进吸入室，滚动转子顺时针转动时，吸气室的容积不断地增大，相应地导致压缩室的容积不断地减小，从而对压缩室内的气体进行压缩，使其内部的压力不断地升高，当压缩室内的压力大于排气管内的压力时，

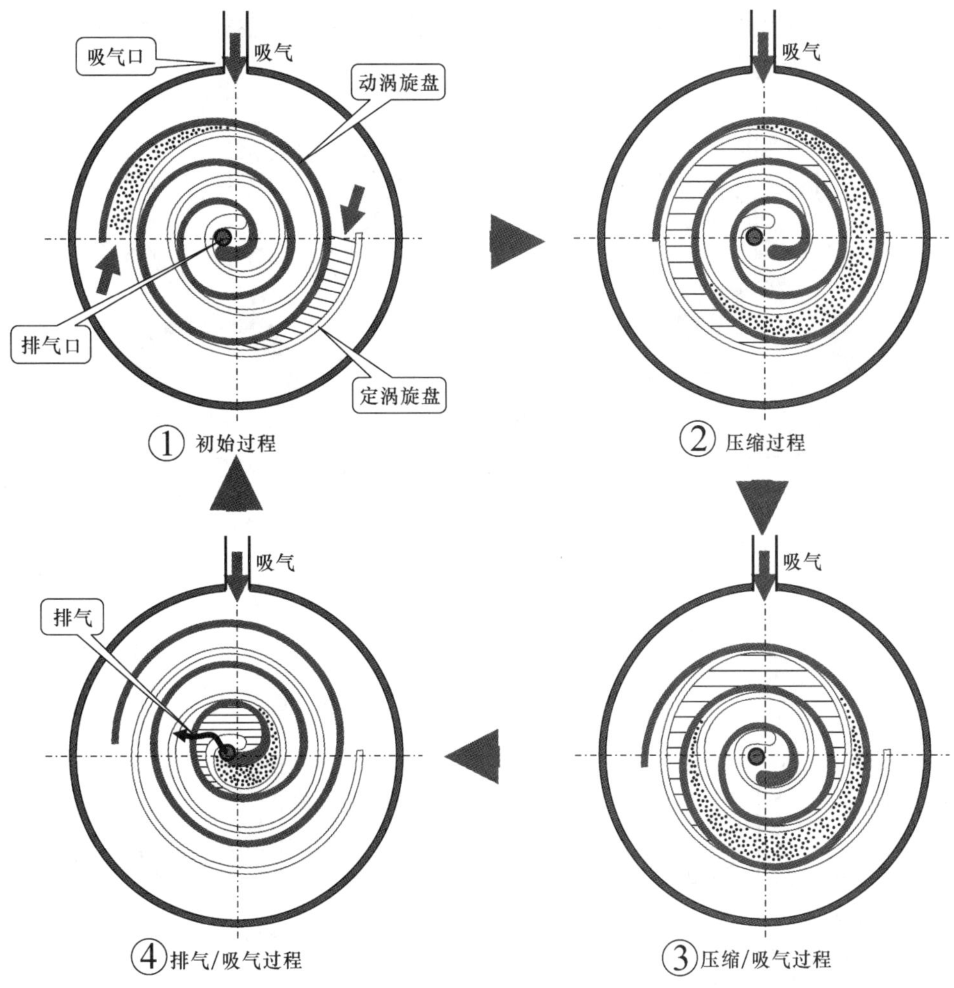

图6-14　涡旋式压缩机的工作原理图

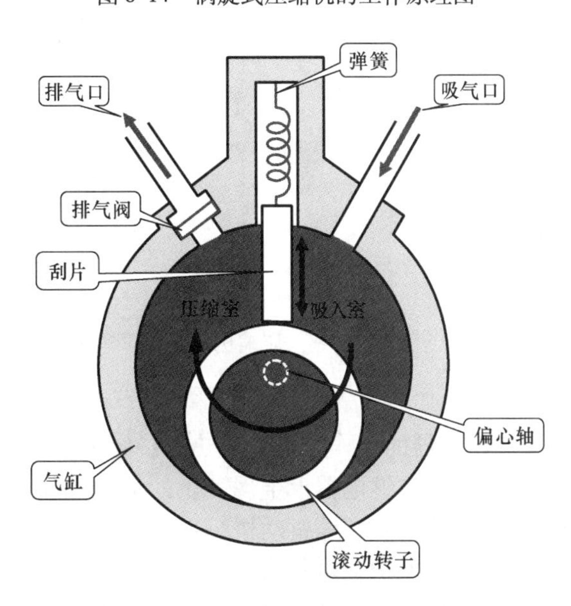

图6-15　旋转活塞式压缩机顶部剖视图

排气阀被打开，压缩后的气体通过排气口不断地排出。随着偏心轴的不断旋转，气体不断地被吸入和排出，从而实现压缩机循环运行。

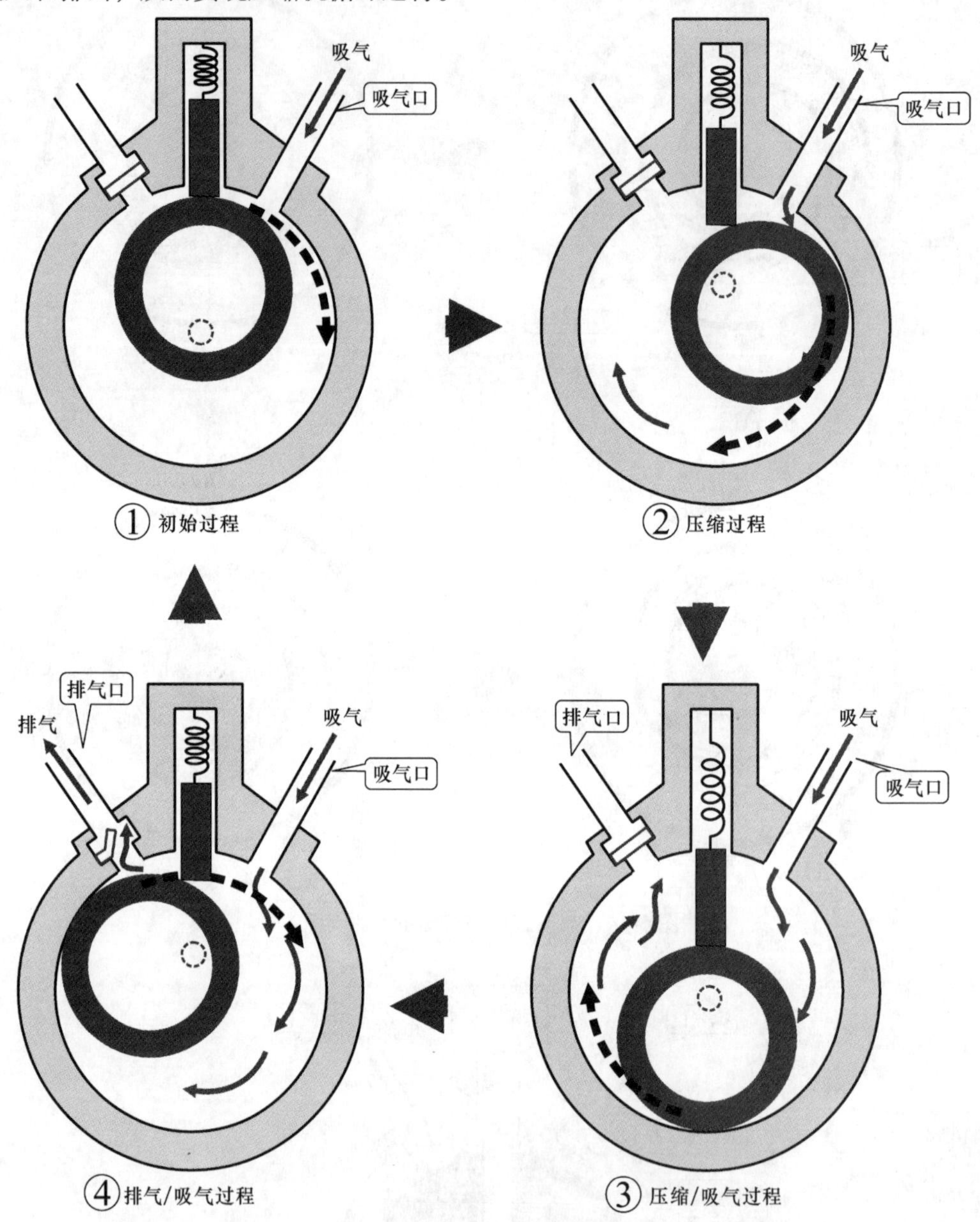

图 6-16　旋转活塞式压缩机的工作原理图

（3）过热保护继电器工作原理

图 6-17 所示为过热保护继电器的工作原理，过热保护继电器主要用于检测压缩机的温度，当压缩机温度正常时，过热保护继电器上金属片上的动触点与内部的静触点进行接触，通过接线端子连接的线缆将电源传输到压缩机动机绕组上，空调器控制电路控制压缩机正常运转；当压缩机温度过高时，过热保护继电器双金属片上动触点与内部的静触点分离，断开供电电源，空调器控制电路控制压缩机停止运转，防止压缩机内部因温度过高而损坏。

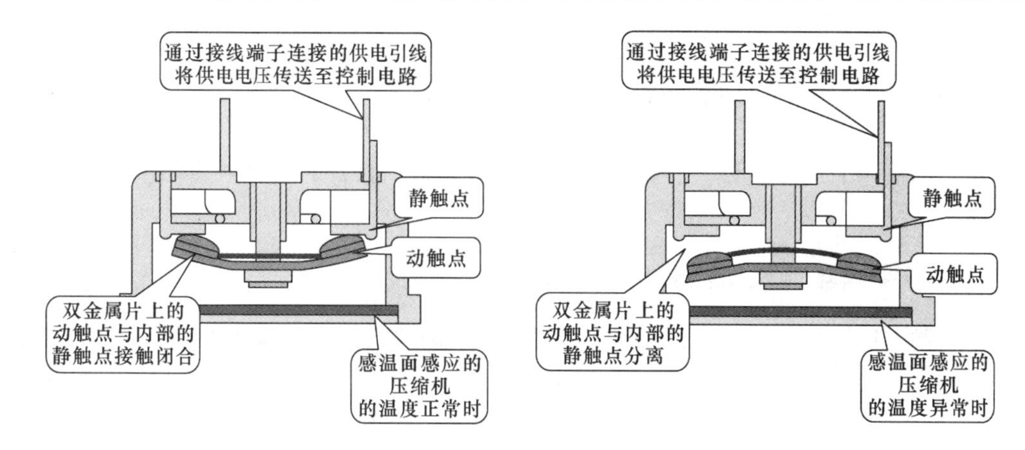

图 6-17　过热保护继电器的工作原理

2. 空调器压缩机组件的检修流程分析

对空调器压缩机组件进行检修前，应根据压缩机组件的工作原理逐步进行检查，从而确定出故障范围，判断故障部位，图 6-18 所示为空调器压缩机组件的检修流程分析。

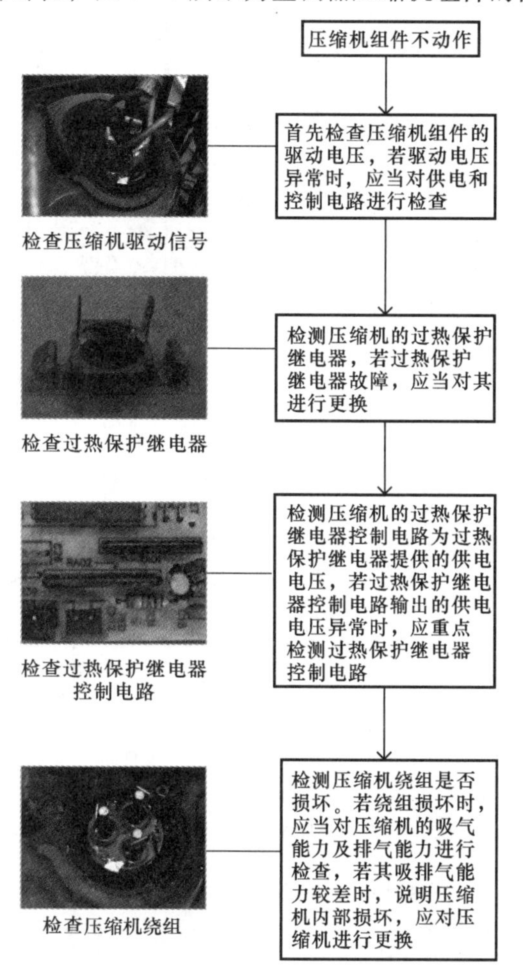

图 6-18　空调器压缩机组件的检修流程分析

6.2　空调器压缩机组件的检修方法

检修空调器压缩机组件时，可根据其基本检修流程进行检测，从而判断出故障范围，以排除故障。

6.2.1　检修空调器压缩机组件的图解演示

在对空调器压缩机组件进行检修前，可先根据空调器电路图弄清空调器压缩机组件在整机电路中的连接关系，图 6-19 所示为海信 KFR—35W/06ABP 型空调器室外机的接线图。

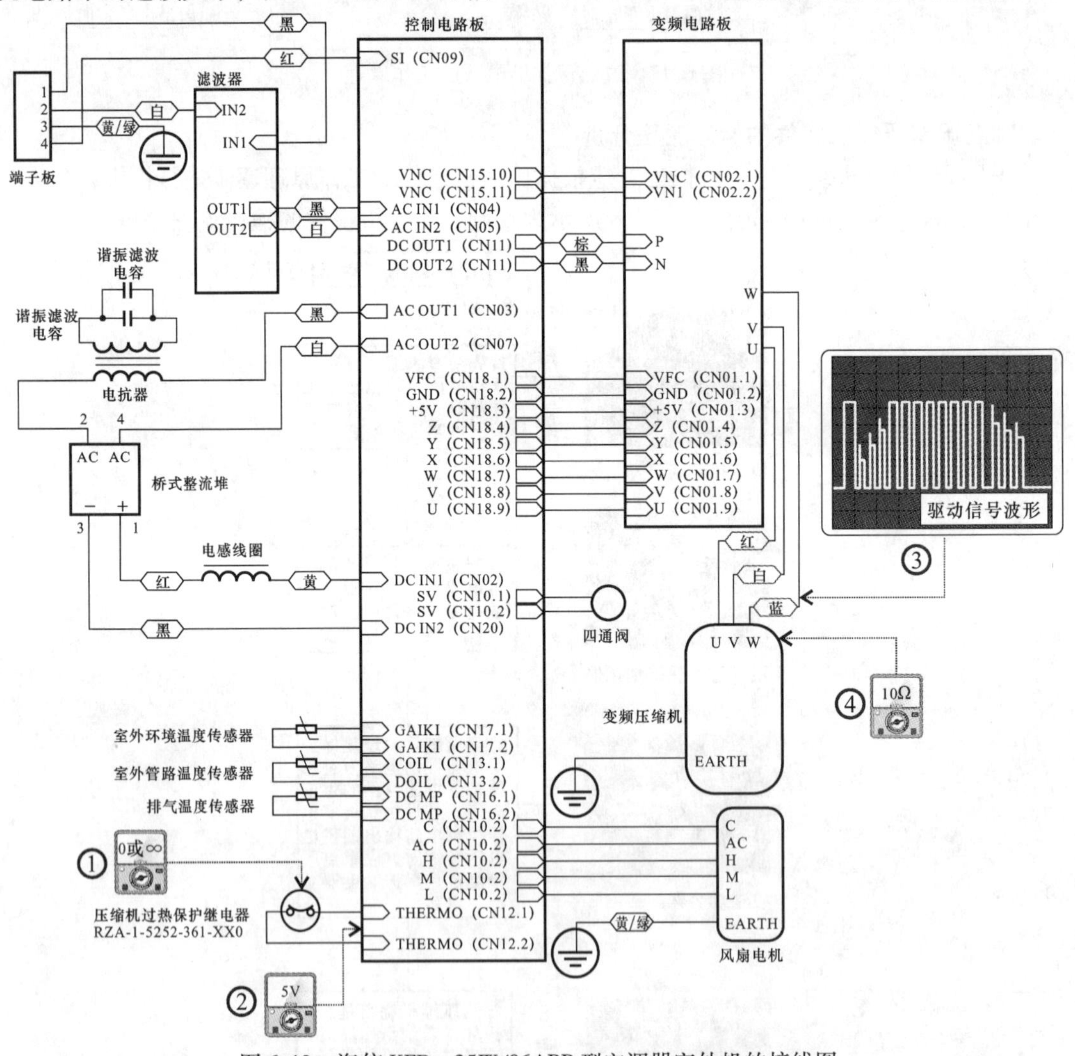

图 6-19　海信 KFR—35W/06ABP 型空调器室外机的接线图

① 首先在断电状态下，检查过热保护继电器的工作状态。在常温状态下，两端子之间应导通。当温度升高时，两端子应断开。若当检测时，发现过热保护继电器的触点接触不良时，说明过热保护继电器损坏，应当对其进行更换。若当过热保护继电器功能正常时，应对过热保护继电器控制电路送入的供电电压进行检测。

② 检查控制电路为过热保护继电器提供的供电电压。若供电电压异常时，说明过热保护继电器控制电路故障，应对其进行检查；若供电电压正常时，说明过热保护继电器控制电路正常，应对变频电路输出的驱动信号进行检测。

③ 空调器通电后，由变频电路为压缩机送入驱动信号（供电电压）。对压缩机供电端子的驱动信号进行检测，若检测不到驱动信号，说明变频电路未工作或可能损坏，应进一步检测变频电路上的主要元器件是否出现异常。若经检测驱动信号正常，则应进一步对压缩机进行检测。

④ 对压缩机进行检测时，首先检测压缩机三相绕组之间的阻值是否正常，若压缩机三相绕组之间的阻值不正常，应对压缩机进行单独的检测，若确认压缩机损坏，应当对压缩机进行更换。

1. 过热保护继电器的检测方法

对过热保护继电器进行检测时，先将万用表量程调至“×10”欧姆挡，然后使用红黑表笔分别搭在过热保护继电器的两个引脚上，如图6-20所示，正常情况下检测到的阻值为0Ω。

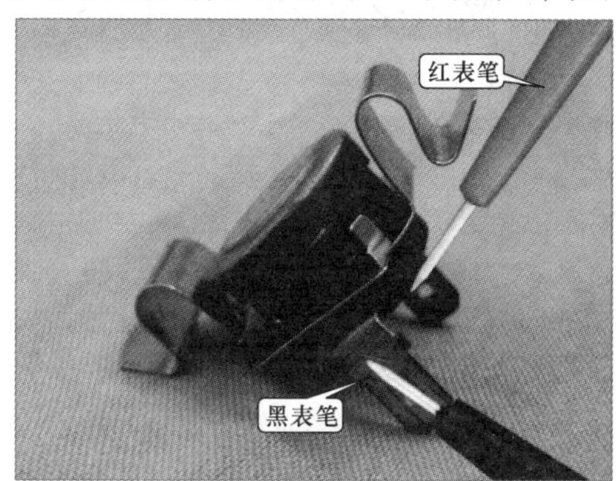

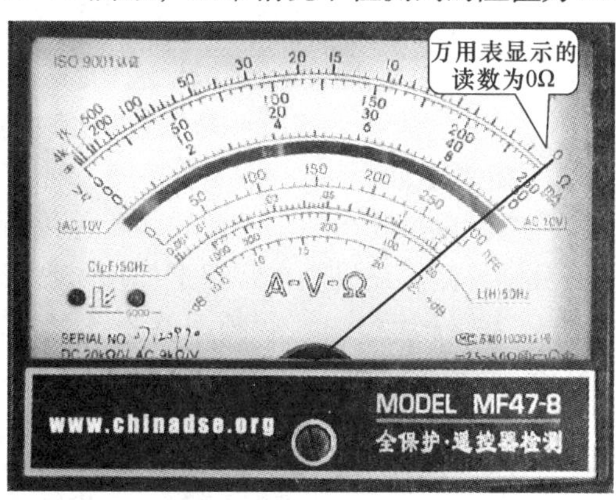

图6-20　常温状态下检测过热保护继电器的阻值

然后使用电烙铁或其他加热工具对过热保护继电器进行加热，同样将万用表的量程调整至“×10”欧姆挡，将红黑表笔分别搭在过热保护继电器的两个引脚上，如图6-21所示，正常情况下检测到的阻值为∞。若检测过热保护继电器的阻值异常时，说明其损坏，应当更换相同信号的过热保护继电器。

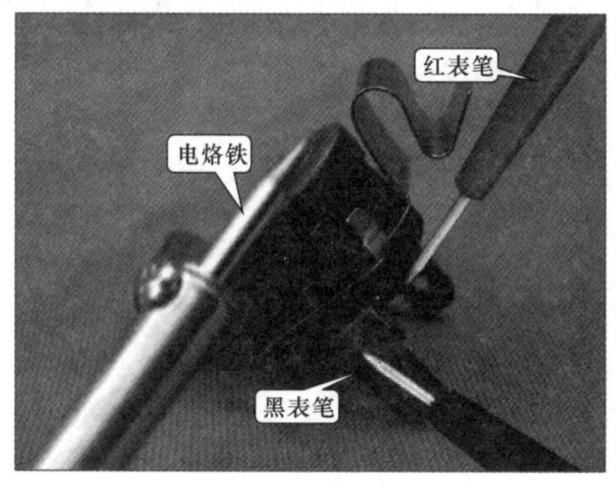

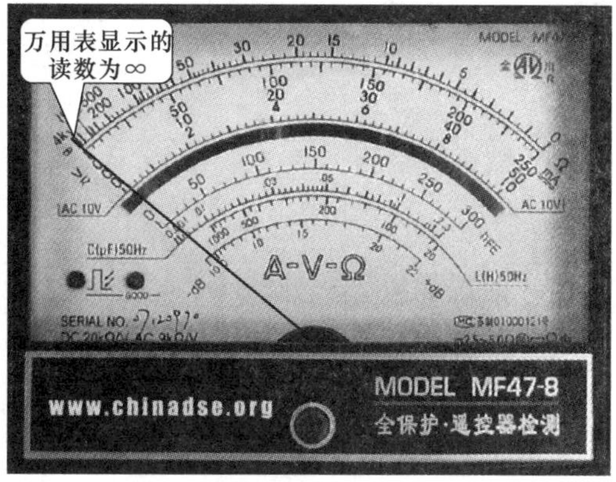

图6-21　高温状态下检测过热保护继电器的阻值

2. 过热保护继电器控制电路

对过热保护继电器控制电路进行检测时，先将万用表挡位量程调整至“直流 10V”电压挡，将黑表笔接地，红表笔插入连接插头上，如图 6-22 所示，此时应当检测到 +5 V 电压，若检测不到电压或电压值过小时，说明过热保护继电器控制电路可能故障，应重点控制电路中的元器件。

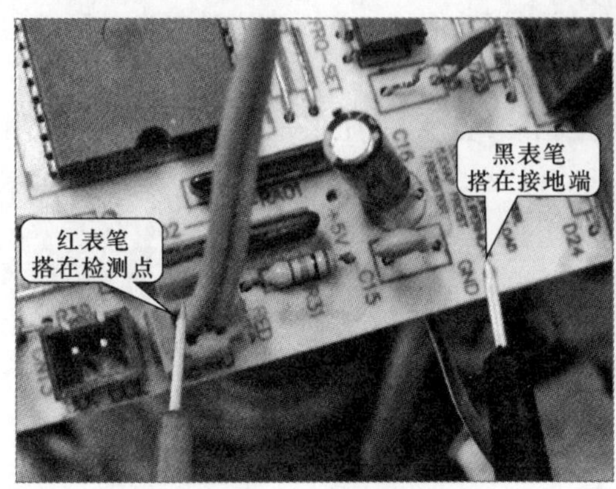

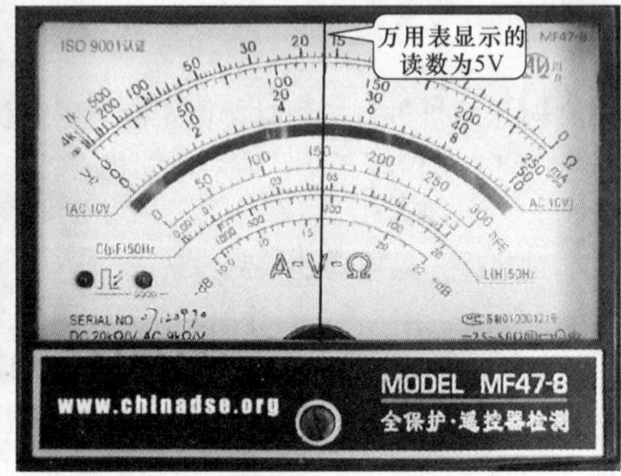

图 6-22 过热保护继电器控制电路的检修方法

3. 驱动信号的检测

检测变频电路输出的驱动信号，可使用万用表检测三相绕组之间的电压，也可使用示波器探头分别检测压缩机三个绕组上的信号波形，正常情况下应能检测到驱动信号波形，如图 6-23 所示。若无法检测到变频电路送入的驱动信号波形时，说明变频电路可能发生故障，应对其进行检测；若驱动信号正常，应进行下一步检测。

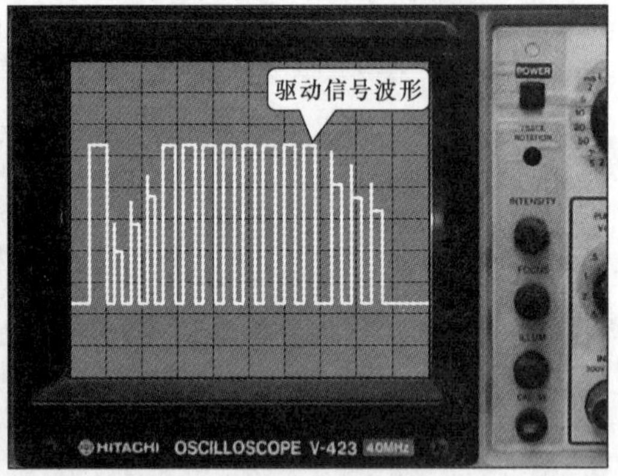

图 6-23 驱动信号的检测方法

4. 压缩机的检测

对压缩机三相绕组阻值进行检测时，将万用表量程调整至“×10”欧姆挡，将红、黑表笔搭在绕组上，分别检测出两两绕组之间的阻值，如图 6-24 所示，正常情况下变频压缩机两两绕组之间的阻值应当相同，若阻值为零或为无穷大时，说明压缩机可能损坏。

提示：

对压缩机进行检测前，应当对压缩机的绕组进行识别，对定频压缩机（交流感应电动机）要分辨出压缩机的绕组端，即公共端、运行端和启动端。如图 6-25 所示。在变频压缩机上绕组多采用 U（运行端）、V（启动端）、W（公共端）进行标注，三相绕组的中两两绕

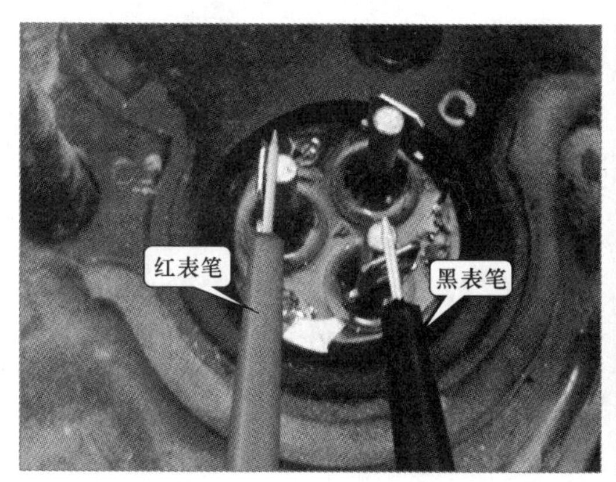

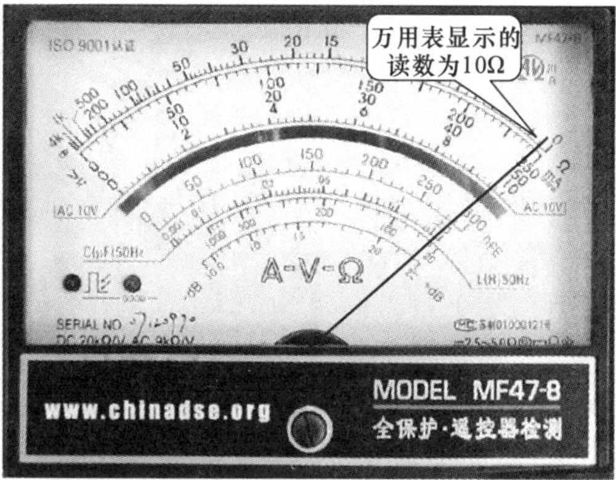

图6-24　检测压缩机绕组间阻值

组之间的阻值相等；而定频压缩机绕组多采用R（运行端）、S（启动端）、C（公共端）进行标注，三相绕组阻值中C（公共端）与S（启动端）之间的阻值加上C（公共端）与R（运行端）之间的阻值等于S（启动端）与R（运行端）之间的阻值。

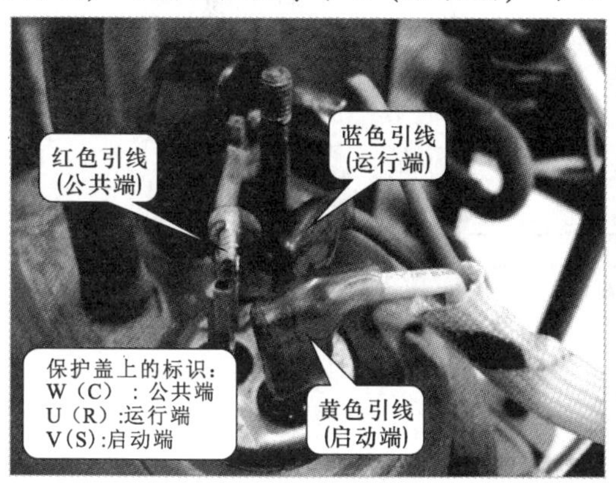

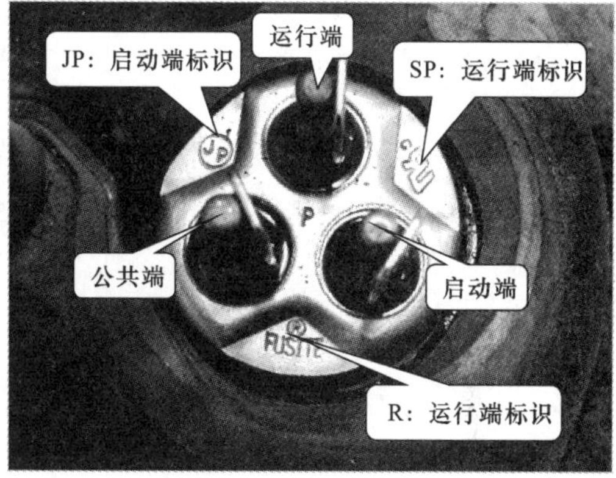

图6-25　压缩机绕组的识别

将空调器压缩机拆下，对其进行单独通电，检查器吸气和排气能力。在压缩机运行的情况下，用手按住压缩机吸气口，应当察觉到有强力的吸力；然后用手按住压缩机的排气口，应当感觉到有强气流喷出，如图6-26所示，若压缩机的吸力和排气能力较差时，说明压缩机内部已经损坏，应当对压缩机进行更换。

6.2.2　空调器压缩机组件的检修案例训练

- **故障表现**

三星DH125E2VACX型空调器可以正常开机，开机后压缩机不运转，无法进行制冷制热工作。

- **检修分析**

当三星DH125E2VACX型空调器出现可以正常开机，压缩机不运转的故障时，则可能是压缩机组件部分发生损坏造成，图6-27所示为三星DH125E2VACX型空调器室外机电路连接图。

① 空调器可以正常开机，由变频电路为压缩机提供驱动信号，首先对压缩机上的驱动电压进行检测，若无驱动电压，则说明变频电路可能损坏。

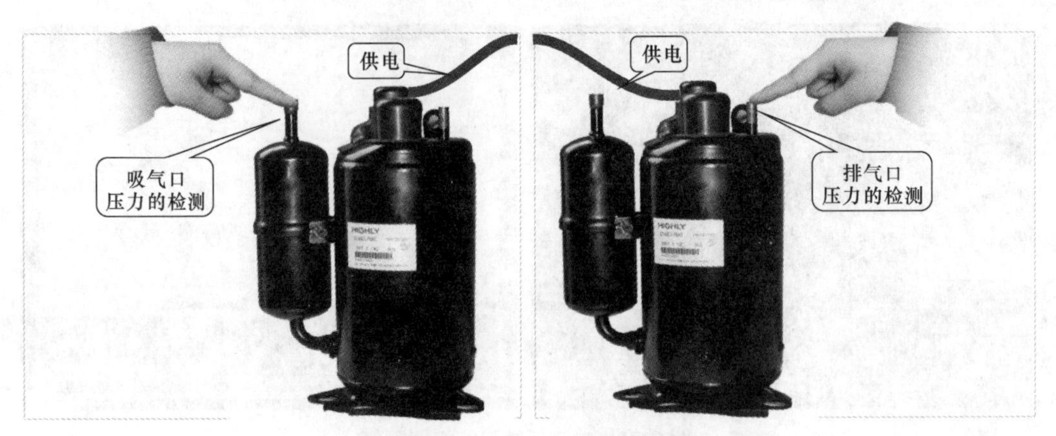

图 6-26　压缩机自身性能的检测

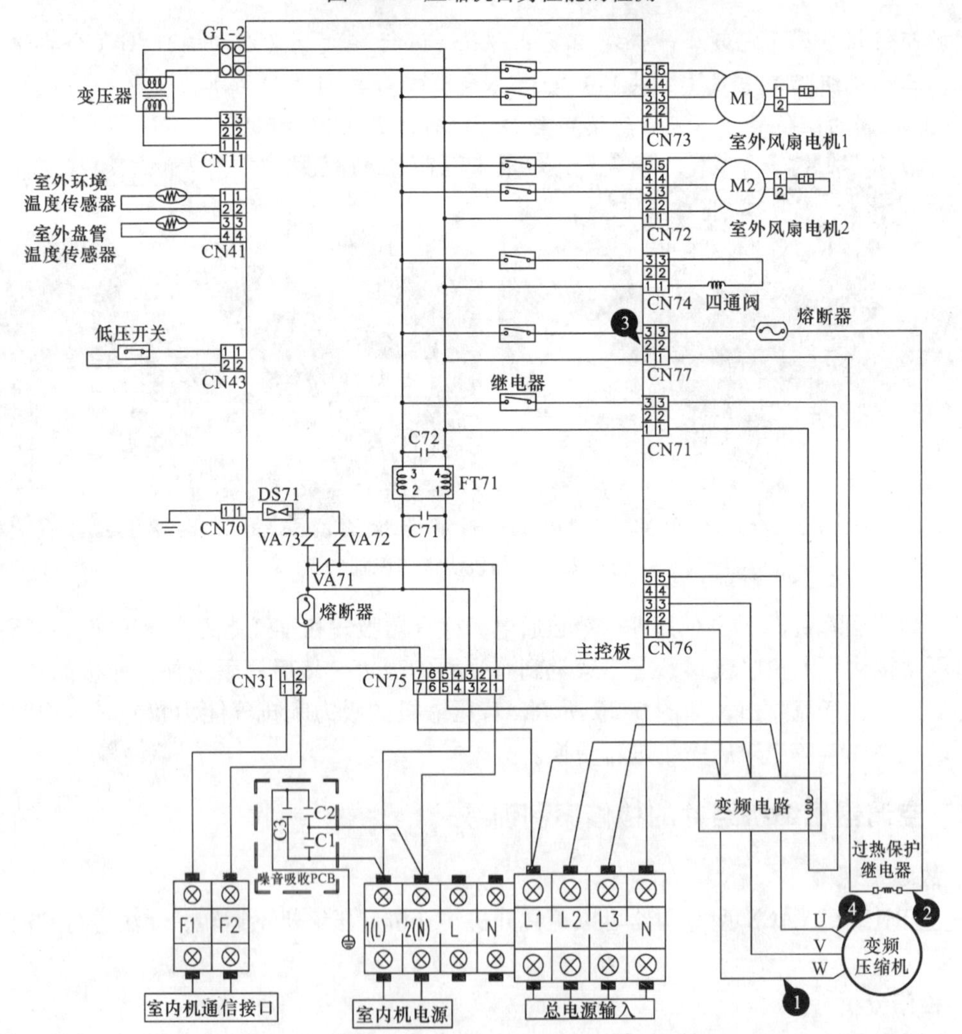

图 6-27　三星 DH125E2VACX 型空调器室外机电路连接图

② 检查过热保护继电器自身是否正常，分别检测器常温下以及高温下的阻值，常温下的阻值应当为零，高温下的阻值应当为无穷大，若过热保护继电器损坏，应当对其进行更换。

③ 检查过热保护继电器控制电路输出的供电电压，若供电电压异常时，说明控制电路故障，应对其进行检查。

④ 对压缩机的绕组阻值进行检测，应检测压缩机三相绕组之间的阻值是否正常，若压缩机三相绕组之间的阻值不正常，说明压缩机损坏，应当对压缩机进行更换。

● **检测方法**

首先检测变频电路为压缩机提供的驱动信号，使用示波器探头搭在压缩机接线端子上，接地夹连接在压缩机的接地端上（金属外壳），如图 6-28 所示。实测时未检测到驱动信号波形，怀疑变频电路未工作或损坏。接下来首先排除外部电路故障，即检查供电部分是否有损坏，可重点对过热保护继电器进行检测。

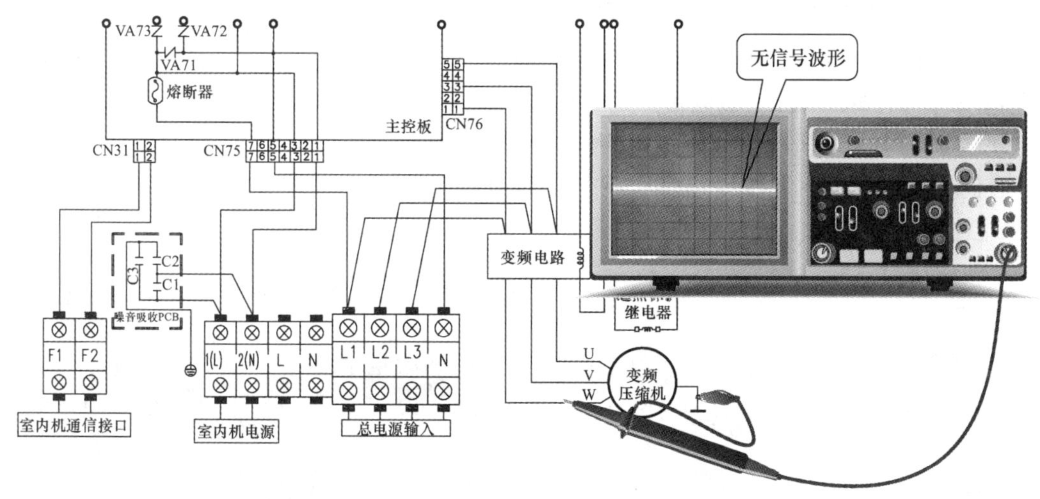

图 6-28　检测驱动信号波形

断开电源，检测过热保护继电器常温状态下的阻值，将万用表量程调整至“×10”欧姆挡，然后将红黑表笔分别搭在过热保护继电器的两个引脚上，如图 6-29 所示，检测到的阻值为无穷大，此时说明过热保护继电器发生损坏，对过热保护继电器进行更换后，开机测试，故障排除。

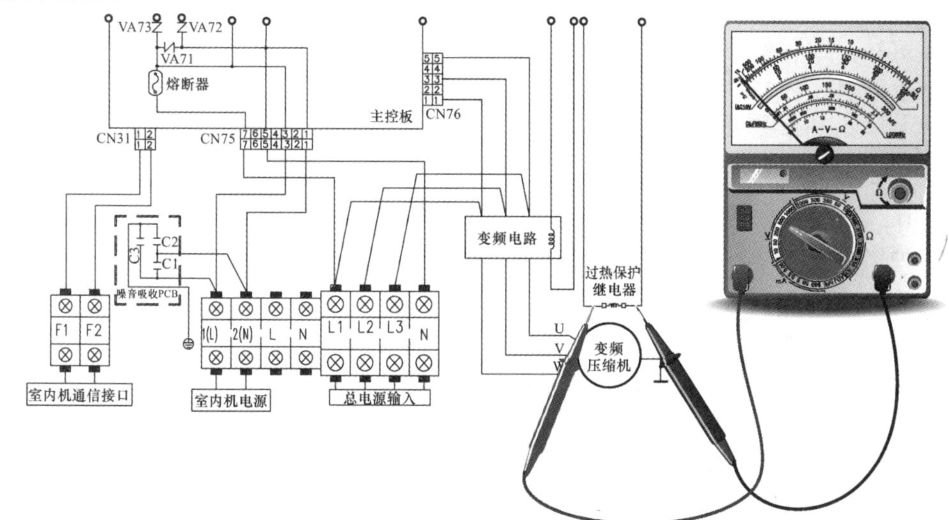

图 6-29　检测过热保护继电器阻值

第7章　掌握空调器风扇组件的检修方法

7.1　空调器风扇组件的检修分析

7.1.1　空调器风扇组件的结构特点

空调器的风扇组件主要用于空气的强制循环对流，达到制冷、制热的目的。根据其安装位置和作用的不同，可分为室内机风扇组件和室外机风扇组件。

1. 空调器室内机风扇组件的结构特点

空调器室内机风扇组件用于室内空气的强制循环对流，如图7－1所示为海信KFR—35GW型空调器室内机风扇组件。

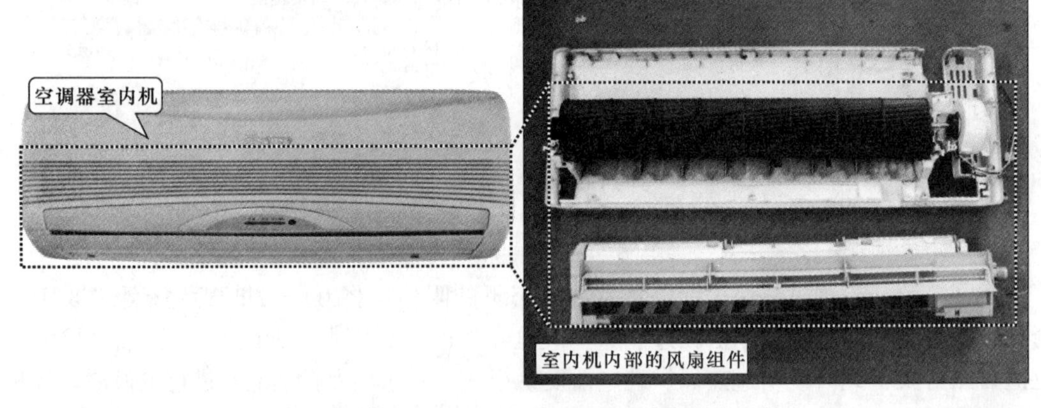

图7-1　海信KFR—35GW型空调器室内机风扇组件

由图可知，海信KFR—35GW型空调器室内机风扇组件主要是由室内风扇及驱动电动机、固态继电器（TLP3616）、导风板等组成的。

（1）风扇电动机

如图7-2所示为空调器室内风扇组件的风扇电动机及其铭牌标志，它位于空调器室内机的一端，该风扇的叶片组制成圆柱形，其风向与转轴垂直，吹出的风受导风板的控制，均匀可控。这种扇叶被称为贯流形，因而被称为贯流风扇。

链接：

在上述风扇电动机的内部，安装有霍尔元件用来检测电动机转速，在控制电路中可将检测到的转速信号送入微处理器中，以便室内控制电路可准确地控制风扇电动机的转速。

（2）贯流风叶

如图7-3所示为空调器室内风扇组件的贯流风叶，分体壁挂式空调一般采用贯流式风扇，它通常安装在蒸发器下方，横卧在室内机中。它们大多采用贯流风扇实现室内空气的对流。贯流风扇是由细长的离心叶片组成的，其结构紧凑，叶轮直径小、长度大、风量大、风

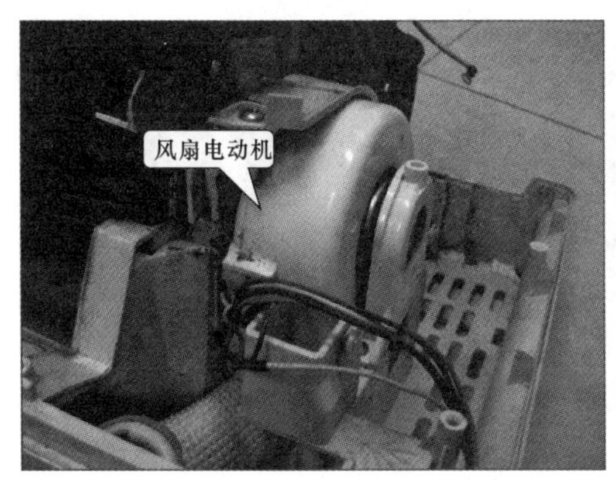

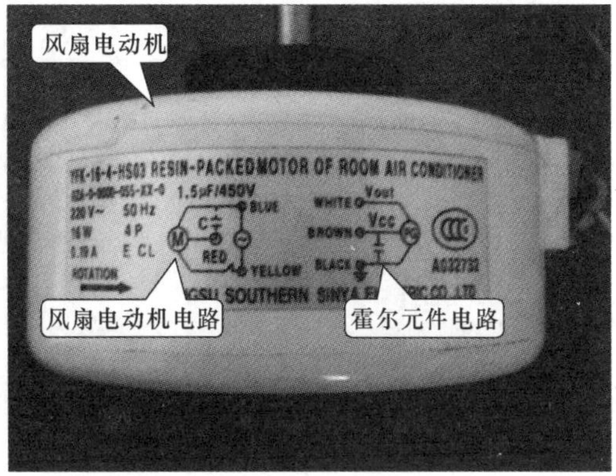

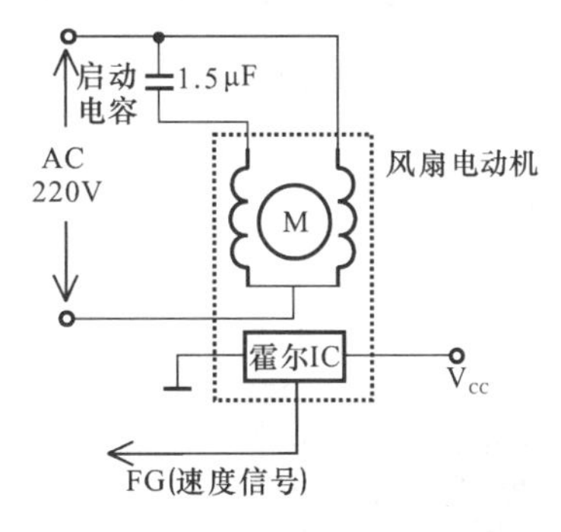

图7-2　空调器室内风扇组件的风扇电动机及铭牌标识

压低、转速低、噪声小，空调器采用这种风扇可以把气体以无涡旋的形式深深吹到房间中，这种风扇的轴向可以很长，从而使风量大，送风均匀，所以适用于分体式空调器的室内机。

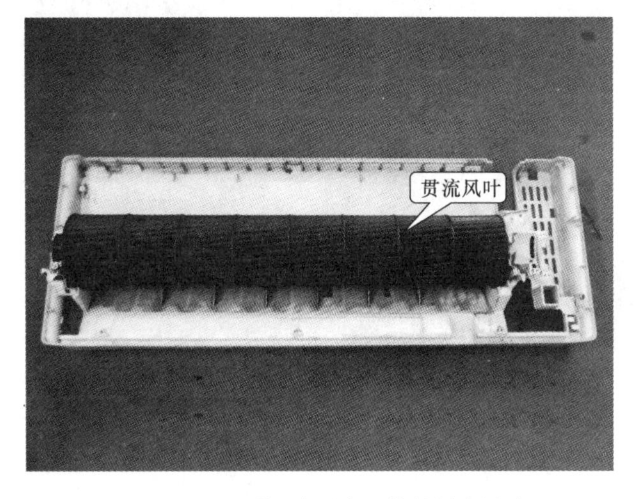

图7-3　空调器室内风扇组件的贯流风叶

提示：

空调器室内风扇组件的贯流扇叶和电动机，先分别安装后再连成一体，在贯流风叶的一端设有安装孔，以便用来拆卸或安装紧固螺钉，如图7-4所示。

链接：

柜式空调器的室内机风扇组件大多安装在室内机下部，在风扇组件前面安装有高效过滤

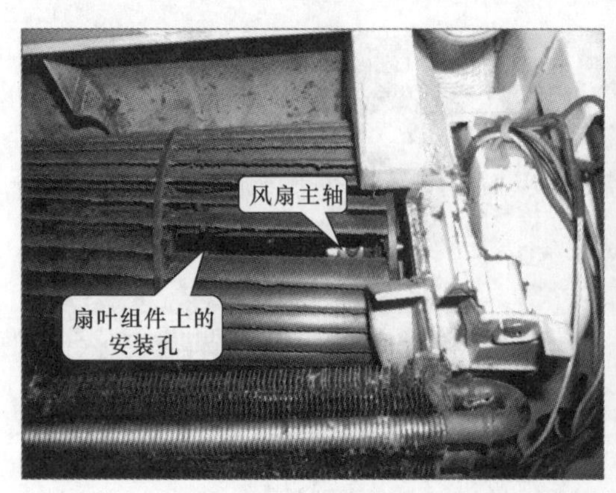

图 7-4　空调器室内贯流扇叶与电动机的安装方法

网，如图 7-5 所示，柜式空调器的室内机风扇组件通常采用离心式风扇。离心式风扇是利用离心力，空气在叶片的半径方向流动，可以得到很高的风压。窗式和柜式空调器主要采用离心式风扇，这种风扇的风是向四周流动的。离心式风扇的叶片形状和贯流式风扇叶片相似，但叶轮直径大，长度很短，而且叶轮四周都有蜗牛壳包围。空气从叶轮中心进入，沿叶轮的半径方向流过叶片，在叶片的出口处沿蜗牛壳的方向汇集到排气口排出。

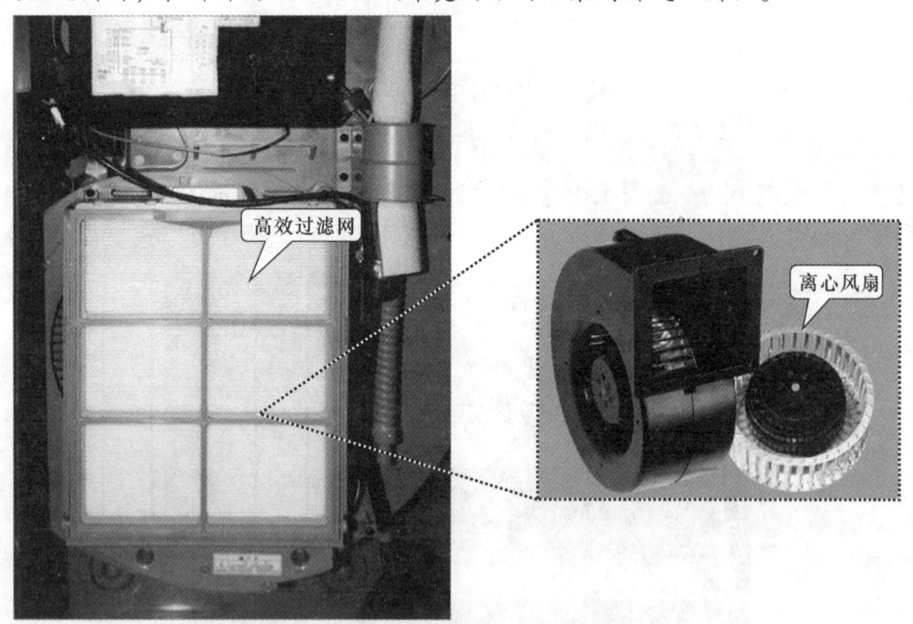

图 7-5　柜式空调器的室内机风扇组件

（3）固态继电器（TLP3616）

如图 7-6 所示为空调器室内机风扇组件驱动电路中的控制固态继电器（TLP3616），它安装在电源和控制电路板上，其内部设有发光二极管和光控双向晶闸管，发光二极管受微处理器的控制，也可以说是一种光控晶闸管，当微处理器输出控制信号后，其内部发光二极管发光，使光控双向晶闸管导通，从而接通风扇电动机的电源，实现对电动机的控制。

（4）导风板组件

如图 7-7 所示为空调器室内风扇组件导风板，导风板组件主要包括垂直导风板、水平导

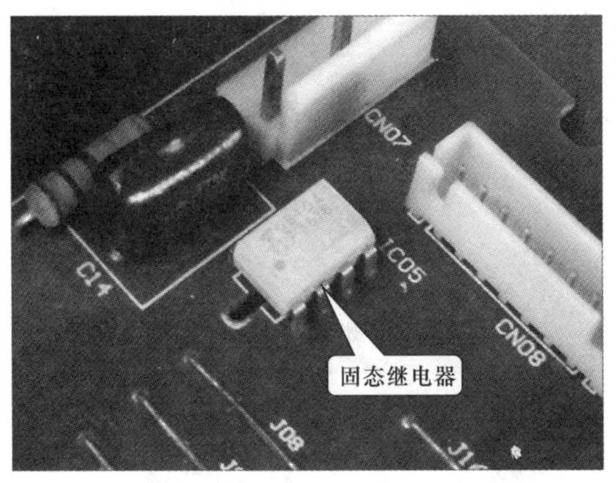

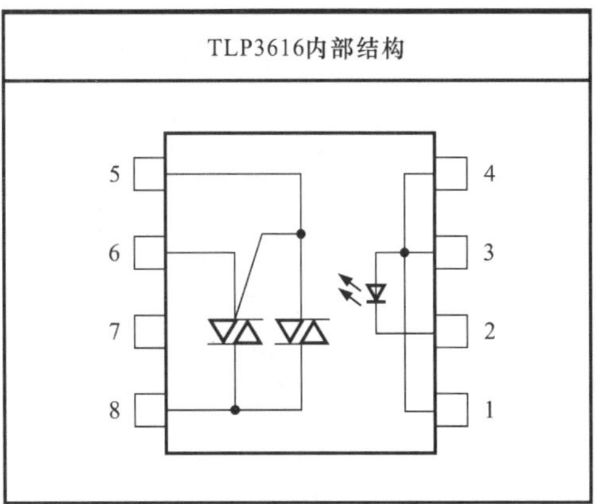

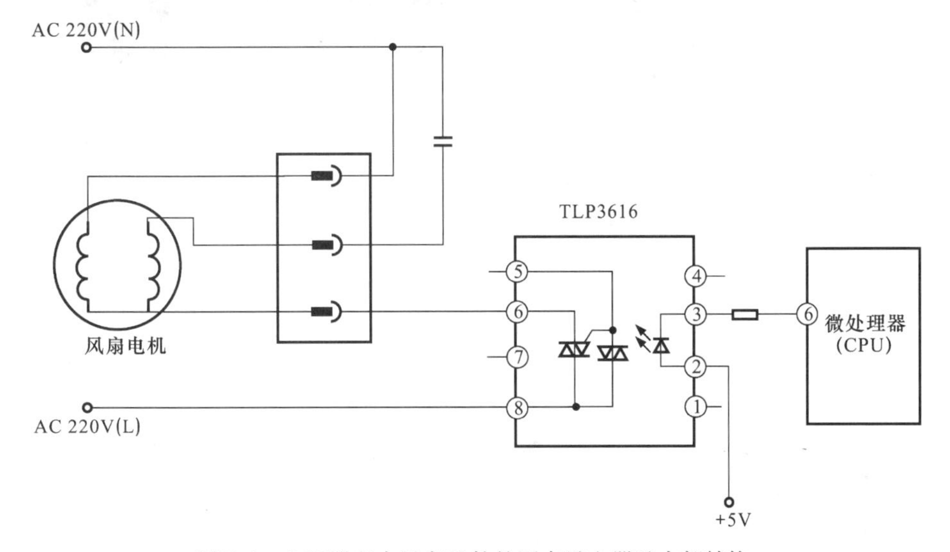

图 7-6　空调器室内风扇组件的固态继电器及内部结构

风板和导风板驱动电动机。通过驱动电动机控制调节导风板，实现对气流方向的控制。导风板包括水平导风板和垂直导风板。

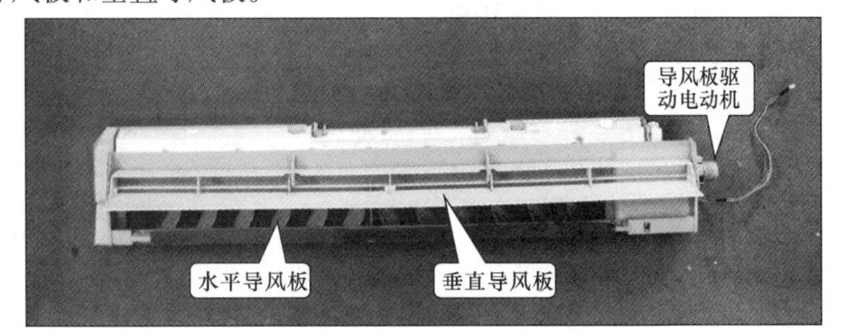

图 7-7　空调器室内风扇导风板组件

链接:

柜式空调器中，导风板通常位于上部，包括垂直导风板和水平导风板，垂直导风板安装在外壳上，水平导风板位于内部机架上，如图 7-8 所示。

2. 空调器室外机风扇组件的结构特点

空调器室外机风扇组件通常安装在冷凝器内侧，将室内机外壳拆下后，就可以看到室外

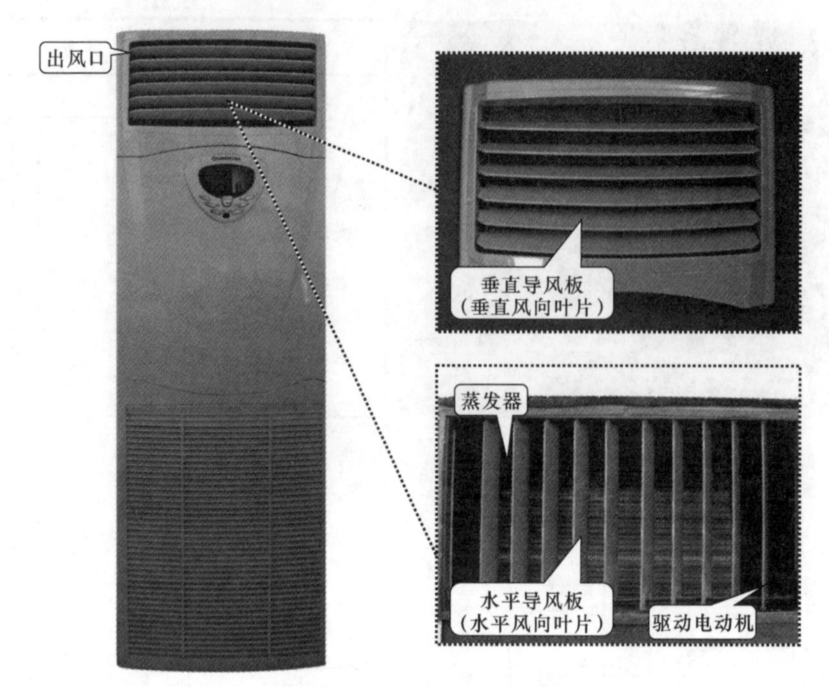

图 7-8　柜式空调器的导风板

机风扇组件，如图 7-9 所示为海信 KFR—35GW 型空调器室外机风扇组件。壁挂式空调器与柜式空调器的室外机结构相同，都采用轴流风扇加速室外机空气流动为冷凝器散热。

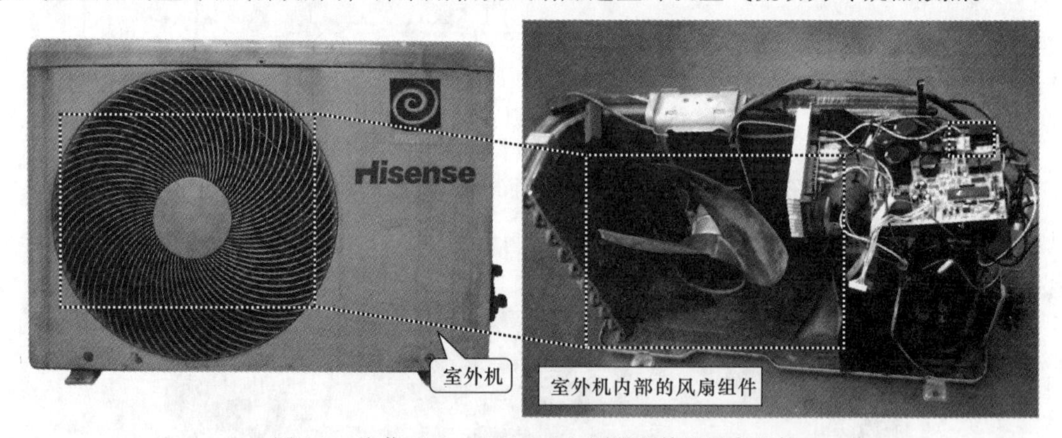

图 7-9　海信 KFR—35GW 型空调器室外机风扇组件

由图可知，海信 KFR—35GW 型空调器室外机风扇组件主要是由轴流式扇叶、驱动电动机和启动电容（C8861）等部分组成的，在风扇电动机的控制电路中，电磁继电器（JQC—3FF 和 SMI—S—212L）为控制器件。

（1）风扇电动机

如图 7-10 所示为空调器室外机风扇组件的风扇电动机，它主要用于带动轴流式扇叶将冷凝器散发的热量吹向机外，加速冷凝器的冷却。

（2）轴流扇叶

如图 7-11 所示为空调器室外机风扇组件的轴流扇叶，其叶片制成螺旋桨形，对轴向气流产生很大的推力，将冷凝器散发的热量吹向机外，加速冷凝器的冷却。

图 7-10　空调器室外机风扇组件的风扇电动机

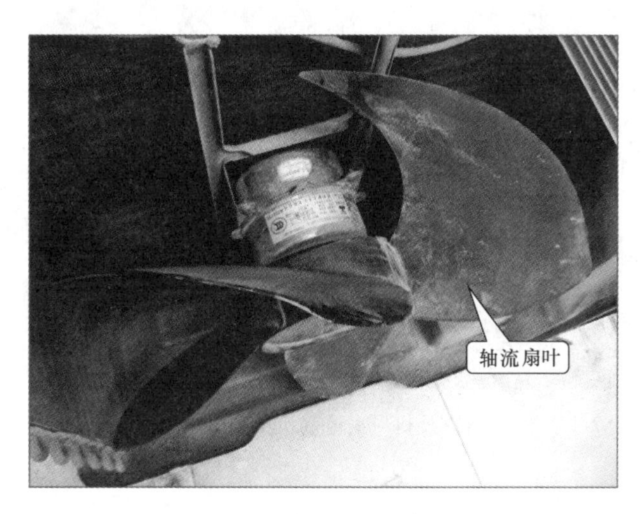

图 7-11　空调器室外机风扇组件的轴流扇叶

（3）风扇电动机启动电容（C8861）

由于风扇电动机采用电容启动式交流感应电动机，因而应根据电动机的功率配装相应的电容。如图 7-12 所示为空调器室外机风扇电动机启动电容，风扇电动机启动电容是一个黑色的方形电容器，其容量为 2μF、450V。

（4）电磁继电器（JQC—3FF 和 SMI—S—212L）

如图 7-13 所示为空调器室外机风扇电动机驱动电路中的电磁继电器，电磁继电器通电后，铁心被磁化，产生足够大的电磁力，吸动衔铁并带动弹簧片，使动触点与静触点闭合，从而使电源为风扇电动机供电。当线圈断电后，电磁吸力消失，弹簧片带动衔铁返回原来的位置，使动触点和静触点分开，从而起到对风扇电动机的控制作用。

7.1.2　空调器风扇组件的检修流程分析

空调器风扇组件出现故障，多表现为出风口不出风、制冷效果差、室内温度达不到指定

图 7-12　空调器室外机风扇组件的风扇电动机启动电容

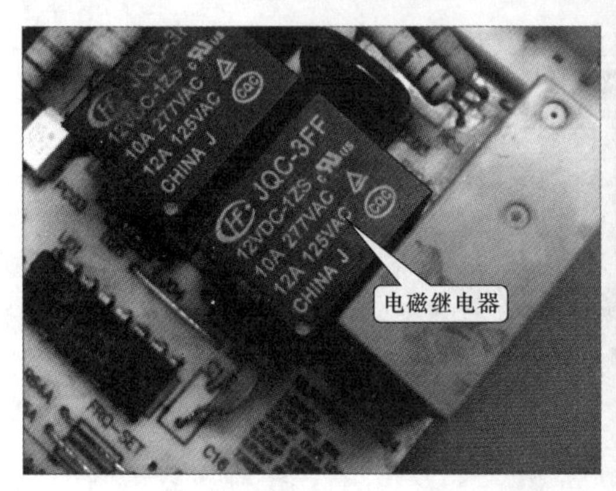

图 7-13　空调器室外机风扇电动机驱动电路中的电磁继电器

温度等现象。对空调器风扇组件进行检修时，应首先了解其机械结构、电路结构工作原理和检修流程。

1. 空调器风扇组件的工作原理

（1）空调器室内机风扇组件的结构和工作原理

如图 7-14 所示为典型空调器室内机风扇组件的工作原理图。空调器室内机电动机通电运转后，带动贯流风扇转动，室内空气会强制对流。此时，室内空气从室内机的进风口进入，经过蒸发器降温除湿后，在风扇带动下，从室内机的出风口沿导风板排出。导风板角度则由导风板驱动电动机进行控制。

如图 7-15 所示为空调器室内机风扇组件的信号流程框图，固态继电器接收微处理器送来的驱动信号，驱动风扇电动机运转。风扇电动机运转后，霍尔元件将检测的转速反馈信号送到微处理器中，由微处理器控制并调整风扇的转速。

（2）空调器室外机风扇组件的工作原理

如图 7-16 所示为室外风扇组件的工作原理。室外风扇运转后，机箱内的空气会在扇叶的带动下，将冷凝器散发的热量带走，加速冷凝器散热。

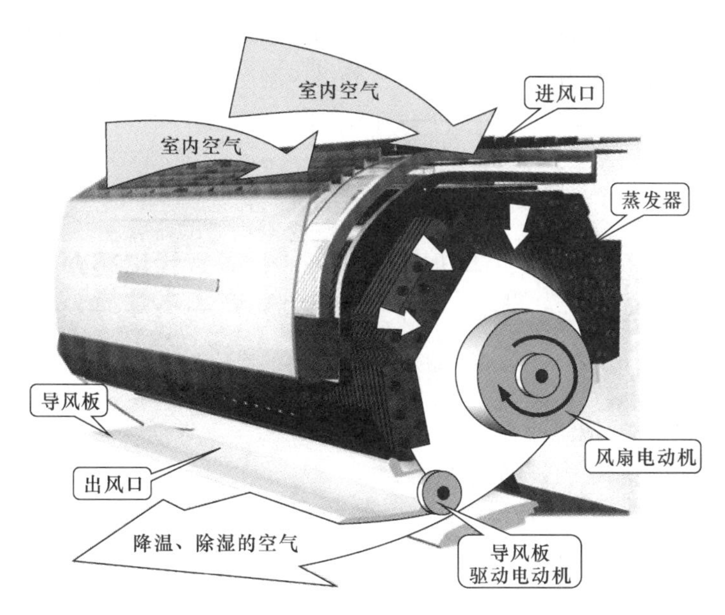

图 7-14　典型空调器室内机风扇组件的工作原理图

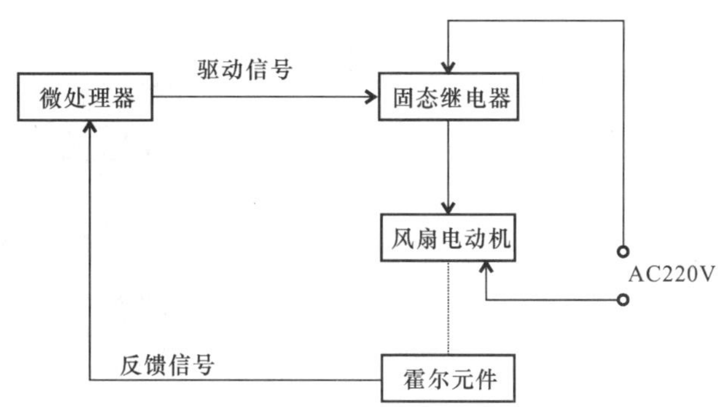

图 7-15　空调器室内机风扇组件的信号流程框图

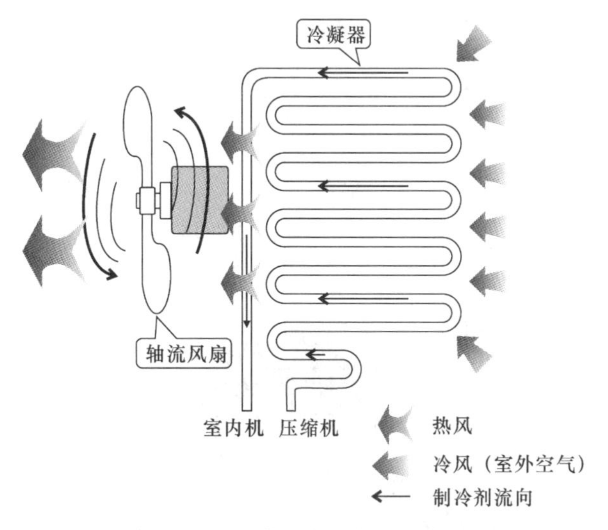

图 7-16　室外风扇组件的工作原理

如图 7-17 所示为空调器室外机风扇组件的信号流程框图，室外机风扇电动机控制继电器受控制信号控制，使电源为电动机供电，室外机风扇电动机开始运转。

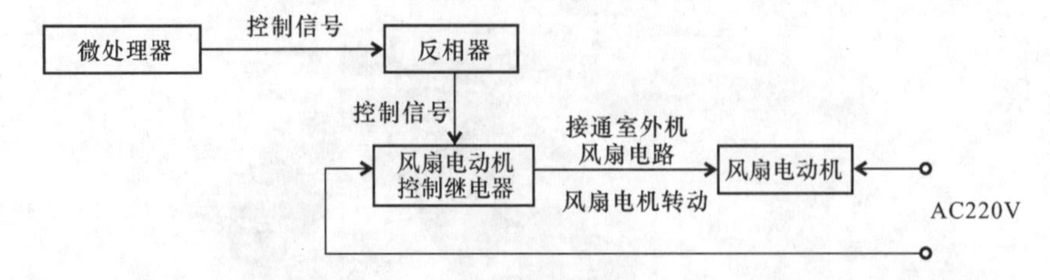

图 7-17　空调器室外机风扇组件的信号流程框图

2. 空调器风扇组件的检修流程

（1）空调器室内机风扇组件的检修流程

对空调器室内机风扇组件进行检修，应根据室内机风扇组件的工作原理逐级进行检测，从而查找故障线索，判断故障部位，如图 7-18 所示为空调器室内机风扇组件的检修流程分析。

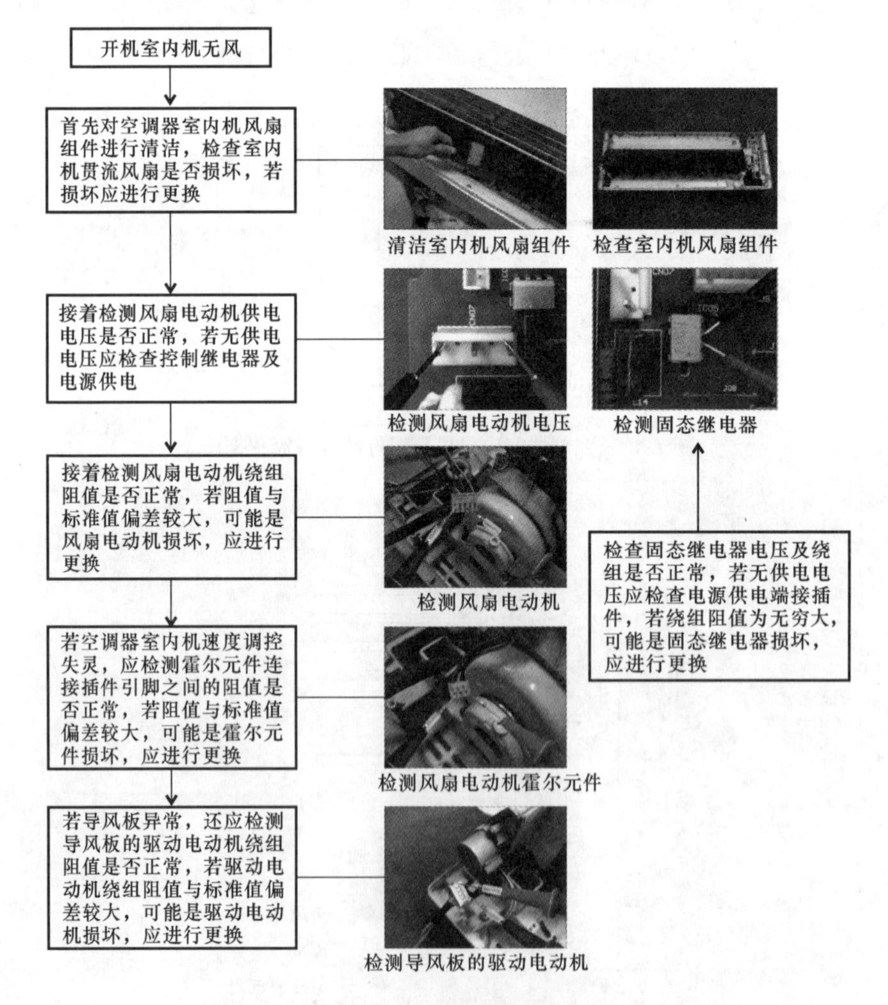

图 7-18　空调器室内机风扇组件的检修流程分析

（2）空调器室外机风扇组件的检修流程

对空调器室外机风扇组件进行检修，应根据室外机风扇组件的工作原理逐级进行检测，从而查找故障线索，判断故障部位，如图 7-19 所示为空调器室外机风扇组件的检修流程分析。

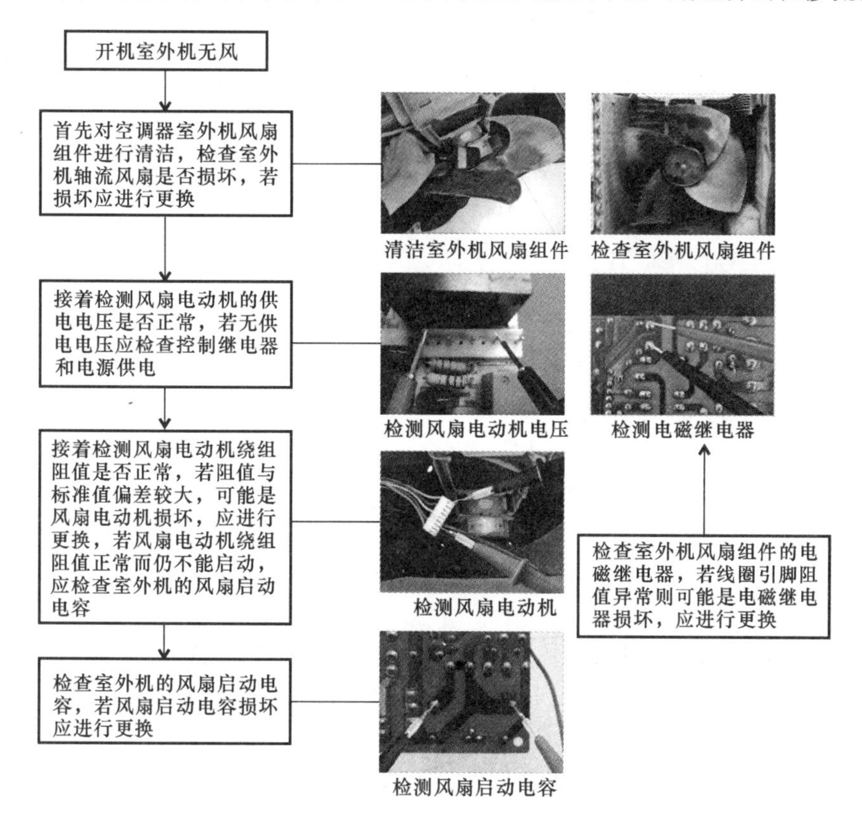

图 7-19　空调器室外机风扇组件的检修流程分析

7.2　空调器风扇组件的检修方法

7.2.1　检修空调器风扇组件的图解演示

对空调器风扇组件进行检修时，应根据风扇组件的工作原理和检修流程确定检修方案，逐一对部件进行检修。下面以典型空调器为例对空调器风扇组件进行图解演示。

1. 检修空调器室内机风扇组件的图解演示

（1）检修前的准备

在对空调器室内机风扇组件进行检修前，应首先了解风扇组件的结构，通过电路图弄清风扇组件在电路中的关系，如图 7-20 所示为海信 KFR—35GW 型空调器的室内机风扇组件电路图。

① 从图中可以看出，室内机微处理器 IC08（TMP87PH46N）的⑥脚向固态继电器（光控双向晶闸管）IC05（TLP3616）送出驱动信号（低电平），送入 IC05 的③脚，固态继电器 IC05 内发光二极管得电发光。

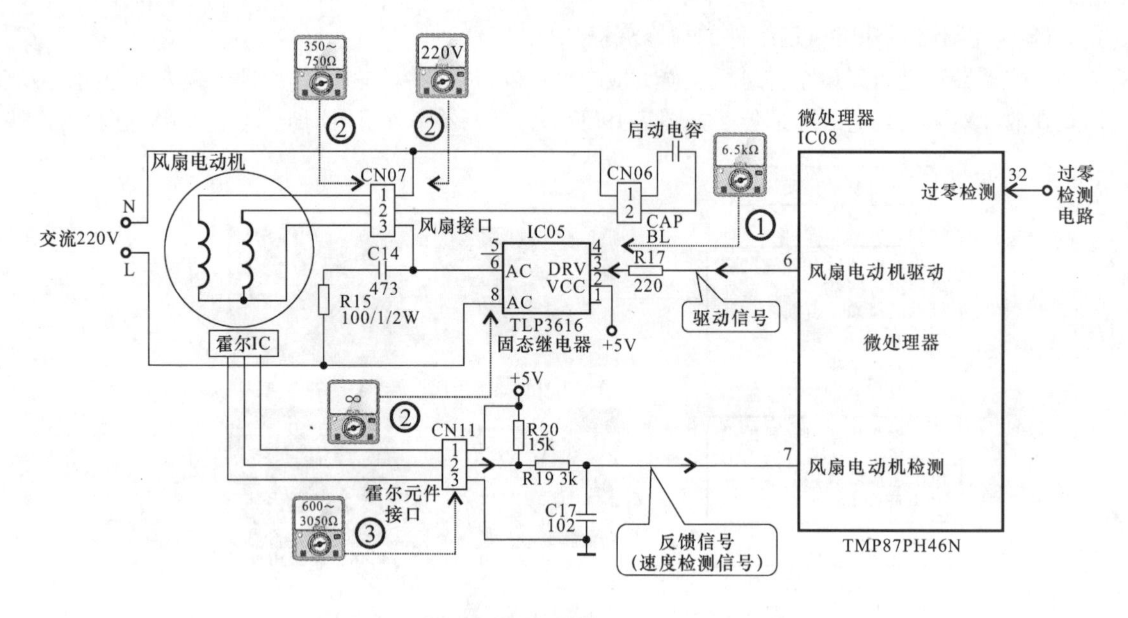

图 7-20　海信 KFR—35GW 型空调器的室内机风扇组件电路图

② 固态继电器 IC05 发光二极管得电后，触点动作使电路导通，从而接通室内风扇电动机的 220V 供电，使风扇运转。

③ 风扇运转后，霍尔元件输出转速信号，经由接口 CN11 将风扇电动机转速信号送入微处理器 IC08 的⑦脚，使微处理器及时对风扇电动机的转速进行精确控制。

提示：

若空调器长时间未使用，贯流风扇会堆积大量灰尘，会造成风扇送风效果差的现象。出现此种情况时，可使用毛刷对其进行清洁，如图 7-21 所示。

图 7-21　清洁贯流风扇

（2）风扇电动机的检测

对于风扇电动机的检测，可首先使用万用表检测供电电压。将两表笔分别搭在接插件 CN07 的①脚和③脚，如图 7-22 所示。正常情况下测得的供电电压为 220V。

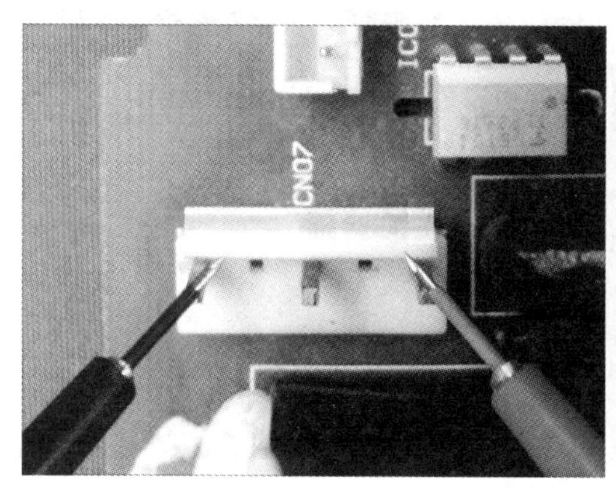

图 7-22　检测风扇电动机的供电电压

接着使用万用表检测风扇电动机绕组阻值，来判断风扇电动机是否损坏。将万用表调至“×100”欧姆挡，红、黑表笔任意搭在风扇电动机的连接插件引脚上，检测电动机绕组阻值。风扇电动机绕组阻值的检测方法如图 7-23 所示。

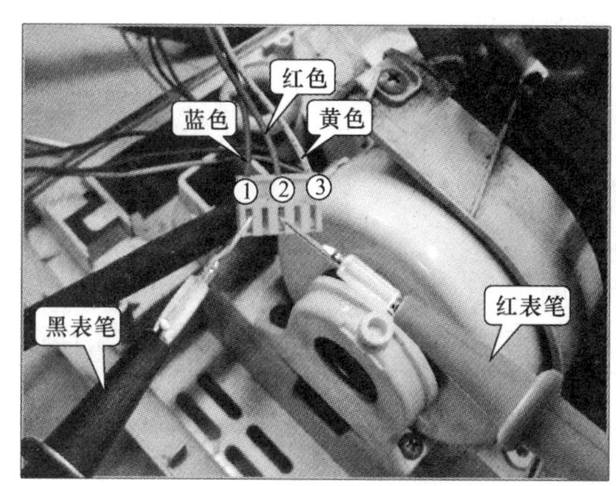

图 7-23　检测风扇电动机绕组阻值

正常情况下，可测得插件①、②脚之间阻值为 750Ω，②、③脚之间阻值为 350Ω，①、③脚之间阻值为 350Ω。若检测结果与正常值偏差较大，说明该风扇电动机已损坏，需进行更换。

（3）霍尔元件的检测

霍尔元件的检测，同风扇电动机相似，可使用万用表对其连接插件引脚之间的阻值进行检测，来判断其是否损坏。将万用表调至“×100”欧姆挡，红、黑表笔任意搭在霍尔元件的连接插件引脚上，检测引脚间阻值。霍尔元件阻值的检测方法如图 7-24 所示。

正常情况下，可测得插件①、②脚之间阻值为 2000Ω，②、③脚之间阻值为 3050Ω，①、③脚之间阻值为 600Ω。若检测结果与正常值偏差较大，说明该风扇电动机的霍尔元件已损坏，需进行更换。

（4）固态继电器的检测

检测固态继电器时，将万用表调至“×1k”欧姆挡，黑表笔搭在③脚上，红表笔搭在

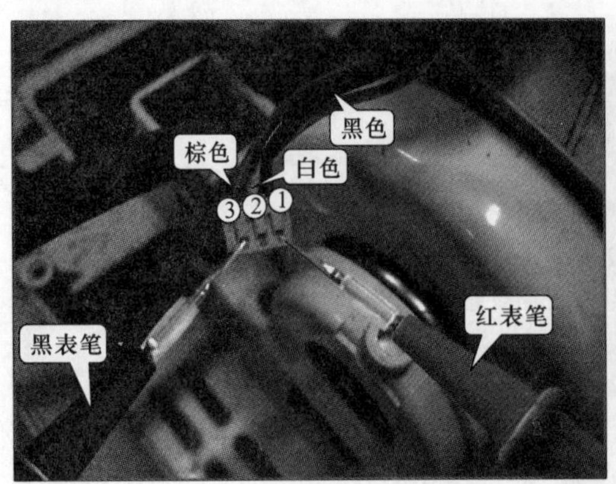

图 7-24　检测霍尔元件阻值

②脚上，检测固态继电器 IC05 内部发光二极管的正向阻值，如图 7-25 所示。正常情况下，可测得阻值为 6kΩ。将红黑表笔调换，检测发光二极管的反向阻值，正常情况下，可测得阻值为 9kΩ。

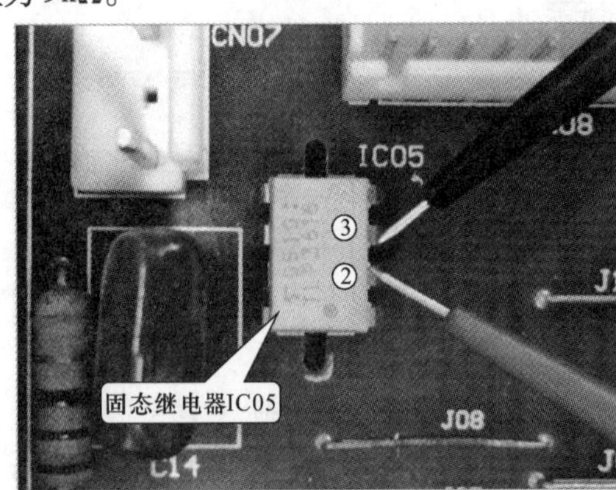

图 7-25　检测固态继电器②、③脚阻值

再对固态继电器 IC05 的⑥、⑧脚阻值进行检测，黑表笔搭在⑧脚上，红表笔搭在⑥脚上，检测固态继电器 IC05 内部双向晶闸管的阻值，如图 7-26 所示。在截止状态下，可测得阻值为无穷大。

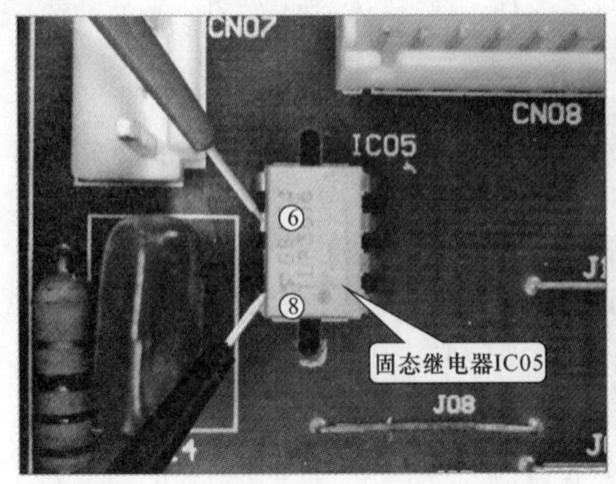

图 7-26　检测固态继电器⑥、⑧脚阻值

若检测出的阻值与正常值偏差较大，说明固态继电器 IC05 损坏，需要对其进行更换。若固态继电器 IC05 良好，应继续对驱动电路中的其他元器件进行检测，查找故障点。

(5) 导风板驱动电动机的检测

导风板驱动电动机的检测，同风扇电动机相似，可使用万用表对其连接插件引脚之间的阻值进行检测，来判断其是否损坏。将万用表调至“×100”欧姆挡，红、黑表笔任意搭在导风板驱动电动机的连接插件引脚上，检测引脚间阻值。导风板驱动电动机阻值的检测方法如图 7-27 所示。

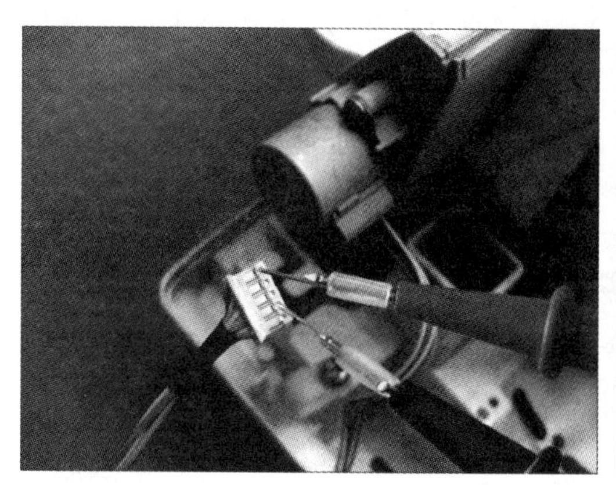

图 7-27　检测导风板驱动电动机阻值

正常情况下，导风板驱动电动机引脚间的阻值见表 7-1 所列。

表 7-1　导风板驱动电动机引脚间的阻值

导线颜色	红	橙	黄	粉	蓝
红	—	270Ω	270Ω	270Ω	270Ω
橙	270Ω	—	600Ω	600Ω	600Ω
黄	270Ω	600Ω	—	600Ω	600Ω
粉	270Ω	600Ω	600Ω	—	600Ω
蓝	270Ω	600Ω	600Ω	600Ω	—

2. 检修空调器室外机风扇组件的图解演示

(1) 检修前的准备

在对空调器室外机风扇组件进行检修前，应首先了解风扇组件的结构，通过电路图弄清风扇组件在电路中的关系，如图 7-28 所示为海信 KFR—35GW 型空调器的室外机风扇组件电路图。

① 从图中可以看出，室外机风扇组件接收反相器 U01 送来的驱动信号，固态继电器 RY02 和 RY04 线圈得电。

② 固态继电器 RY02 和 RY04 线圈得电后，触点动作，接通风扇电动机电路。

③ 启动电容和风扇电动机得电后，风扇电动机开始运转。空调器室外机风扇组件有两个固态继电器，控制轴流风扇以不同的速度运转。当固态继电器 RY02 线圈得电时，其触点动作，接插件 CN08 的①脚和②脚线圈得电，当固态继电器 RY04 线圈得电时，其触点动作，

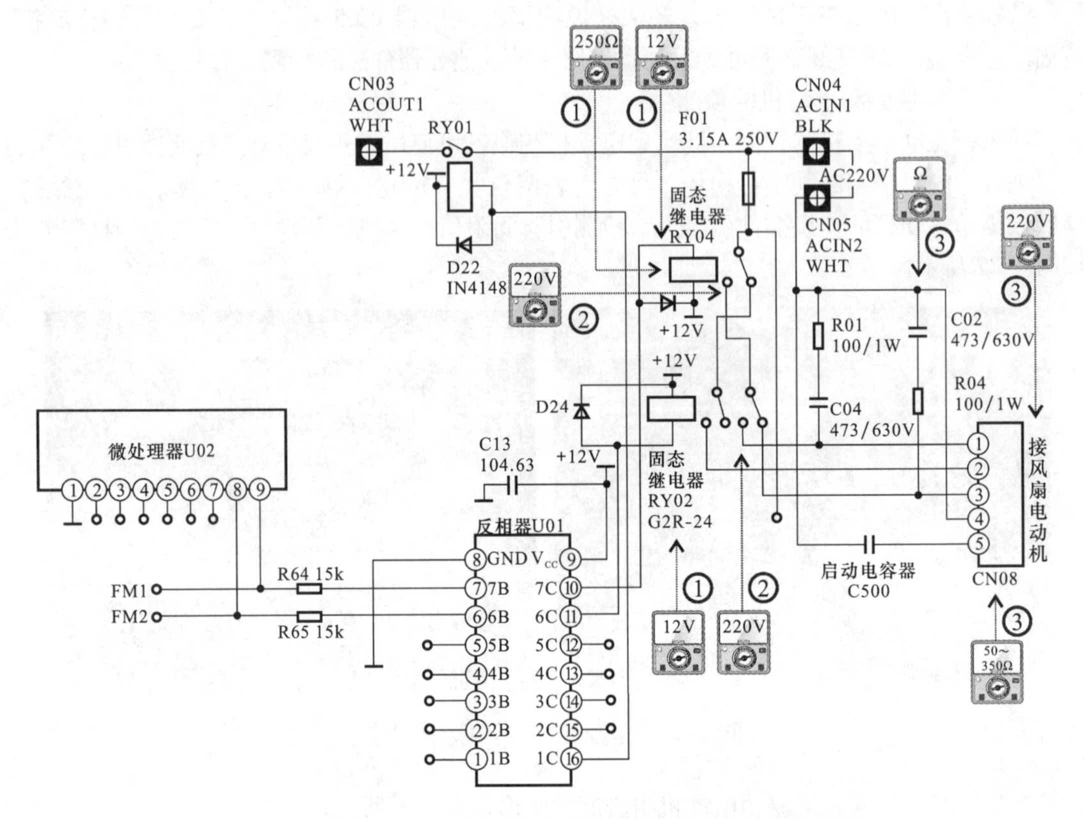

图 7-28　海信 KFR—35GW 型空调器的室外机风扇组件电路图

接插件 CN08 的③脚线圈得电。

提示：

室外机风扇组件放置在室外，容易堆积大量的灰尘，若有异物进去极易卡住轴流风扇，导致轴流风扇运转异常。检修前，可先将风扇组件上的异物进行清理。如图 7-29 所示，使用毛刷和抹布清理室外机的风扇组件。

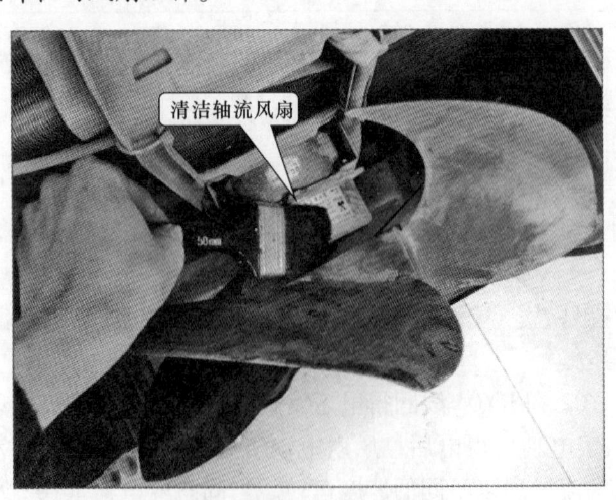

图 7-29　清洁轴流风扇

（2）风扇电动机的检测

对于风扇电动机的检测，可首先使用万用表检测供电电压，检测时将黑表笔搭在接插件 CN08 的①脚或②脚，红表笔搭在③脚或④脚或⑤脚，如图 7-30 所示，测得的供电电压为 220V。

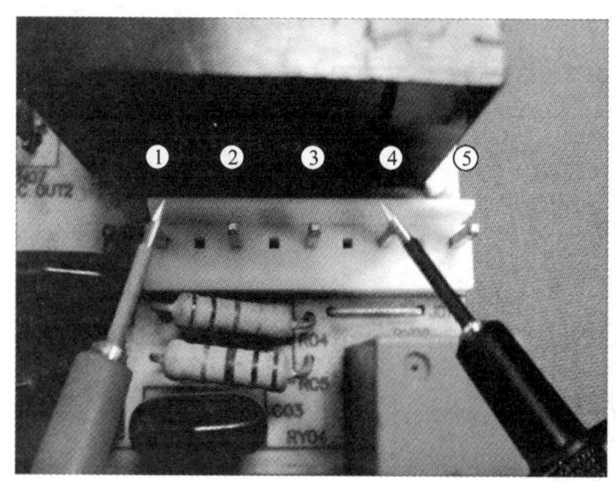

图 7-30　检测风扇电动机供电电压

接着可使用万用表对其绕组阻值进行检测，来判断室外风扇电动机是否损坏。将万用表调至“×100”欧姆挡，红、黑表笔任意搭在风扇电动机的连接插件引脚上，检测电动机绕组阻值。风扇电动机绕组阻值的检测方法如图 7-31 所示。

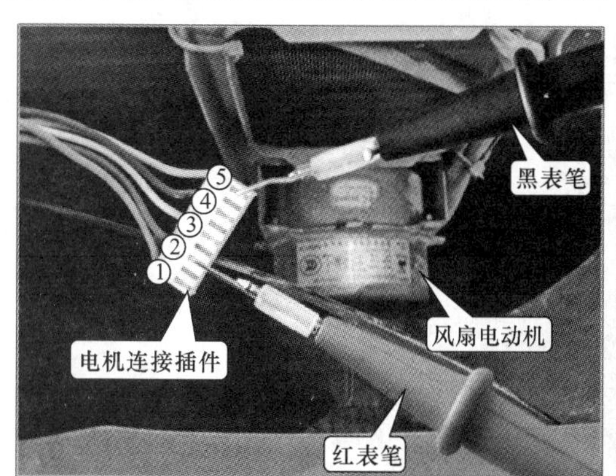

图 7-31　检测风扇电动机绕组阻值

正常情况下，测得电动机绕组阻值参见表 7-2 所列。若检测结果与正常值偏差较大，说明该风扇电动机已损坏，需进行更换。

表 7-2　电动机绕组阻值

引脚	阻值	引脚	阻值	引脚	阻值
①~②	350Ω	②~③	150Ω	③~⑤	100Ω
①~③	200Ω	②~④	200Ω	④~⑤	50Ω
①~④	150Ω	②~⑤	280Ω	—	—
①~⑤	80Ω	③~④	50Ω	—	—

（3）风扇电动机启动电容 C500 的检测

对室外机风扇组件的风扇电动机启动电容进行检测，可使用万用表对其充放电过程进行检测，如图 7-32 所示，将万用表调至“×1k”欧姆挡，红、黑表笔分别搭在启动电容的两个引脚上，这时表针向右摆动到最大角度后，接着又会逐渐向左摆回，然后停止在一个固定位置上，将表笔对换位置后进行检测，发现仍然有充放电过程，说明该启动电容正常。

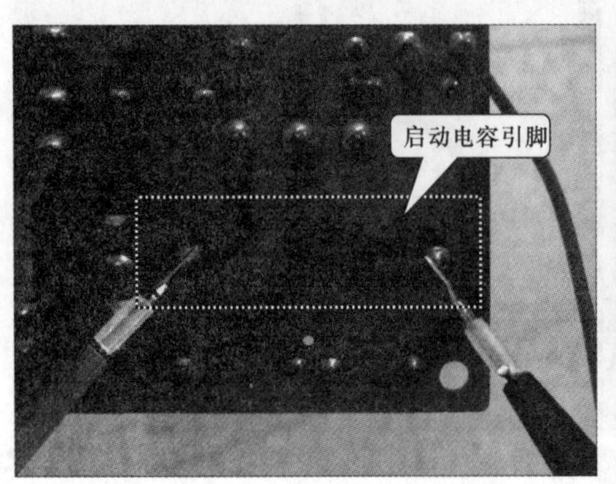

图 7-32　检测风扇电动机启动电容

（4）电磁继电器的检测

对室外机风扇组件的电磁继电器 RY02 和 RY04 进行检测，可通过排除故障部位的方式来判断电磁继电器的好坏。

以电磁继电器 RY02 为例，首先根据电磁继电器 RY02 上的标识判断引脚功能，如图 7-33 所示。左边的两个引脚为线圈的引脚端，右边的 6 个引脚为触点引脚端。

图 7-33　电磁继电器 RY02 的内部引脚功能

然后将黑表笔接地，红表笔搭在电磁继电器 RY02 的线圈供电端（①脚），检测电磁继电器 RY02 的供电电压，如图 7-34 所示。正常情况下，可以检测到 12V 电压。若检测出的电压异常，说明室外机的电源电路发生故障。

电磁继电器工作电压正常，断开电源，可使用万用表对电磁继电器的内部线圈进行检

图7-34　检测电磁继电器RY02的供电电压

测。将万用表调至“×100”欧姆挡，红、黑表笔任意搭在电磁继电器RY02的①脚、⑧脚上，如图7-35所示。经检测，可测得阻值为250Ω左右，在路检测电磁继电器时，会受到其他元器件干扰，可将电磁继电器焊下后，进行开路检测，来判断电磁继电器是否损坏。

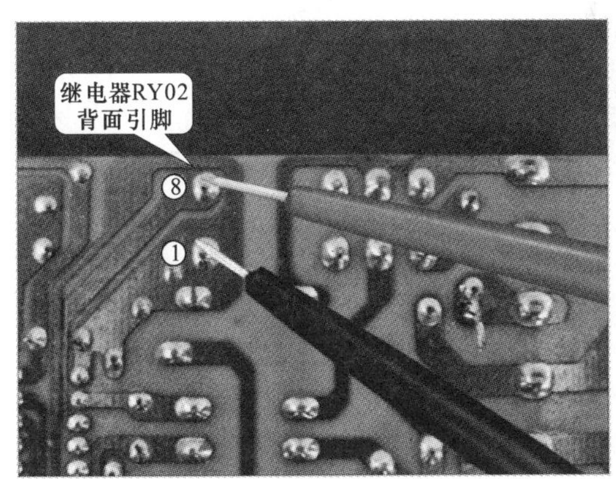

图7-35　检测电磁继电器RY02内部线圈阻值

接着根据内部引脚功能检测触点引脚间的阻值。将万用表的红、黑表笔搭在电磁继电器RY02的触点引脚端，如图7-36所示。

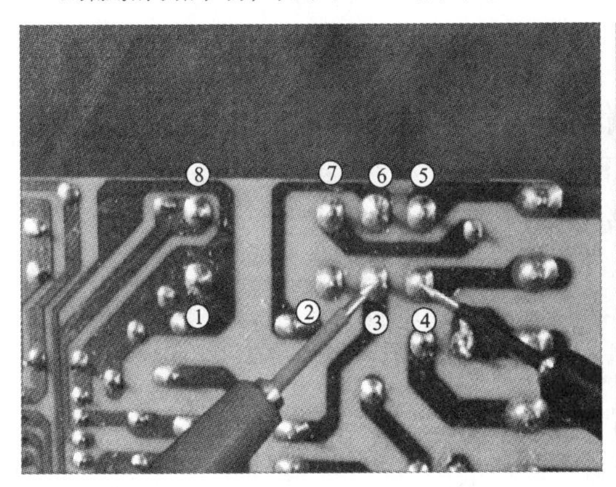

图7-36　检测电磁继电器RY02的触点引脚间阻值

正常情况下，③脚和②脚间阻值为0Ω，③脚与④脚间阻值为∞，⑥脚与⑦脚间阻值为0Ω，⑥脚与⑤脚间阻值为∞。

经过检测，发现电磁继电器的输入电压和触点间阻值正常，但通过在路检测电磁继电器阻值无法判断电磁继电器是否损坏时，可逐个代换电磁继电器，来排除故障。

提示：

电磁继电器RY04表面没有内部引脚功能标志，可根据型号JQC－3FF查询继电器引脚间的关系。经查询得知，①脚和③脚为线圈引脚端，②脚和④脚间为常闭触点，②脚和⑤脚间为常开触点，如图7-37所示。

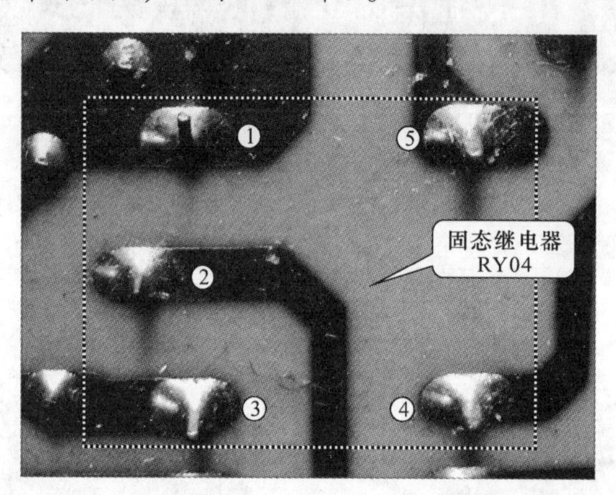

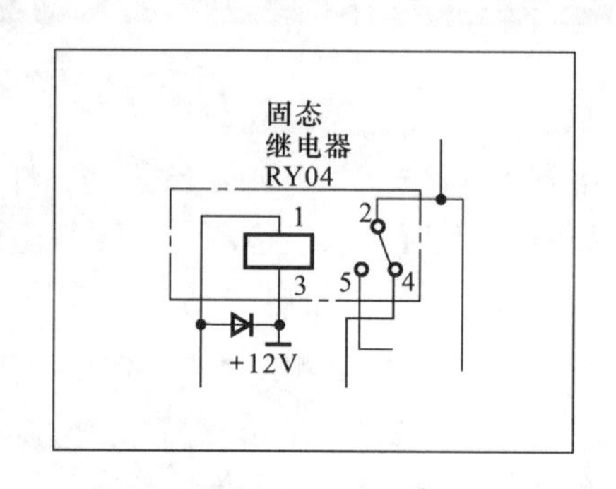

图7-37　电磁继电器RY04内部引脚功能

7.2.2　空调器风扇组件的检修案例训练

当空调器风扇组件出现故障时，应根据其电路结构和信号流程进行检修分析，再按照基本检修方法，对可能发生故障的主要器件进行检修。下面就以空调器风扇组件的典型故障为例，讲解空调器风扇组件的故障检修实例。

1. 长虹KFR—28GW/BP型空调器室内机风扇停转的故障检修实例

- **故障表现**

长虹KFR—28GW/BP型空调器开机运行后，设定制冷状态，室内机可以运行，但风扇电动机转一会儿后自动停止。

- **检修分析**

长虹KFR—28GW/BP型空调器室内机风扇停转，怀疑是电压不正常或风扇电动机、接插件有故障引起的。如图7-38所示为长虹KFR—28GW/BP型空调器室内机主控板的连接关系图，图7-39所示为该空调器室内机控制电路的原理图。

① 空调器通电后，交流220V输入电压为经接插件CZ502为室内风扇电动机供电。对室内风扇电动机的供电电压进行检测，若无供电电压可能是接插件连接不良，若供电电压正常应进一步检查霍尔元件。

② 直流+5V电压经接插件CZ402①脚为霍尔元件供电。对接插件CZ402的电压进行检测，若无供电电压，可能是直流供电电路有故障，应对故障部件进行排查。若电压正常则霍

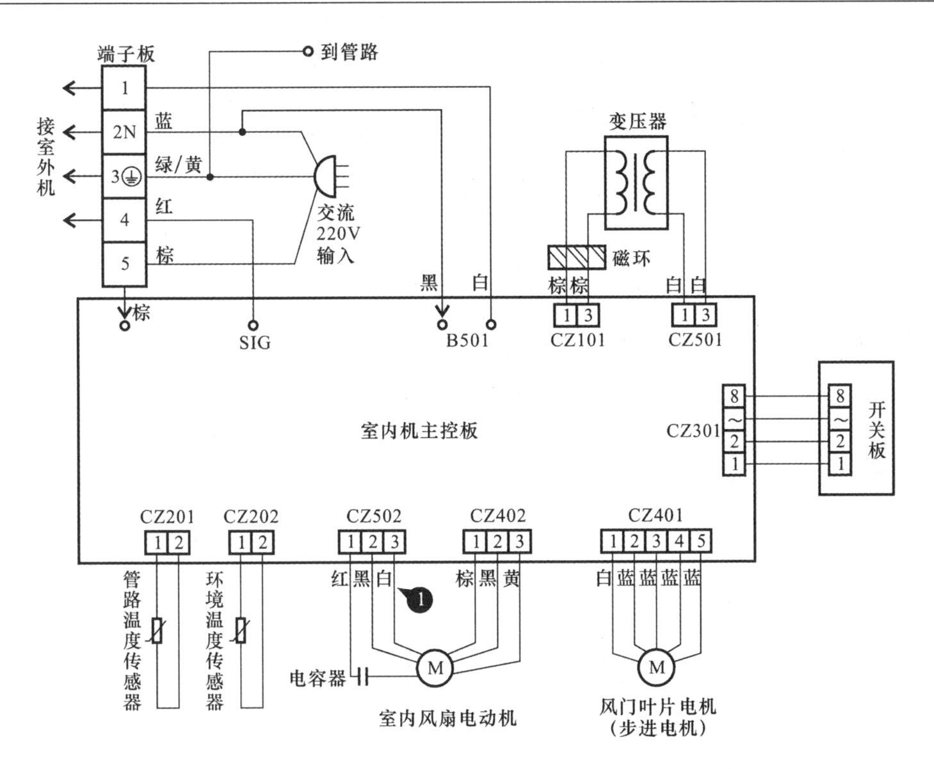

图7-38　长虹 KFR—28GW/BP 型空调器室内机主控板的连接关系图

尔元件可能已损坏，应进行更换。

- **检修方法**

根据上述故障分析，首先检查风扇电动机，先使用万用表判断风扇电动机是否损坏，正常情况下，电动机运行绕组阻值应为280Ω；白色和红色引线间阻值为470Ω，经检测该电动机正常。如图7-40所示。

接着检测风扇电动机启动绕组的阻值，如图7-41所示，正常风扇电动机启动绕组的阻值约为470Ω。实测为无穷大，表明风扇电动机启损坏，更换后故障排除。

2. 海信 KFP—26GW/77ZBP 型空调器室内风扇不动作的故障检修实例

- **故障表现**

海信 KFP—26GW/77ZBP 型空调器开机后，出现室内风扇不动作。

- **检修分析**

海信 KFP—26GW/77ZBP 型空调器开机后，室内风扇不动作，可能是空调器室外风扇电动机驱动控制电路及电动机本身故障引起的。如图7-42所示为海信 KFP—26GW/77ZBP 型空调器微处理器及室内风扇控制电路图。

① 空调器通电后，供电电压经接插件 CN11 为室内风扇电动机的霍尔 IC 供电，+12V 供电电压为反相器供电，对室内风扇相关电路的供电电压进行检测，若无供电电压可能是接插件连接不良，若供电电压正常应进一步检查继电器。

② 微处理器的输出经反向器为继电器绕组提供驱动信号，使触点动作，风扇电动机电路接通电源，如继电器绕组损坏则风扇电动机无动作，应更换继电器。

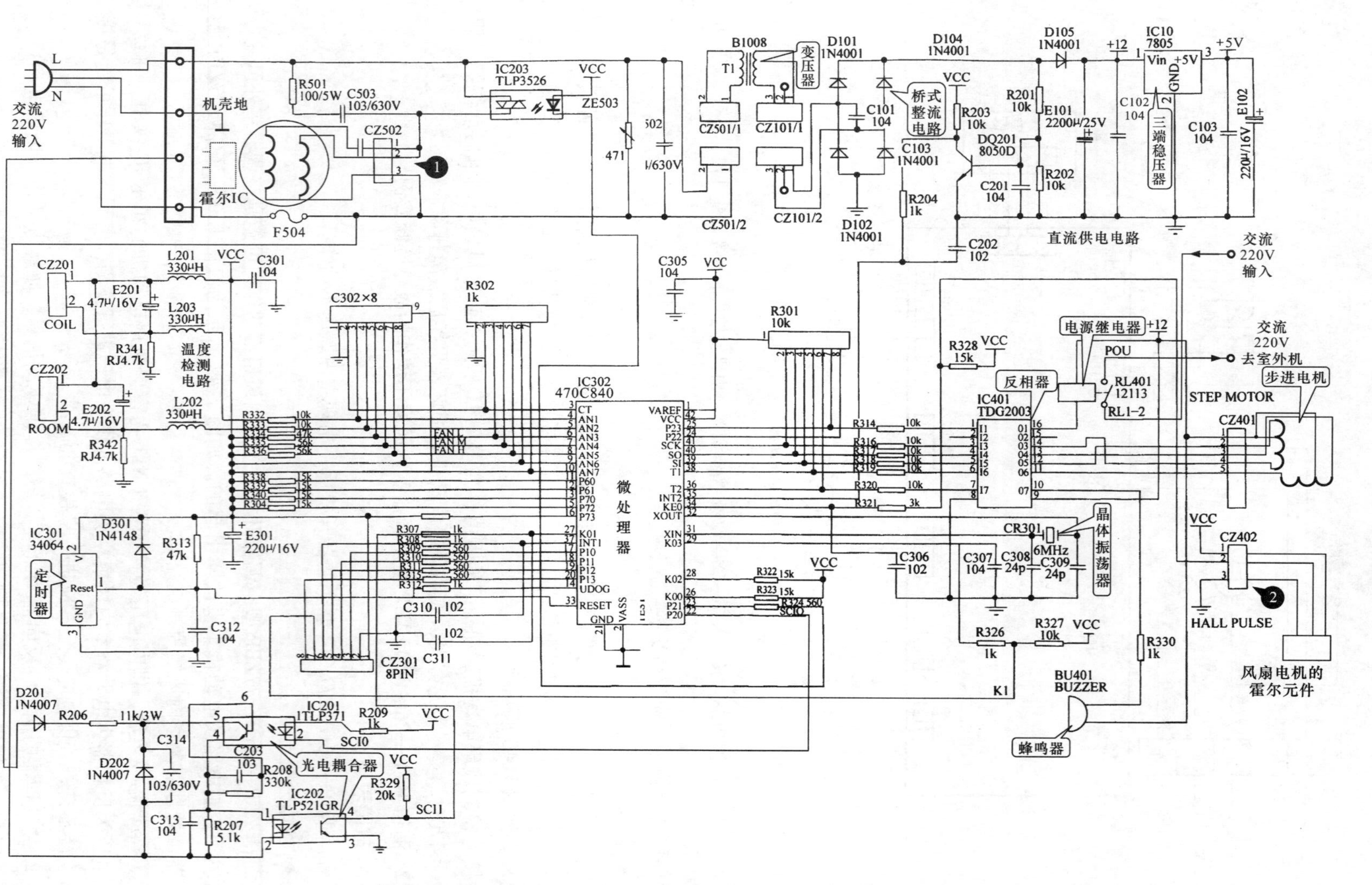

图 7-39　长虹 KFR—28GW/BP 型空调器室内机控制电路的原理图

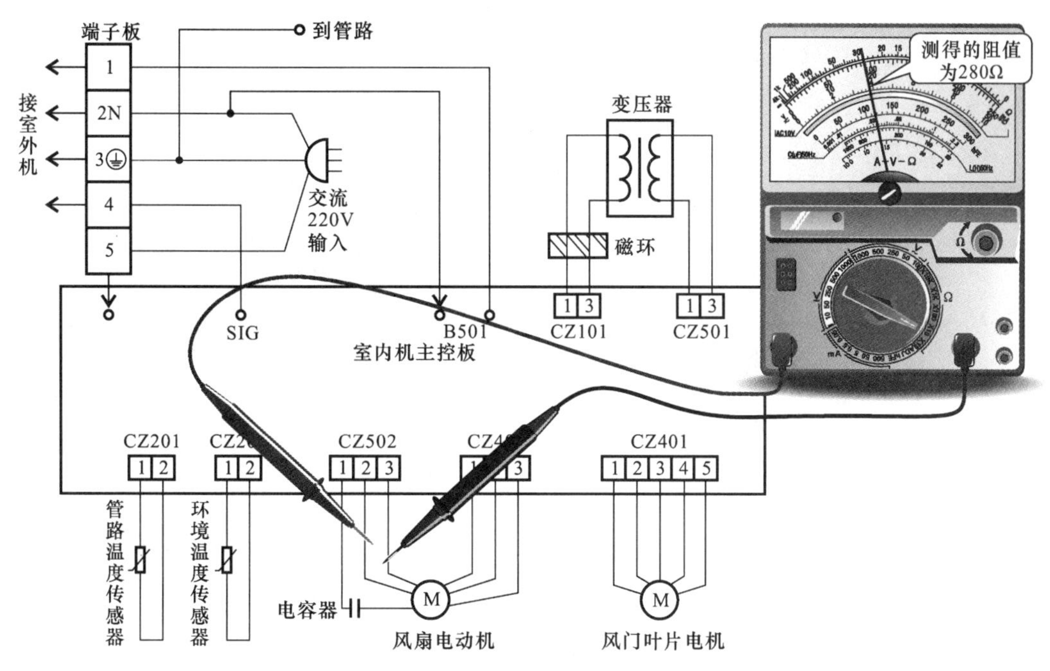

图 7-40　电动机运行绕组的检测

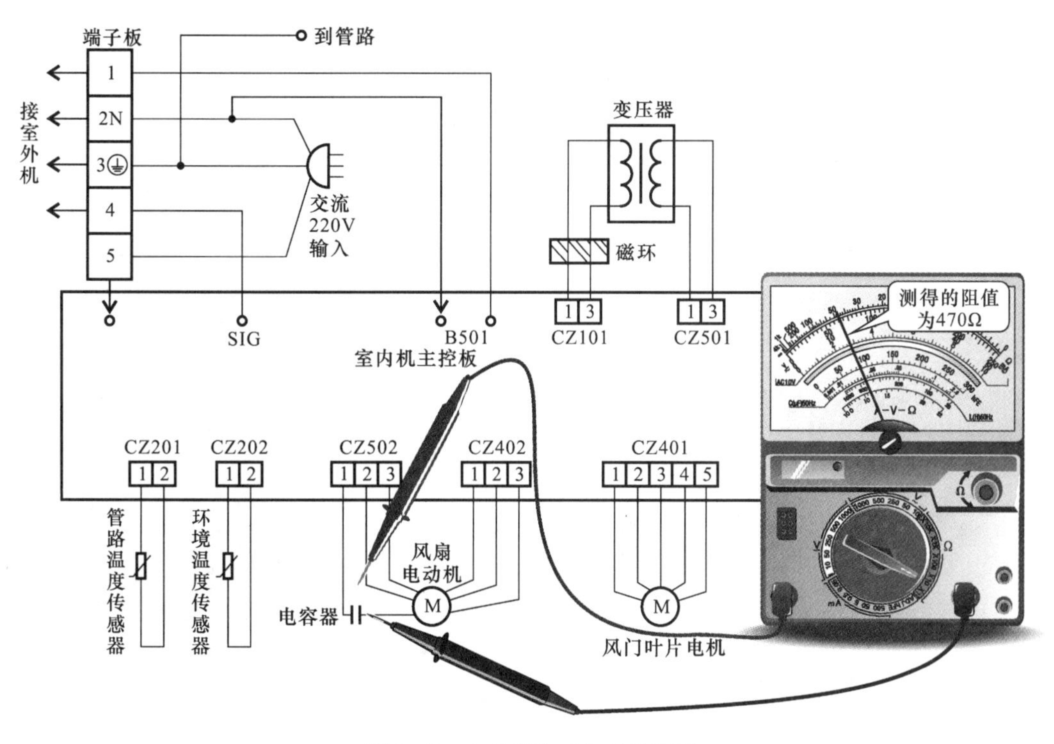

图 7-41　电动机启动绕组的检测

● **检修方法**

根据上述故障分析，首先检测反相器的供电电压，如图 7-43 所示。经检测供电电压为 12V。

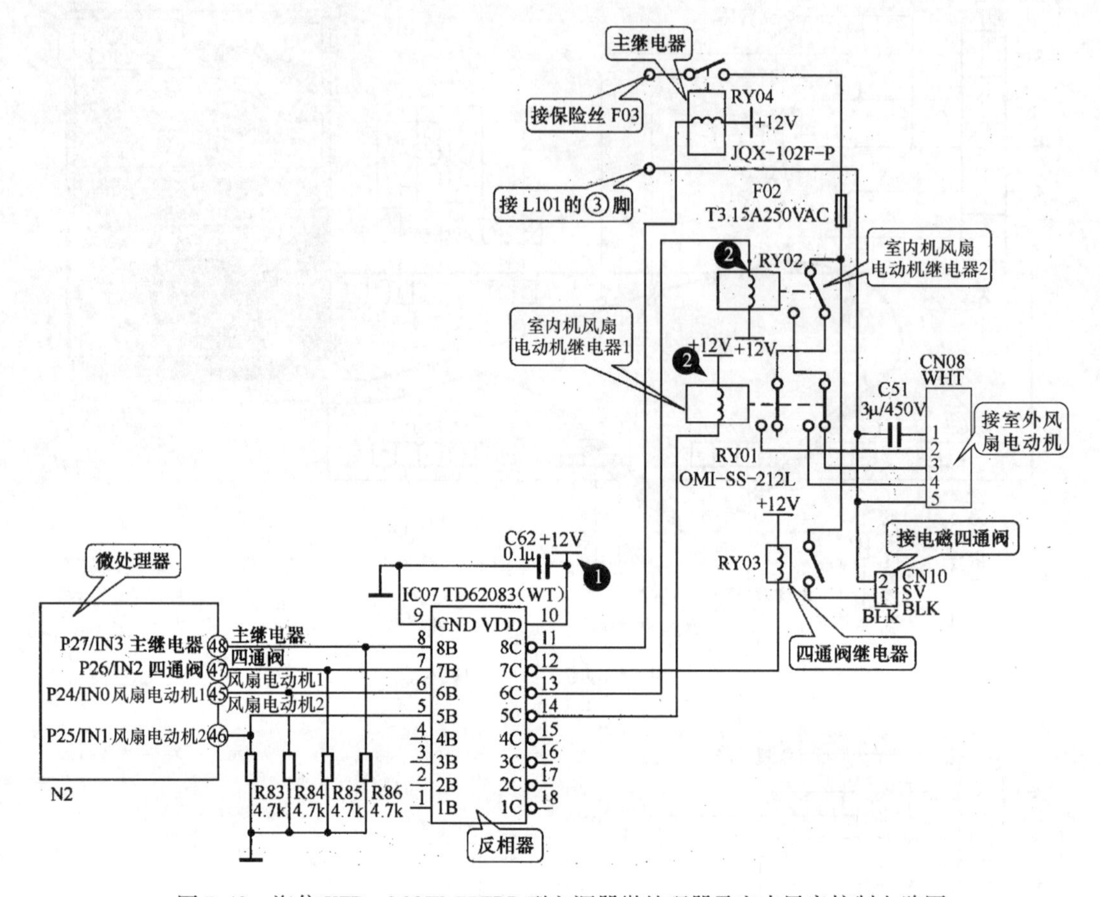

图 7-42　海信 KFP—26GW/77ZBP 型空调器微处理器及室内风扇控制电路图

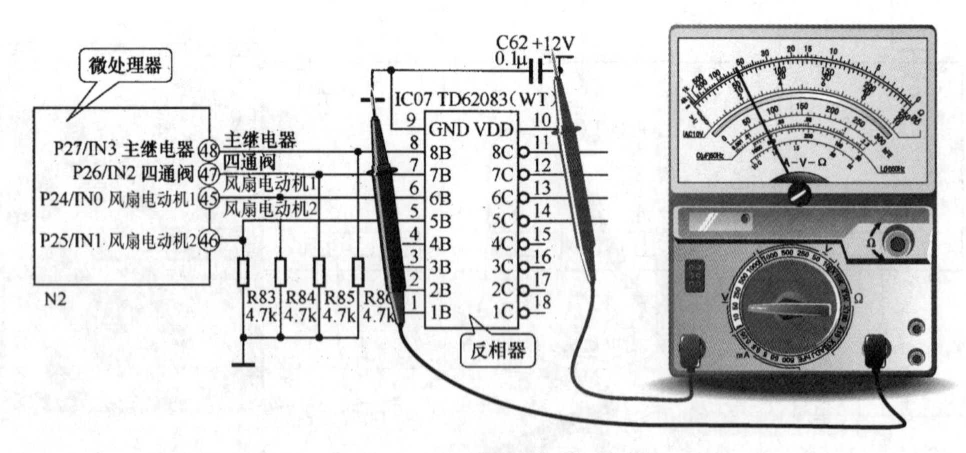

图 7-43　反相器供电电压正常

接着检测室内机风扇电动机继电器的绕组阻值，如图 7-44 所示。经检测测得的阻值为无穷大。正常情况下应该可以测得几欧姆的阻值。可能是继电器损坏。更换后再次试机，故障排除。

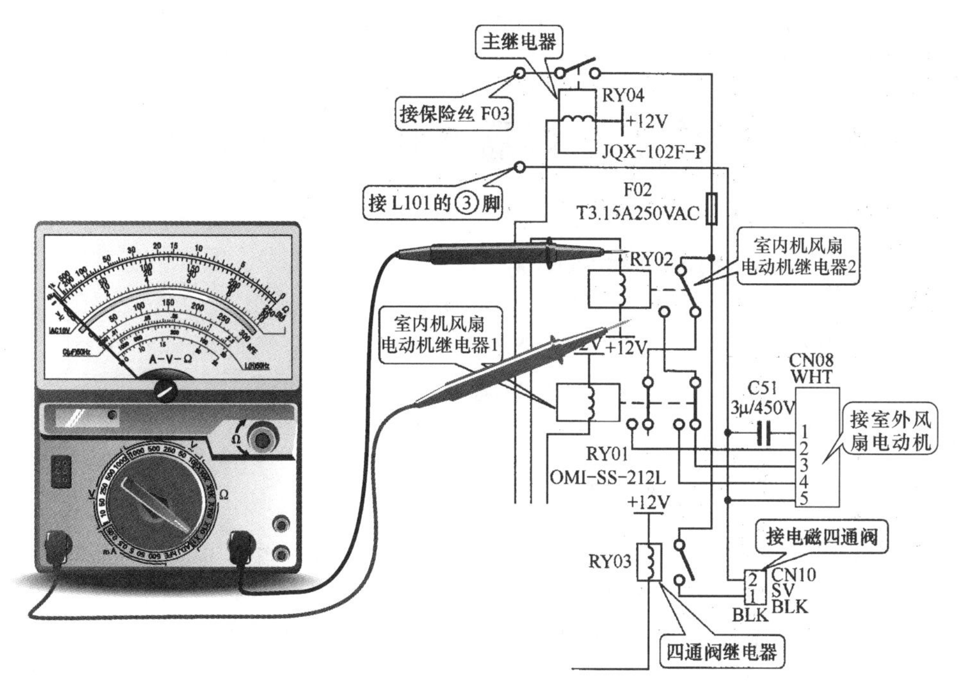

图7-44　继电器绕组阻值为无穷大

第8章　掌握空调器闸阀组件的检修方法

8.1　空调器闸阀组件的检修分析

空调器的闸阀组件主要用来控制制冷剂的流向，并对制冷剂的流量进行控制，平衡制冷系统的内部的压力。该部分主要由电磁四通阀、截止阀、单向阀、毛细管、干燥过滤器这几部分构成。

8.1.1　空调器闸阀组件的结构特点

由于空调器的闸阀组件数量较多，下面我们将逐个进行介绍。

1. 电磁四通阀

电磁四通阀是冷暖型空调器中不可缺少的元器件，它可以根据工作模式改变制冷剂的流动方向，从而改变空调器的工作状态，实现制冷或制热工作状态的转换。图8-1所示为海信KFR—35GW/06ABP型变频空调器中的电磁四通阀。

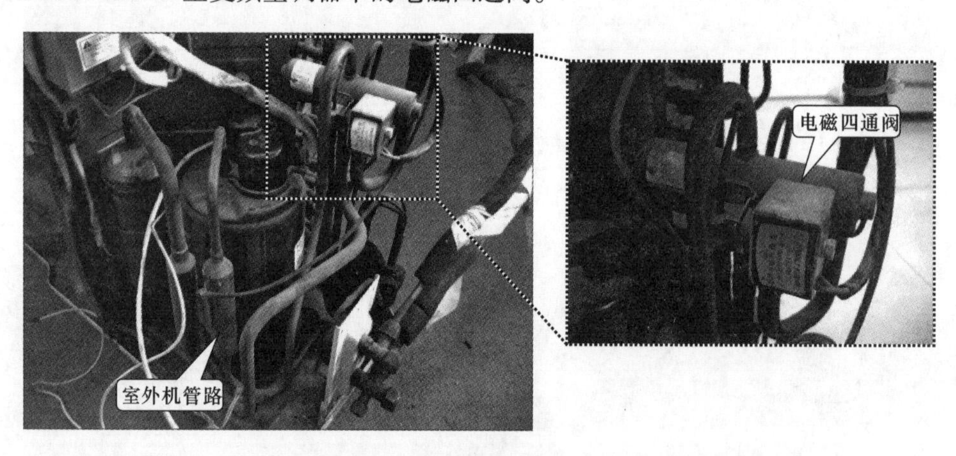

图8-1　海信KFR—35GW/06ABP型变频空调器的电磁四通阀

电磁四通阀从结构上看可分为电磁导向阀和四通换向阀两部分，通过电磁导向阀控制四通换向阀动作，如图8-2所示。从图8-2中可以看出，电磁导向阀主要由电磁线圈、弹簧、阀芯、导向毛细管等构成。四通换向阀主要由滑块、活塞和连接管路构成。

提示：

在采用不同制冷剂的空调器中，电磁四通阀型号规格也会不同，这主要是由于管路压力不同造成的，例如，采用R22制冷剂的空调器中，要使用耐压为2.9MPa的电磁四通阀；采用R407C制冷剂的空调器中，要使用耐压为3.3MPa的电磁四通阀；采用R410a制冷剂的空调器中，要使用耐压为4.15MPa的电磁四通阀。

通常，电磁四通阀可正常工作的环境温度为－20～55℃，允许通过的制冷剂温度为

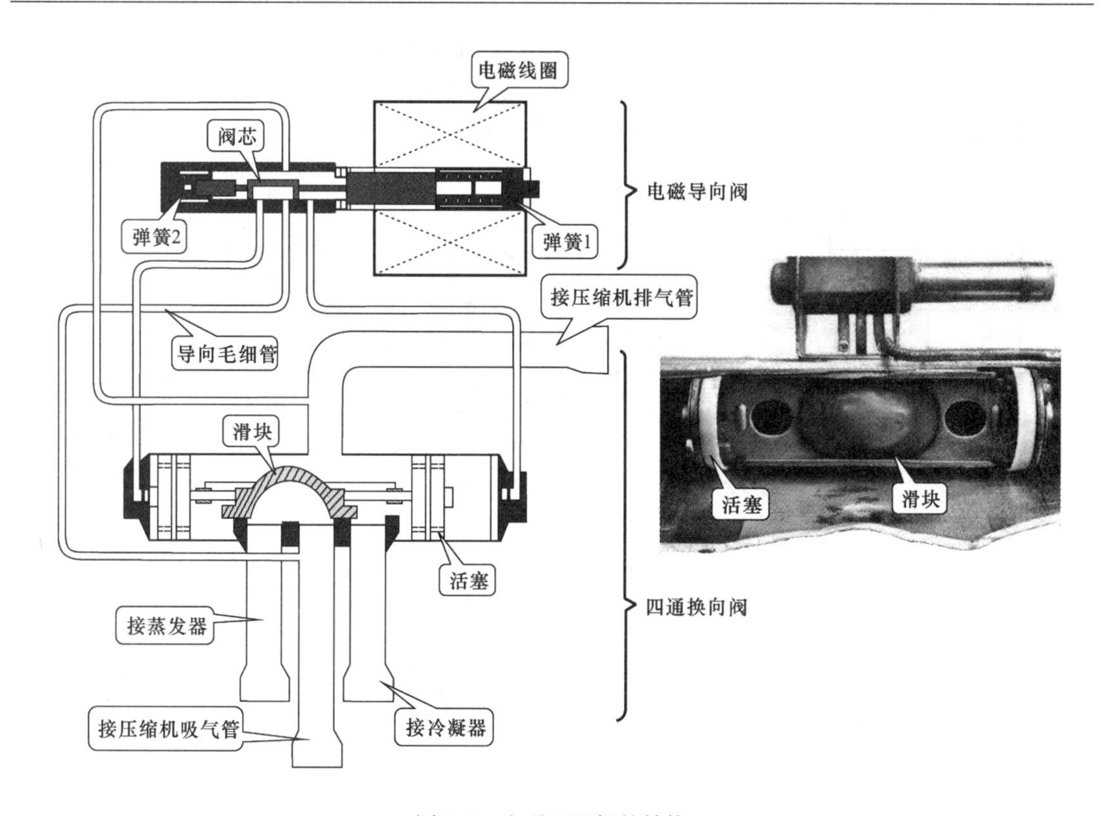

图 8-2　电磁四通阀的结构

-20～120℃，环境相对湿度应小于95%。

2. 截止阀

空调器的截止阀通常有两个，一个是二通截止阀，另一个是三通截止阀，它们都安装在室外机侧面，通过连接管路与室内机相连，如图 8-3 所示为海信 KFR—35GW/06ABP 型变频空调器的截止阀，其中管路较细的是二通截止阀（液体截止阀），管路较粗并带有工艺管口的是三通截止阀（气体截止阀）。

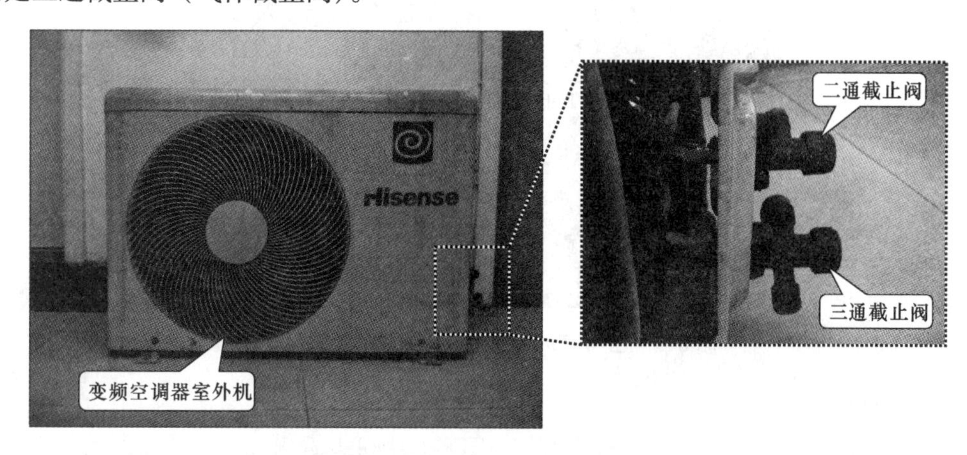

图 8-3　海信 KFR—35GW/06ABP 型变频空调器的截止阀

二通截止阀和三通截止阀是室内机和室外机之间连接管路的主要部件。制冷剂在通过二通截止阀时呈液体状态，并且压强较低，所以二通截止阀的管路较细。制冷剂在通过三通截止阀时呈现低压、气体状态，所以三通截止阀的管路较粗，如图 8-4 所示。

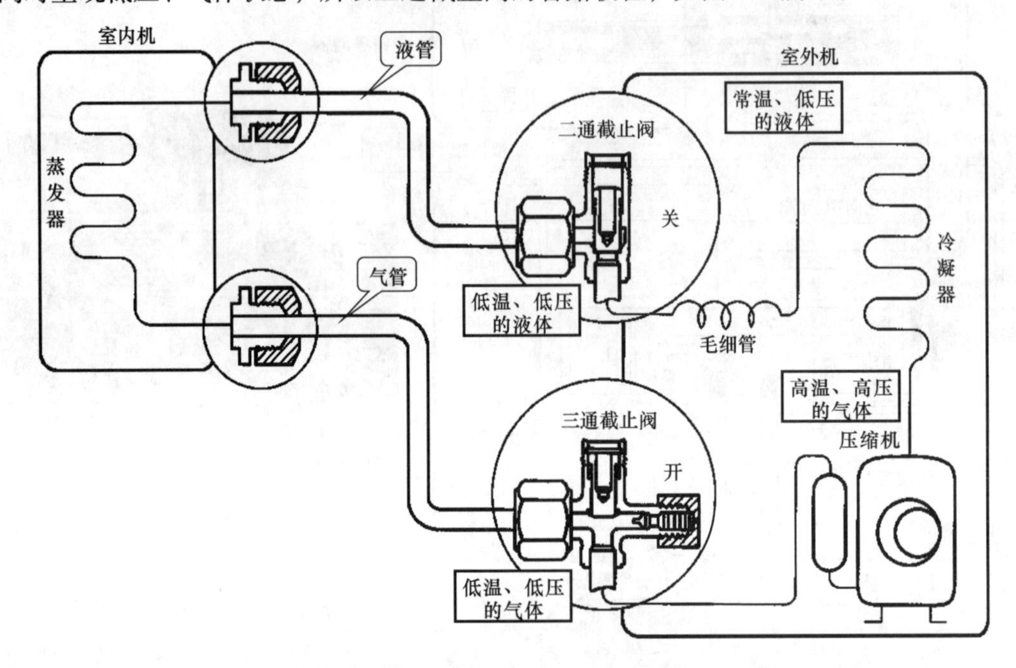

图 8-4　二通截止阀和三通截止阀的特点

三通截止阀上还设有工艺管口，通过该管口可对空调器进行抽真空、充注制冷剂等检修操作。图 8-5 所示为二通截止阀和三通截止阀的外形。

图 8-5　二通截止阀和三通截止阀的外形结构

（1）二通截止阀

图 8-6 所示为二通截止阀的内部结构。从图 8-6 中可以看出，二通截止阀由阀帽、压紧螺丝、密封圈、阀杆、阀孔座以及两根连接管口构成。通过调整压紧螺丝的位置，便可以调节截止阀内部制冷剂的流量。

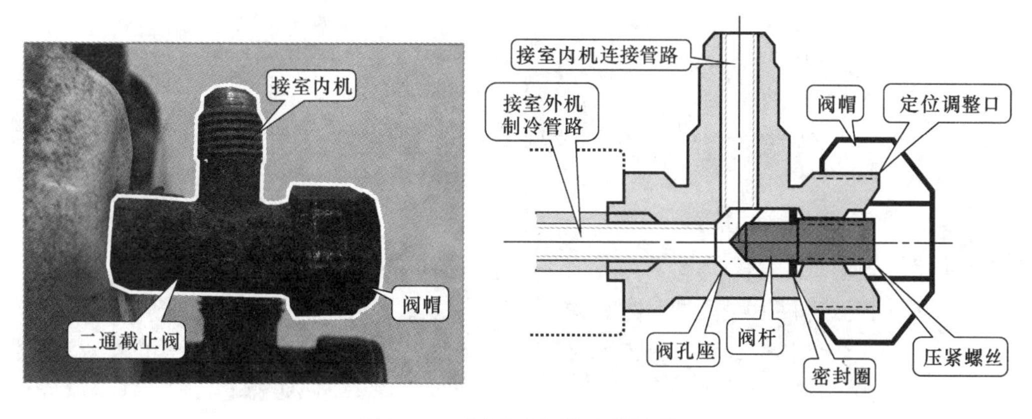

图 8-6　二通截止阀的内部结构

（2）三通截止阀

图 8-7 所示为三通截止阀的内部结构。三通截止阀与二通截止阀内部结构基本一样，也是通过调整压紧螺丝的位置，调节制冷剂的流量。三通截止阀上的工艺管口内部通常带有一个气门销，需要连接带有阀针的转接头或连接软管，才可以打开工艺管口。

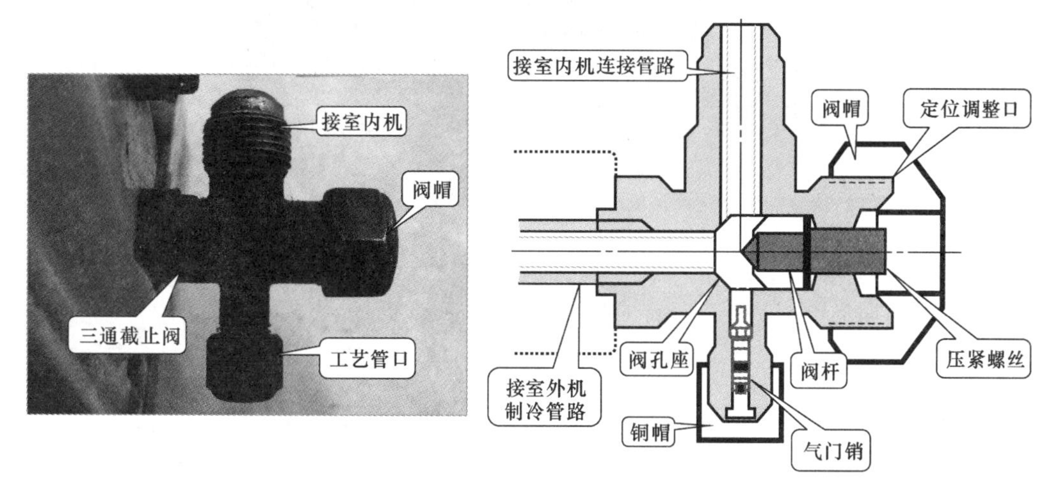

图 8-7　三通截止阀的内部结构

3. 单向阀

单向阀通常与毛细管直接连接，在其表面有方向标识，如图 8-8 所示。单向阀在单冷型空调器停机时，可防止制冷剂回流，平衡制冷系统内部压力，便于空调器再次启动。

在冷暖型空调器中，单向阀通常与副毛细管并联后再串接在主毛细管上，用来进一步地降低制冷剂的压力和温度，增加蒸发器与室内的温差，以便更好地吸热。

提示：

单向阀两端的管口有两种形式，一种为单接口式，另一种为双接口式。单接口式单向阀常用于单冷型空调器中，一端连接毛细管，另一端连接二通截止阀；双接口式单向阀常用于冷暖型空调器中，两端各有一接口与副毛细管相连，另外两接口分别与主毛细管和二通截止阀相连，如图 8-9 所示。

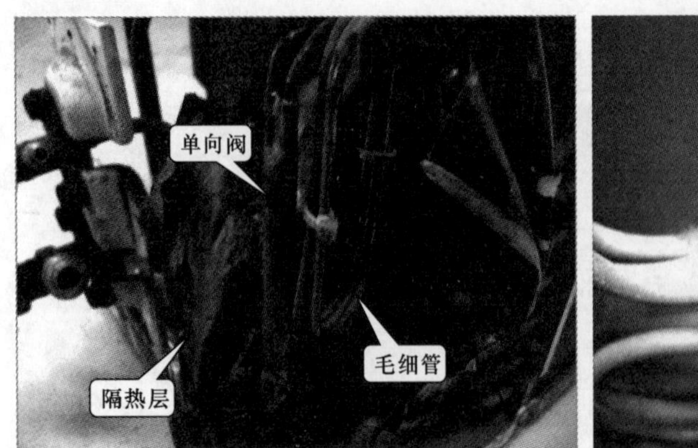

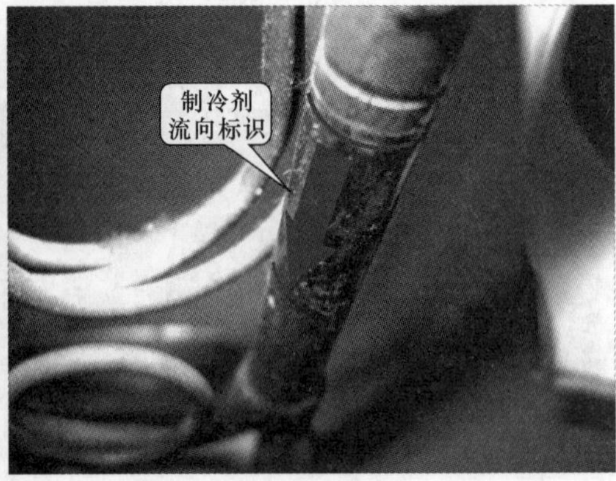

图 8-8　冷暖型空调器中的单向阀

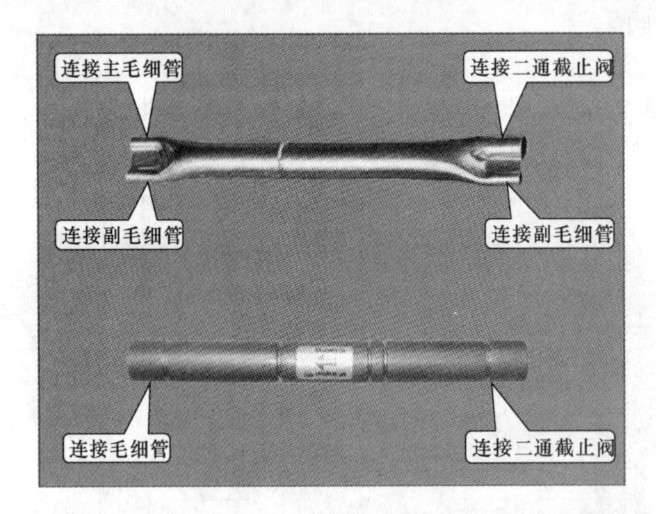

图 8-9　单接口式和双接口式单向阀

单向阀根据内部结构的不同，可分为锥形单向阀和球形单向阀。锥形单向阀内部主要是由尼龙阀针、阀座和限位环构成的；球形单向阀内部主要是由阀球、阀座和限位环构成的，图 8-10 所示。

4. 毛细管

毛细管是制冷管路中实现节流降压的部件，它实际上就是一条又细又长的铜管，常盘绕在室外机中，外面常包裹有隔热层，如图 8-11 所示。

链接：

新型的变频空调器中，多使用电子膨胀阀代替毛细管作为节流装置，并且电子膨胀阀还具有控制制冷剂流量的功能。图 8-12 所示为电子膨胀阀的外形。

电子膨胀阀与毛细管相比，具有反应迅速、容量范围大、可自动控制制冷剂流量等特点。如图 8-13 所示为电磁膨胀阀的内部结构。电子膨胀阀主要是由步进电机、针形阀等构成的。

5. 干燥过滤器

干燥过滤器是室外机制冷管路中的过滤部件，通常安装在毛细管与冷凝器之间。也有一

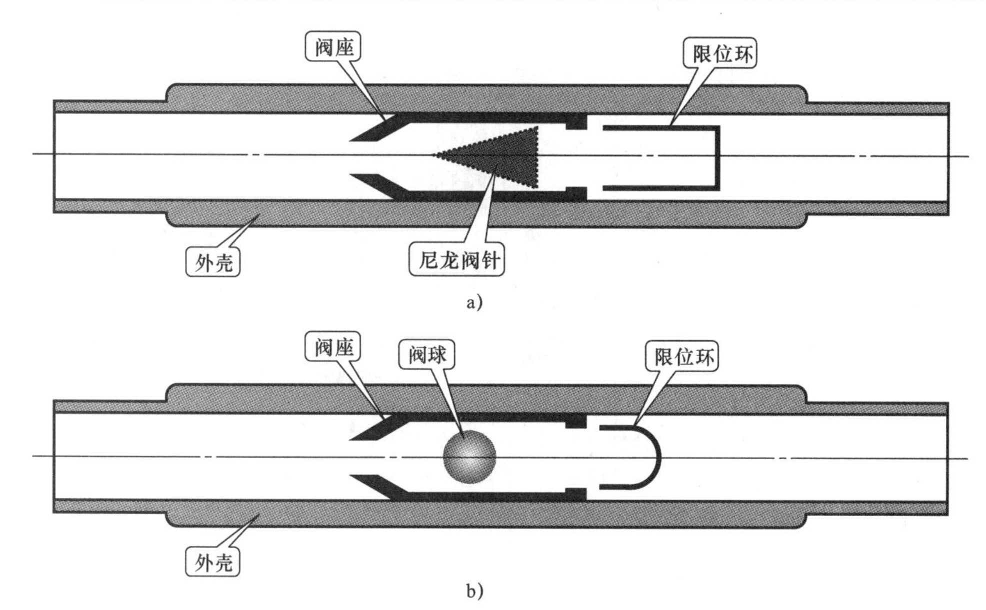

图 8-10　单向阀的内部结构
a）锥形单向阀　b）球形单向阀

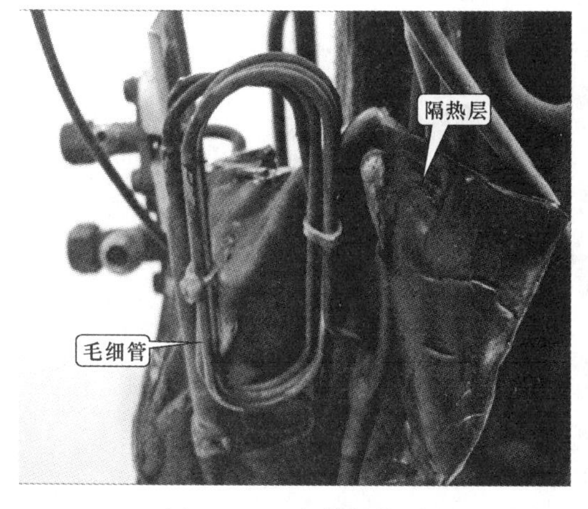

图 8-11　毛细管的外形

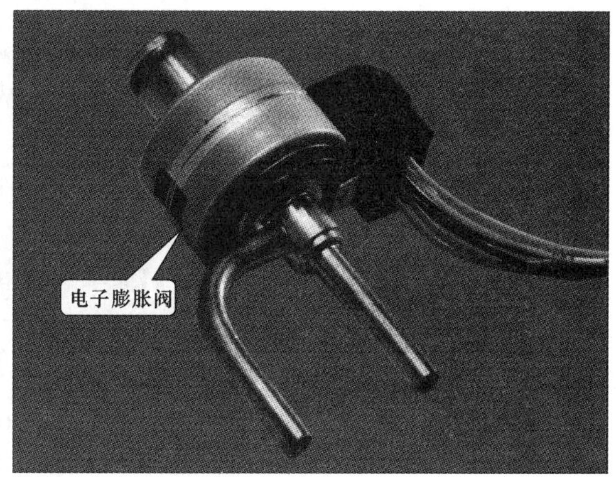

图 8-12　电子膨胀阀的外形

些空调器在压缩机的吸气口和排气口处都有干燥过滤器，如图 8-14 所示。

常见的干燥过滤器有单入口和双入口两种，如图 8-15 所示。单入口干燥过滤器的两端各有一个端口，其中较粗的一端为入口端，用以连接冷凝器；较细的一端为出口端，用来与毛细管相连。双入口干燥过滤器的两个入口端，其中一个是用来接冷凝器，另一个则是工艺管口，用于进行管路检修等操作。

8.1.2　空调器闸阀组件的检修流程分析

1. 空调器闸阀组件的工作原理

（1）电磁四通阀的工作原理

在冷暖型空调器中，电磁四通阀是由微处理器控制的。在制热状态，微处理器输出控制

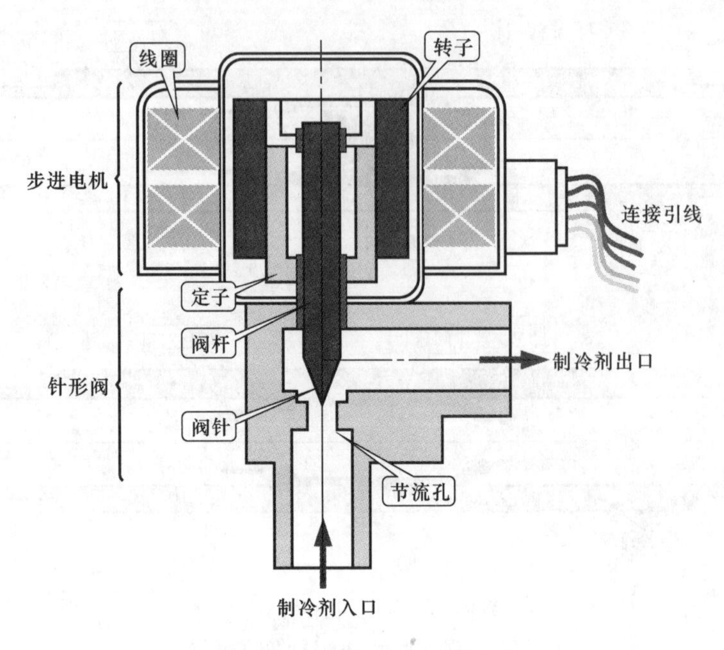

图 8-13　电磁膨胀阀的内部结构

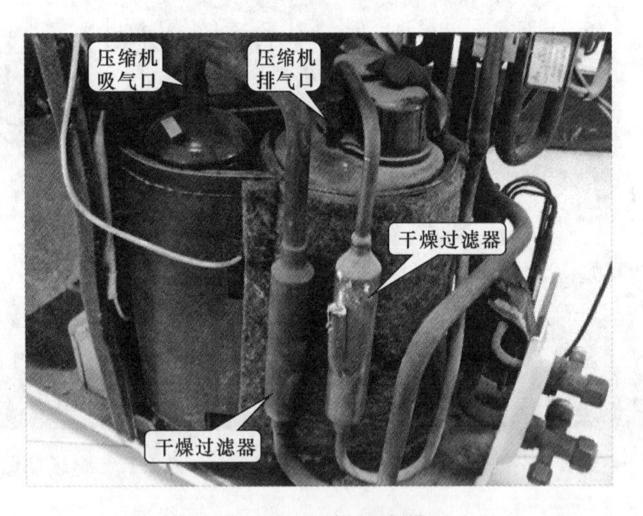

图 8-14　干燥过滤器

信号经过反相器后去驱动继电器工作，继电器控制电磁四通阀的供电。图 8-16 所示为电磁四通阀的信号流程框图。

空调器的制冷、制热模式的转变，是通过电磁四通阀进行控制的。图 8-17 所示为制冷模式下制冷剂在四通阀的流动方向。当空调器处于制冷状态时，电磁导向阀的电磁线圈未通电，阀芯在弹簧的作用下位于左侧，导向毛细管 A、B 和 C、D 分别导通。制冷管路中的制冷剂通过四通换向阀分别流向导向毛细管 A 和 C。

高压制冷剂经导向毛细管 A、B 流向区域 E 形成高压区；低压制冷剂经导向毛细管 C、D 流向区域 F 形成低压区。活塞受到高、低压的影响，带动滑块向左移动，使连接管 G 和 H 相通，连接管 I 和 J 相通。

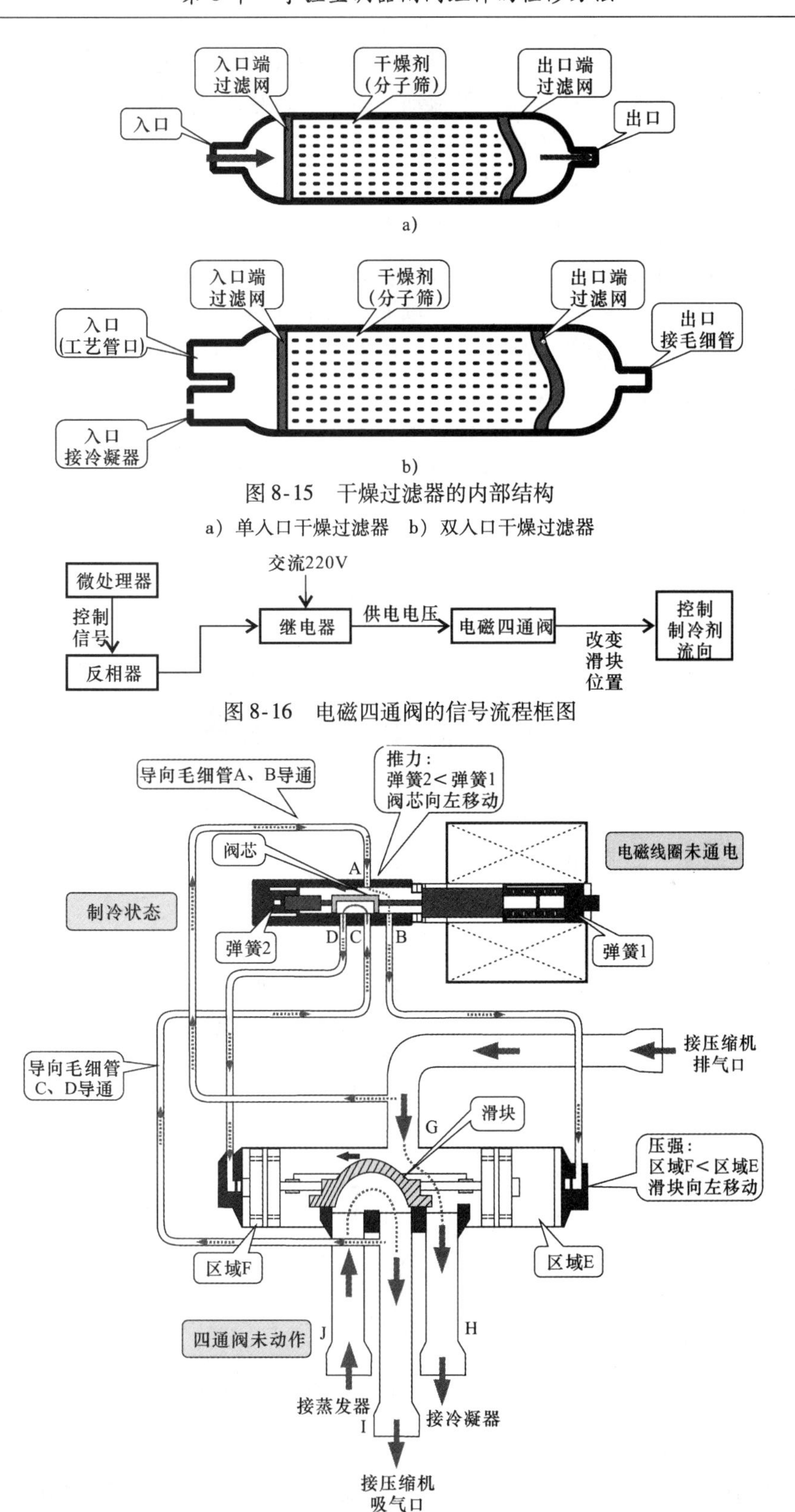

图 8-15　干燥过滤器的内部结构

a）单入口干燥过滤器　b）双入口干燥过滤器

图 8-16　电磁四通阀的信号流程框图

图 8-17　制冷模式下电磁四通阀的工作原理

从压缩机排气口送出的制冷剂，经连接管 G 流向连接管 H，进入室外机冷凝器，向室外散热。制冷剂经冷凝器向室内机蒸发器流动，向室内制冷，然后流入电磁四通阀。经连接管 J 和 I 回到压缩机吸气口，开始制冷循环。

图 8-18 所示为制热模式下电磁四通阀的工作原理。当空调器处于制热状态时，电磁导向阀的电磁线圈通电，阀芯在弹簧和磁力的作用下向右移动，导向毛细管 A、D 和 C、B 分别导通。制冷管路中的制冷剂通过四通换向阀分别流向导向毛细管 A 和 C。

高压制冷剂经导向毛细管 A、D 流向区域 F 形成高压区；低压制冷剂经导向毛细管 C、B 流向区域 E 形成低压区。活塞受到高、低压的影响，带动滑块向右移动，使连接管 G 和 J 相通，连接管 I 和 H 相通。

从压缩机排气口送出的制冷剂，从连接管 G 流向连接管 J，进入室内机蒸发器，向室内制热。制冷剂经蒸发器向室外机冷凝器流动，从室外吸热，然后流入电磁四通阀。经连接管 H 和 I 回到压缩机吸气口，开始制热循环。

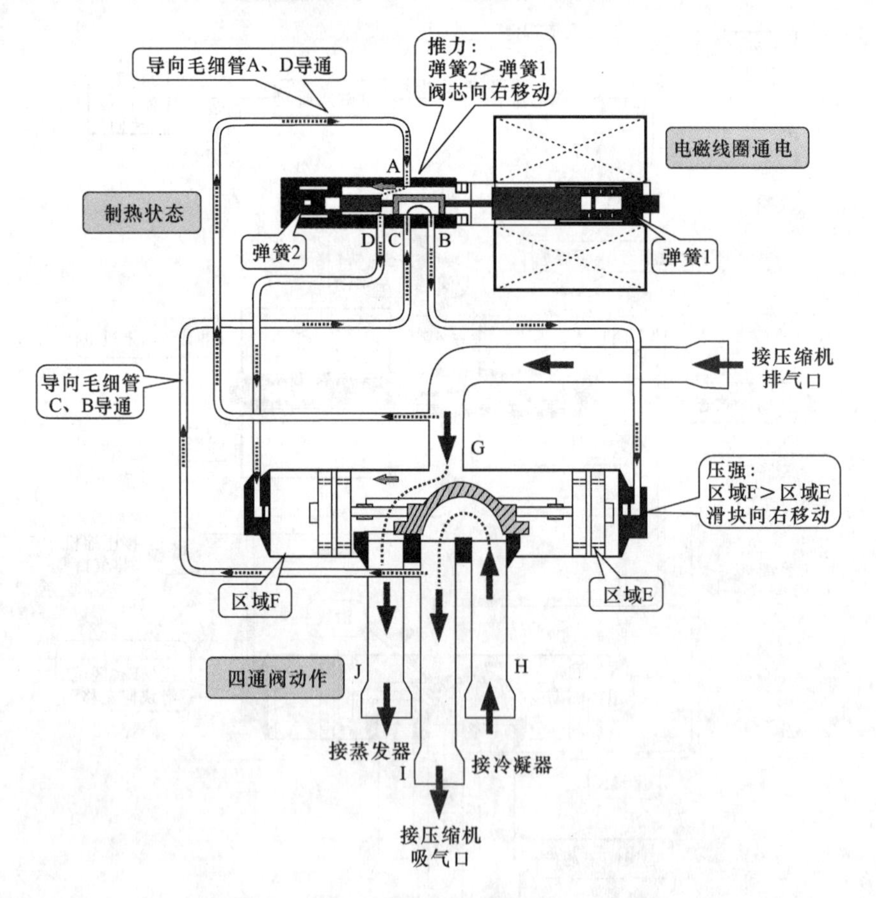

图 8-18　制热模式下电磁四通阀的工作原理

（2）截止阀的工作原理

如图 8-19 所示为二通截止阀的工作原理。空调器安装之前，二通截止阀始终处于关闭状态，将机器安装好后，用内六角扳手插入定位调整口中，然后逆时针旋转，带动阀杆上移，使其离开阀座，截止阀内部管路就会导通。关闭阀门时，将六角扳手顺时针旋转便可关闭截止阀。

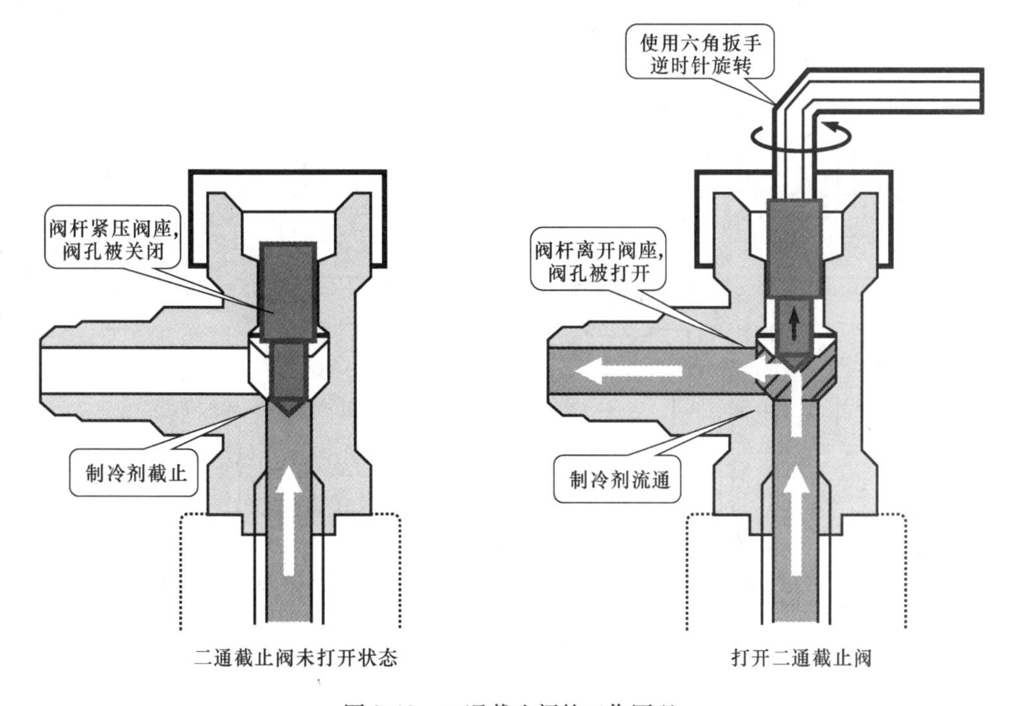

图 8-19　二通截止阀的工作原理

图 8-20 所示为三通截止阀的工作原理。三通截止阀与二通截止阀的工作原理基本相同，逆时针旋转六角扳手，三通截止阀内部的管路就会导通；顺时针旋转六角扳手，三通截止阀内部的管路就会关闭。

三通截止阀的工艺管口可用于对空调器管路进行抽真空、充注制冷剂、充氮气等检修操作。

与工艺管口连接需要使用带有阀针的连接软管，使阀针挤压气门销，打开工艺管口，从而使检修设备与空调器的制冷管路接通。图 8-21 所示为工艺管口的工作原理。

（3）单向阀的工作原理

制冷剂在单向阀中，若按标识方向流过，单向阀便会导通，若反向流过，单向阀便会截止，图 8-22 所示为球形单向阀的工作原理。当制冷剂流向与球形单向阀标志一致时，阀球被制冷剂推到限位环内，单向阀导通，允许制冷剂流过；当制冷剂流向与标志不一致时，阀球被制冷剂推到阀座上，单向阀截止，不允许制冷剂流过。锥形单向阀的工作原理与球形单向阀一致。

提示：

前文提到过一种双接口式的单向阀，其工作原理与单接口式的单向阀有所区别，如图 8-23 所示。空调器制冷时，单向阀呈导通状态；空调器制热时，单向阀呈截止状态，制冷剂通过副毛细管形成制热循环。

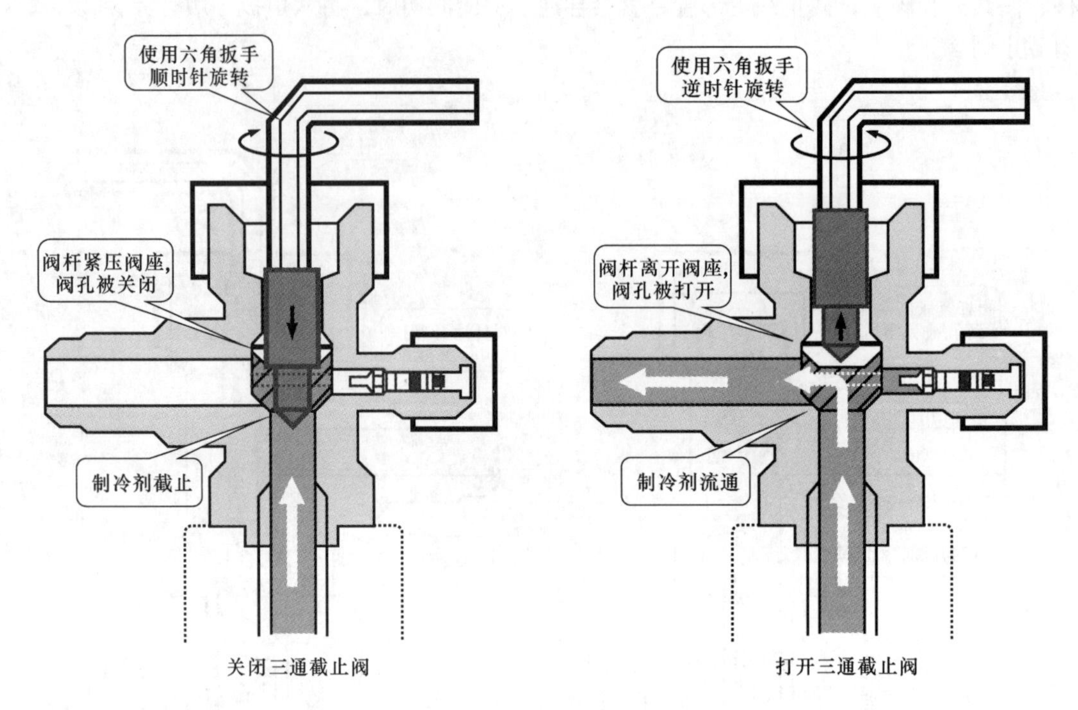

图 8-20　三通截止阀的工作原理

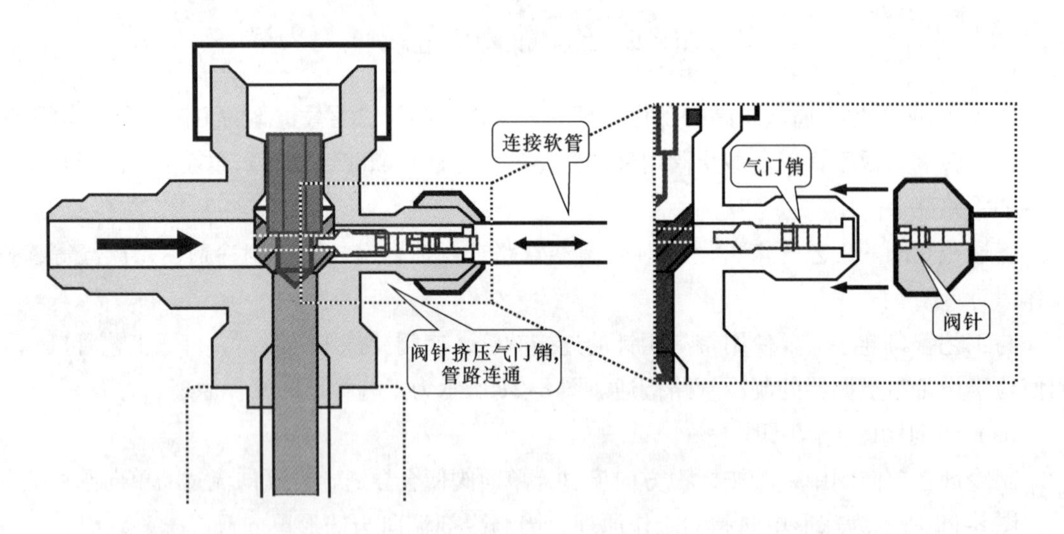

图 8-21　工艺管口的工作原理

(4) 毛细管的工作原理

毛细管是制冷系统中的节流装置，其外形细长，这就加大了制冷剂流动中的阻力，从而起到降低压力、限制流量的作用，如图 8-24 所示。当空调器停止运转后，毛细管也能够平衡管路中的压力，便于下次启动。

(5) 干燥过滤器的工作原理

图 8-25 所示为干燥过滤器的工作原理。干燥过滤器主要有两个作用：一是吸附管路中

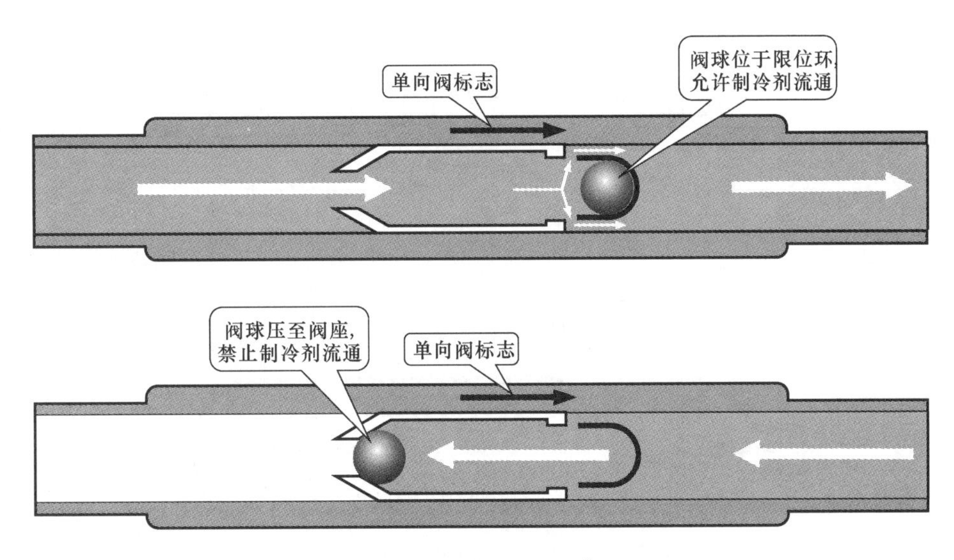

图 8-22　球形单向阀的工作原理

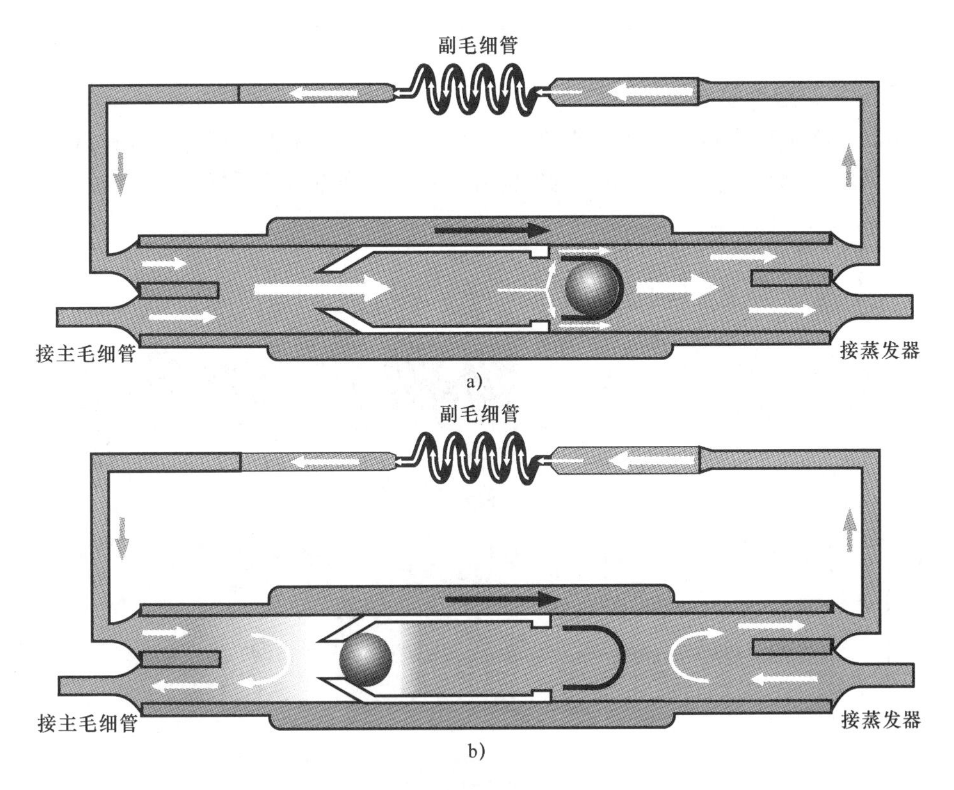

图 8-23　双接口式的单向阀的工作原理

a）制冷循环　b）制热循环

多余的水分，防止产生冰堵故障，并减少水分对制冷系统的腐蚀；二是过滤，滤除制冷系统中的杂质，如灰尘、金属屑和各种氧化物，以防止制冷系统出现脏堵故障。

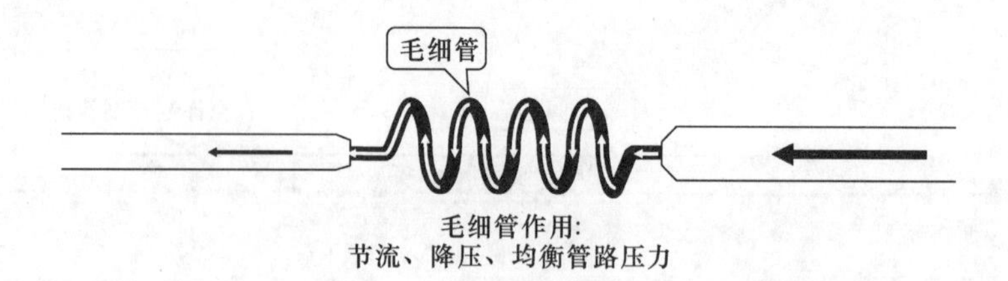

图 8-24　毛细管的工作原理

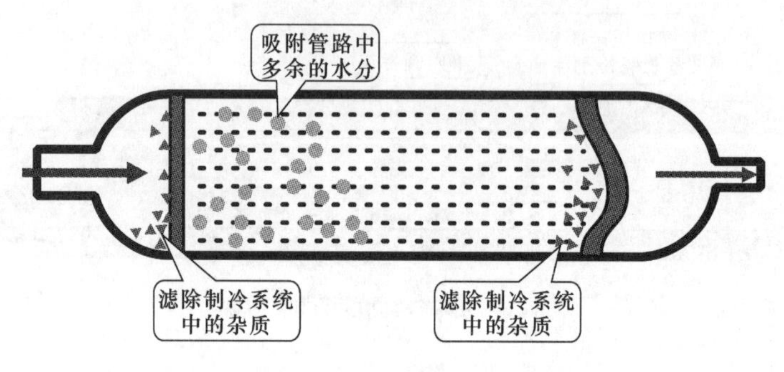

图 8-25　干燥过滤器的工作原理

2. 空调器闸阀组件的检修流程

对空调器闸阀组件进行检修，应根据闸阀组件的工作原理逐步进行检查，从而确定出故障范围，判断故障部位，图 8-26 所示为空调器闸阀组件的检修流程分析。

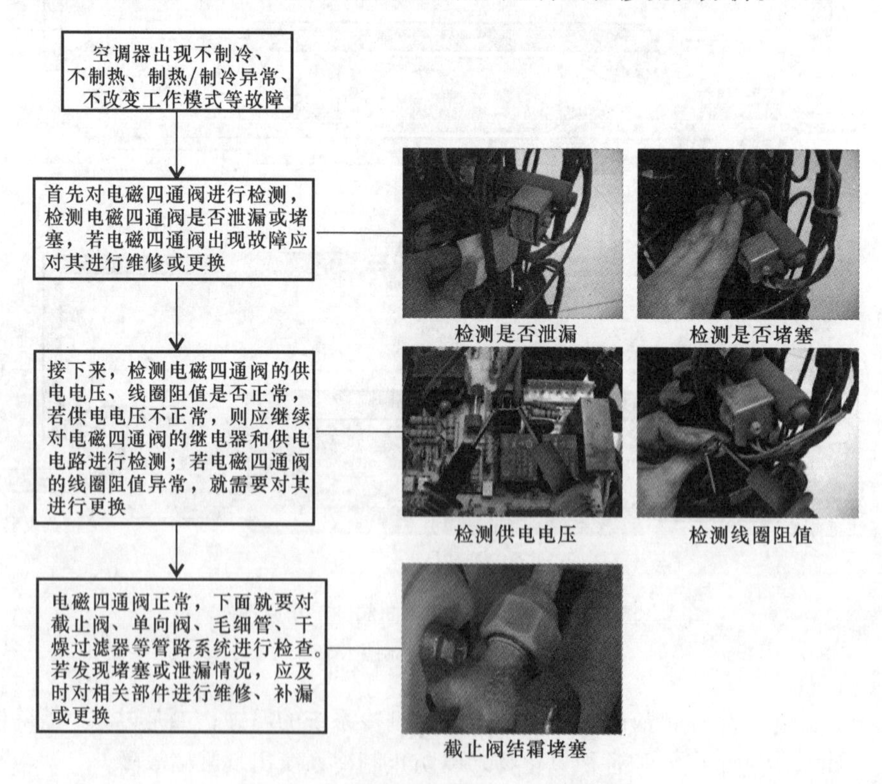

图 8-26　空调器闸阀组件的检修流程分析

8.2　空调器闸阀组件的检修方法

8.2.1　检修空调器闸阀组件的图解演示

对空调器闸阀组件进行检修时，应根据闸阀组件的工作原理和检修流程确定检修方案，逐一对相关部件进行检修。下面以典型空调器为例，讲解空调器闸阀组件的检修方法。

1. 检修电磁四通阀的图解演示

在对空调器的电磁四通阀进行检修前，应首先了解电磁四通阀的电路结构，通过电路图弄清电磁四通阀在电路中的关系，图 8-27 所示为海信 KFR—35GW/06ABP 型空调器的电磁四通阀控制电路图。

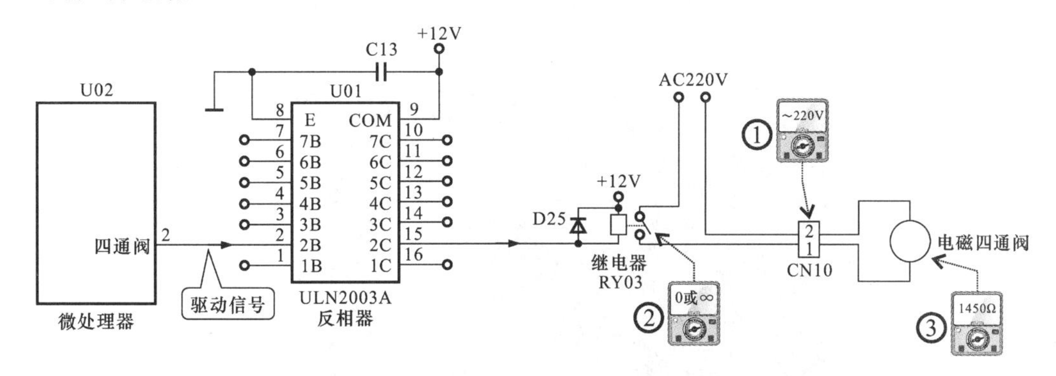

图 8-27　海信 KFR—35GW/06ABP 型空调器的电磁四通阀控制电路图

① 电磁四通阀的供电电压是由接插件 CN10 送到电磁四通阀的线圈中，若该电压不正常，需要对继电器或供电电路等进行检测。

② 继电器线圈得电后，其内部触点闭合，接通电磁继电器的供电电压。若继电器内部触点出现故障，可能会使电磁继电器工作异常，此时需要对继电器触点的状态进行检测。

③ 电磁继电器线圈得电后，才会控制内部滑块的位置，从而改变制冷剂流向，若电磁继电器的线圈阻值异常，说明电磁继电器已损坏，需进行更换。

（1）电磁四通阀泄漏的检测

怀疑电磁四通阀出现泄漏问题，可使用白纸擦拭电磁四通阀的管路焊口处，如图 8-28 所示。若白纸上有油污，说明该接口处有泄漏故障，需要进行补漏操作。

（2）电磁四通阀堵塞的检测

由于电磁四通阀只有在进行制热时才会工作，因此，电磁四通阀长时间不工作，其内部的阀芯或滑块有可能无法移动到位。在制热模式下，启动空调器时，电磁四通阀会发出轻微的撞击声，若没有撞击声，可使用木棒或螺丝刀轻轻敲击电磁四通阀，利用振动恢复阀芯或滑块的移动能力，如图 8-29 所示。

电磁四通阀如果堵塞，可通过检查其连接管路的温度来判断。如图 8-30 所示，用手感觉电磁四通阀管路的温度，与正常情况下管路的冷热情况进行比较，如果温度差别过大，说明电磁四通阀有堵塞故障。电磁四通阀管路的温度见表 8-1 所列。

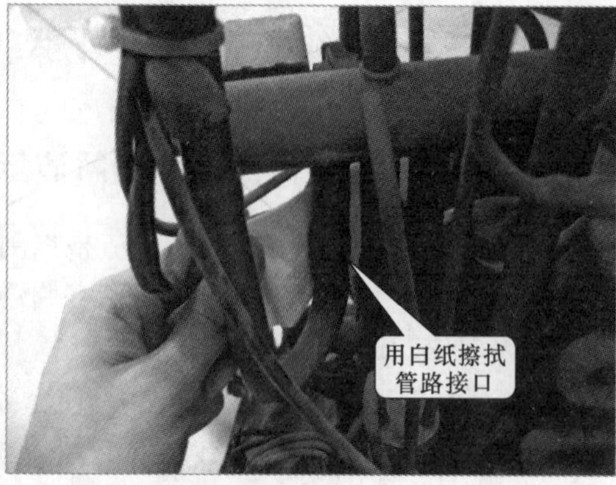

图 8-28　用白纸擦拭电磁四通阀的管路焊口

图 8-29　轻轻敲击电磁四通阀

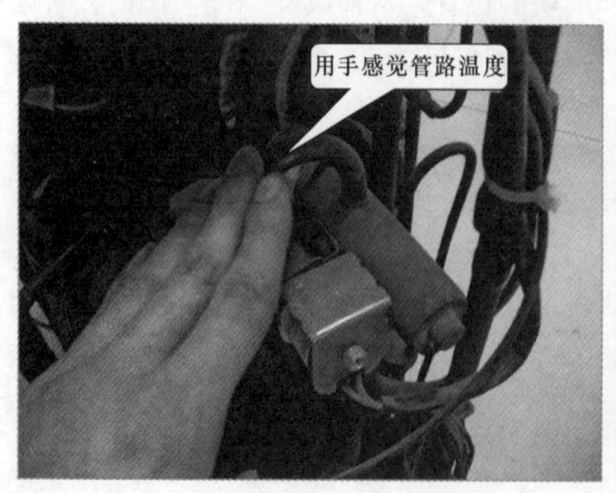

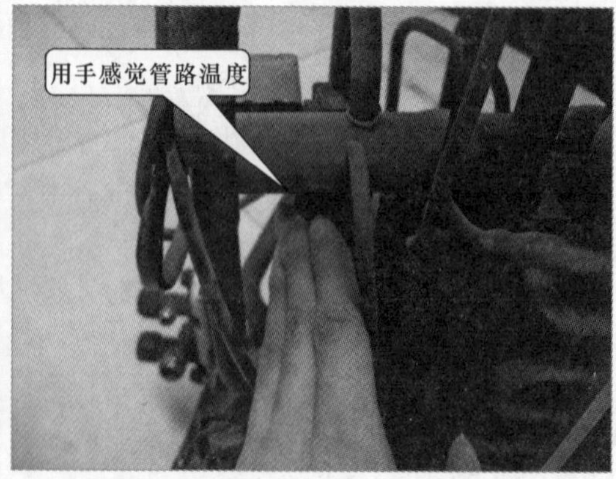

图 8-30　用手感觉管路温度

表 8-1　电磁四通阀管路的温度

空调器工作情况	接压缩机排气口	接压缩机吸气口	接蒸发器	接冷凝器	左侧毛细管	右侧毛细管
制冷状态	热	热	冷	热	阀体温度	阀体温度
制热状态	热	冷	热	冷	阀体温度	阀体温度

提示：

电磁四通阀常见故障表现、故障原因及排除方法见表 8-2 所列。

- 电磁四通阀不能从制冷转到制热时：提高压缩机排出压力，清除阀体内的脏物或更换四通阀。
- 电磁四通阀不能完全转换时：提高压缩机排出压力或更换四通阀。
- 电磁四通阀制热时内部泄漏：提高压缩机排出压力，敲动阀体或更换四通阀。
- 电磁四通阀不能从制热转到制冷时：检查制冷系统，提高压缩机排出压力，清除阀体内的脏物，更换四通阀或更换维修压缩机。

表 8-2　电磁四通阀常见故障表现、故障原因及排除方法

工作情况	接压缩机排气口	接压缩机吸气口	接蒸发器	接冷凝器	左侧毛细管	右侧毛细管	故障原因
不能从制冷转到制热	热	冷	冷	热	阀体温度	热	阀体内脏污
	热	冷	冷	热	阀体温度	阀体温度	毛细管阻塞、变形
	热	冷	冷	暖	阀体温度	暖	压缩机故障
不能完全转换	热	暖	暖		阀体温度	热	压力不够、流量不足；或滑块、活塞损坏
制热时内部泄漏	热	热	热	热	阀体温度	热	串气、压力不足、阀芯损坏
	热	冷	热	冷	暖	暖	导向阀泄漏
阀不能从制热转到制冷	热	冷	热	冷	阀体温度	阀体温度	压力差过高
	热	冷	热	冷		阀体温度	毛细管堵塞
	热	冷	热	冷	热	热	导向阀损坏
	暖	冷	暖	冷	暖	阀体温度	压塑机故障

（3）电磁四通阀供电电压的检测

将空调器室外机的外壳拆开，保持电路连接不变，启动空调器。将万用表调整至交流电压挡，检测电磁四通阀接口 CN10 的供电电压，如图 8-31 所示。若接口可测得 AC 220V 电压，而四通阀不工作，说明四通阀损坏。若检测电压偏低或无供电电压，则说明其继电器或电源电路异常。

（4）电磁四通阀继电器的检测

电磁四通阀不能正常工作，可能是由于其继电器 RY03 发生故障引起的。断开空调器电源后，将万用表调至“×10”欧姆挡，红、黑表笔任意搭在继电器 RY03 触点引脚上，如图 8-32 所示，正常情况下，常态时触点应处于断开状态，测其阻值应为无穷大。若触点失常，说明该继电器已损坏，需进行更换。

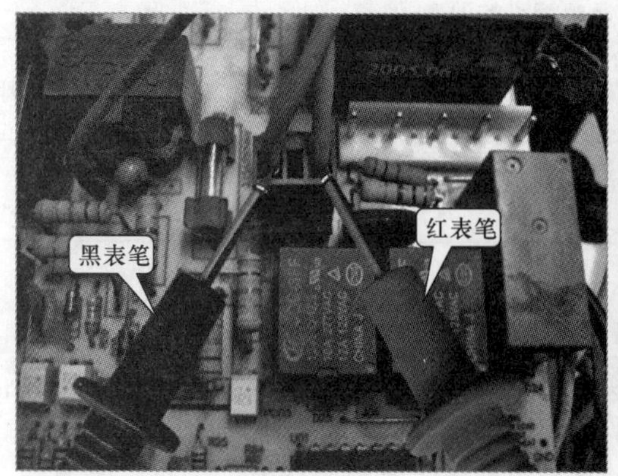

图 8-31　检测四通阀供电电压

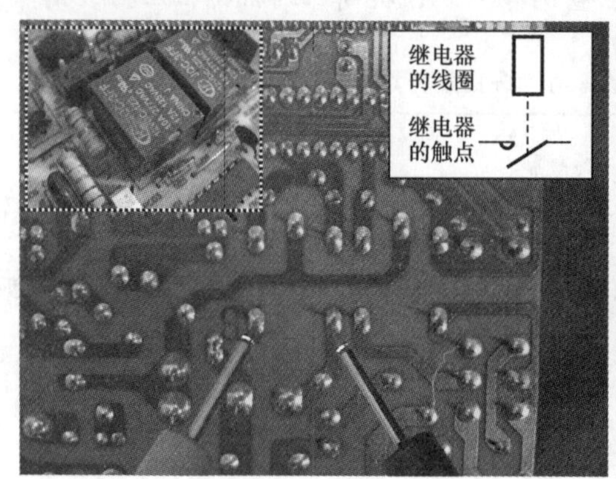

图 8-32　检测继电器的阻值

（5）电磁四通阀线圈阻值的检测

对于电磁四通阀线圈阻值的检测，可使用万用表测量电磁四通阀连接插件的引脚。将万用表调至“×100”欧姆挡，红、黑表笔任意搭在连接插件的引脚上，如图 8-33 所示。正常情况下，可测得阻值为 1450Ω。若检测出的阻值为 0 或无穷大，说明电磁四通阀损坏，需要进行更换。

图 8-33　检测四通阀线圈阻值

2. 检修截止阀的图解演示

空调器的截止阀发生故障的可能性很低，但在某些特殊条件下也会出现故障。例如，空调器充注制冷剂过量，会造成制冷制热效果变差，这时观察三通截止阀，会发现阀体上有结霜现象，如图 8-34 所示，严重时会导致三通截止阀堵塞。空调器出现这种现象，应适当释放出一些制冷剂，使管路压力恢复正常。一般情况下，夏天时三通截止阀一侧压力为 1.8～2MPa，二通截止阀正常压力为 0.45～0.55MPa，冬天时三通截止阀正常压力为 1.8～2MPa，二通截止阀正常压力为 0.8MPa。

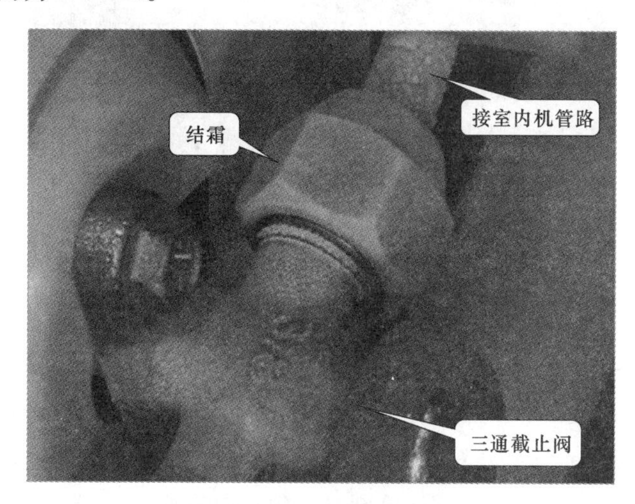

图 8-34　三通截止阀结霜

若截止阀出现严重故障，已经影响空调器的正常使用，可使用焊接工具将损坏的截止阀焊下，再将性能良好的截止阀焊回原位置即可。

3. 检修单向阀的图解演示

空调器中的单向阀出现故障的可能性较低，通常单向阀出现的故障表现为内部阀针或阀球动作不灵活或阀针或阀球卡住，出现此类故障时，单向阀可能会出现结霜等现象，如图 8-35 所示。若单向阀出现故障，需要对单向阀进行更换。

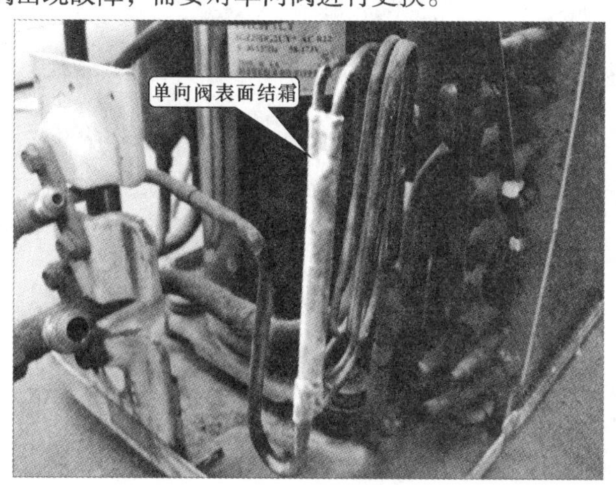

图 8-35　单向阀出现故障

4. 检修毛细管的图解演示

毛细管出现故障，通常表现为结霜，如图 8-36 所示，而结霜往往是由于堵塞造成的，根据堵塞的原因不同，可分为油堵、脏堵和冰堵。不论是哪种原因造成的堵塞，都会使空调器运行出现异常。

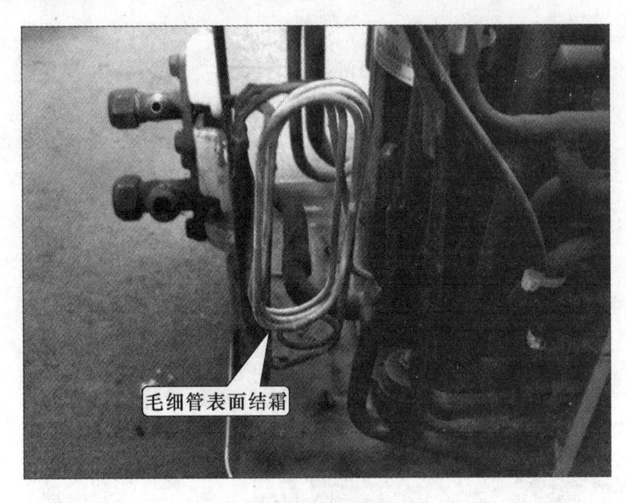

图 8-36　毛细管结霜

① 若毛细管出现堵塞（油堵），可利用制冷、制热重复交替开机启动来使制冷管路中的制冷剂呈正、反两个方向流动。利用制冷剂自身的流向将油堵冲开。

② 此外也可以采用氮气清洁管路的方法进行检修，将脏物排出，毛细管便可恢复正常。

③ 也可使用功率较大的电吹风机对着毛细管处加热 3 ~ 5min，然后用木锤不停地轻轻敲打加热部位，如图 8-37 所示。接着迅速启动空调器，倾听蒸发器部位，如有断续的喷气声，则说明冰堵情况较轻，反复加热和敲打，即可排除故障。

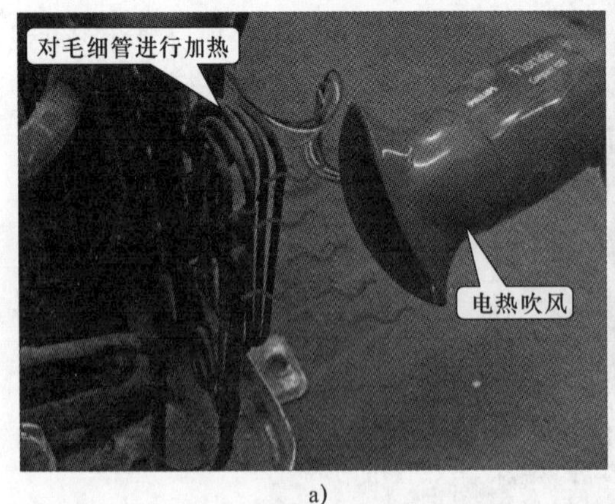

a)

b)

图 8-37　加热、敲击毛细管

若毛细管堵塞的情况很严重，就需要对毛细管进行更换。在焊下毛细管前，应在毛细管的背部放置一块隔热板，以免在焊下毛细管的过程中造成其他管路由于温度过高而变形，如图 8-38 所示。若毛细管与干燥过滤器连接在一起，在拆焊毛细管时，应将干燥过滤器同时焊下，以免原干燥过滤器中进入水分、杂质等，引起空调器二次故障。焊下毛细管后，再将等长度的新毛细管以盘曲的形式重新焊接回管路即可。

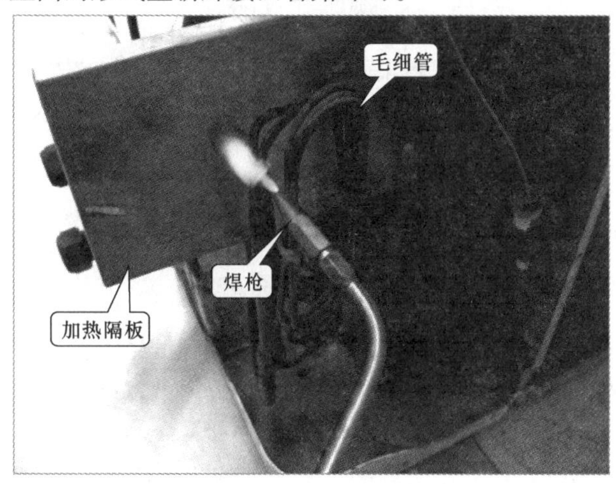

图 8-38　拆焊毛细管

5. 检修干燥过滤器的图解演示

干燥过滤器常出现老化或堵塞现象，若干燥过滤器表面出现结霜现象，就需要对其进行更换，并且一般只要对空调器中的管路部分进行检修，且打开过管路（如更换管路中某部件），均需要对干燥过滤器进行更换，以免出现新故障。

该空调器的干燥过滤器是与压缩机和电磁四通阀相连的，连接好气焊设备，将焊枪火焰调成中性焰。先加热干燥过滤器与四通阀的接口部位，再加热干燥过滤器与冷凝器接口部位，就可以将有故障的干燥过滤器拆下，如图 8-39 所示。

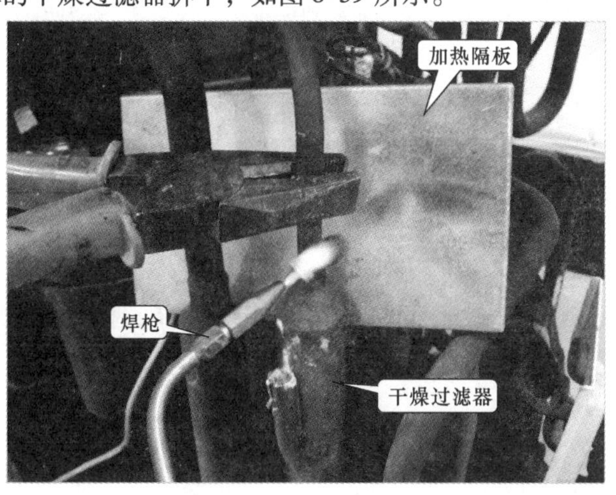

图 8-39　拆焊干燥过滤器

选择与空调器所使用的制冷剂相匹配的干燥过滤器，将其焊接回制冷管路上即可。然后，用肥皂水对焊接处进行检漏，没有气泡出现说明焊接良好，空调器就可正常使用了。

提示：

更换干燥过滤器时，将外部管路（毛细管）插入到干燥过滤器的出口端（细），插入时，不要碰触到干燥过滤器的过滤网，一般插入深度为 15mm 左右，如图 8-40 所示。干燥过滤器在使用前 5 分钟才可以拆开包装，以免空气中的水分进入干燥过滤器中，影响其使用效果。

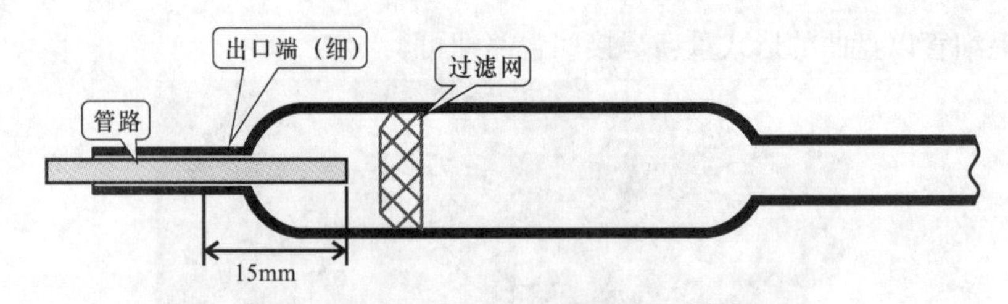

图 8-40　干燥过滤器使用要求

8. 2. 2　检修空调器闸阀组件的检修案例训练

当空调器闸阀组件出现故障时，应根据其电路结构和信号流程进行检修分析，再按照基本检修方法，对可能发生故障的主要器件进行检修。下面就以空调器闸阀组件的典型故障为例，讲解空调器闸阀组件的故障检修实例。

1. 美的 KFR—26GW/CBPY 型空调器不能制热的故障检修实例

● **故障表现**

美的 KFR—26GW/CBPY 型空调器开机运行后，不能转换到制热状态。

● **检修分析**

美的 KFR—26GW/CBPY 型空调器不能转换到制热状态，怀疑空调器的电磁四通阀及其控制电路可能存在故障。图 8-41 所示为美的 KFR—26GW/CBPY 型空调器室外机电磁四通阀及相关控制电路。

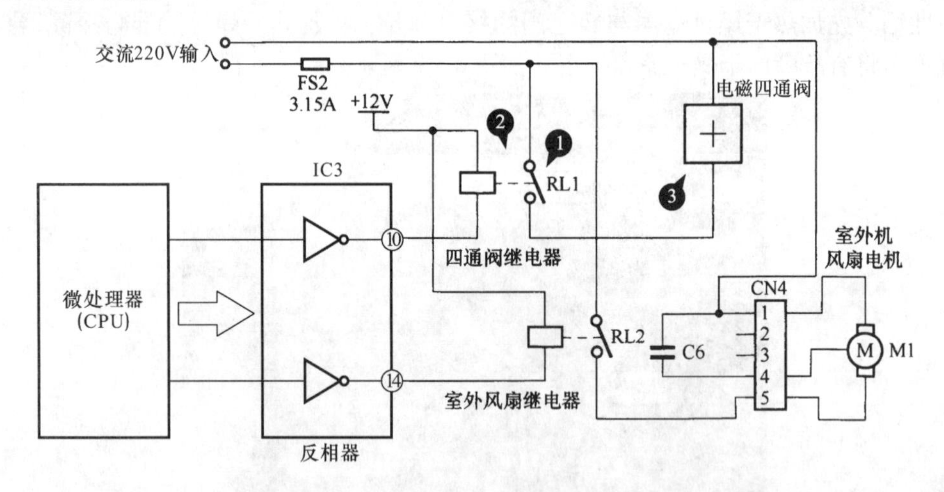

图 8-41　美的 KFR—26GW/CBPY 型空调器室外机四通阀控制电路

① 空调器通电后，交流 220V 电压为电磁四通阀提供工作电压。对该供电电压进行检测，若无供电电压可能是继电器或电源电路损坏，若供电电压正常则需要检查电磁四通阀是否正常。

② 电磁四通阀的供电电压是受继电器 RL1 控制的。检查继电器 RL1 是否良好，若发现 RL1 触点阻值异常，说明继电器已损坏，需进行更换。

③ 工作电压直接送到电磁四通阀的线圈中，维持其正常工作。若线圈绕组异常，说明电磁四通阀已损坏，需进行更换。

● **检修方法**

首先，将空调器启动，然后将室外机拆开，将空调器调至制热模式，使用万用表检测电磁四通阀是否有供电电压，如图 8-42 所示，经过检测，可检测到交流 220V 的供电电压，此时怀疑电磁四通阀本身存在故障。

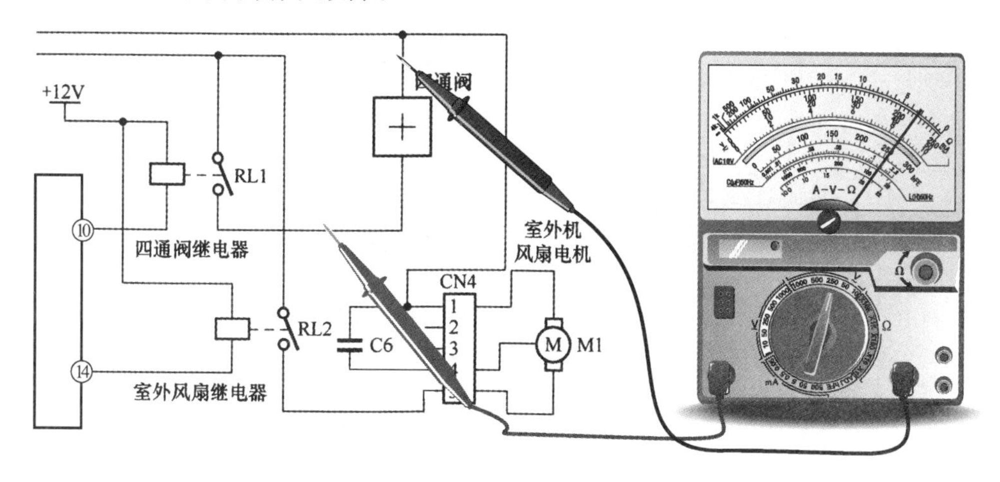

图 8-42　检测电磁四通阀的供电电压

接下来，使用万用表检测电磁四通阀的线圈阻值是否正常，如图 8-43 所示，经过检测该电磁四通阀可检测到一定的阻值，说明电磁四通阀线圈也正常，此时怀疑电磁四通阀内部管路堵塞。

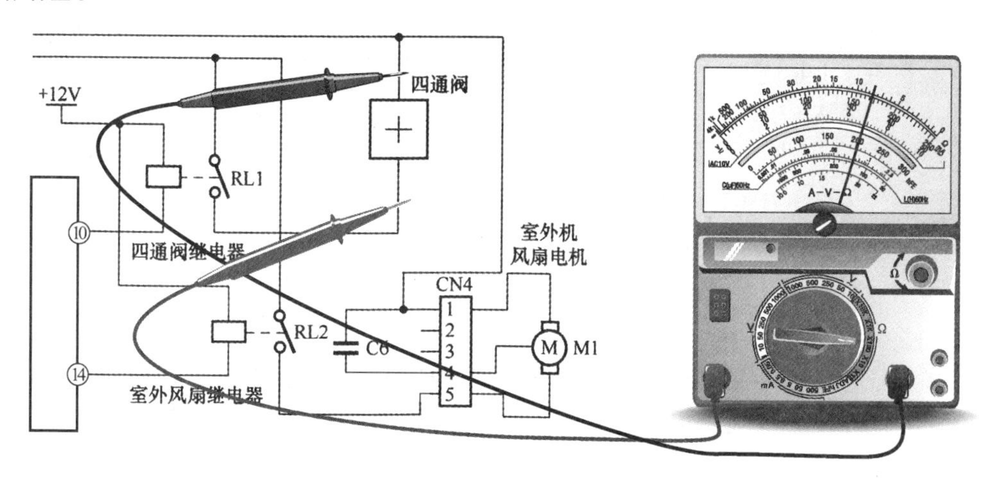

图 8-43　检测电磁四通阀的线圈阻值

使用木棒轻轻敲击电磁四通阀，发现电磁四通阀内部滑块可以动作，但使用一段时间后，电磁四通阀又出现故障，说明电磁四通阀内部老化堵塞，需要对电磁四通阀进行更换，更换时要注意，焊接新电磁四通阀时，要将电磁四通阀放入水中后才可进行焊接，以防高温将阀内部件损坏。

2. 长虹 KFR—28GW/BP 型变频空调器制热异常的故障检修实例

- **故障表现**

长虹 KFR—28GW/BP 型变频空调器换季开始制热工作时，发现制热温度异常，温度调节功能几乎不能实现。

● **检修分析**

长虹 KFR—28GW/BP 型制热异常，可先检查电磁四通阀的管路温度是否正常，经检查，发现电磁四通阀的多个管路温度较高，怀疑电磁四通阀损坏。图 8-44 所示为长虹 KFR—28GW/BP 型变频空调器室外机接线图。

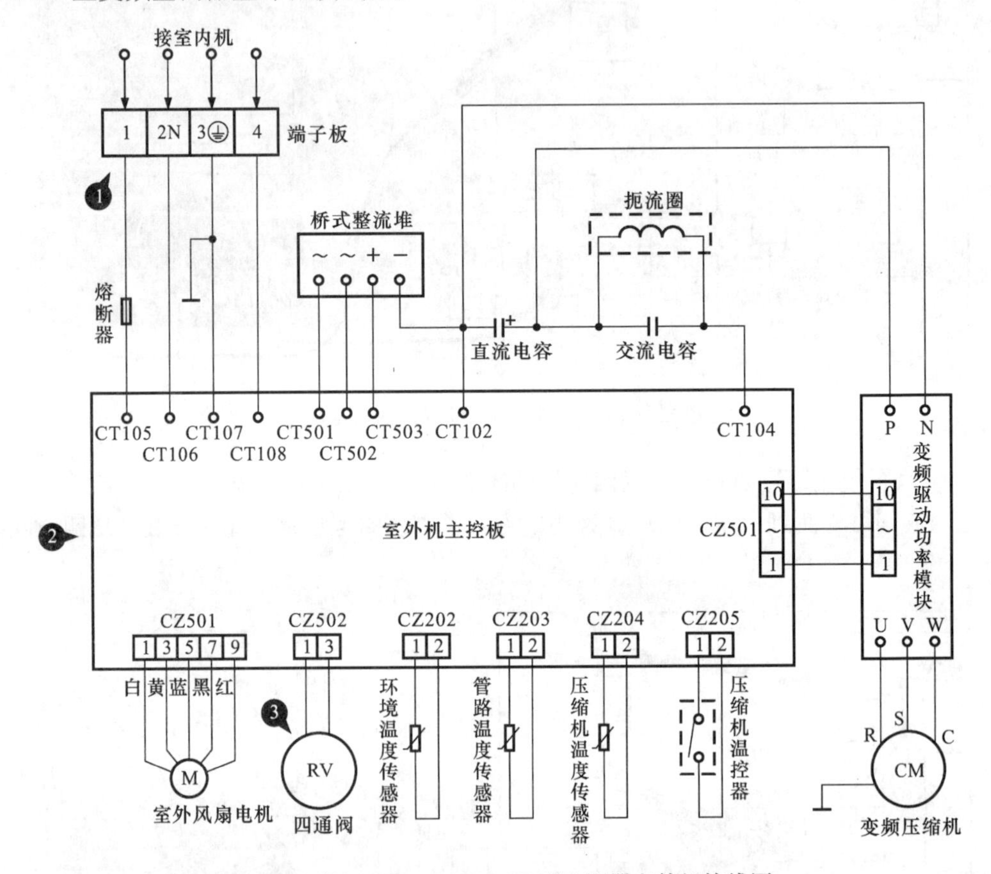

图 8-44 长虹 KFR—28GW/BP 型空调器室外机接线图

① 空调器通电开机后，交流 220V 电压为电磁四通阀提供工作电压。对该供电电压进行检测，若无供电电压可能是继电器或电源电路损坏，若供电电压正常则需要检查电磁四通阀是否正常。

② 电磁四通阀的供电电压是受继电器控制的。对继电器进行检测时，若发现其触点引脚间阻值异常，说明继电器已损坏，需进行更换。

③ 工作电压直接送到电磁四通阀的线圈中，维持其正常工作。若线圈阻值异常，说明电磁四通阀已损坏，需进行更换；若线圈阻值正常，说明电磁四通阀内部部件损坏，需要进行更换。

● **检修方法**

首先，使用万用表检测电磁四通阀的线圈阻值是否正常，如图 8-45 所示，经过检测该电磁四通阀线圈的阻值正常，此时怀疑四通阀内部可能出现故障。

将电磁四通阀拆开后，发现其内部的部件已损坏，致使滑块不能移动到位，如图 8-46

所示，此时需要对电磁四通阀进行更换。

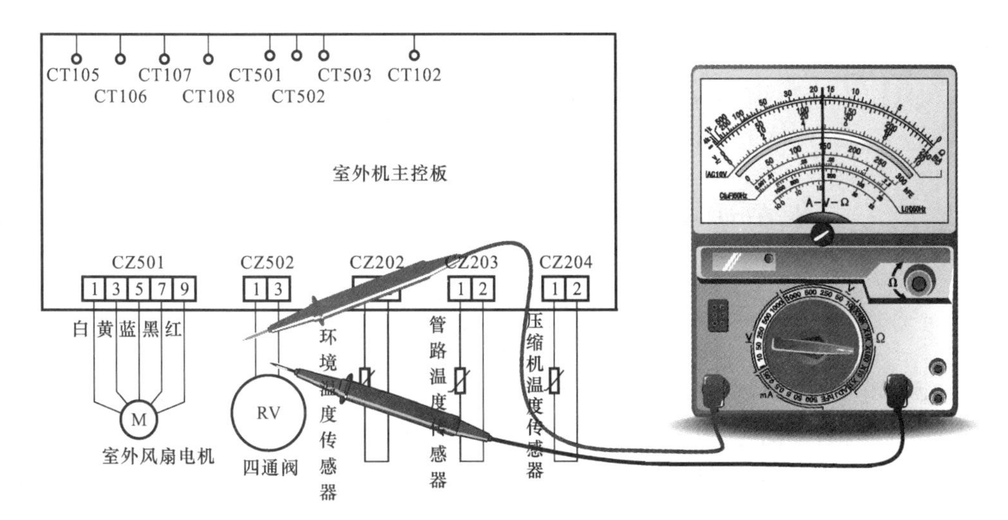

图 8-45　检测电磁四通阀的线圈阻值

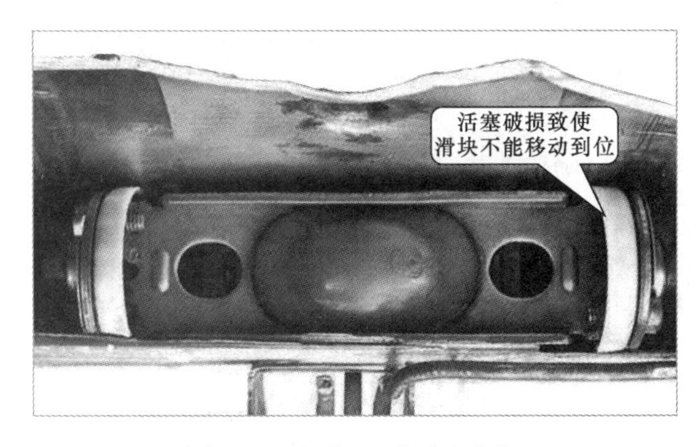

图 8-46　电磁四通阀内部损坏

第9章　掌握空调器电路部分的检修方法

9.1　掌握空调器电源电路的检修方法

9.1.1　空调器电源电路的检修分析

1. 空调器电源电路的结构特点

空调器的电源电路主要用来为空调器各电路部分或部件供电，变频空调器的电源电路可分为室内机电源电路和室外机电源电路两部分。

（1）空调器室内机电源电路的结构

室内机的电源电路与市电220V输入端子连接，通过接线端子为室内机控制电路板和室外机等进行供电。图9-1所示为海信KFR—35GW/06ABP型变频空调器室内机的电源电路

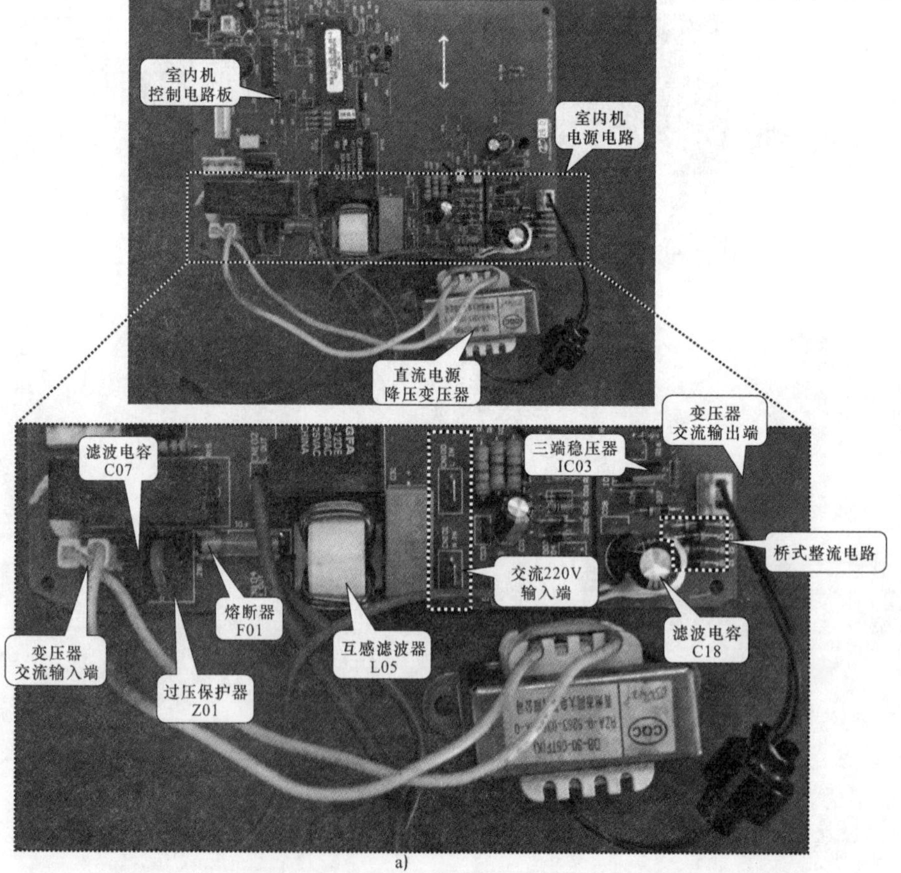

a)

图9-1　海信KFR—35GW/06ABP型变频空调器室内机的电源电路实物外形及电路图

a）海信KFR—35GW/06ABP型空调器室内机的电源电路实物外形

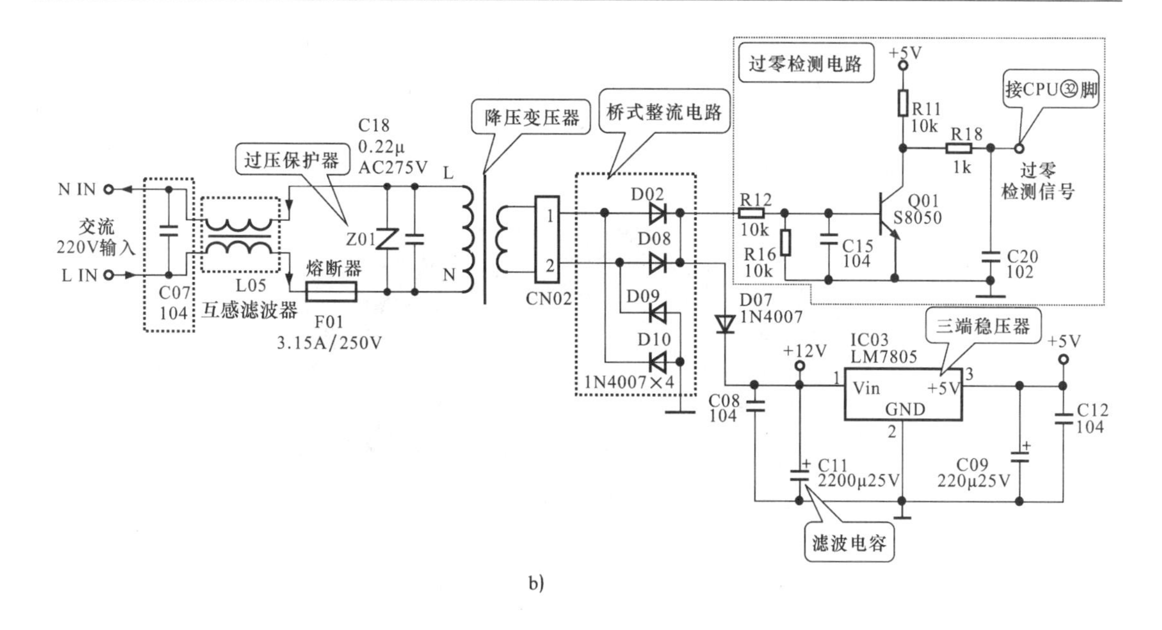

图 9-1　海信 KFR—35GW/06ABP 型变频空调器室内机的电源电路实物外形及电路图（续）
b）海信 KFR—35GW/06ABP 型空调器室内机的电源电路图

实物外形及电路图。

海信 KFR—35GW/06ABP 型空调器的室内机电源电路主要是由滤波电容器（C07、C18）、互感滤波器（L05）、熔断器（F01）、过压保护器（Z01）、降压变压器、桥式整流电路（D09、D08、D10、D02）和三端稳压器（IC03）等元器件组成的。

① 互感滤波器（L05）

图 9-2 所示为互感滤波器（L05）的实物外形及背部引脚。互感滤波器（L05）是由两组线圈在磁芯上对称绕制而成的，其作用是通过互感原理消除来自外部电网的干扰，同时使空调器产生的脉冲信号不会辐射到电网，避免对其他电子设备造成影响。

图 9-2　互感滤波器（L05）的实物外形及背部引脚

② 熔断器（F01）

图9-3所示为熔断器（F01）的实物外形。熔断器（F01）主要起到保证电路安全运行的作用，它通常串接在交流220V输入电路中。当空调器的电路发生故障或异常时，电流会不断升高，而过高的电流有可能损坏电路中的某些重要元器件，甚至可能烧毁电路。熔断器会在电流异常升高到一定强度时，靠自身熔断来切断电路，从而起到保护电路的目的。

图9-3　熔断器（F01）的实物外形

③ 过压保护器（Z01）

图9-4所示为过压保护器（Z01）的实物外形及背部引脚。当空调器电路中的电压达到或者超过过压保护器的电压时，过电压保护器的阻值会降低，这样就会使熔断器迅速熔断，起到保护电路的作用。

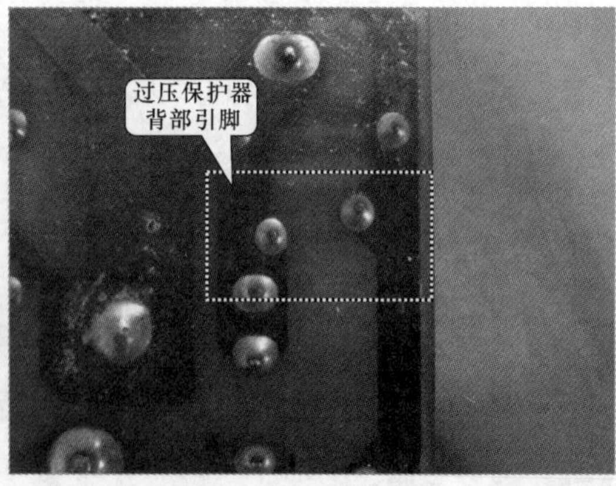

图9-4　过压保护器（Z01）的实物外形及背部引脚

④ 降压变压器

图9-5所示为降压变压器的实物外形。空调器电源电路板中的降压变压器体积较大，具有明显特征，通常具有多组引脚。其主要是将交流220V电压转变成交流低压后送到电路板

上。该交流低压在电路板上经桥式整流、滤波和稳压后形成 +12V 和 +5V 的直流电压。

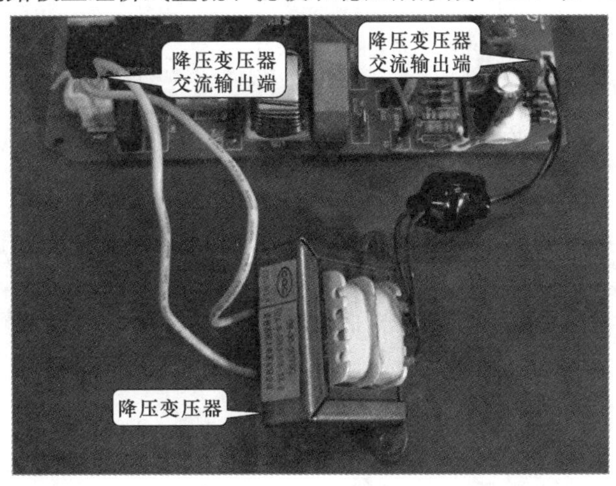

图 9-5　降压变压器的实物外形

⑤ 桥式整流电路（D09、D08、D10、D02）

图 9-6 所示为桥式整流电路的实物外形。桥式整流电路（D09、D08、D10、D02）用来将变压器降压后输出的交流低压整流为约 +12V 的直流电压。

⑥ 三端稳压器（IC03）

图 9-7 所示为三端稳压器（IC03）的实物外形。桥式整流电路输出的 +12V 电压经三端稳压器（IC03）稳压后输出 +5V 直流电压，为微处理器供电。

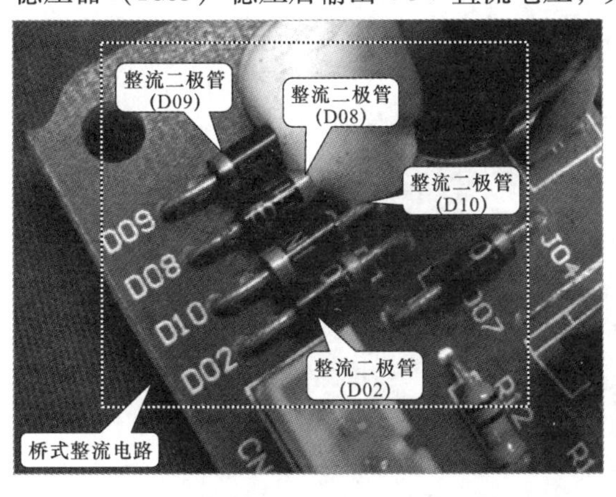

图 9-6　桥式整流电路的实物外形

图 9-7　三端稳压器（IC03）的实物外形

（2）空调器室外机电源电路的结构

室外机的电源电路主要是为室外机控制电路和变频电路等部分提供工作电压。图 9-8 所示为海信 KFR—35GW/06ABP 型变频空调器室外机的电源电路实物外形及电路图。

空调器室外机电源电路主要是由滤波器、变压器（T01、T02）、继电器（RY01）、电抗器、电感线圈、桥式整流堆、熔断器（F02、F03）、互感滤波器（L300）、滤波电容器（C37、C38、C400）、整流二极管（D18、D19、D20、D21）、开关晶体管（Q01）和发光二极管（LED01）等元器件组成的。

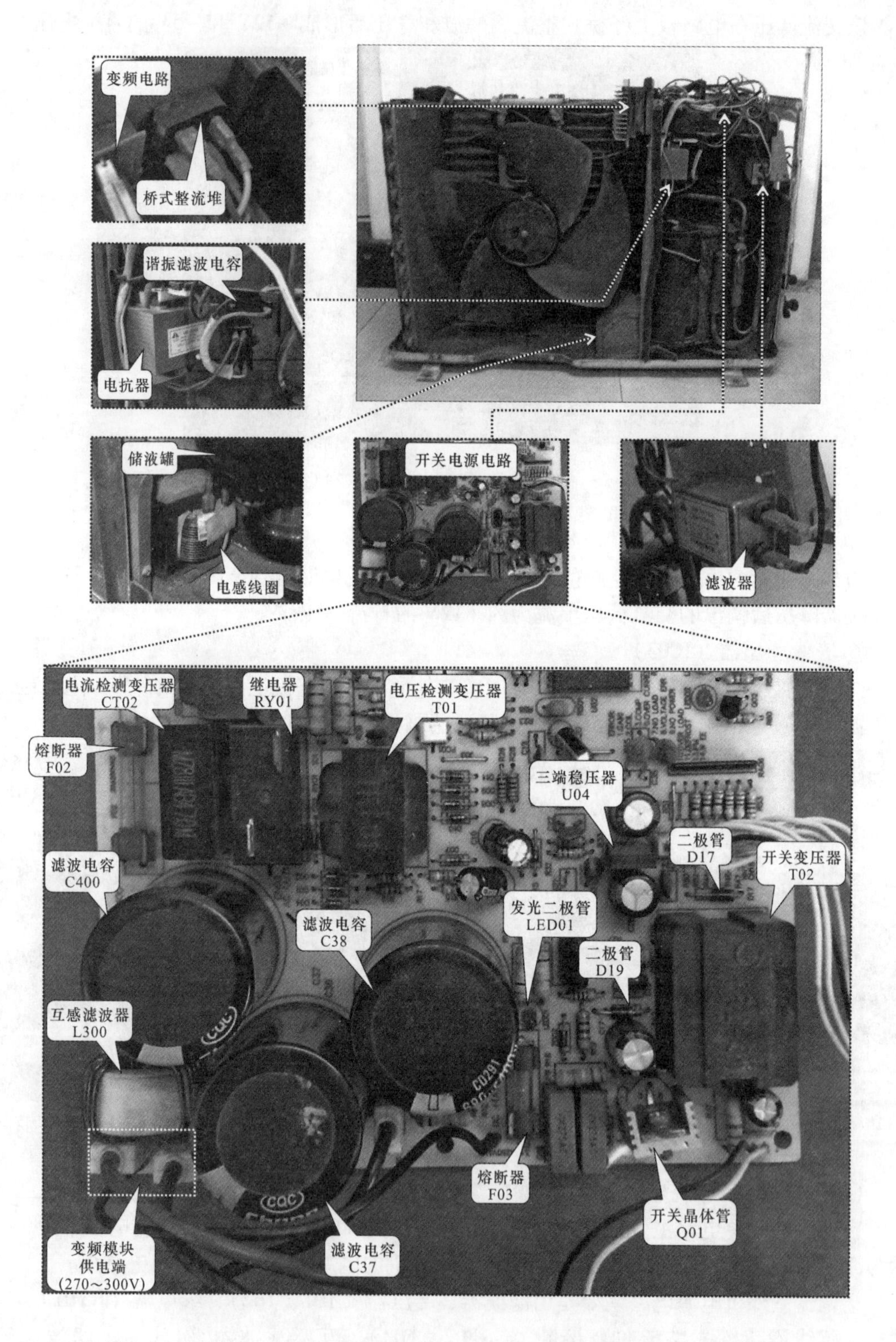

图 9-8　海信 KFR—35GW/06ABP 型变频空调器室外机的电源电路实物外形

① 继电器（RY01）

继电器是一种当输入电磁量达到一定值时，输出量将发生跳跃式变化的自动控制器件。如图 9-9 所示继电器（RY01）的实物外形及背部引脚。在空调器室外机电源电路中继电器是一种由电磁线圈控制触点通断的元器件。

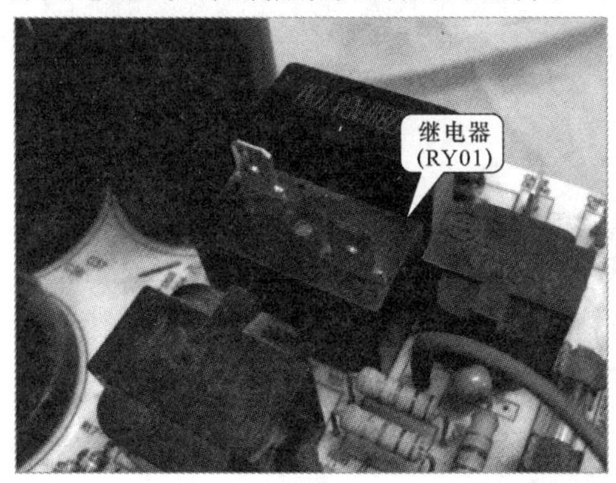

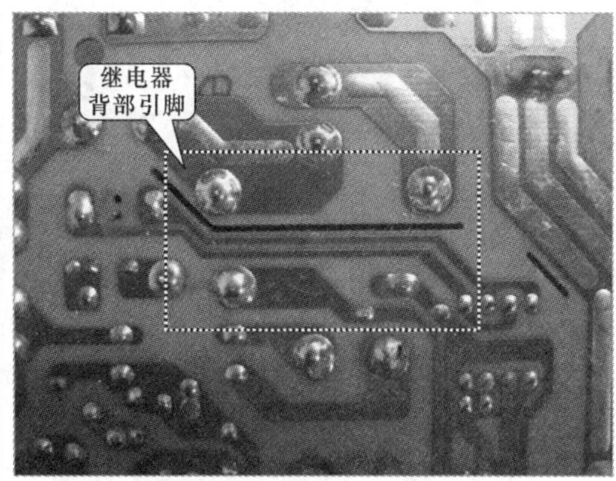

图 9-9　继电器（RY01）的实物外形及背部引脚

② 滤波电容器（C400、C37、C38）

如图 9-10 所示为滤波电容器（C400、C37、C38）的实物外形。在空调器室外机电源电路板中滤波电容器（C400、C37、C38）的体积较大，在电路板上很容易识别出来，并且在电容器的外壳上通常标有负极性标识，方便确认引脚极性。滤波电容器用来对流经的电流进行平滑滤波处理，从而将输出的电压变为稳定的直流电压。

图 9-10　滤波电容器（C400、C37、C38）的实物外形

③ 开关晶体管（Q01）

如图 9-11 所示为开关晶体管（Q01）的实物外形及背部引脚。开关晶体管一般安装在散热片上，其主要功能就是放大开关脉冲信号。

④ 发光二极管（LED01）

图 9-12 所示为发光二极管（LED01）的实物外形及背部引脚。发光二极管（LED01）从外形上很好辨认，作为空调器的工作状态指示器件，发光二极管在电路上常以字母 LED 或 D 文字标识。

链接：

另外在空调器室外机电源电路板中还包括桥式整流堆和电抗器，其中桥式整流堆安装在空调器开关电源电路的整流电路中，主要作用是将 220V 交流电压整流后输出 300V 电压，为变频模块供电。图 9-13 所示为室外机空调器电源电路板中桥式整流堆和电抗器的实物外形图。

2. 空调器电源电路的检修流程分析

（1）空调器室内机的电源电路的检修流程

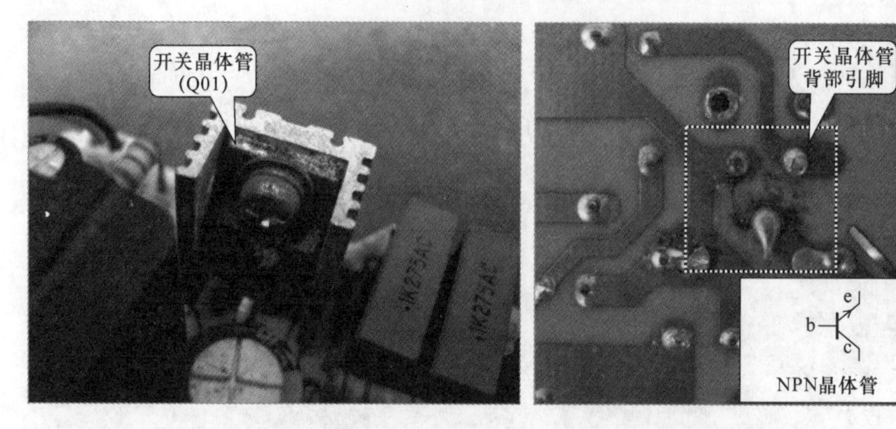

图 9-11　开关晶体管（Q01）的实物外形及背部引脚

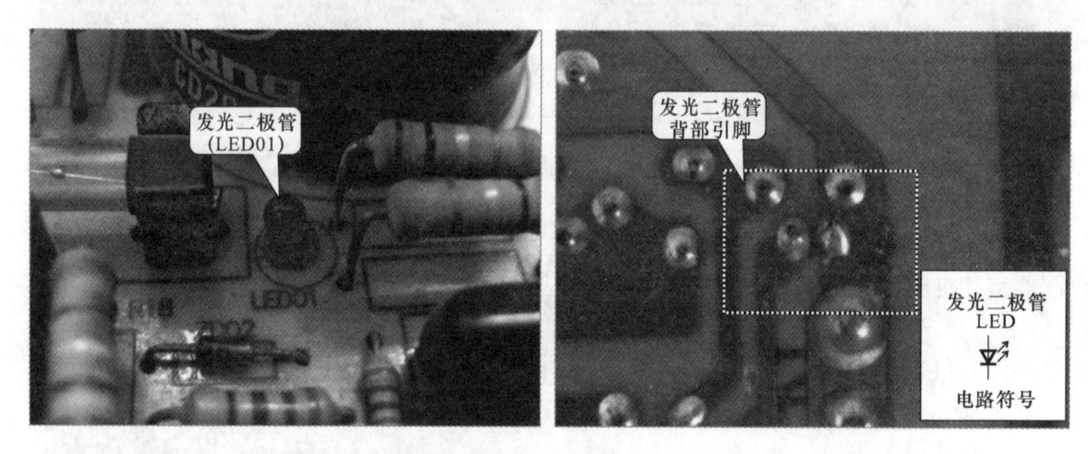

图 9-12　发光二极管（LED01）的实物外形及背部引脚

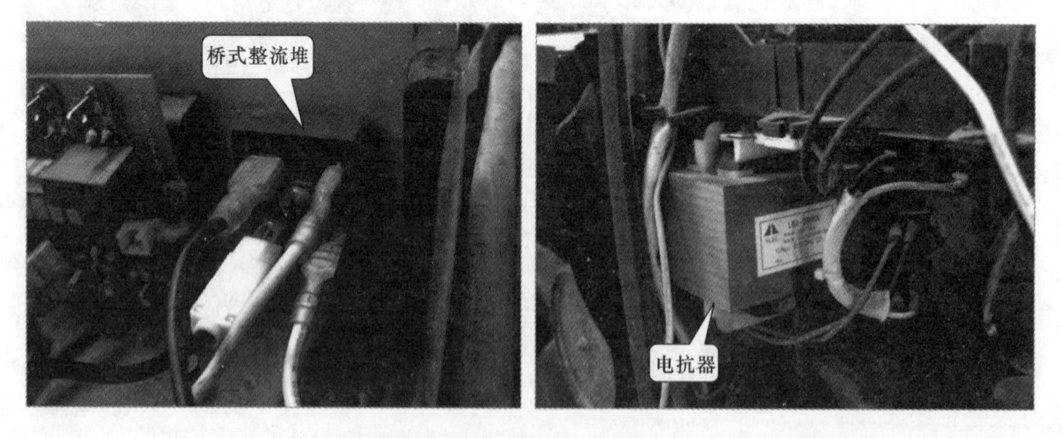

图 9-13　室外机空调器电源电路板中桥式整流堆和电抗器的实物外形图

若空调器室内机电源电路出现故障，则可能会出现不开机、室内机整机无法运转等故障现象，对于室内机电源电路进行检修时，应首先了解其室内机电源电路的信号流程（工作流程）和检修流程。

① 室内机电源电路的信号流程

图 9-14 所示为典型变频空调室内机电源电路的工作原理图。空调器室内机接通电源后，交流 220V 为室内机供电，经继电器后，分为两路；一路为室外机电路部分供电，另一路经降压变压器、整流电路、滤波电路、稳压电路等处理后，输出 +12V、+5V 的低压电，为变频空调器的室内机控制电路提供工作电压。

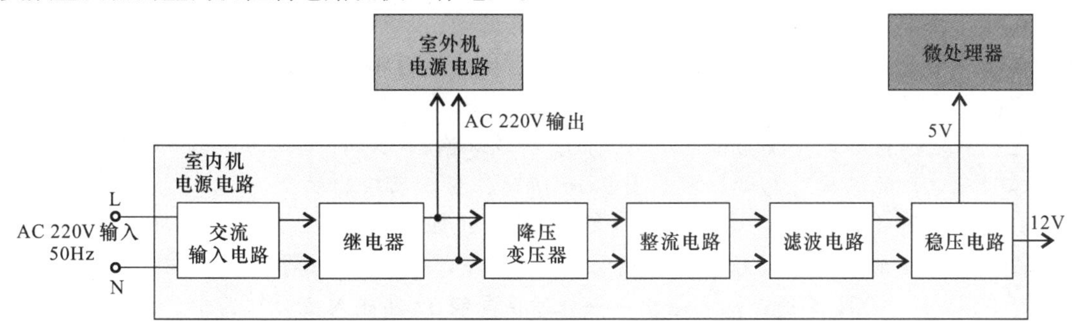

图 9-14　典型电源电路的工作原理图

② 室内机电源电路的检修分析

对空调器室内机电源电路进行检修时，应根据其电路原理及信号传输关系进行分析，从而查找出故障线索，判定故障部件。图 9-15 所示为海信 KFR—35GW/06ABP 型空调器室内机电源电路的检修要点。

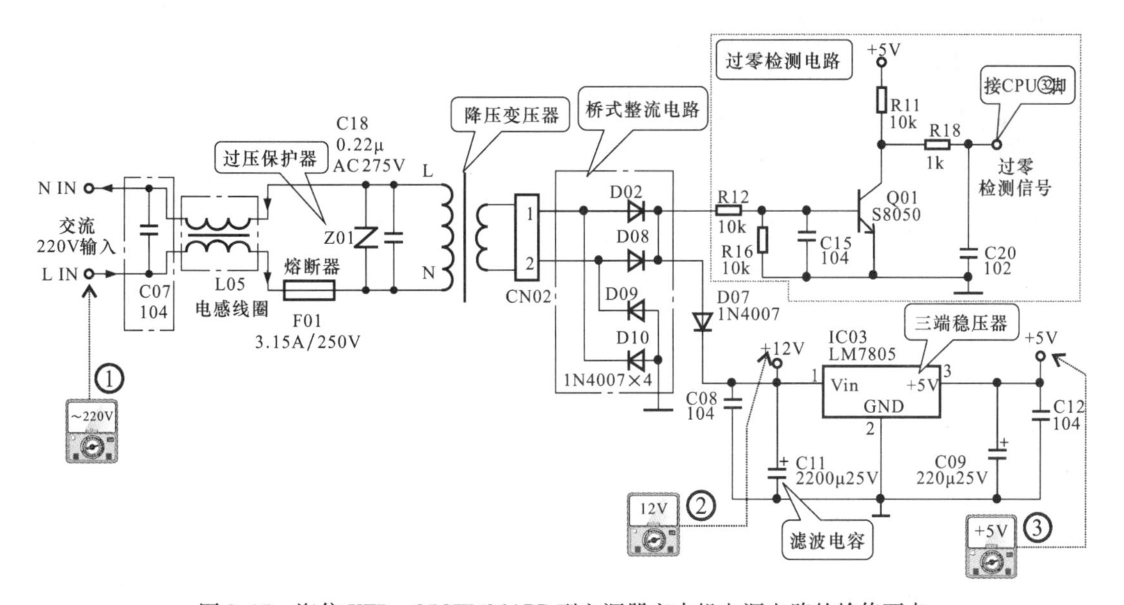

图 9-15　海信 KFR—35GW/06ABP 型空调器室内机电源电路的检修要点

1）空调器室内机开机后，交流 220V 经接线板为室内机供电，先经滤波电容 C07 和互感滤波器 L05 滤波处理后，经熔断器 F01 送入室内电源电路中。对电源电路进行检测时应首先对交流 220V 供电电压进行检测，若该电压不正常，则应对电源线和电路接口进行检测；若电压正常，则应继续检测电源电路中的滤波电容器（C07）、互感滤波器（L05）、熔断器（F01）等元器件。

2）输入的交流 220V 电压经降压变压器降压后，输出交流低压电。首先对降压变压器的交流低压进行检测，若该电压（约 10V）不正常，则应对滤波电容器（C07）、互感滤波器（L05）、熔断器（F01）和降压变压器等进行检测；若交流低压正常，则应继续检测输出的直流 12V 低电压。

3）12V 直流电压送入三端稳压器 IC03 中，输出 +5V 电压，为变频空调器室内机各个电路提供工作电压。对输出 +5V 电压进行检测，若输出 +5V 电压不正常，则可对三端稳压器（IC03）等进行检测；若输出 +5V 电压正常，则应继续检测后级电路。

链接：

室内机电源电路的整流输出电压端，设置有过零检测电路即电源同步脉冲检测电路，室内过零检测电路的结构及电路原理如图 9-16 所示，变压器输出的交流 12V，经桥式整流电路（D02、D08、D09、D10）整流输出 100 Hz 脉动的直流电压，经 R12 和 R16 分压提供给晶体三极管 Q01 的基极，当 Q01 的基极电压小于 0.7V 时，Q01 不导通；而当 Q01 的基极电压大于 0.7V 时，Q01 导通，从而输出一个脉冲信号经 32 脚送入微处理器中。

过零检测电路的作用：过零检测电路输出的脉冲信号是与交流 50Hz 电源同步的 100Hz 信号，该信号送入微处理器，作为电源同步信号。

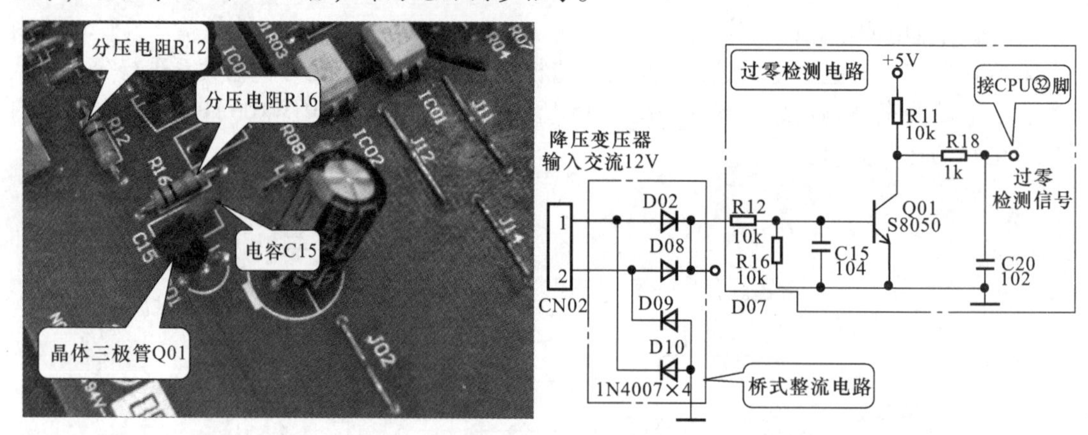

图 9-16　过零检测电路

（2）空调器室外机的电源电路的检修流程

若空调器室外机电源电路出现故障，则可能会出现室外机不开机、室外机无法运转等故障现象，对于室外机电源电路进行检修时，应首先了解其室外机电源电路的电路结构工作流程和检修流程。

① 室外机电源电路的结构和功能

室外机的电源是由室内机通过导线供给的，交流 220V 电压送入室外机后，分成两路，一路经整流滤波后为变频模块供电，另一路经开关电源形成直流低压为微处理器和控制电路供电。

② 室外机电源电路的检修分析

由于空调器室外机电源电路相比室内机电源电路复杂，下面将空调器室外机电源电路分为几个部分进行分析，以海信 KFR—35GW/06ABP 型变频空调器室外机电源电路为例。

- **交流 220V 输入电路的检修分析**

对于空调器室外机电源电路中交流 220V 输入电路的检修，应根据该电路的信号流程逐步进行检测，判断出故障范围，确定故障部位。图 9-17 所示为空调器室外机交流 220V 输入电路的检修流程分析。

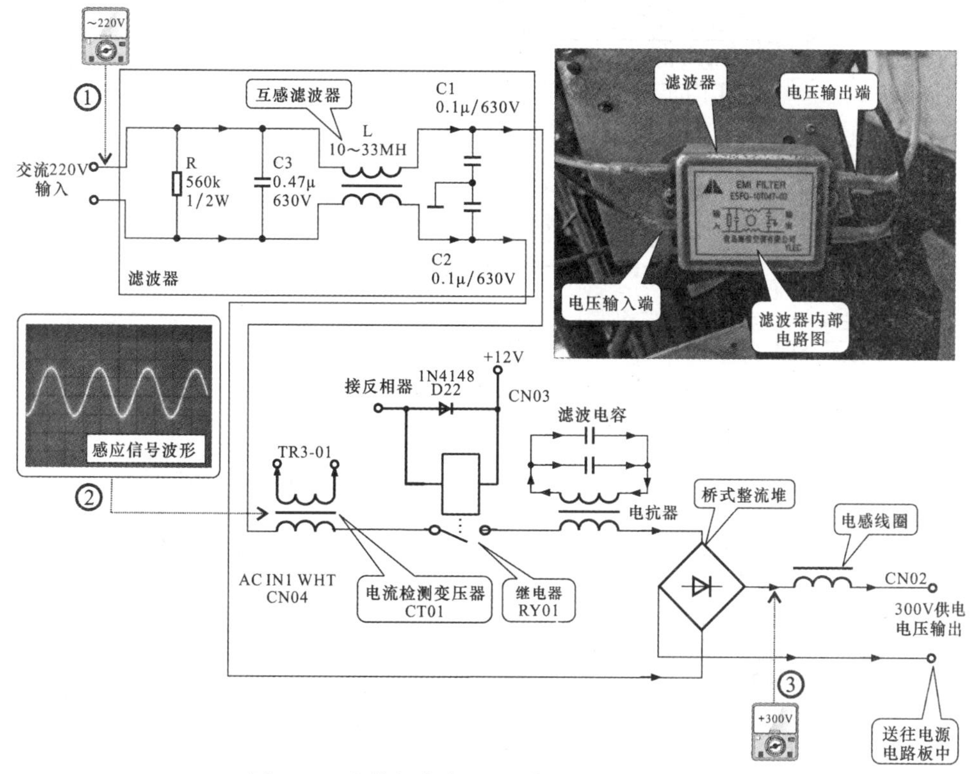

图9-17　室外机交流220V输入电路的检修要点

1）室外机电源电路中，滤波器的功能是滤除电网中的杂波和干扰，同时也防止室外机向电网的辐射干扰。滤波器主要由熔断器、互感滤波器、过压保护器和滤波电容等构成。室外机开机后，交流220V电压会通过电源线和接线端子送入到室外机电源电路中。对交流220V输入电路进行检测时，首先对交流200V供电电压进行检测，若该电压不正常，则应对电源线和接线端子以及接线口进行检测；若电压正常，则应继续检测电路中的互感滤波器、电阻器、电容器等是否正常。其中，R为释放电阻，用于将C3上积累的电荷放掉，L和C3用于滤除共模干扰，C1和C2用于滤除干扰，避免因电荷积累而影响滤波特性，断电后还能使电源的进线端L、N不带电，保证使用的安全性。

2）交流220V电压经互感滤波器后，再经电流检测变压器（CT01）、继电器（RY01）、电抗器后送入到桥式整流堆中。由电抗器和滤波电容对滤波器输出的电压进行平滑滤波，为桥式整流堆提供波动较小的交流电。

3）桥式整流堆用于将滤波后的交流220V整流，输出+300V左右的直流电压，再经电感线圈对桥式整流堆输出的波动较大的电压平滑滤波后，为室外机开关电源电路提供波动较小的直流电压。对交流输入及整流滤波电路进行检测时应首先对+300V直流电压进行检测，若该电压不正常，则应对继电器（RY01）、电抗器、滤波电容器、桥式整流堆等进行检测；若电压正常，则应继续检测电感线圈是否正常。

● **室外机电源电路的检修分析**

对于空调器室外机电源电路的检修，应根据该电路的信号流程逐步进行检测，判断出故障范围，确定故障部位。图9-18所示为电源电路的检修流程分析。

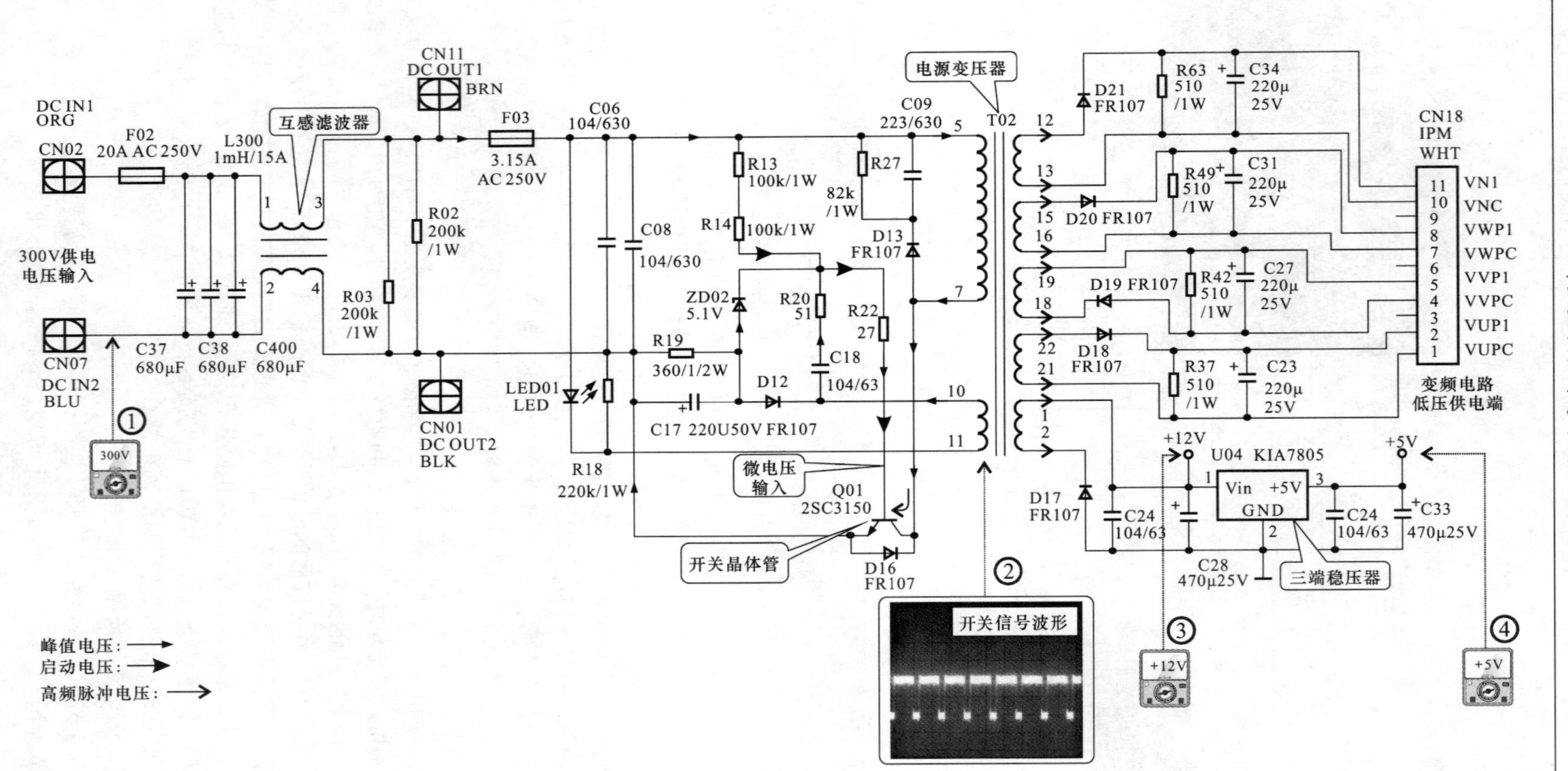

图 9-18　空调器室外机电源电路的检修流程分析

① 交流 220V 经桥式整流电路整流、电解电容滤波后输出的约 300V 的直流电压（即电路板上的 CN02 和 CN07 接口）为开关振荡电路供电，同时还为变频模块供电。应首先对 +300V 直流电压进行检测，若该电压不正常，则应对电源线及电路接口进行检测；若电压正常，则应继续检测熔断器（F02、F03）、滤波电容器（C37、C38、C400）、互感滤波器（L300）等是否正常。

② +300V 一路经开关变压器的绕组加到开关晶体管 Q01 的集电极。+300V 另一路经启动电阻 R13、R14、R22，为开关晶体管基极提供启动信号。开关变压器 T02 启动后，初级绕组 T02 的⑤脚和⑦脚产生的感应电压耦合给次级 T02 的⑩脚和⑪脚（即正反馈绕组），正反馈绕组把感应的电压反馈到开关晶体管的基极，使开关晶体管进入振荡状态。如开关电源无输出，则应对开关晶体管（Q01）等进行检测；若开关变压器的开关信号波形正常，则应继续检测次级输出电路是否正常。

③ 变压器 T02①脚输出的脉冲低电压，经 D17、C24、C28 整流滤波后，输出 +12V 电压。应首先对输出 +12V 电压进行检测，若电压不正常，则应对整流二极管、滤波电容器等进行检测。

④ 12V 直流低电压经三端稳压器 IC03 稳压后，输出 +5V 电压，为室外机控制电路提供工作电压。控制电路不工作，应首先对输出电压进行检测，若 +5V 电压不正常，则应对该电路的三端稳压器（U04）、滤波电容等进行检测。

链接：

在变频空调器室外机的开关电源电路中有一些保护的电路，如图 9-19 所示。在开关变压器 T02 的初级绕组⑤脚⑦脚上并联 R27、C09 和二极管 D13 组成了反峰脉冲吸收电路。作用是使开关变压器初级绕组在开关晶体管截止期产生的反峰脉冲被吸收。这样，一方面可以使开关晶体管工作在较安全的工作区内，减小开关晶体管的截止损耗；另一方面则可以使输出端的开关尖峰电平大大降低。控制机理是：当开关晶体管由饱和转向截止的过程中，由于初级绕组上的电压反向，使得二极管 D13 导通。

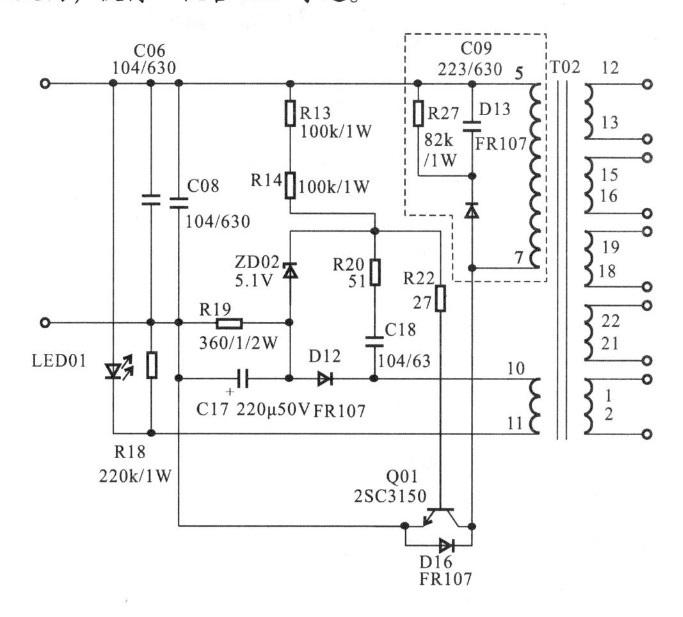

图 9-19　开关电源电路中的保护电路

此时，相当于在初级绕组之间并上一个电容，从而使开关晶体管Q01的C～E极上的电压上升速率变缓。当开关晶体管再导通时，电容C09上的能量经电阻释放，以使开关管再截止时缓冲电路仍起作用。Q01上的二极管D16是续流二极管，是为了让开关晶体管Q01截止时，放掉Q01的C～E极的电荷，以提高开关管Q01的开关效率。

9.1.2　空调器电源电路的检修方法

1. 空调器电源电路的图解演示

（1）空调器室内机电源电路的图解演示

根据上述内容可知，检修空调器室内机的电源电路可顺其基本的信号流程，对电路中的输入电压、输出电压及主要元件进行检测，例如熔断器、互感滤波器、过压保护器、降压变压器、桥式整流电路和三端稳压器等。下面以海信KFR—35GW/06ABP型变频空调器室内机的电源电路为例，介绍其检修方法。

① 空调器室内机电源电路输入电压的检测

将空调器通电，将万用表的量程调至交流“220V”电压挡，红黑表笔分别搭在空调器室内机电源电路板的交流220V电压输入端，如图9-20所示。

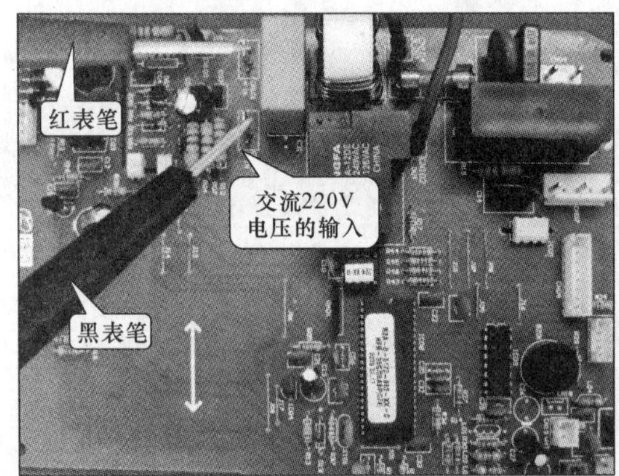

图9-20　空调器室内机电源电路输入电压的检测

正常情况下，应能检测到空调器室内机电源电路输入的交流220V电压，若测得输入电压正常，可接着检测三端稳压器的输出电压是否正常。

② 空调器室内机电源电路输出电压的检测

检测空调器室内机电源电路输出电压时，可将万用表的量程调至“直流50V”电压挡，黑表笔搭在接地端，红表笔分别检测室内机电源电路+12V、+5V输出电压，如图9-21所示。

若测得输出+12V电压正常，而输出+5V电压不正常，则说明三端稳压器IC03损坏；若测输出电压均不正常，则需要顺着电路图，重点对电路中的主要部件进行一一检测。

③ 互感滤波器（L05）的检测

互感滤波器的检测方法比较简单，主要是在开路的状态下使用万用表检测内部线圈之间的阻值，将万用表调至“×1”欧姆挡，红、黑表笔分别搭在两组绕组的引脚上，测得互感滤波器内部线圈的阻值应趋于0Ω，如图9-22所示。若测得的阻值趋于无穷大，则说明互感

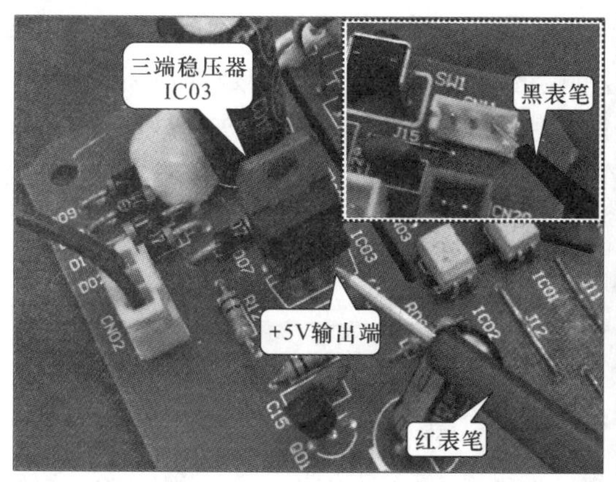

a)

b)

图9-21　空调器室内机电源电路输出电压的检测
a）+5V 输出电压的检测　b）+12V 输出电压的检测

滤波器已经断路损坏，需要使用同型号的互感滤波器进行更换。

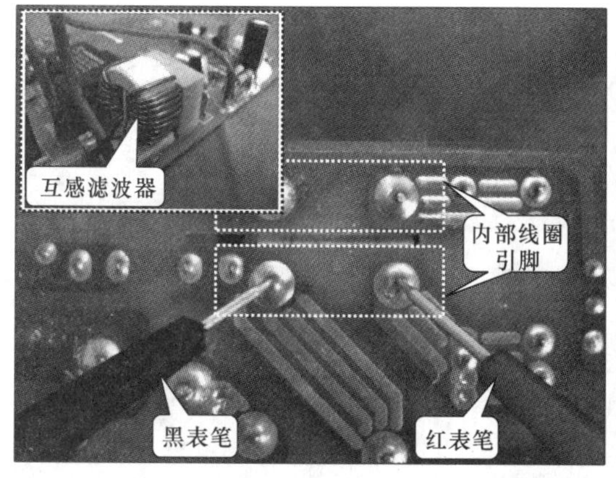

图9-22　互感滤波器（L05）的检测

④ 熔断器（F01）的检测

若熔断器损坏，交流220V无法正常进入后级电路，空调器室内机电源电路也无法正常工作，可以用万用表检测保险管（熔断器）引脚端的阻值来确定保险管是否损坏，检测前首先观察熔断器的外观，查看是否有破裂、烧焦的痕迹，然后再对其阻值进行检测，检测时将万用表调至“×1”欧姆挡，红、黑表笔搭在熔断器两端，一般情况下，熔断器两端的阻值趋于0Ω，其检测方法如图9-23所示。若所测的阻值趋于无穷大，则说明熔断器已经熔断损坏。

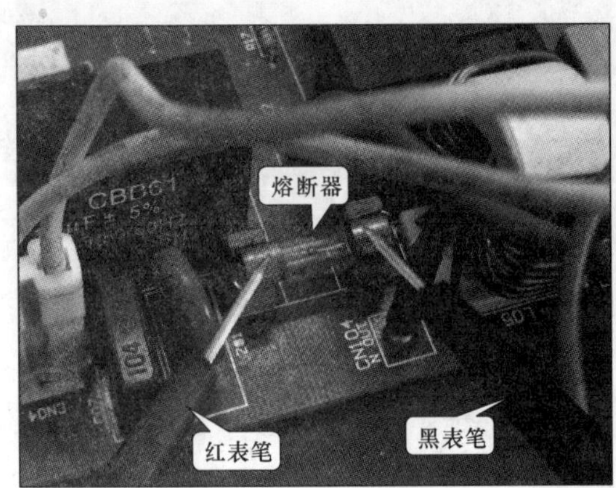

图9-23　熔断器的检测

引起熔断器烧坏的原因很多，但引起熔断器烧坏的多数情况是交流输入电路或开关电路中有过载现象。这时应进一步检查电路，排除过载元器件后，再开机。否则即使更换保险丝后，可能还会烧断。

⑤ 降压变压器的检测

对于降压变压器的检测，可在通电状态的情况下使用万用表的电压挡检测降压变压器的性能是否良好。检测其输入的220V电压是否正常，以及输出的交流低压是否正常（AC 12V），如图9-24所示。若输入的电压正常，而输出的电压不正常，则说明变压器存在故障。

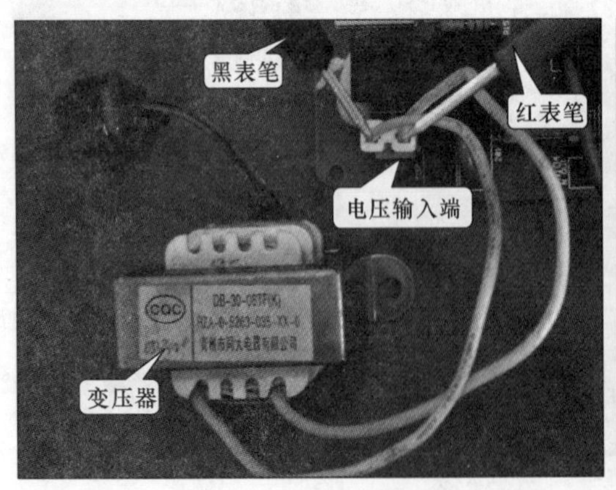

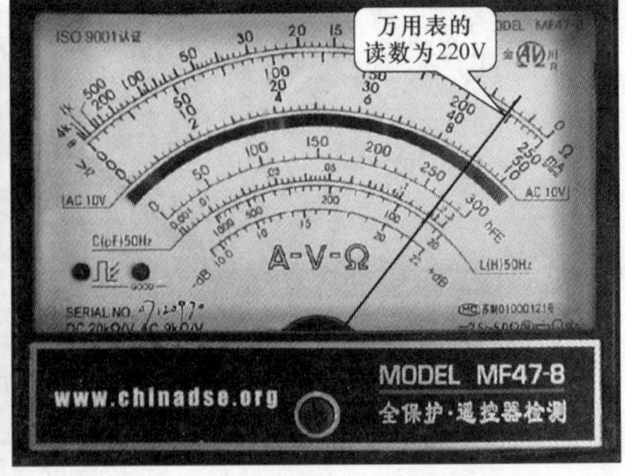

图9-24　降压变压器的检测

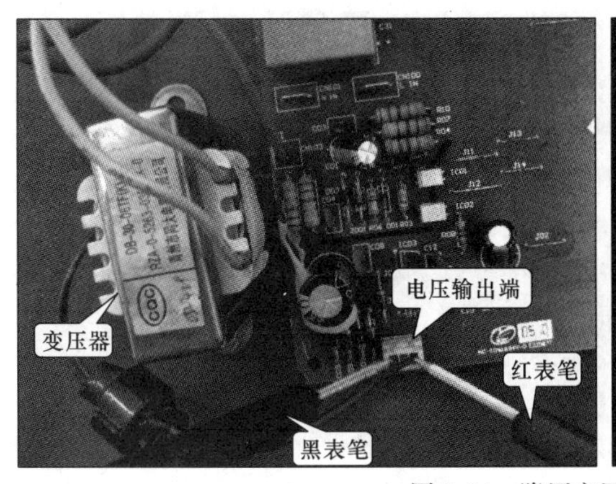

图9-24　降压变压器的检测（续）

链接：

此外，电源中的降压变压器是一种电源变压器，工作在220V、50Hz电源条件下，用示波器的探头靠近降压变压器的铁心时，可以感应到相应的正弦信号波形，如图9-25所示。若感应不到波形，则多为交流输入电压或变压器损坏。

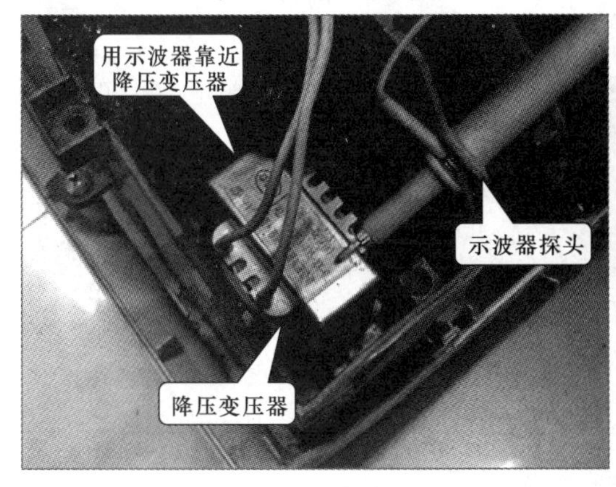

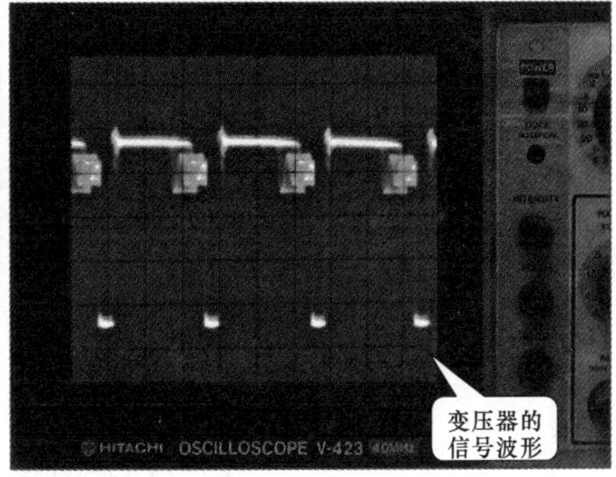

图9-25　用示波器感应开关变压器的波形

若开关变压器可以正常的工作，用示波器的探头靠近变压器的铁心时，可以感应到变压器的波形，若没有该信号波形，则开关振荡电路工作异常，应检测开关振荡电路中的元器件。

链接：

对于应用在开关电源中的开关变压器，其检测方法与电源变压器相同，但由于其工作在开关状态下，其信号波形有所区别，且不同型号的开关变压器，示波器检测出的信号波形，也有所区别。图9-26所示为常见开关变压器的信号波形图。

⑥ 桥式整流电路的检测

测得变压器输出电压正常，则应检测桥式整流电路是否正常。在断电的情况下，将万用表的量程调至“×1”欧姆挡，并进行欧姆调零，分别检测桥式整流电路中的整流二极管（D09、D08、D10、D02）的正反向阻值，以二极管D02为例，如图9-27所示。正常情况下，整流二极管的正向阻值为8.5Ω左右（在路检测会受外电路的影响），反向阻值为无穷大。若测得正反向阻值之间的阻值相差极小，则说明二极管已经损坏。

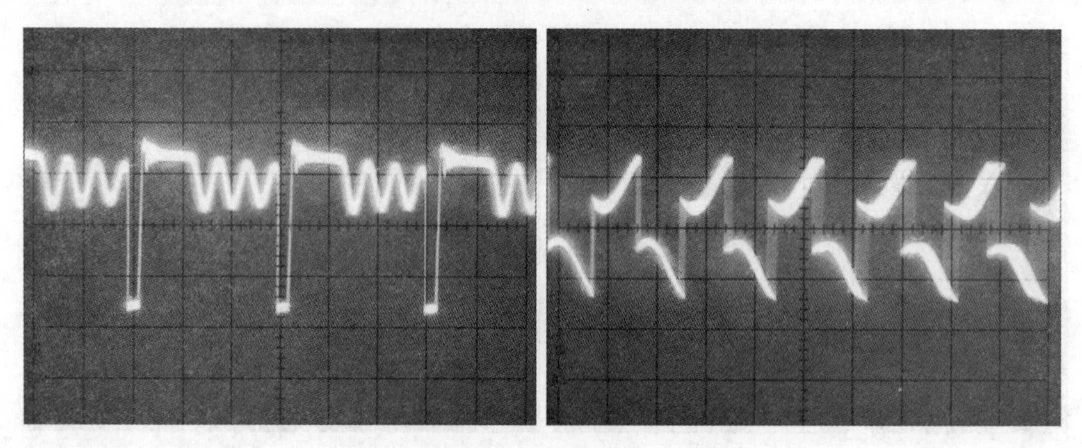

图 9-26　常见开关变压器的信号波形图

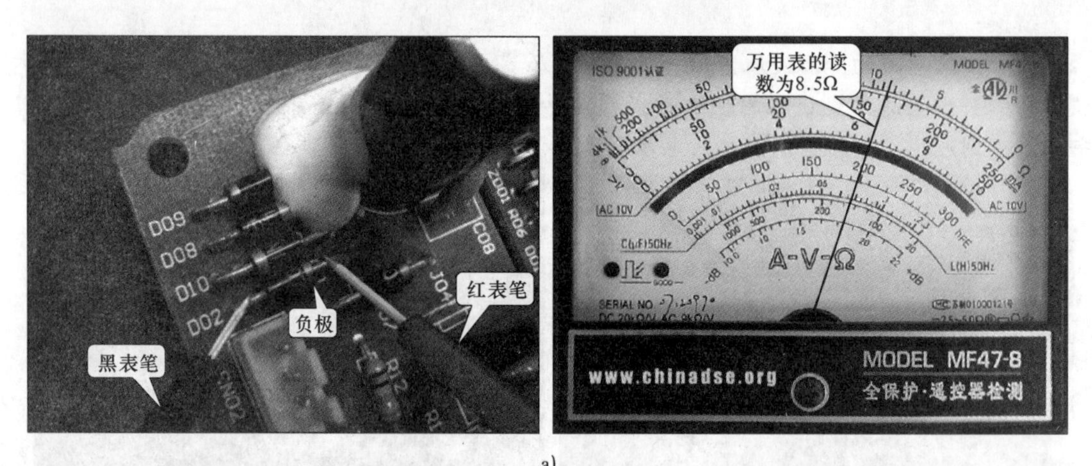

a)

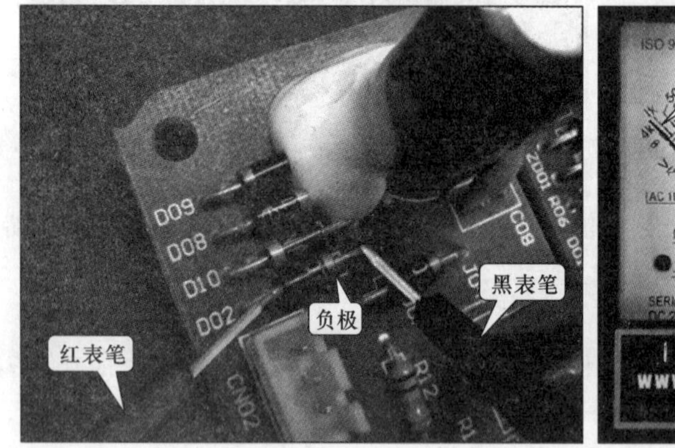

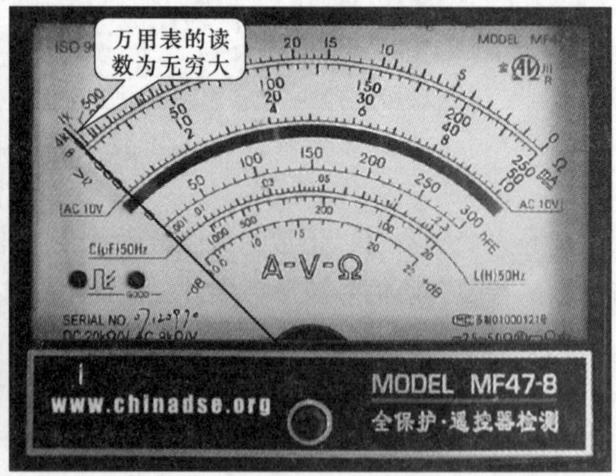

b)

图 9-27　桥式整流电路（D02）的检测

a）整流二极管正向阻值的检测　b）整流二极管反向阻值的检测

提示：

在检修整流二极管时，为了方便检测还可以检测其背面的引脚，通过对背面的引脚检测来判断整流二极管是否正常。

（2）空调器室外机电源电路的检测演示

根据上述内容可知，检修空调器室外机的电源电路可顺其基本的信号流程，对接线端子，电路中的主要元件进行检测，例如滤波器、滤波电容器、电抗器、桥式整流堆、互感滤波器、熔断器和开关晶体管等。下面以海信 KFR—35GW/06ABP 型变频空调器室外机的电源电路为例，介绍其检修方法。

① 初步检查室外机电源电路

检查室外机电源电路前，可先对室外机的端子板进行检查。图 9-28 所示为海信 KFR—35GW/06ABP 型变频空调器连接室内机、室外机的端子板。

图 9-28　端子板

当变频空调器室内机与室外机供电异常时，可对端子板上的连接插件进行检查。检查室内机端子板上的接插件无异常时，应对室外机的端子板进行检查。将通信端接插件的螺钉拧松后，可取下接插件检查，如图 9-29 所示，发现室外机端子板上通信线路的接插件损坏，需将其更换。由于端子板上室内机、室外机线路连接的插接件为 U 形插接件，因此在更换时，最好使用与原接插件大小相同的插接件进行代换，如图 9-30 所示。

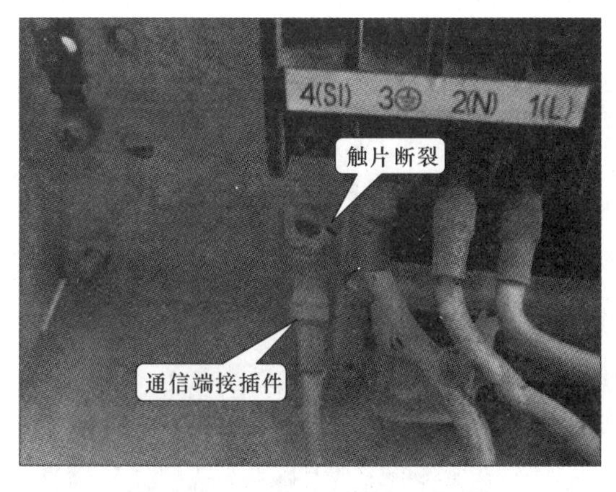

图 9-29　检查端子板的接插件

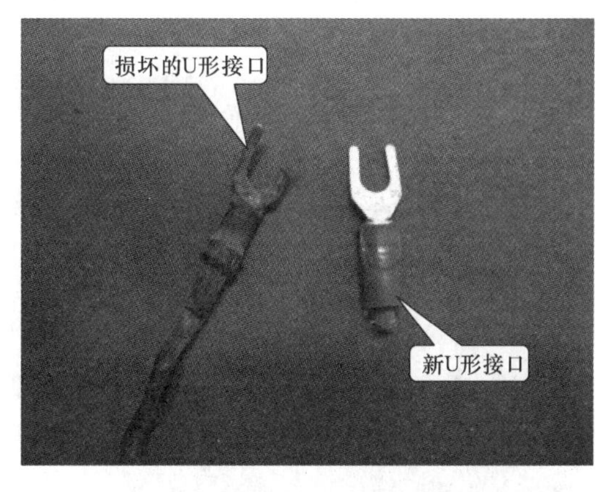

图 9-30　更换 U 形接插件

若经检查线路连接良好，此时，可重点检查电源电路中的熔断器、滤波电容是否良好，如图 9-31 所示。熔断器的检测与室内机熔断器的检测方法相同，可参考室内机熔断器的检测方法进行检测，在此不再赘述，一般情况下，熔断器两端的阻值趋于 0Ω。若熔断器良好，则应检测开关电源电路的输出电压。若熔断器烧坏，则需检查端子板上的连接线路是否良好。

检查端子板上的连接引线时，可通过检查其外部的导线是否良好，以判断连接引线是否有短路性故障。经检查，发现连接引线严重老化，引线内部的铜丝断裂。这时就要将接插件及其导线进行更换，以防止在通电过程中，变频空调器出现短路的故障。

② 滤波器的检修

滤波器出现故障后，往往导致室外机工作不稳定，或不工作故障。检测时，应重点检查滤波器的输入、输出电压，判断故障点。

将室外机通电后，将万用表的量程调整至“交流 220V”电压挡，检测滤波器的输入电压，如图 9-31 所示。室外机通电正常情况下，滤波器的输入端应可以测得交流 220V 的电压值，若无电压值，应重点检查端子板的连接情况或室内机控制电路部分。

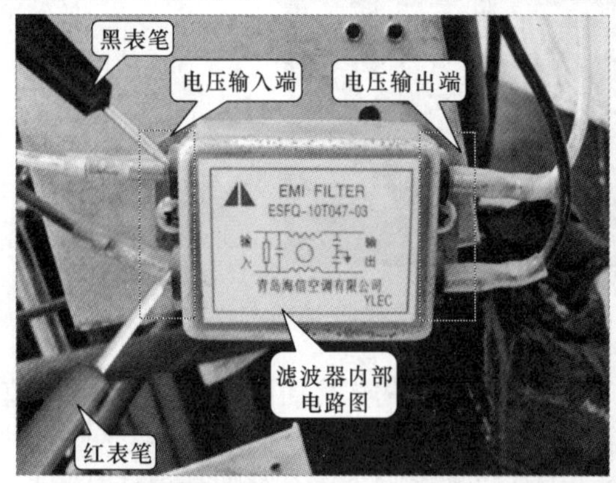

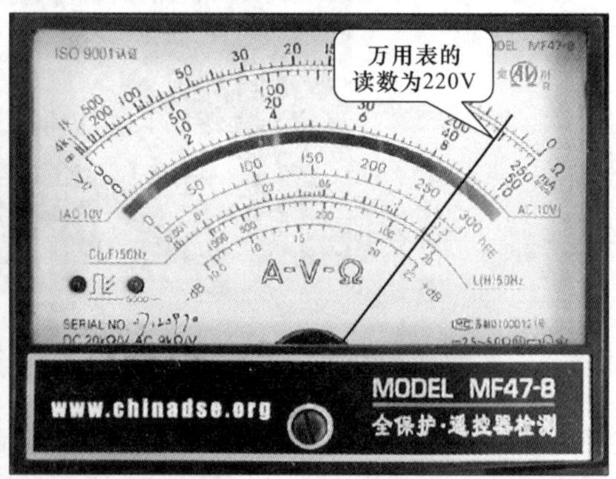

图 9-31　滤波器输入电压的检测

经检测滤波器的输入电压正常，可将万用表表笔分别搭在滤波器的输出端，如图 9-32 所示。滤波器正常时，在其输出端可以测得交流 220V 电压值，若测得电压值偏低或无电压输出，说明滤波器损坏。

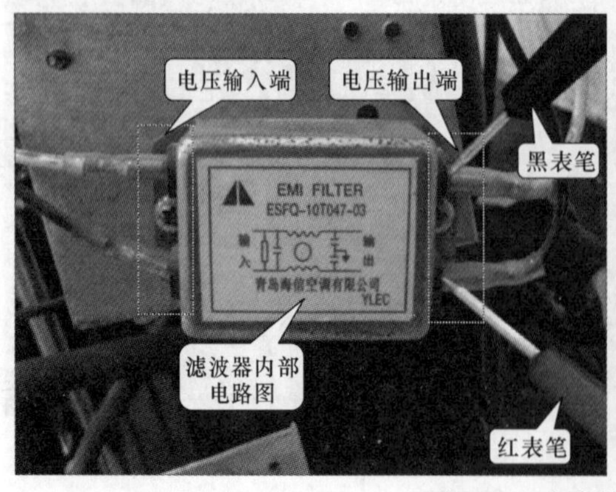

图 9-32　滤波器输出电压的检测

③ 继电器（RY01）的检测

继电器（RY01）的检测方法比较简单，主要是在开路的状态下使用万用表检测内部线圈的阻值，将万用表调至“×10”欧姆挡，红、黑表笔分别搭在两组绕组的引脚上，测得继电器内部线圈的阻值为 14Ω，如图 9-33 所示。若测得的阻值趋于无穷大，则说明继电器已经断路损坏，需要使用同型号的继电器进行更换。

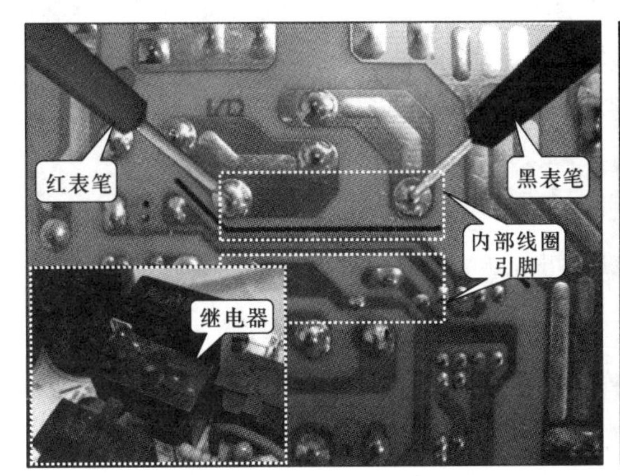

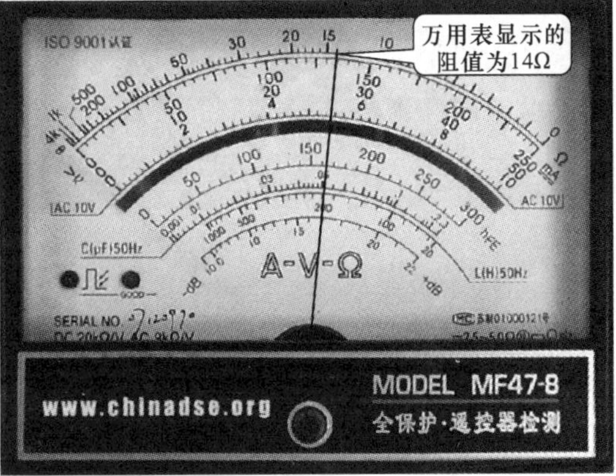

图 9-33　继电器（RY01）的检测

④ 桥式整流堆的检测

检测桥式整流堆时，可将室外机通电，检测桥式整流堆的输入、输出电压，判断桥式整流堆是否损坏。将万用表调整至“交流 250V”电压挡，红黑表笔任意搭在桥式整流堆的输入端，如图 9-34 所示。正常情况下，其输入电压应为交流 220V，若输入电压异常，说明其输入端元器件有损坏。

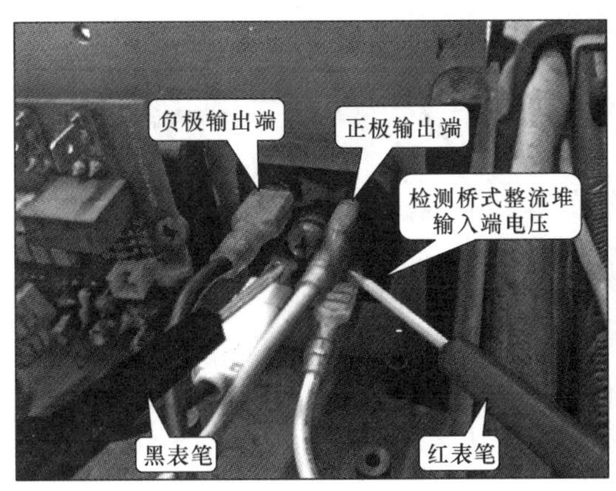

图 9-34　桥式整流堆输入电压的检测

若测得其输入端电压为交流 220V，应将万用表调整至“直流 1000V”电压挡，检测桥式整流堆的输出电压。如图 9-35 所示，黑表笔搭在负极输出端，红表笔搭在正极输出端，测量其输出电压。正常情况下，其输出电压为 270 ~ 300V。若测得输出电压极低或为 0，说明桥式整流堆已经损坏。

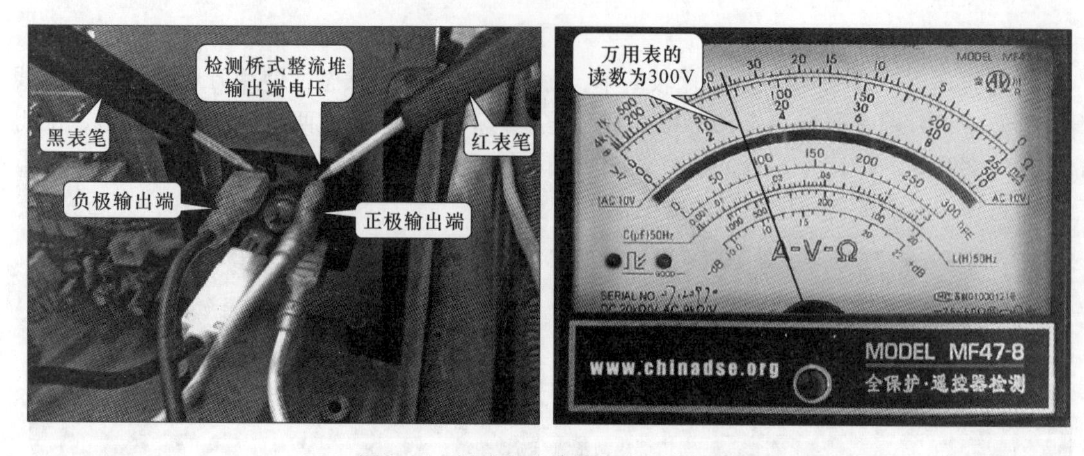

图 9-35　桥式整流堆输出电压的检测

⑤ 滤波电容器（C400、C37、C38）

检测滤波电容的好坏，可使用万用表欧姆挡检测滤波电容的充放电情况。将万用表调至"×1 k"欧姆挡，红、黑表笔任意搭在滤波电容的两引脚上，这里以滤波电容器（C400）为例，如图 9-36 所示。正常情况下，万用表指针会向右侧摆动，然后再慢慢向左侧摆动，并停在某一刻度处。

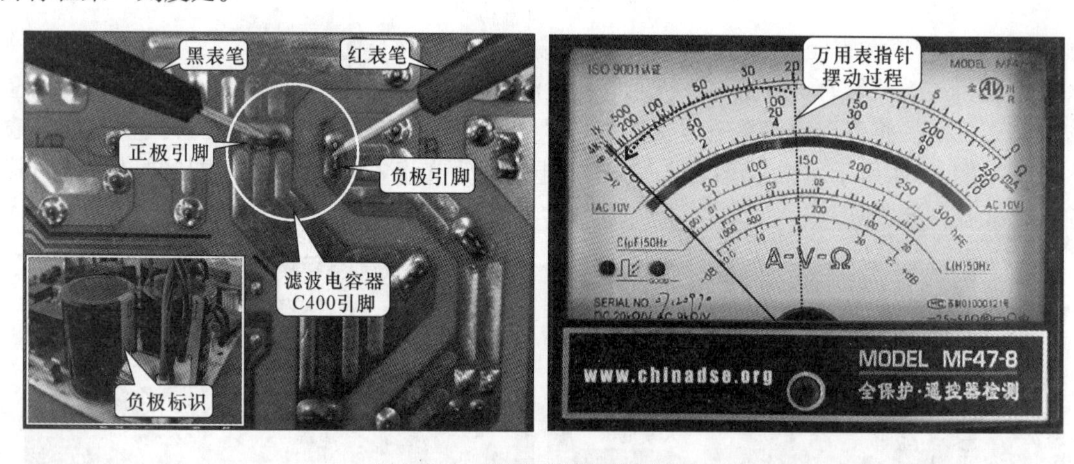

图 9-36　滤波电容器的检测方法

链接：

另外几个滤波电容器（C37、C38）的检测方法同上，可参考滤波电容器（C400）的检测方法进行检测，在此不再赘述。

⑥ 开关晶体管（Q01）

将指针万用表调至电阻"×10"欧姆挡（单独检测晶体管应选"×1 k"挡），进行万用表的零欧姆校正。使用万用表检测开关晶体管（Q01）的基极（b）和发射极（e）、集电极（c）之间的正反向阻抗，如图 9-37a 所示。正常情况下，只有在黑表笔接基极（b），红表笔接集电极（c）或发射极（e）时，万用表会显示一定的阻值，如图 9-37b 所示。其他引脚间的阻值均为无穷大，若测量时若发现引脚间的阻值不正常或趋于 0，则证明开关晶体管（Q01）已损坏。

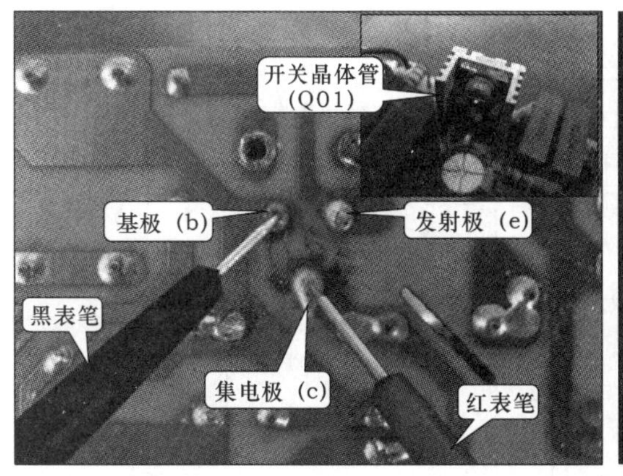

a)

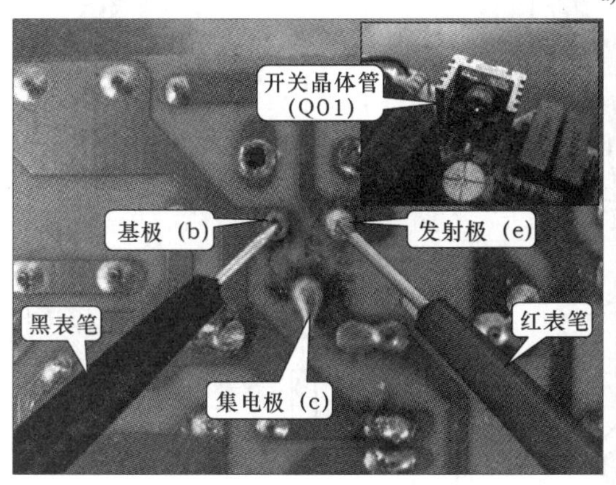

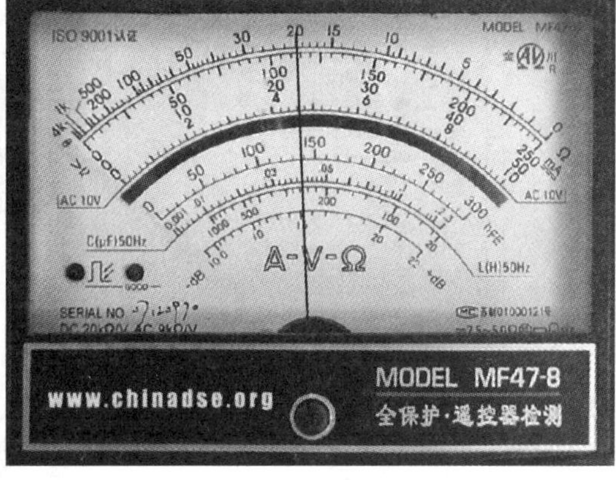

b)

图 9-37　开关晶体管（Q01）的检测

a）开关晶体管（Q01）基极（b）和发射极（e）之间正向阻抗的检测

b）开关晶体管（Q01）基极（b）和集电极（c）之间正向阻抗的检测

2. 空调器电源电路的检修案例训练

当空调器的电源电路出现故障后，则可根据其电路结构和信号流程进行检修分析，再按照其检修方法，对故障进行检修。下面就以空调器电源电路典型的故障为例，介绍电源电路的检修实例。

（1）长虹 KFR—35GW/BP 型变频空调器不开机故障检修实例

- **故障表现**

长虹 KFR—35GW/BP 型变频空调器，通电后空调器无反应，电源指示灯不亮。

- **检修分析**

空调器出现不开机的现象，怀疑是由于电源电路中有元器件损坏引起的。图 9-38 所示为长虹 KFR—35GW/BP 型变频空调器室内机电源电路，该电路主要是由熔断器（F101、F102）、互感滤波器（L1012）、桥式整流堆（P6KE200）、开关变压器（T101）、场效应晶体管（CD103）、光电耦合器（D102、VD104）等元器件构成的。

① 按下电源开关后，交流 220V 电压便会送入电源电路中，若交流 220V 电压不正常，则应对前级输入线路进行检测。

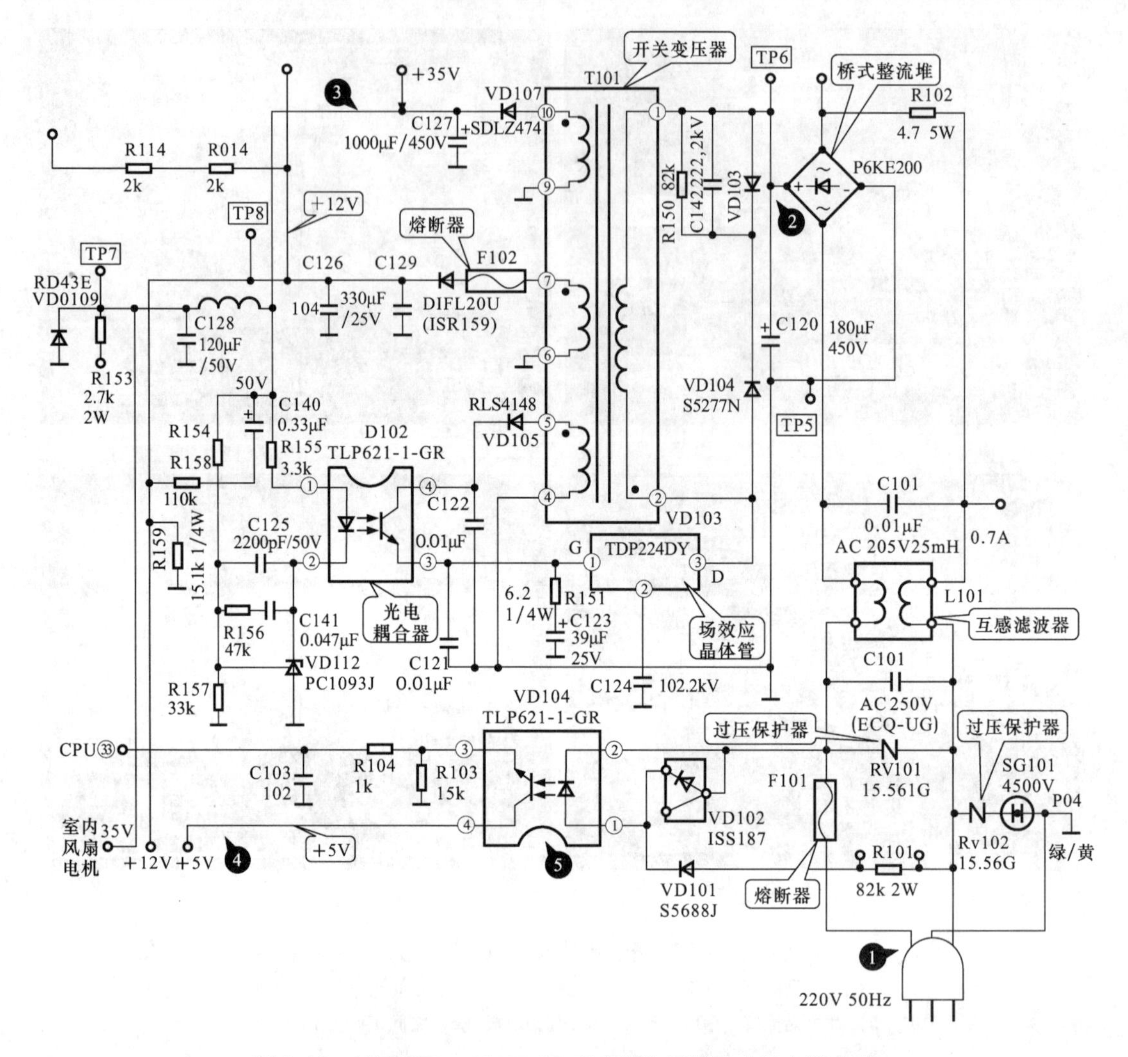

图 9-38　长虹 KFR—35GW/BP 型变频空调器室内机电源电路

② 交流 220V 电压经熔断器（F101）、过压保护器（RV102）、互感滤波器（L101）、桥式整流堆（R6KE200）、滤波电容（C120）后，输出 300V 直流电压。若 300V 电压不正常，则应对熔断器、过压保护器、互感滤波器、桥式整流堆等元器件进行检测。

③ +300V 直流电压的经开关变压器（T101）初级绕组的①、②脚加到开关场效应晶体管（VD103）的漏极（D），驱动开关场效应晶体管（VD103）工作，经放大后的振荡信号送入开关变压器中，开关变压器开始工作。开关变压器工作时，可检测到振荡信号波形，若该信号波形不正常，则应对开关场效应晶体管、开关变压器等进行检测。

④ 开关变压器（T101）将脉冲高压变成脉冲低压，再经整流滤波后输出直流低压。若其损坏将会导致空调器通电不开机等故障。应重点检测变压器的次级整流滤波电路输出的直流 +35V、+12V 电压。

⑤ 光电耦合器 VD104 有通信信号时，检测输入端，即万用表红表笔搭在①脚、黑表笔搭在②脚，可测得 0.7V ~0V 变化的脉冲电压；测量输出端红表笔搭在④脚、黑表笔搭在③脚，同样可测得类似的脉冲电压。

● **检测方法**

首先，观察电源电路中的元器件是否有明显的烧焦、鼓包、引脚脱焊现象。经检查，发现熔断器烧断，怀疑电源电路中可能有元器件短路，应重点对桥式整流堆、滤波电容、开关场效应晶体管等易损元器件进行检测。首先使用万用表对桥式整流堆（P6KE200）进行检测，如图 9-39 所示，经过检测，发现桥式整流堆（P6KE200）的交流输入端两引脚间阻值为无穷大，直流输出端引脚间正向阻值（黑表笔接正极、红表笔接负极）约为 9kΩ，桥式整流堆正常。

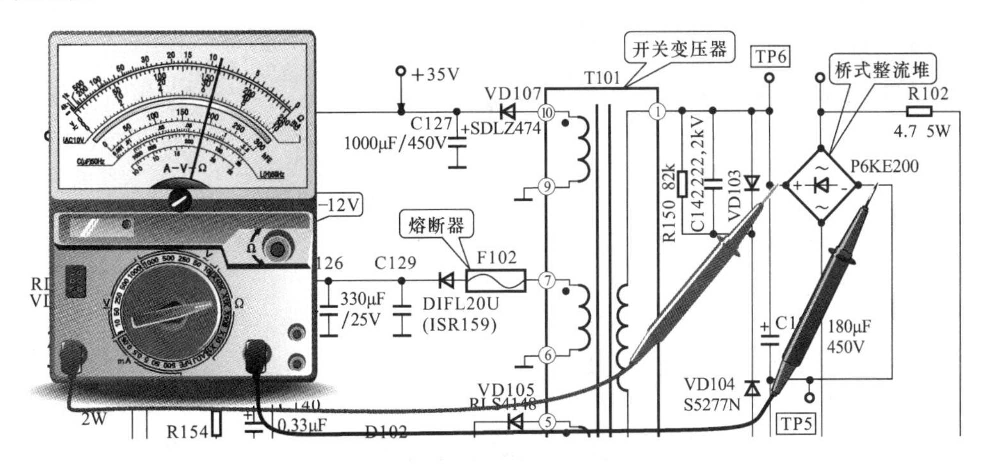

图 9-39　检测桥式整流堆（P6KE200）是否正常

接下来，使用万用表检测滤波电容器（C120）是否正常。将万用表调至“×1 k”欧姆挡，红、黑表笔任意搭在滤波电容器（C120）的两引脚上，如图 9-40 所示，可以明显地观察到万用表的指针有一个摆动的过程，可以基本判定滤波电容器（C120）也是正常的。

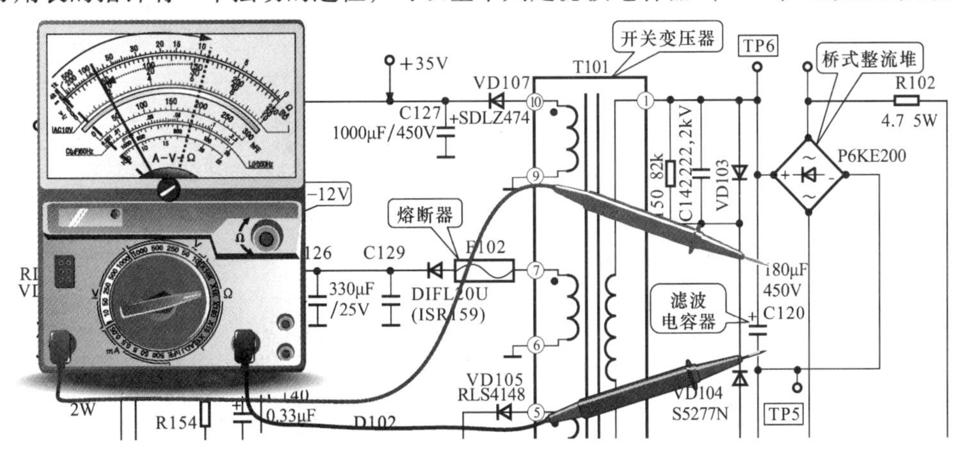

图 9-40　检测滤波电容器（C120）是否正常

接着顺着电路继续检查开关场效应晶体管（VD103）是否正常，如图 9-41 所示，经检测发现开关场效应晶体管（VD103）各引脚间的阻值均趋于零。该开关场效应晶体管（VD103）可能已经损坏，用同型号的元器件将场效应晶体管、熔断器进行代换后，通电试机，故障排除。

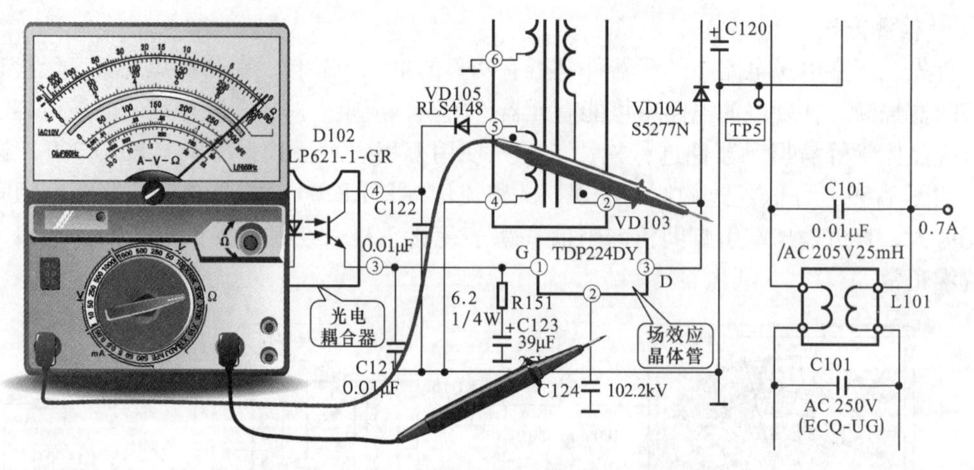

图 9-41　检测开关场效应晶体管（VD103）

（2）美的 KFR—26GW/CBPY 型变频空调器室内机无反应故障检修实例

• **故障表现**

美的 KFR—26GW/CBPY 型变频空调器，通电按下电源开关后整机无反应，使用遥控器进行制冷或控制也不工作，并且没有显示和声音。

• **检修分析**

变频空调器出现这种故障，多是由于电源电路中有元器件损坏引起的。图 9-42 所示为

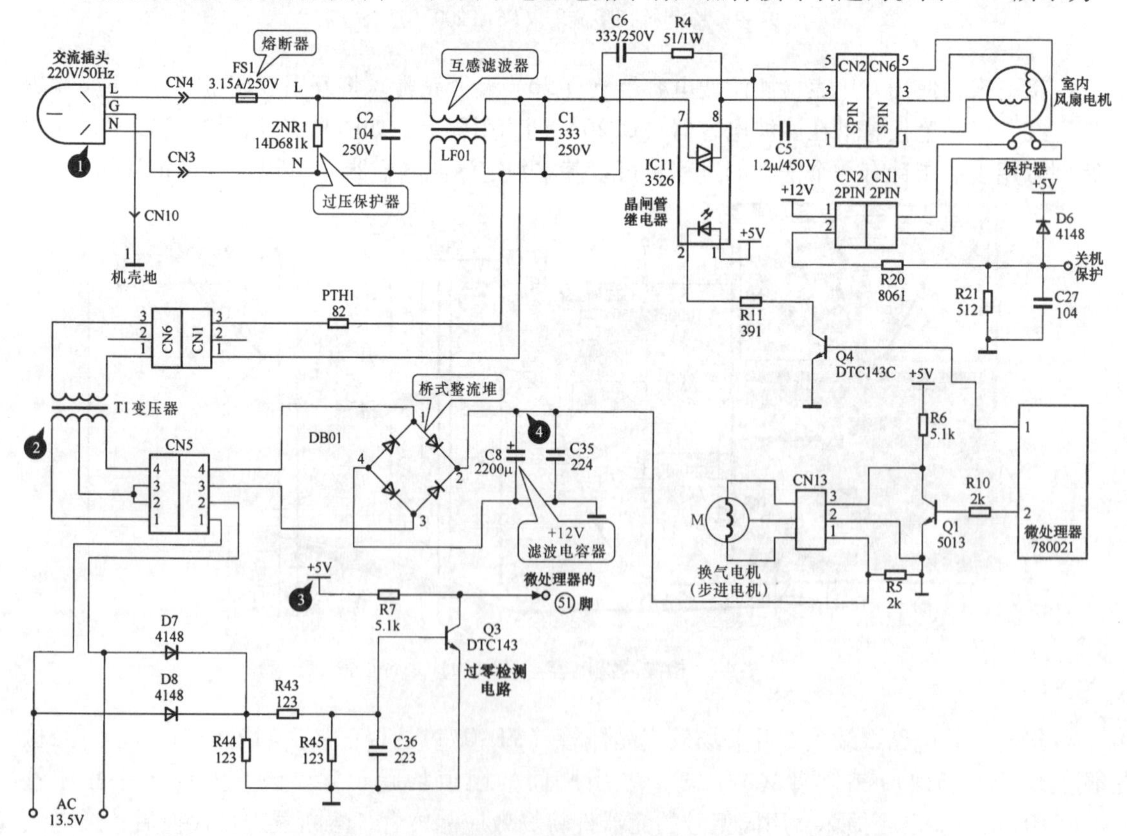

图 9-42　美的 KFR—26GW/CBPY 型变频空调器中室内机电源电路

美的KFR—26GW/CBPY型变频空调器中室内机电源电路，该电路主要是由熔断器（FS1）、过压保护器（ZNR1）、互感滤波器（LF01）、变压器（T1）、桥式整流堆（DB01）、+300V滤波电容（C8）、晶闸管继电器（IC11）和微处理器（780021）等元器件构成的。

① 空调器通电后，交流220V电压便会经插头送入电源电路中，若交流220V电压不正常，则应对前级输入线路进行检测。

② 交流220V电压经熔断器（FS1）、过压保护器（ZNR1）、互感滤波器（LF01）后进行滤波处理，除干扰后的交流电压分成两路。其中一路直流送给晶闸管继电器（IC11），经继电器IC11为室内风扇电动机进行供电，由微处理器对继电器IC11进行控制。另一路经热敏电阻器后送往降压变压器（T1）中。

③ 降压变压器（T1）的次级绕组输出电压后送入插件CN5中，由插件的①、②脚分别输出两路。其中一路直接输出13.3交流电压，另一路经过零检测电路提取电源同步脉冲，该电路损坏后会引起空调器开机进入保护状态，并显示故障代码。对13.3V、+5V电压进行检测，若电压不正常，则应对降压变压器等元器件进行检测。

④ 变压器（T1）次级绕组输出交流电压，经插件CN5的③、④脚后经桥式整流堆（DB01）、滤波电容器（C8）后，输出+12V直流电压，为换气电机等供电。若+12V电压不正常，则应对桥式整流堆、滤波电容器等元器件进行检测。

- **检测方法**

首先，观察空调器电源电路中的元器件是否有明显的烧焦、鼓包、引脚脱焊现象。若整个电源电路无明显损坏的情况，接下来应先使用万用表对输入的交流220V电压进行检测，如图9-43所示，经过检测，发现交流220V电压正常。

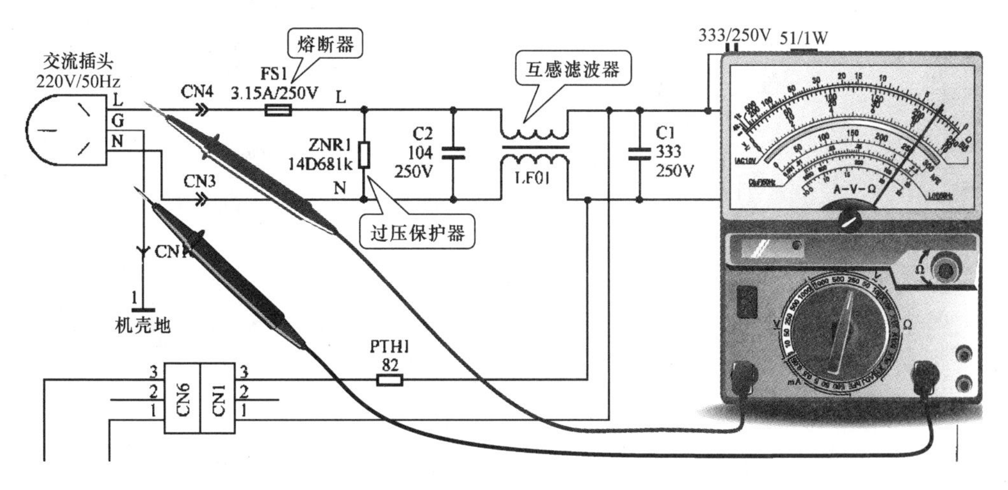

图9-43　检测空调器电源电路输入的交流220V电压是否正常

接下来，使用万用表检测滤波电容输出的+12V电压是否正常，来判断故障范围，如图9-44所示，将黑表笔接地，红表笔搭在+12V滤波电容C8的正极上，检测发现电压为零，怀疑桥式整流堆等元器件损坏。

使用万用表对桥式整流堆（DB01）的引脚间阻值进行检测，如图9-45所示，经检测发现桥式整流堆引脚间阻值为无穷大，说明桥式整流堆（DB01）存在断路故障，需对其进行更换。更换完毕后，开机试运行，故障排除。

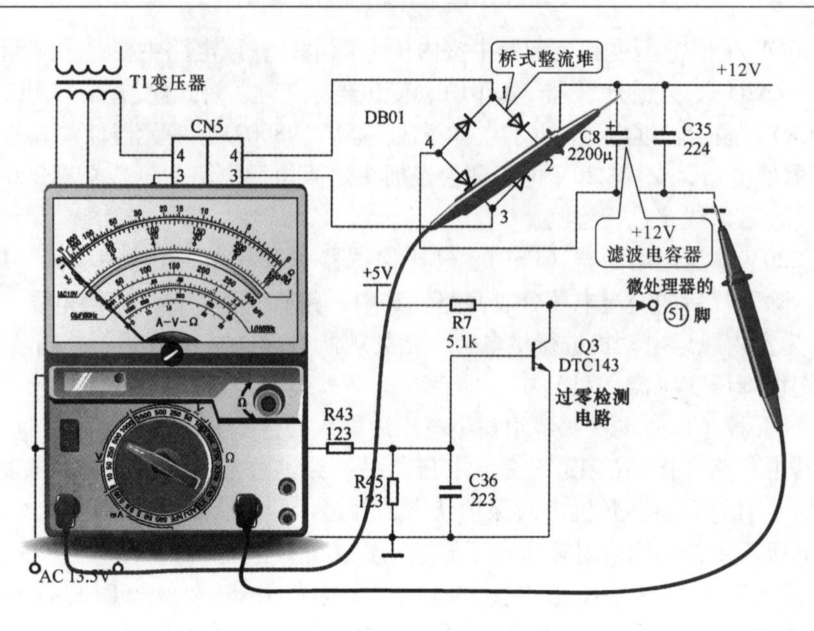

图 9-44　检测 +12V 电压是否正常

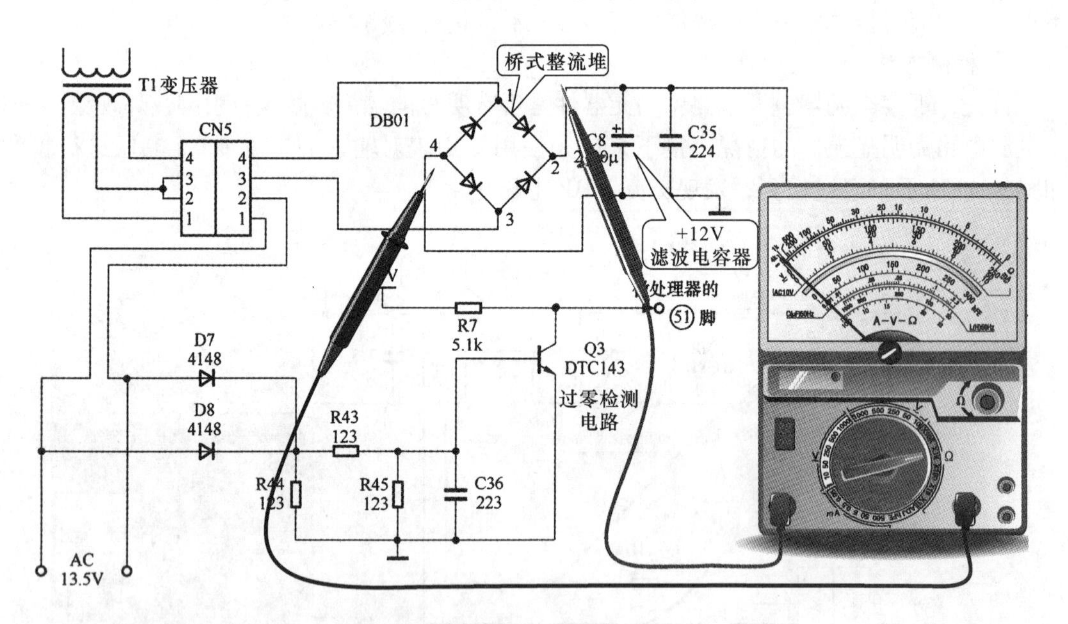

图 9-45　检测桥式整流堆（DB01）

9.2　掌握空调器控制电路的检修方法

9.2.1　空调器控制电路的检修分析

空调器的控制电路主要是由微处理器和外围电路组成的，主要用来接收人工指令信号，以及传感器送来的温度检测信号，并将人工指令信号以及温度检测信号变为控制信号，对空调器进行控制。

1. 空调器控制电路的结构特点

空调器中的控制电路是以微处理器为核心的电路，也是空调器的核心电路。变频空调器的控制电路主要可以分为两个部分，即室内机控制电路和室外机控制电路。图 9-46 所示为海信 KFR—35GW 型变频空调器控制电路的安装位置。

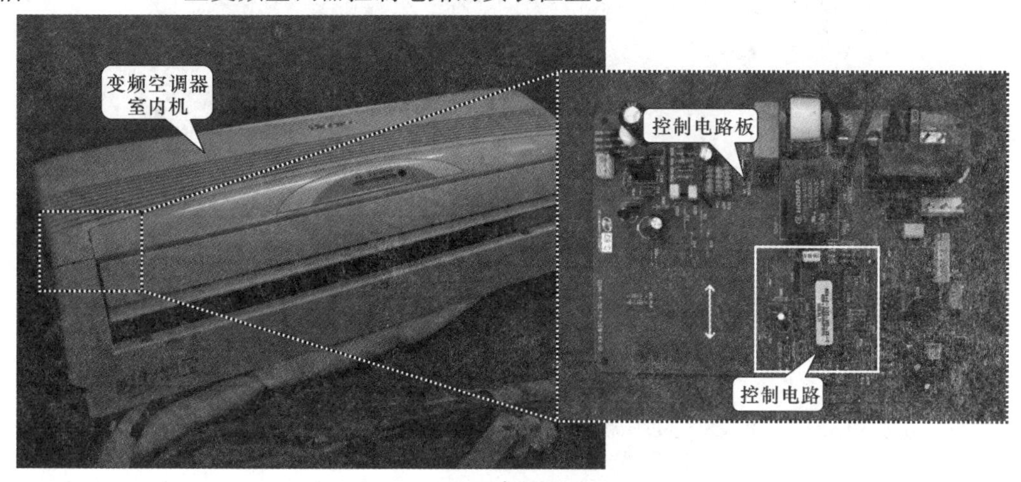

a)

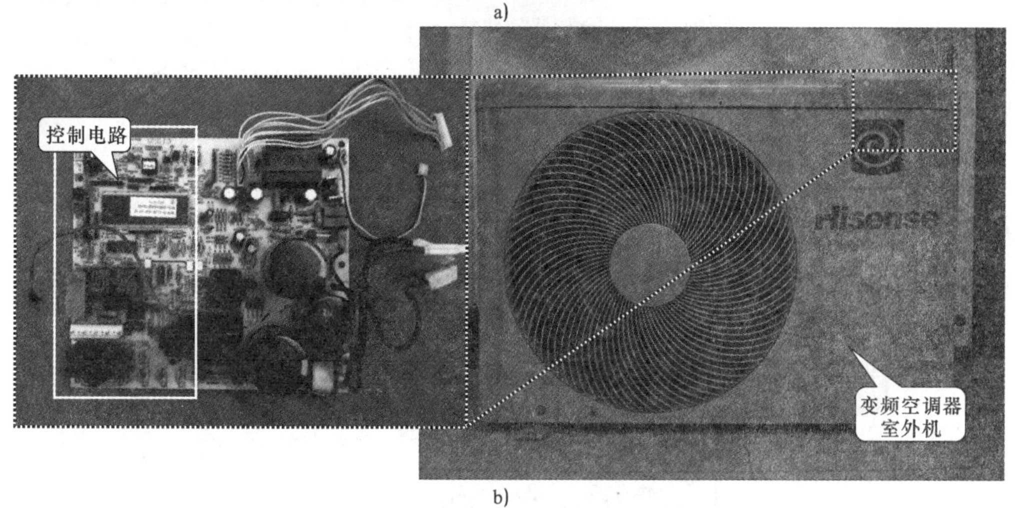

b)

图 9-46　海信 KFR—35GW 型变频空调器控制电路的安装位置

a）变频空调器室内机控制电路的安装位置　b）变频空调器室外机控制电路的安装位置

（1）室内机控制电路的结构特点

空调器室内机控制电路的工作受遥控发射器的控制，遥控发射器送来的空调器开机/关机、制冷/制热功能转换、温度设置、风速强度、导风板的摆动等信号以编码的形式送入室内机的遥控接收电路，然后送到微处理器中，微处理器对控制指令进行识别，并按照程序对空调器各部分进行控制。图 9-47 所示为海信 KFR—35GW 型变频空调器的室内机控制电路。

由图 9-47 可知，海信 KFR—35GW 型变频空调器的室内机控制电路主要是由微处理器、晶体、EEPROM 存储器以及复位电路等组成的。

微处理器是控制电路中的核心器件，又称为 CPU，内部集成有运算器和控制器，主要用来

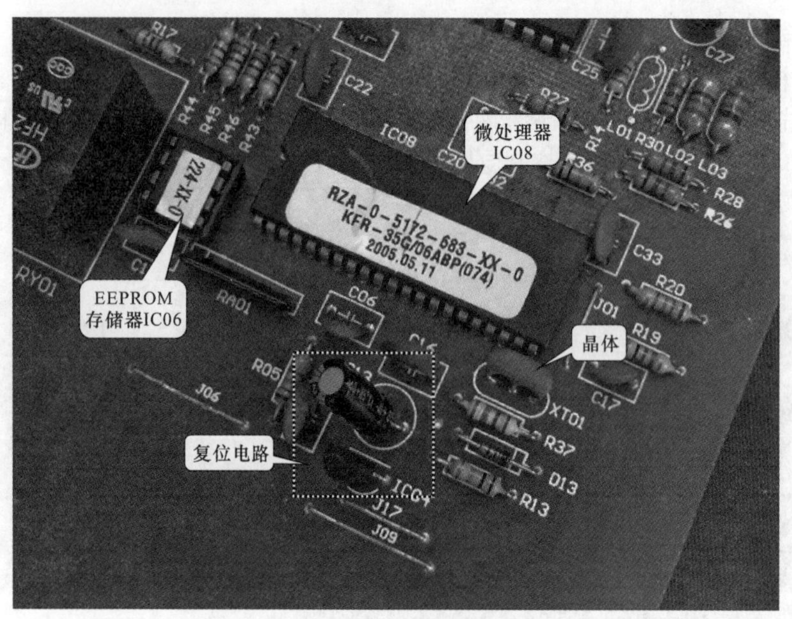

图 9-47　海信 KFR—35GW 型变频空调器的室内机控制电路

对人工信号进行识别，输出控制信号。存储器主要用来存储空调器的初始化程序信息，以及调整后的数据信息，其中调整后的数据是可以更改的。晶体主要用来和微处理器配合，产生时钟晶振信号，作为微处理器的同步信号。复位电路主要用来为微处理器提供复位信号。

（2）室外机控制电路的结构特点

变频空调器一般设有室外机控制电路，室外机控制电路中的微处理器通过通信电路接收室内机微处理器发送来的控制指令，然后对室内机微处理器送来的指令信号进行识别，解读出指令内容，再对室外机的电路以及部件进行控制。图 9-48 所示为海信 KFR—35GW 型变频空调器室外机控制电路。

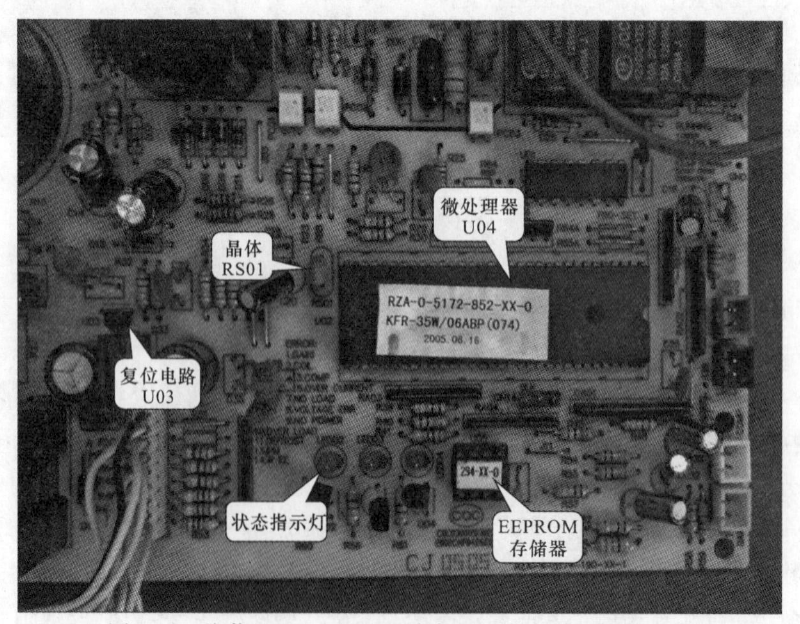

图 9-48　海信 KFR—35GW 型变频空调器室外机控制电路

由图可知，海信KFR—35GW型变频空调器的室外机控制电路也主要是由微处理器、晶体、EEPROM存储器以及复位电路等组成的。

室外机的微处理器接收由室内机微处理器送来的控制信号，然后对室外机的各个部件电路及部件进行控制。EEPROM存储器用于存储室外机系统运行的一些状态参数，例如，压缩机的运行状态数据、变频电路的工作数据等；晶体用来为微处理器提供时钟晶振信号；复位电路主要用来在开机时为微处理器提供复位信号。

提示：

变频空调器的室内机和室外机均有一个控制电路，而普通的空调器，只有在室内机上安装有控制电路，室外机无控制电路，如图9-49所示。与变频空调器相同，普通空调器的控制电路也是由微处理器和外围电路等组成的。

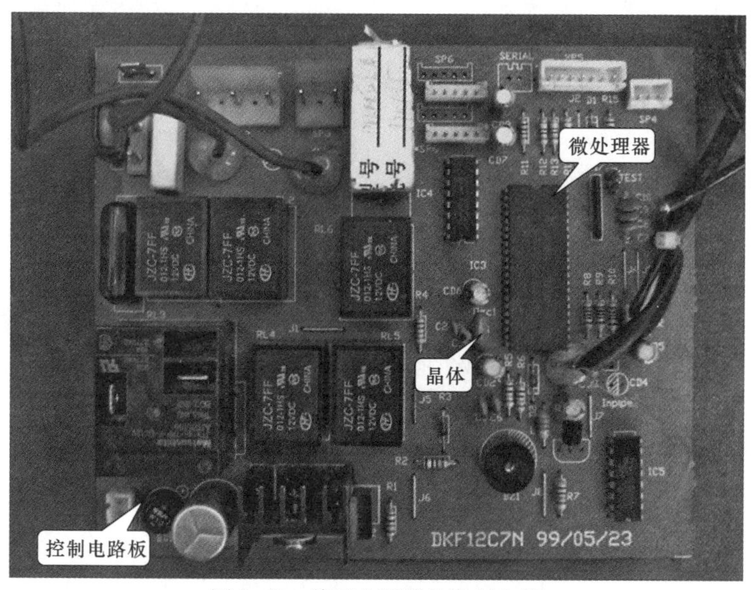

图9-49　普通空调器的控制电路

链接：

此外，在空调器室外机的电路板上，还设有电压检测电路和电流检测电路，用来检测室外机的电压和工作电流是否正常，如图9-50所示。由图可知电压检测电路主要包括电压检测

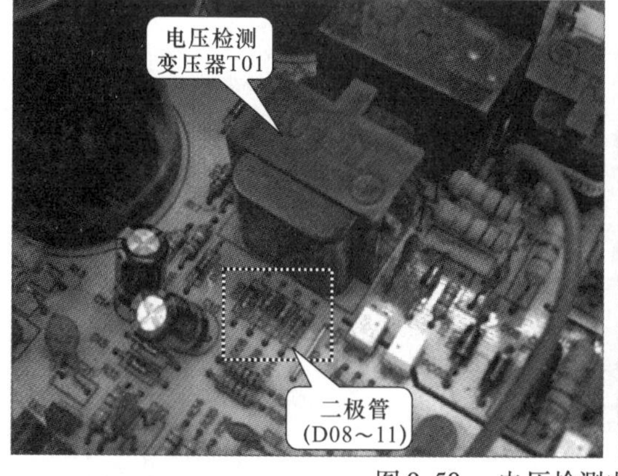

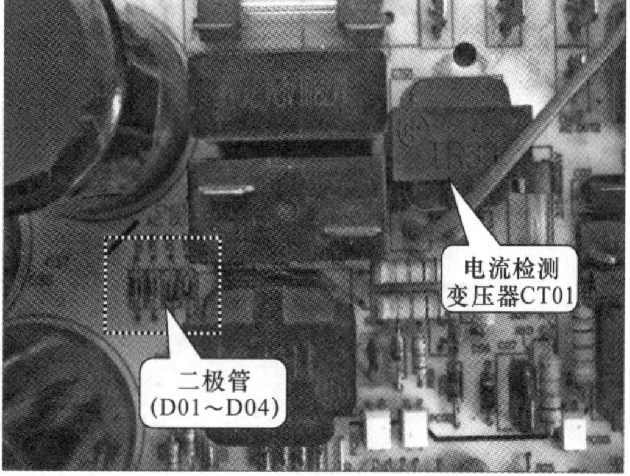

图9-50　电压检测电路和电流检测电路

变压器 T01 和整流二极管 D08 ~ D11，电流检测电路主要包括电流检测变压器 CT01 和整流二极管 D01 ~ D04 等。

图 9-51 所示为电压检测电路的原理图，交流 220V 经电压检测变压器降压后，经二极管（D08 ~ D11）整流滤波后，变成直流电压送入微处理器㉑脚，由微处理器判断室外机供电电压是否正常。交流输入电压发生变化会引起整流后直流电压的变化，处理器根据直流电压的变化情况可判别输入交流电压是否在正常的范围。

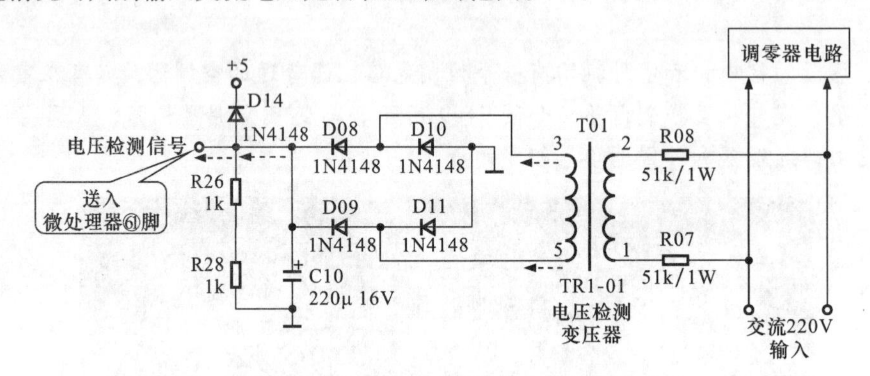

图 9-51　电压检测电路的原理图

如图 9-52 所示为电流检测电路的原理图，电流检测电路通过电流检测变压器检查交流 220V 的供电电流，当室外机工作时，交流 220V 电源供电线会有电流，该电流会使电流检测变压器的绕组感应出电压，该电压与电流成正比，经桥式整流后，会变成电压信号送到微处理器中。该电压经二极管（D01 ~ D04）处理后，送入微处理器的㉒脚，由微处理器对电压检测信号进行分析处理，从而判别电流是否在正常的范围内，如有过流情况，则对室外机进行保护控制。

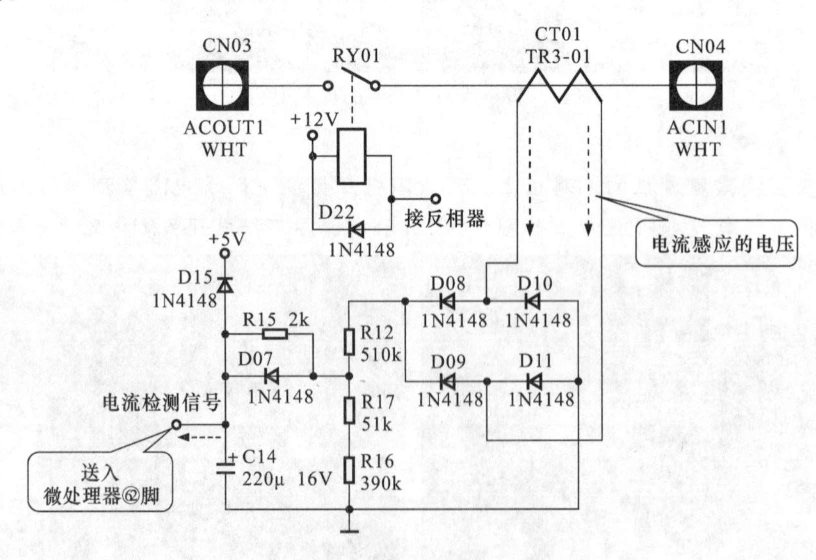

图 9-52　电流检测电路的原理图

2. 空调器控制电路的检修流程

若空调器的控制电路出现故障，则可能会造成空调器不启动、操作或显示不正常等故障。对于控制电路进行检修时，应首先了解其信号流程和检修流程。

（1）空调器控制电路的工作流程

图 9-53 所示为典型变频空调器控制电路的工作过程，该机的控制电路主要可以分为室内机控制电路和室外机控制电路两个部分，电源电路为室内机和室外机的控制电路提供工作电压。

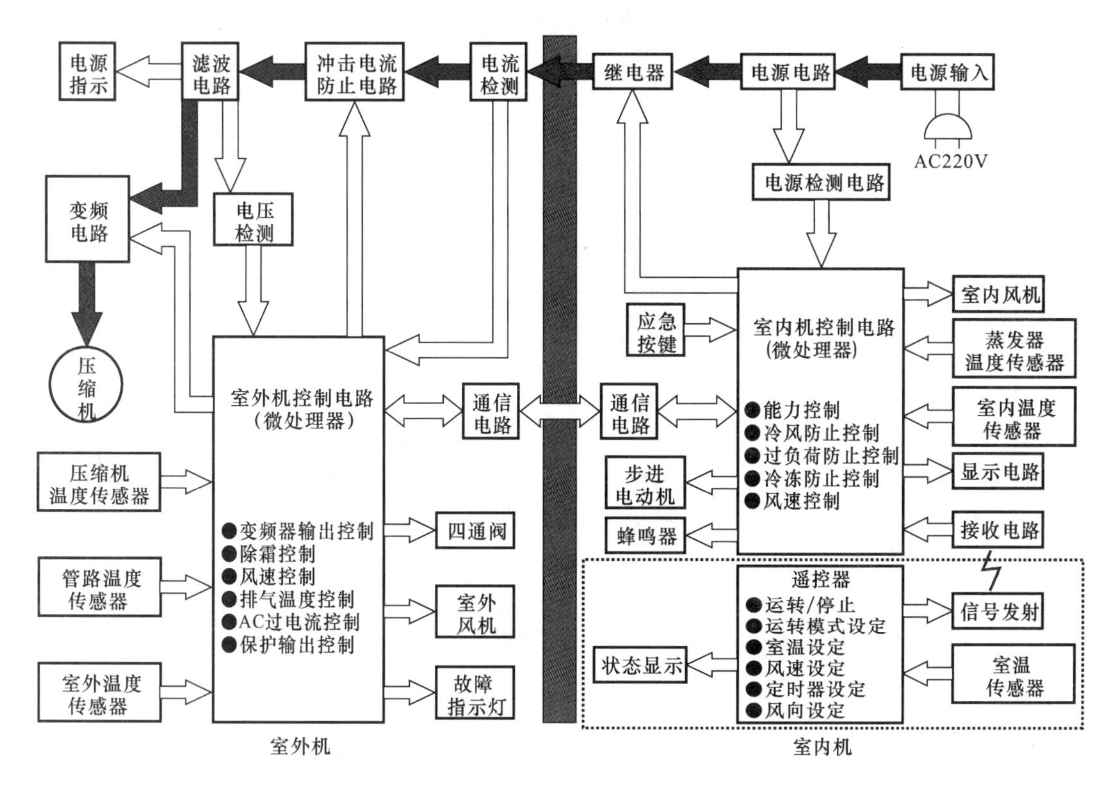

图 9-53　典型变频空调器控制电路的工作流程

室内机控制电路：由遥控器送来的人工指令信号，经接收电路后送入室内机控制电路的微处理器中，此外由蒸发器温度传感器以及室内温度传感器送来的感温信号，电源检测电路送来的检测信号，也送入微处理器。微处理器根据人工指令信号、感温信号以及检测信号，输出室内风机、步进电动机、蜂鸣器、显示电路以及继电器等控制信号，控制这些部件工作。此外，一部分控制信号经通信电路后，送往室外机的控制电路中。

室外机控制电路：室内机控制电路的控制信号，经通信电路，送入室外机控制电路的微处理器中，然后微处理器输出四通阀、室外风机以及故障指示灯的控制信号，并输出变频电路的驱动信号，由变频电路驱动压缩机工作。此外，由压缩机温度传感器、盘管温度传感器、室外温度传感器检测的温度信号，以及电压检测电路检测的信号，也送入控制电路中的微处理器中，经微处理器识别后，对输出的控制信号进行调整，如有过载情况可对各个部件进行保护。

链接：

图 9-54 所示为普通空调器控制电路的电路框图，由图可知控制电路中的微处理器接收遥控信号以及检测信号，对空调器中各部件的运行状态进行控制运算，再输出控制信号，对

整机进行控制。

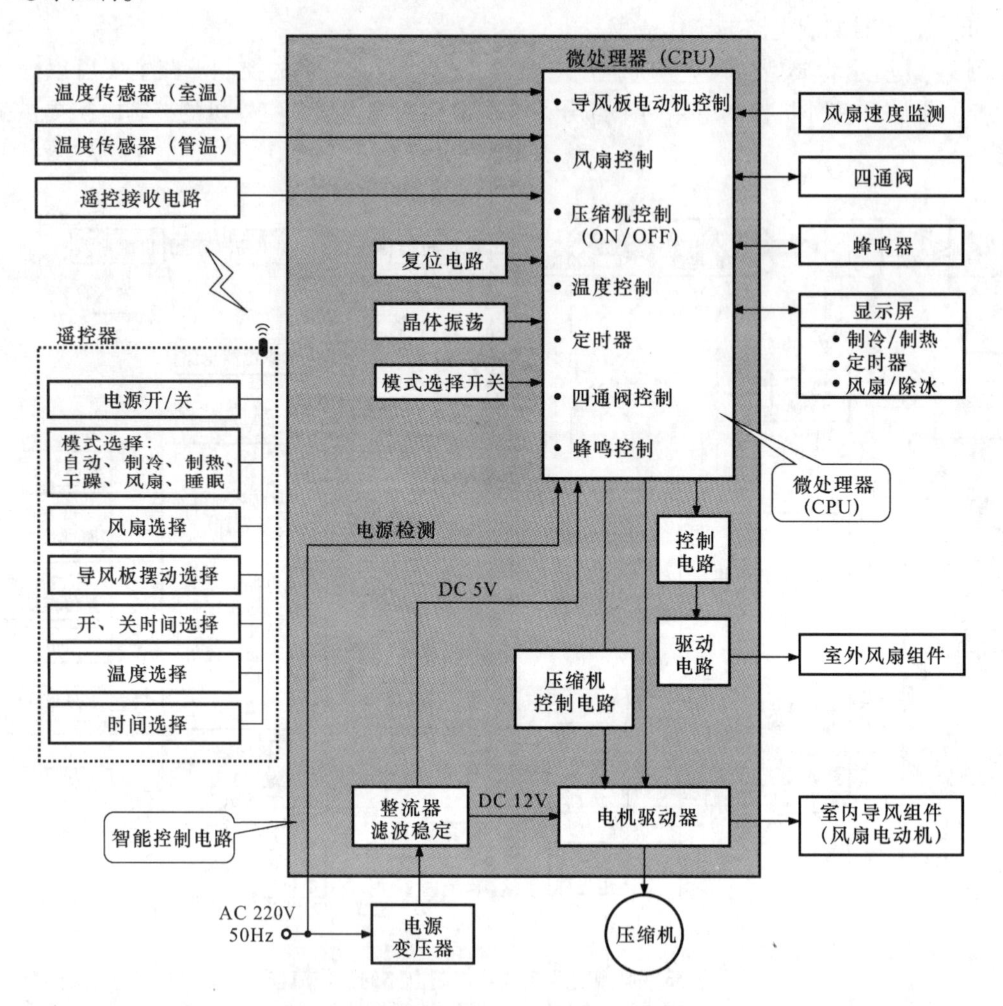

图 9-54 普通空调器控制电路的电路框图

（2）空调器控制电路的检修流程分析

对于空调器控制电路的检修，应根据控制电路的信号流程逐级进行检测，从而查找故障线索，判定故障部位。由于变频空调器的控制电路分为室内机和室外机控制电路两部分，因此可分别对这两部分进行检修分析。

• **室内机控制电路的检修分析**

对于空调器室内机控制电路的检修，应根据控制电路的信号流程逐级进行检测，从而查找故障线索，判定故障部位。图 9-55 所示为海信 KFR—35GW 型空调器的室内机控制电路。

① 电源电路送来的 5V 直流电压，为微处理器 IC08 以及存储器 IC06 提供工作电压，其中微处理器 IC08 的㉒脚和㊷脚为 +5V 供电端，存储器 IC06 的⑧脚为 +5V 供电端。对微处理器 IC08 和存储器 IC06 的供电电压进行检测，若供电电压不正常，则说明供电电路有损坏的元件，若供电电压正常，则应继续检测。

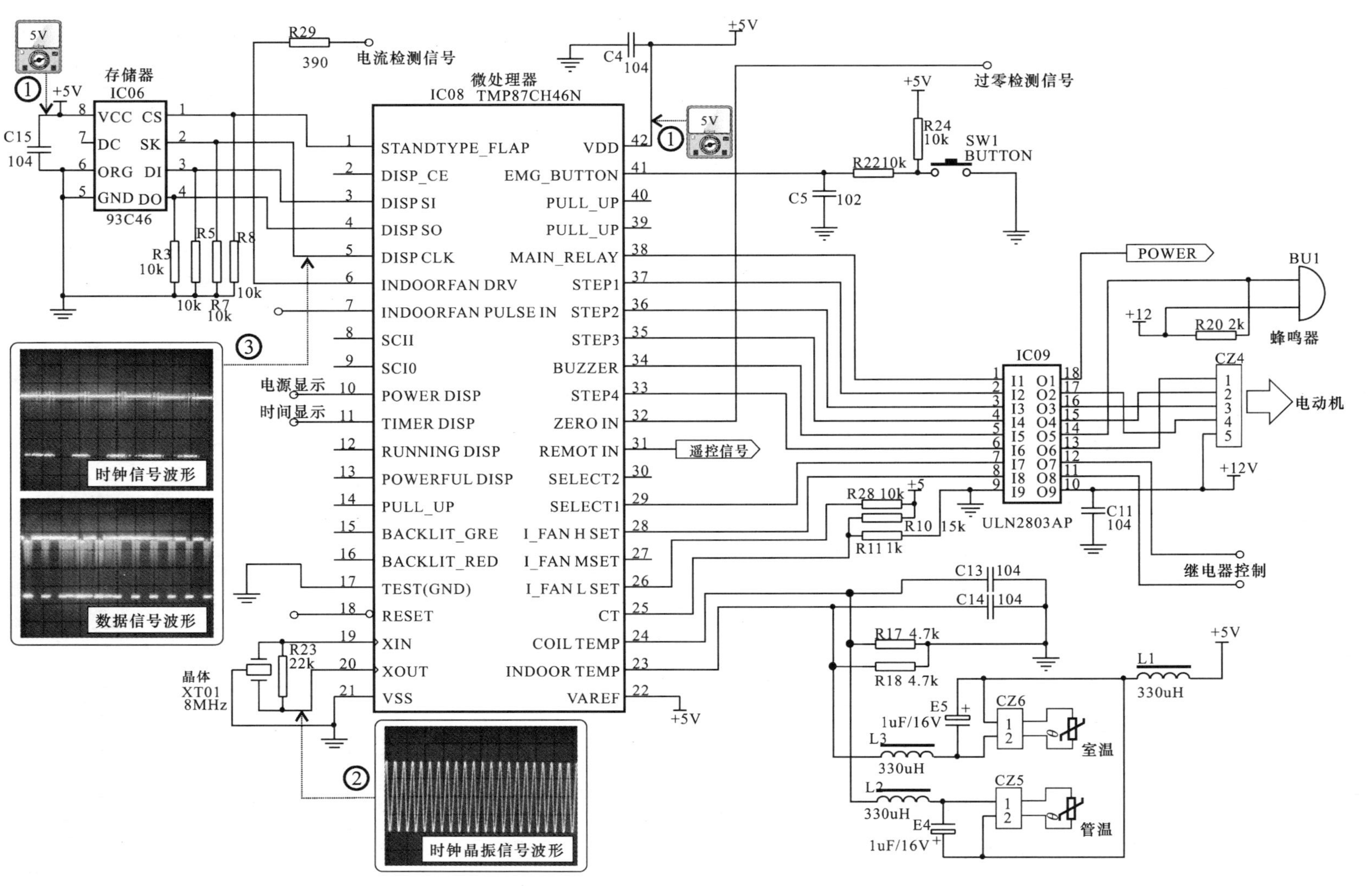

图 9-55　海信 KFR—35GW 型空调器的室内机控制电路

② 微处理器 IC08 的⑲脚和⑳脚与晶体 XT01 相连，用来产生 8MHz 的时钟晶振信号，对 IC08 的时钟晶振信号进行检测，若不正常，则可能是晶体 XT01 或 IC08 损坏。

③ 微处理器 IC08 的③脚、④脚、⑤脚为 I^2C 总线信号端（时钟总线和数据总线），与存储器 IC06 的②脚、③脚、④脚相连，用来传输数据信号，对 IC08 以及 IC06 的总线信号进行检测，若不正常，则可能是微处理器损坏。若总线信号正常，存储器无法正常工作，则可能是微处理器 IC08 本身损坏。

链接：

此外微处理器 IC08 的㉝脚～㊳脚输出蜂鸣器以及风机的驱动信号，经反相器 IC09 后控制蜂鸣器及风机工作。⑩脚和⑪脚输出电源和时间显示控制信号，送往操作显示电路板。⑱脚为复位信号端，用来连接复位电路。

- **室外机控制电路的检修分析**

对于空调器室外机控制电路的检修，应根据控制电路的信号流程逐级进行检测，从而查找故障线索，判定故障部位。图 9-56 所示为海信 KFR—35GW 型空调器的室外机控制电路。

① 微处理器 U02 的㊺脚和㊿脚为 5V 直流电压供电端，存储器 U05 的⑧脚为 5V 直流电压供电端。对微处理器 U02 和存储器 U05 的供电电压进行检测，若供电电压不正常，则应对供电电路进行检测，若供电电压正常，则应继续检测。

② 微处理器 U02 的㉚脚和㉛脚外接晶体 RS01，用来产生 16MHz 的时钟晶振信号，对 U02 的时钟晶振信号进行检测，若该信号不正常，则可能是晶体 RS01 或微处理器 U02 本身损坏。

③ 微处理器 U02 的㉝脚～㊳脚输出 PWM 驱动信号，经变频电路接口送入变频电路中。对微处理器 U02 输出的 PWM 驱动信号进行检测，若不正常，则可能是微处理器 U02 损坏。

④ 微处理器 U02 的㊻脚～㊽脚为时钟信号、数据输出、数据输入信号端，与存储器 U05 的②脚～④脚相连，用来传输时钟和数据信号。对该信号进行检测，若不正常，则可能是微处理器或存储器本身损坏。

9.2.2 空调器控制电路的检修方法

1. 检修空调器控制电路的图解演示

根据上述内容可知，检修空调器的控制电路可顺其基本的信号流程，对控制电路中的主要元器件进行检测，例如微处理器、晶体以及存储器等。变频空调器室内机和室外机控制电路的结构基本相同，其检修方法也基本相同，下面以海信 KFR—35GW 型空调器室内机的控制电路为例，介绍其检修方法。

（1）微处理器 IC08 的检测

首先对微处理器 IC08 的供电电压进行检测，检测时将万用表调至直流 10V 电压挡，将黑表笔搭在接地端的引脚上，红表笔搭在 IC08 的㉒脚和㊷脚上，即可以检测到 5V 的供电电压，如图 9-57 所示。

接着对微处理器 IC08 的时钟晶振信号进行检测，将示波器的探头搭在 IC08 的⑲脚和⑳脚上时，便可以检测到时钟晶振信号的波形，如图 9-58 所示。若时钟晶振信号不正常，则可能是晶体或微处理器 IC08 损坏。

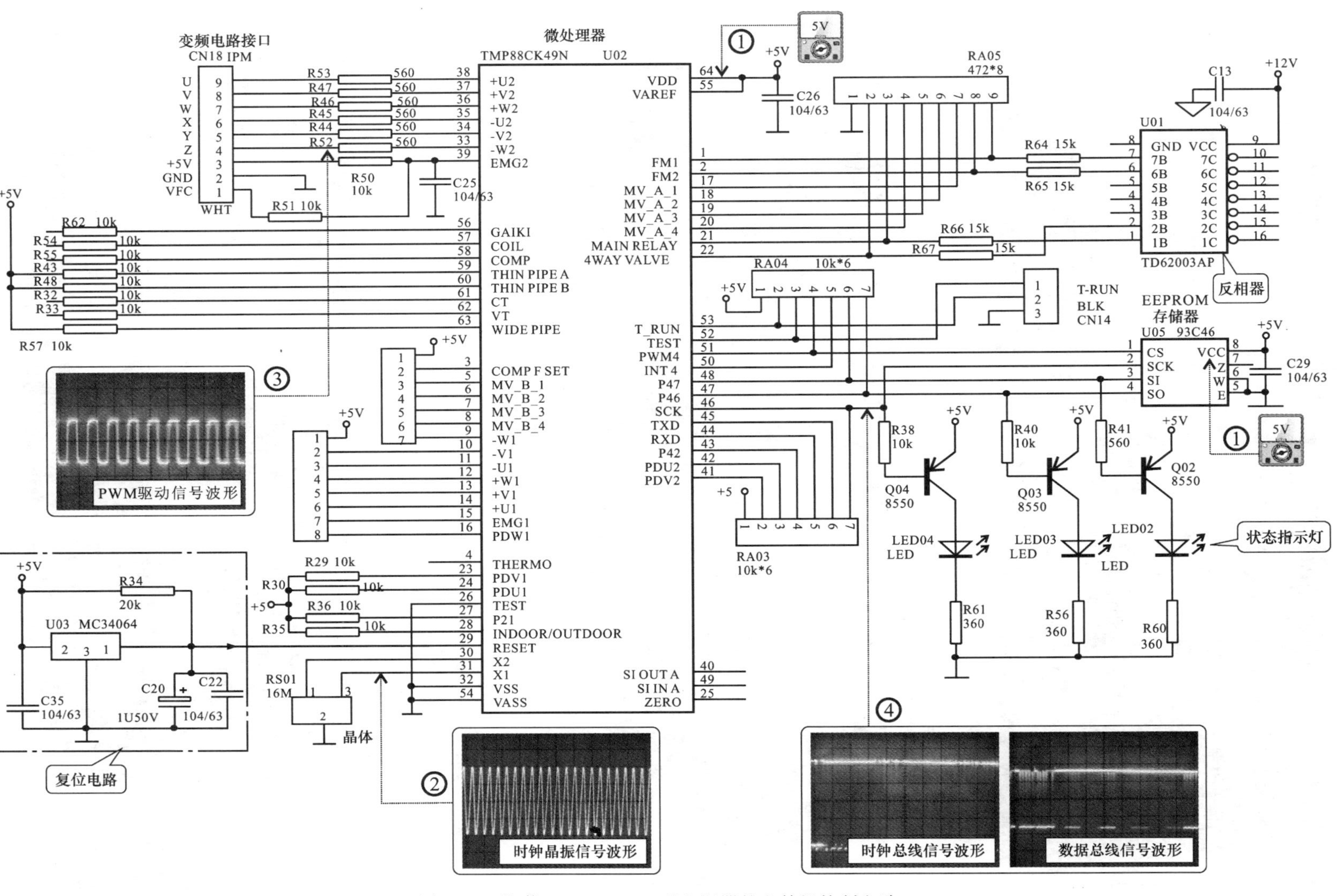

图 9-56　海信 KFR—35GW 型空调器的室外机控制电路

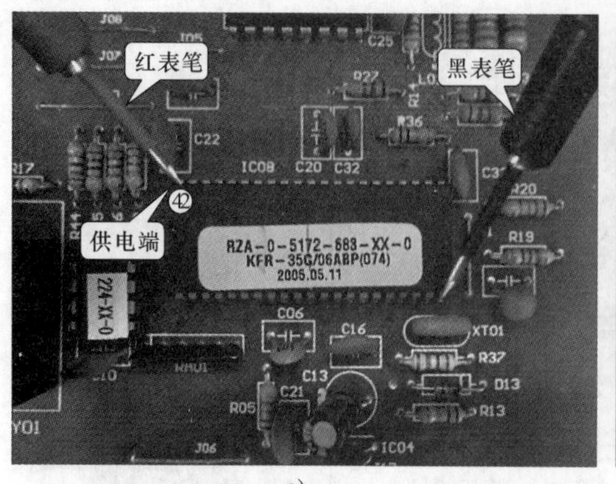

a)

b)

图 9-57　微处理器 IC08 供电电压的检测方法

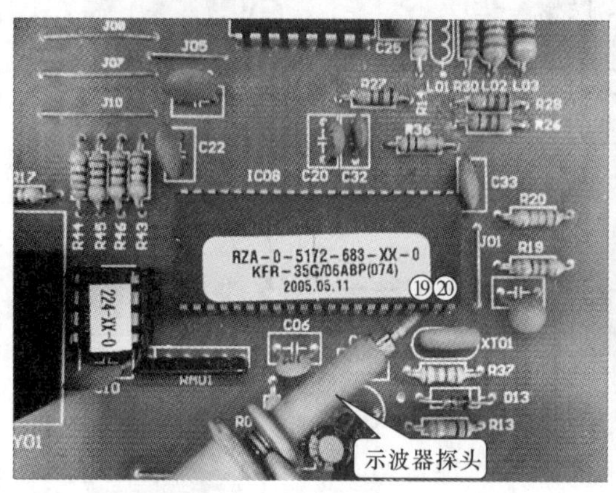

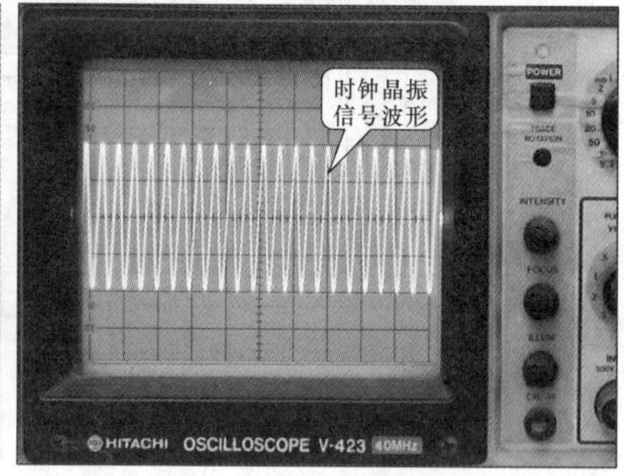

图 9-58　微处理器 IC08 时钟晶振信号的检测方法

对微处理器 IC08 的数据和时钟信号进行检测，该信号可在 IC08 的③脚、④脚、⑤脚上测得，如图 9-59 所示，在供电电压和时钟晶振信号正常的情况下，若数据和时钟信号不正常，则可能是微处理器 IC08 本身损坏。

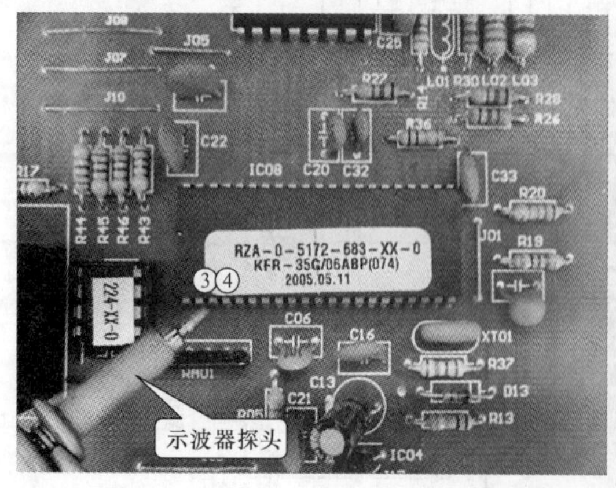

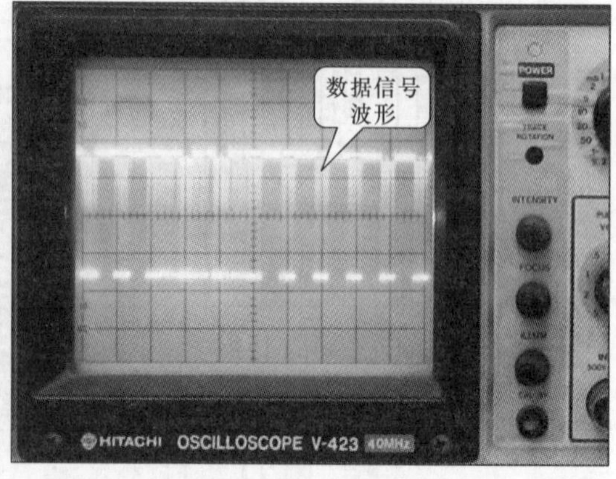

图 9-59　微处理器 IC08 的数据和时钟信号的检测方法

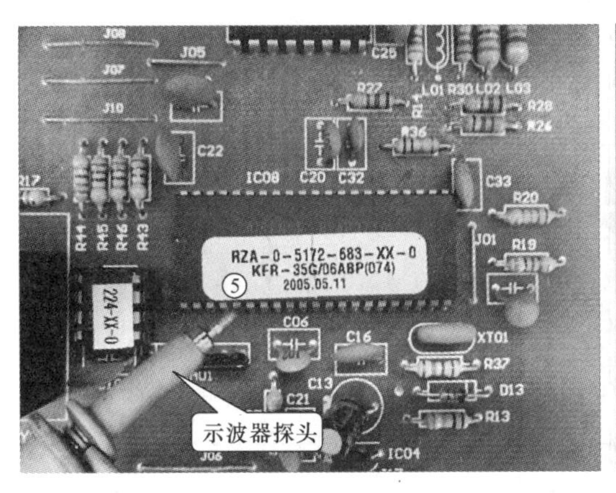

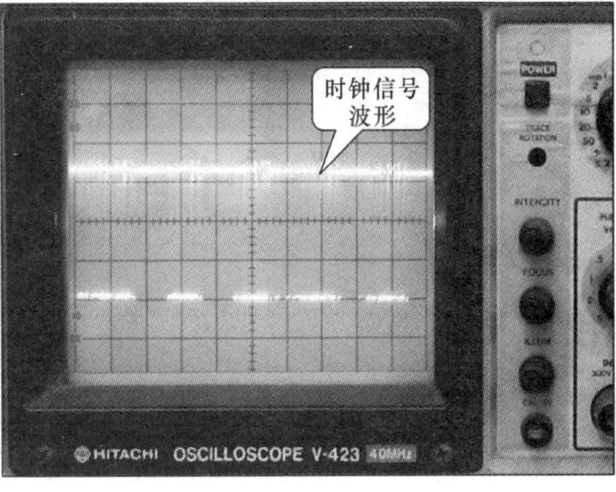

图 9-59　微处理器 IC08 的数据和时钟信号的检测方法（续）

链接：

此外，还可以用检测微处理器 IC08 各引脚之间正向和反向对地阻值的方法，来判断微处理器 IC08 是否正常。检测正向对地阻值时，应将黑表笔接地端，红表笔搭在其他引脚上；检测反向对地阻值时，应将红表笔接地端，用黑表笔搭在其他引脚上，如图 9-60 所示，正常情况下微处理器 IC08 各引脚之间的对地阻值见表 9-1。

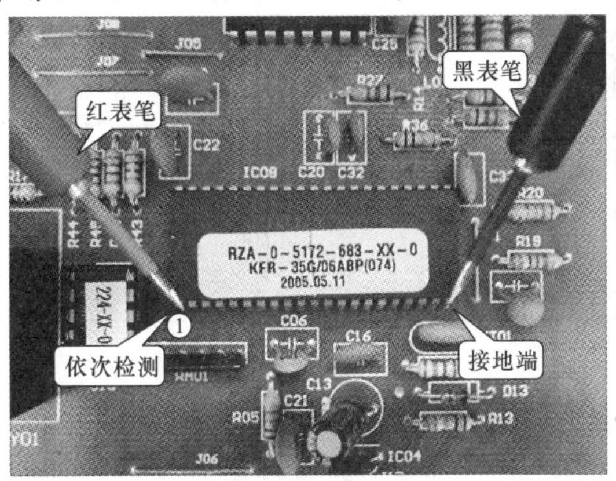

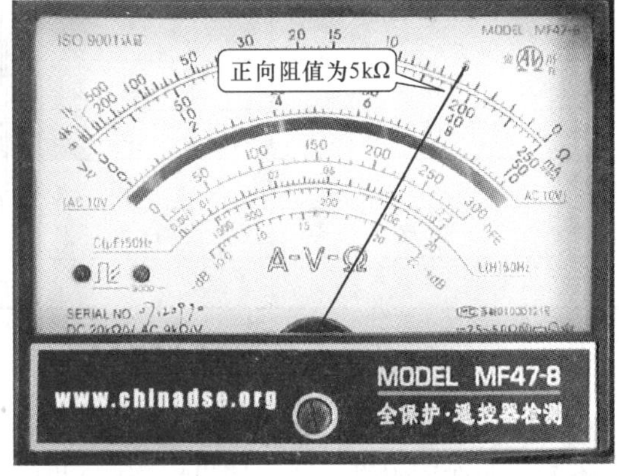

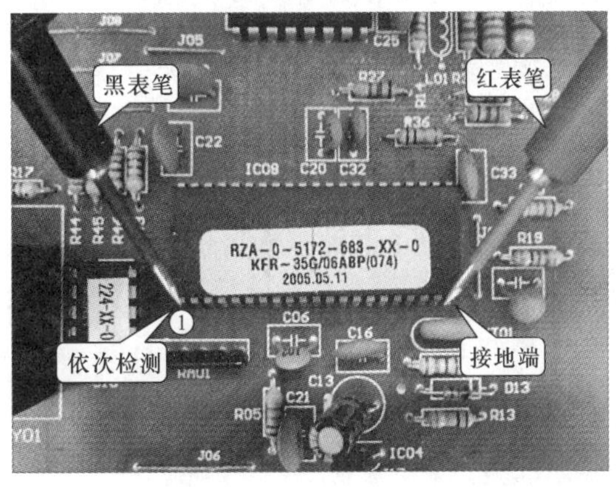

图 9-60　检测微处理器 IC08 各引脚之间的正向和反向对地阻值

表 9-1　微处理器 IC08 各引脚之间的对地阻值

引脚	正向对地阻值（×1k）	反向对地阻值（×1k）	引脚	正向对地阻值（×1k）	反向对地阻值（×1k）
①	5	8	㉒	2	2.2
②	6.5	7	㉓	3.5	3.5
③	5	8	㉔	3.5	3.5
④	4.8	7.5	㉕	2	2
⑤	5	8	㉖	6.5	11
⑥	8	13	㉗	7.5	13
⑦	7.5	13	㉘	7.5	13
⑧	7	12.5	㉙	7.5	13
⑨	8	13	㉚	7.5	13
⑩	8	13	㉛	7.5	13
⑪	8	13	㉜	8	12
⑫	8	13	㉝	7.5	9
⑬	8	13	㉞	6.5	9
⑭	8	13	㉟	6.5	9
⑮	8	13	㊱	6.5	9
⑯	8	13	㊲	6.5	9
⑰	0	0	㊳	6.5	9
⑱	6	8.5	㊴	8	∞
⑲	8	13.5	㊵	7.5	13
⑳	8	13.5	㊶	8	11
㉑	0	0	㊷	2	2

（2）晶体 XT01 的检测

可用检测晶体 XT01 端波形的方法来判断晶体是否正常，在开机的状态下，将示波器的探头搭在晶体的引脚上时，便可以检测到时钟晶振信号的波形，如图 9-61 所示。

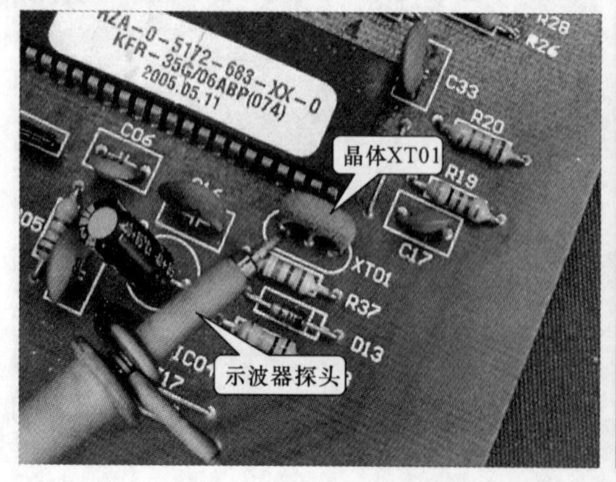

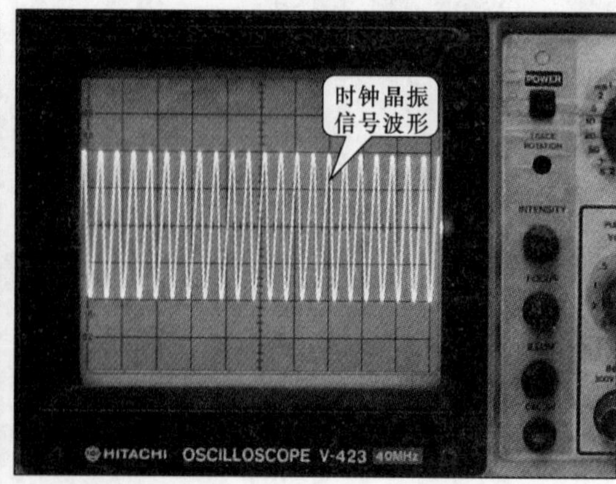

图 9-61　晶体 XT01 的检测方法

若晶体 XT01 的引脚端无时钟晶振信号波形，则可能是晶体本身损坏，也可能是微处理器损坏。可用代换法进行判定，即用性能良好的晶体进行代换，代换后若故障排除，则属于晶体故障，若代换后故障依旧，则可能是微处理器或外围元器件损坏。

（3）存储器 IC06 的检测

对存储器 IC06 的 5V 供电电压进行检测，该电压可在存储器 IC06 的⑧脚上测得，如图 9-62 所示。

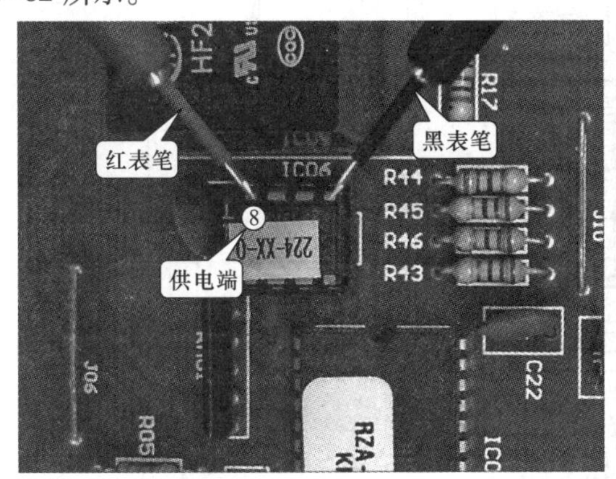

图 9-62　存储器 IC06 供电电压的检测方法

此外还应对微处理器 IC08 送来的时钟和数据信号进行检测，该信号同微处理器 IC08 输出的相同。存储器 IC06 在供电电压和始终和数据信号正常的情况下，存储器 IC06 无法正常工作，则可能是其本身已经损坏。

存储器 IC06 也可以用检测各引脚之间对地阻值的方法来判断是否正常，正常情况下，IC06 各引脚的正向和反向对地阻值见表 9-2，若实测的阻值与标准值差异过大，则可能是存储器 IC06 本身损坏。

表 9-2　存储器 IC06 各引脚之间的对地阻值

引脚	正向对地阻值（×1k）	反向对地阻值（×1k）	引脚	正向对地阻值（×1k）	反向对地阻值（×1k）
①	5	8	⑤	0	0
②	5	8	⑥	0	0
③	5	8	⑦	∞	∞
④	4.5	7.5	⑧	2	2

2. 空调器控制电路的检修案例训练

当空调器的控制电路出现故障后，则可根据其电路结构和信号流程进行检修分析，再按照其检修方法，对故障进行检修。下面就以控制电路典型的故障为例，介绍控制电路的检修实例。

- **故障表现**

美的 KFR－26GW 型空调器，通电后使用遥控器无法开机，显示屏无显示。

- **检修分析**

美的 KFR－26GW 型空调器，出现通电后，使用遥控器无法开机，显示屏无显示的故障，则可能是控制电路中有损坏的元器件造成的。图 9-63 所示为美的 KFR－26GW 型空调器的控制电路，该电路主要是由微处理器 780021、存储器 IC9、晶体 XT1 等组成的。

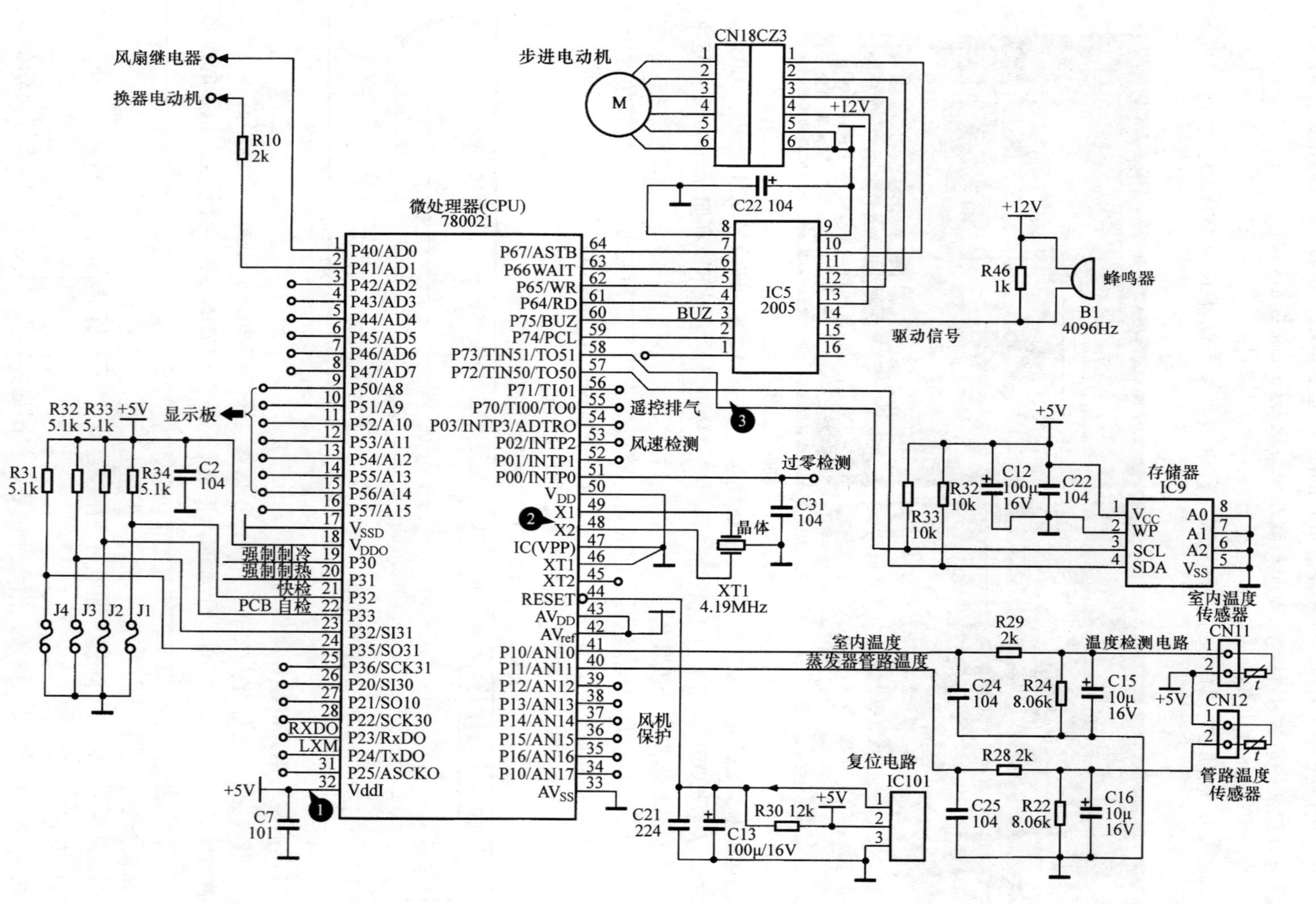

图 9-63　美的 KFR—26GW 型空调器的控制电路

① 微处理器 780021 的㉜脚为 5V 电压供电端，首先对微处理器的供电电压进行检测，若供电电压不正常，则微处理器无法正常工作。

② 微处理器 780021 的㊽脚和㊾脚与晶体 XT1 相连，用来产生 4. 19MHz 的时钟晶振信号，对微处理器的时钟晶振信号进行检测，若波形不正常，则可能是晶体 XT1 或微处理器 780021 损坏。

③ 微处理器 780021 的㊺脚和㊼脚为 I^2C 总线信号端，与存储器 IC9 相连，用来传输数据信号。对微处理器 780021 的 I^2C 总线信号进行检测，在供电电压和时钟晶振信号正常的情况下，若 I^2C 总线信号不正常，则可能是微处理器本身损坏。

- **检测方法**

对微处理器 780021 的供电电压进行检测，正常情况下，该电压可在微处理器 32 脚上测得，如图 9-64 所示，实测供电电压正常。

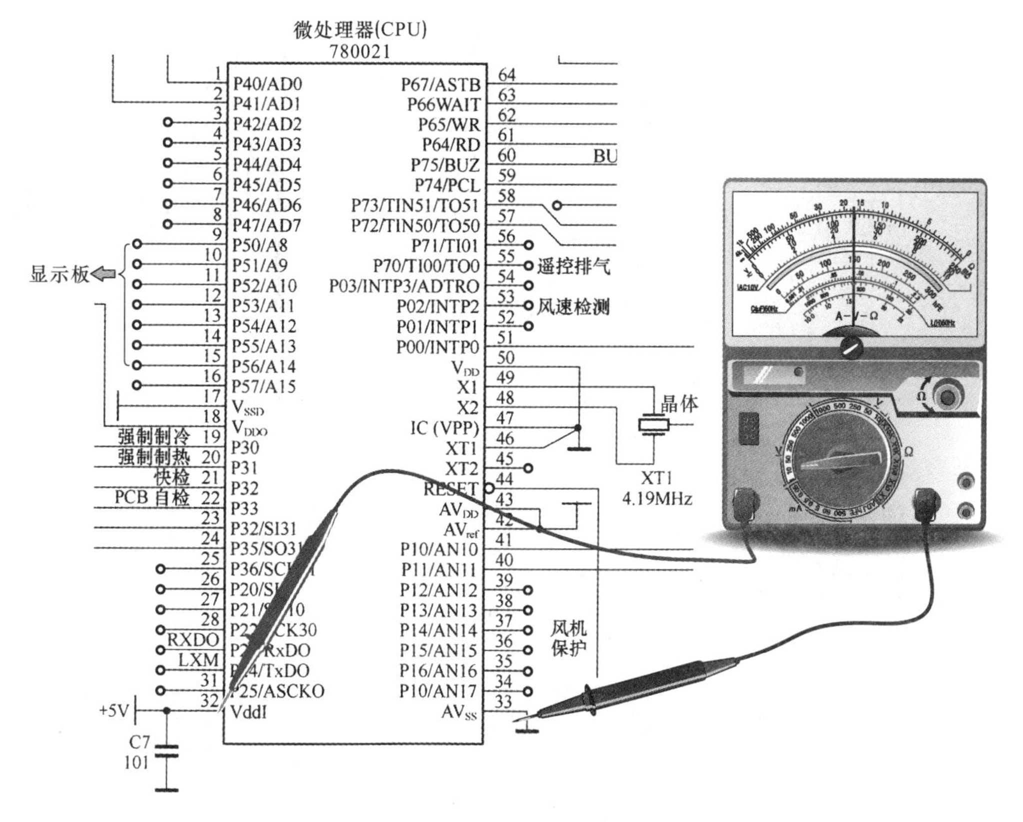

图 9-64　微处理器 780021 供电电压的检测方法

微处理器 780021 的供电电压正常，则应对时钟晶振信号进行检测，该信号可在微处理器 780021 的㊽脚和㊾脚上测得，如图 9-65 所示，实测无时钟晶振信号波形。怀疑晶体 XT1 损坏，用同型号晶体进行代换后，故障依旧。

接着对微处理器 780021 的 I^2C 总线信号进行检测，将示波器的探头搭在㊺脚和㊼脚上，此时无波形，如图 9-66 所示。怀疑微处理器 780021 本身损坏，用同型号微处理器进行代换后，通电试机，故障排除。

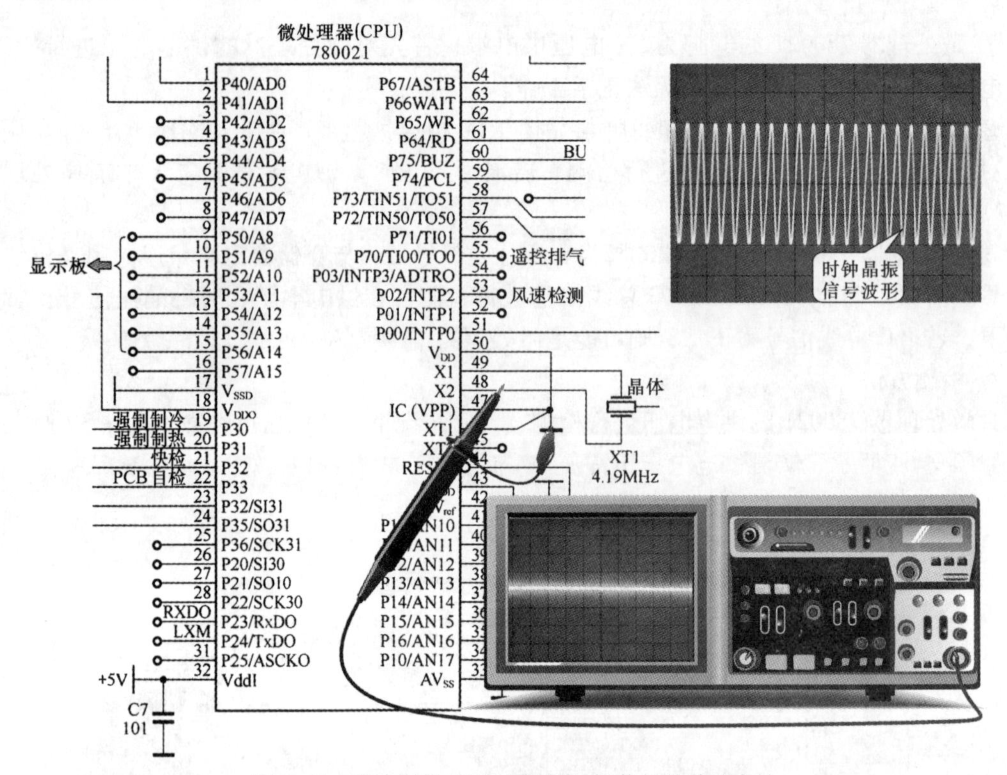

图 9-65　微处理器 780021 时钟晶振信号的检测方法

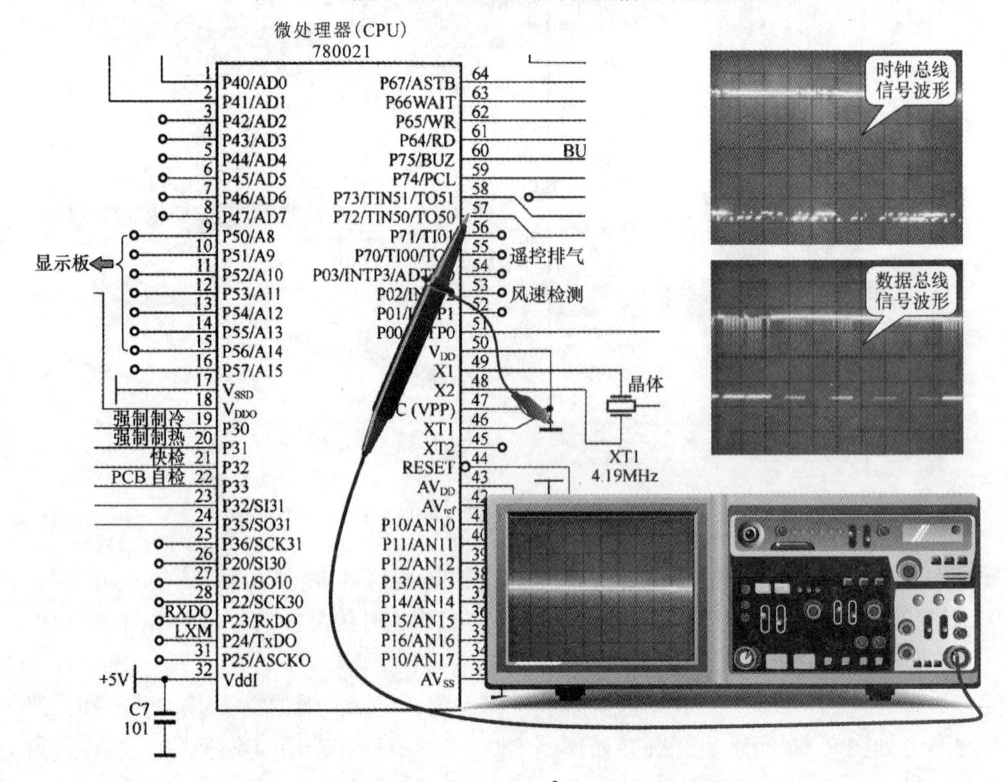

图 9-66　微处理器 780021 的 I^2C 总线信号的检测方法

9.3　掌握空调器显示和遥控电路的检修方法

9.3.1　空调器显示和遥控电路的检修分析

1. 空调器显示和遥控电路的结构特点

空调器的显示和遥控电路主要包括显示工作电路、遥控接收电路和遥控发射电路。其中，遥控发射电路是一个发送遥控指令的独立电路单元，用户通过遥控器将人工指令信号以红外光的形式发送到空调器的遥控接收电路中；遥控接收电路将接收的红外光信号转换成电信号，并进行放大，滤波和整形处理变成控制脉冲，然后送给室内机的微处理器中；显示电路则是用于显示空调器当前的工作状态。图9-67所示为海信KFR－35W/06ABP型空调器的显示和遥控电路。

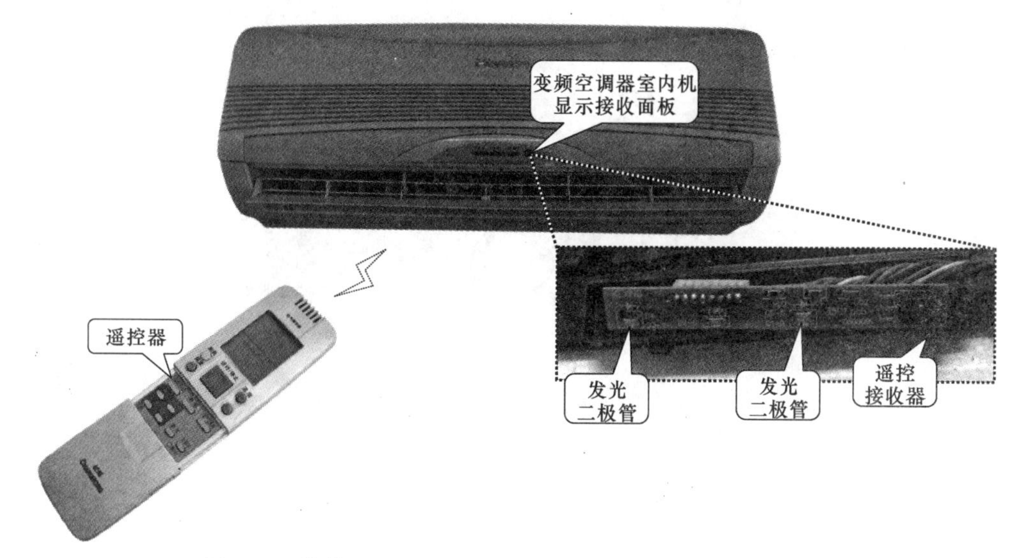

图9-67　海信KFR－35W/06ABP型空调器的显示和遥控电路

由图可知，海信KFR－35W/06ABP型空调器的显示和遥控电路主要是由遥控器、发光二极管D1～D5、遥控接收器U01以及连接插件J1等组成的。

（1）发光二极管D1～D5

发光二极管D1～D5主要是在微处理器的驱动下显示当前空调器的工作状态，图9-68所示为发光二极管的实物外形，由图9-68可知，发光二极管D3主要是用来显示空调器的电源状态；发光二极管D2主要是用来显示空调器的定时状态；发光二极管D5和D1分别用来显示空调器的运行和高效状态。

（2）遥控接收器U01

遥控接收器U01主要是用来接收由遥控器发出的人工指令，并将接收到的信号进行放大、滤波以及整形等处理后，将其变成控制信号，送到室内机的控制电路中，为控制电路提供人工指令。图9-69所示为遥控接收器U01的实物外形。

由图可知，遥控接收电路中的遥控接收器主要有三个引脚端，分别为接地端、电源供电端和信号输出端。

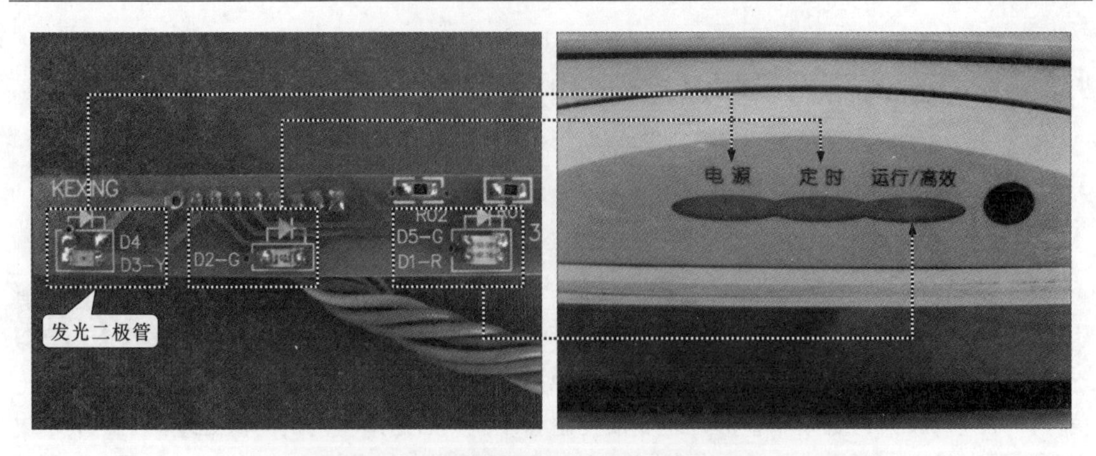

图 9-68　发光二极管 D1 ~ D5 的实物外形

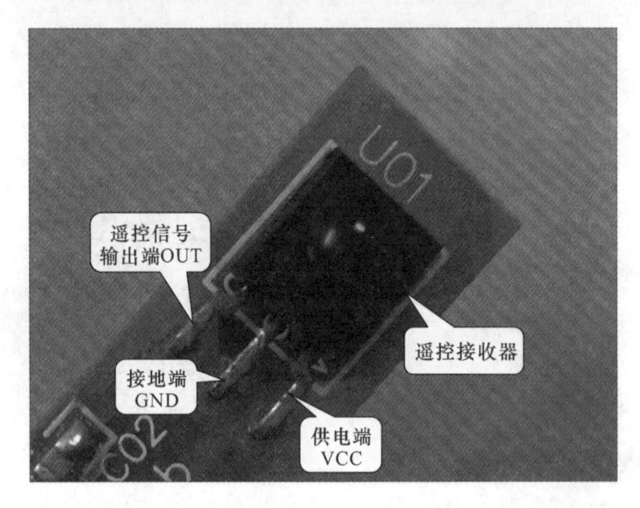

图 9-69　遥控接收器 U01 的实物外形

链接：

遥控接收器是接收遥控信号的主要器件，当遥控器发出红外光遥控信号后，遥控接收器的光电二极管将接收到的红外脉冲信号（光信号）并转变为控制信号（电信号），再经 AGC 放大（自动增益控制）、滤波和整形后，将控制信号传输给微处理器。图 9-70 所示为遥控接收器的内部电路结构。

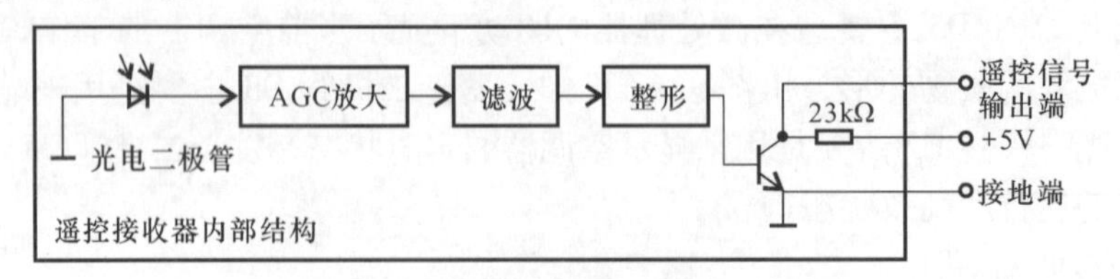

图 9-70　遥控接收器的内部电路结构

（3）连接插件 J1

连接插件 J1 主要是用来传输显示和遥控接收电路供电以及与控制电路之间进行信号传输，其实物外形如图 9-71 所示。

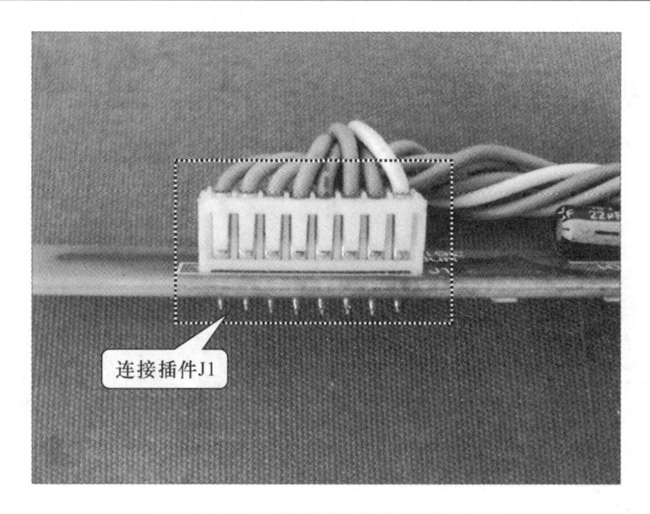

图 9-71　连接插件 J1 的实物外形

链接：

不同品牌型号空调器的显示和遥控接收电路的功能基本相同，只是主要的组成器件并不完全相同。图 9-72 所示为分体柜式变频空调器遥控接收电路的安装位置以及组成部分。

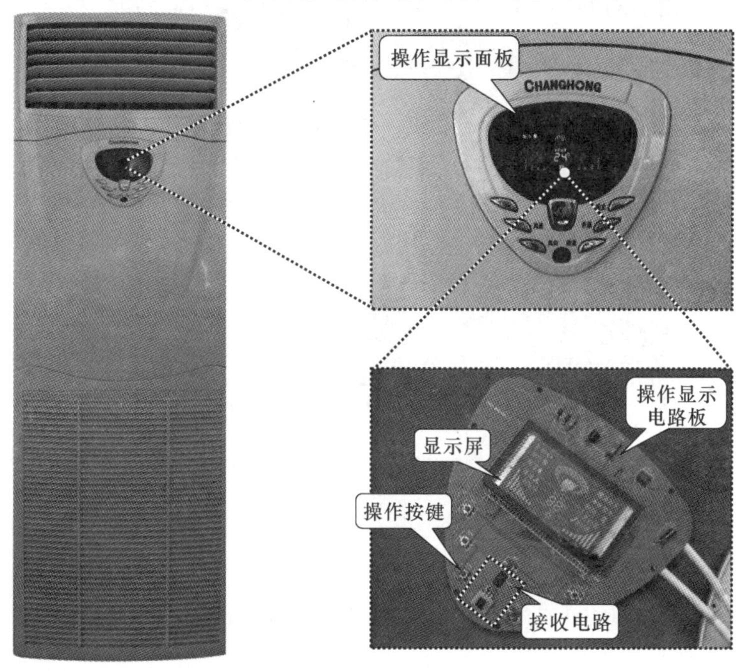

图 9-72　分体柜式变频空调器接收电路的安装位置和组成

（4）遥控器

遥控器是一个以微处理器为核心的编码控制电路，它可以将人工指令信号编制成串行数据信号，再通过红外发光二极管发射出去，将控制信号传输到空调器室内机的遥控接收电路，为空调器的控制电路提供人工指令，其实物外形如图 9-73 所示。

由上图可知，遥控器主要是由电池仓、操作按钮、液晶显示屏以及红外发光二极管等构

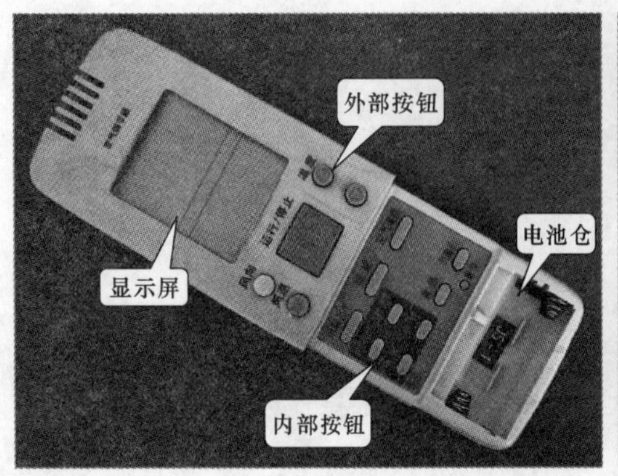

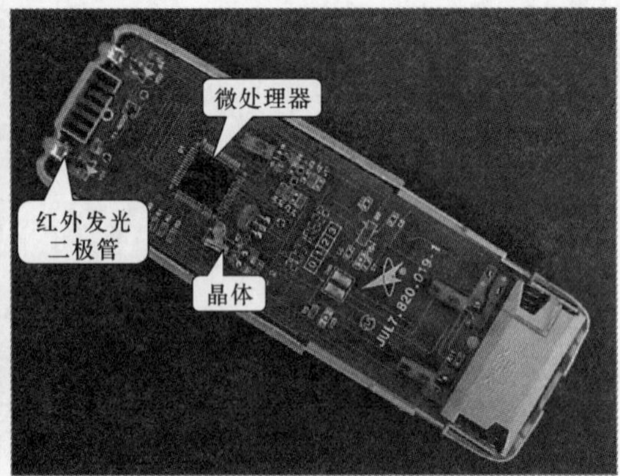

图 9-73　遥控发射器的实物外形

成的。

链接：

空调器的遥控器除了专用的型号以外，还有多功能合一的万能遥控器，不同型号的遥控器的外形及电路结构也不完全相同。图 9-74 所示为不同型号品牌空调器的遥控器外形。

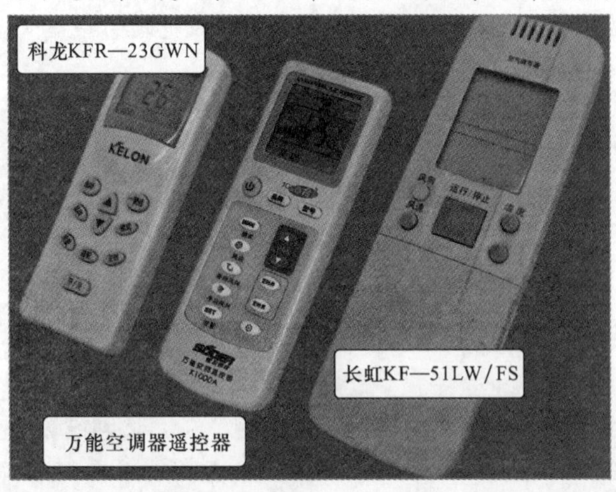

图 9-74　不同型号品牌空调器的遥控器实物外形

① 操作按键

遥控器中的操作按键主要是用来输入人工指令的，为遥控接收电路提供人工信号，通过不同的功能按键来发送相应的运行指令。图 9-75 所示为遥控器的操作按键。

提示：

遥控器中操作按键的功能主要是通过按键与电路板中触点之间的导电硅胶来实现的，如图 9-76 所示，当按下某一按键时，该按键下的导电硅胶则会与电路板中的触点接通，从而实现发送该按键上的功能指令。

链接：

不同品牌不同型号的变频空调器的遥控器操作按键也各有特点，主要可以分为外部按键和内部按键两种，如图 9-77 所示，外部按键位于遥控器的外部，内部按键则需要打开遥控器的滑盖后才可以看到。

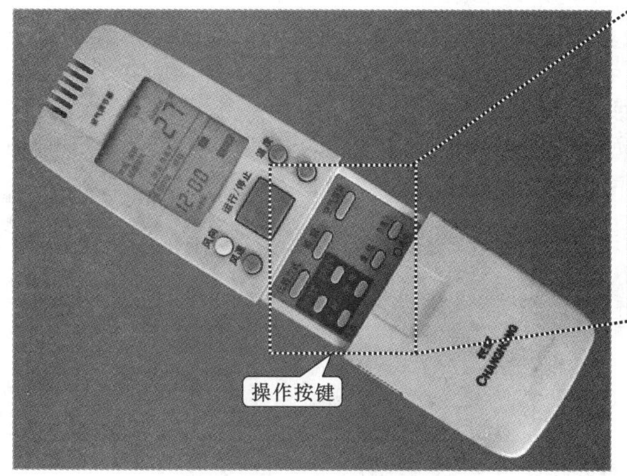

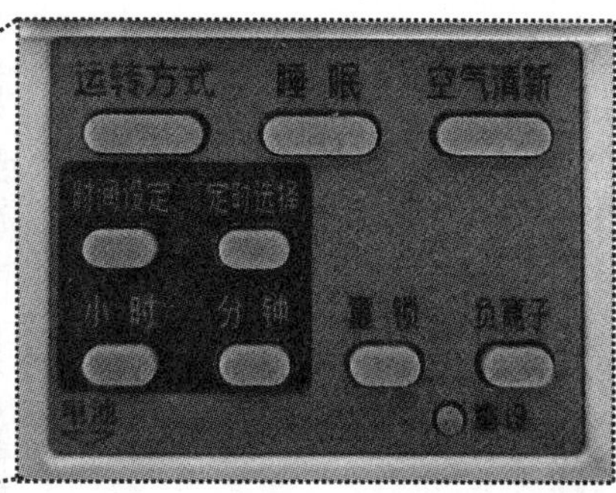

图 9-75　遥控器中的操作按键

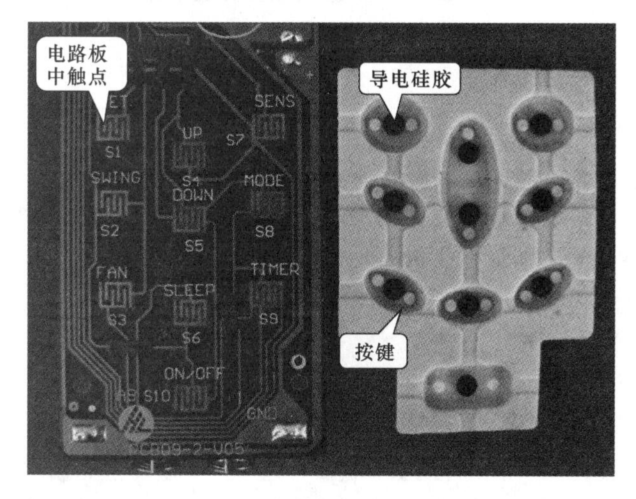

图 9-76　操作按键的内部结构

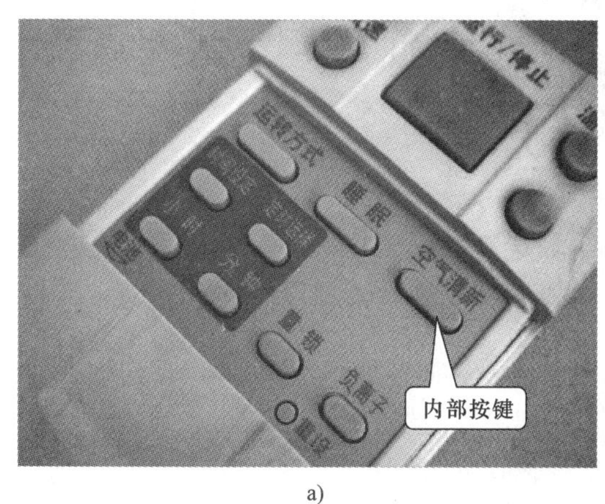

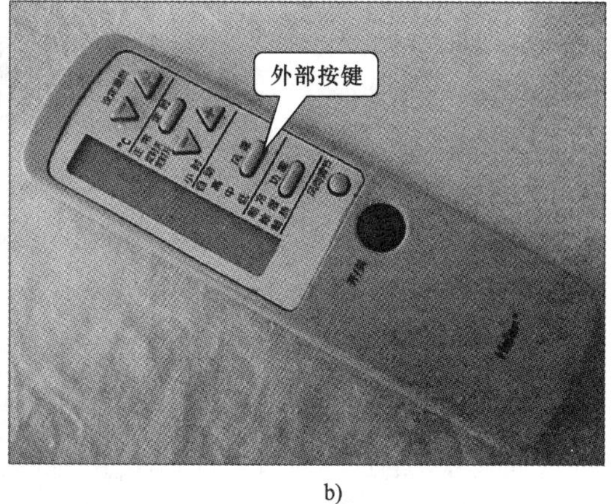

a)　　b)

图 9-77　空调器中遥控器的操作按键

② 显示屏

显示屏是一种液晶显示器件，主要是用来显示当前空调器的工作状态，例如风速、温度、定时以及其他功能的显示，其外形如图 9-78 所示。

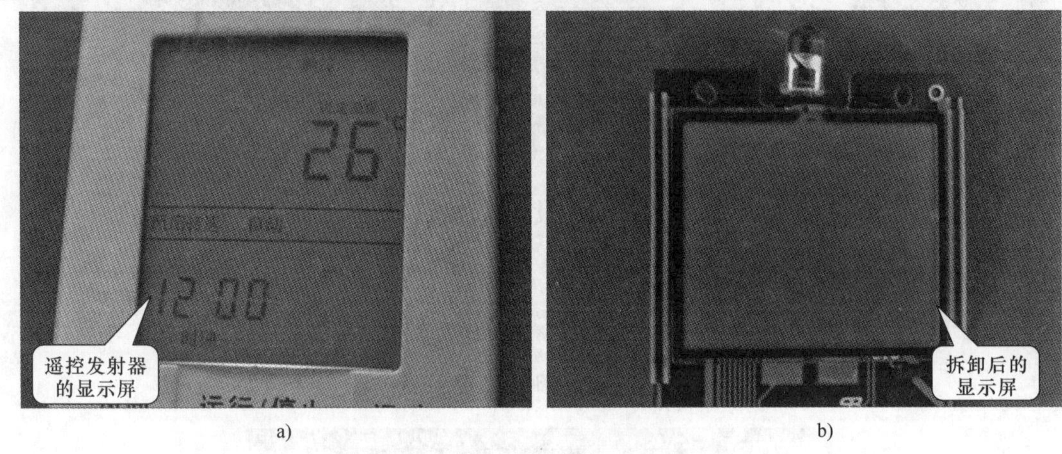

图 9-78　显示屏的实物外形

链接：

有些遥控器中的显示屏并不是通过连接线为其提供工作条件以及信号，而是通过导电硅胶作为导体相互连接的，如图 9-79 所示，在该显示屏与电路板引脚之间安装有一种导电硅胶，使电路板中的触点与显示屏中的引脚进行连接。

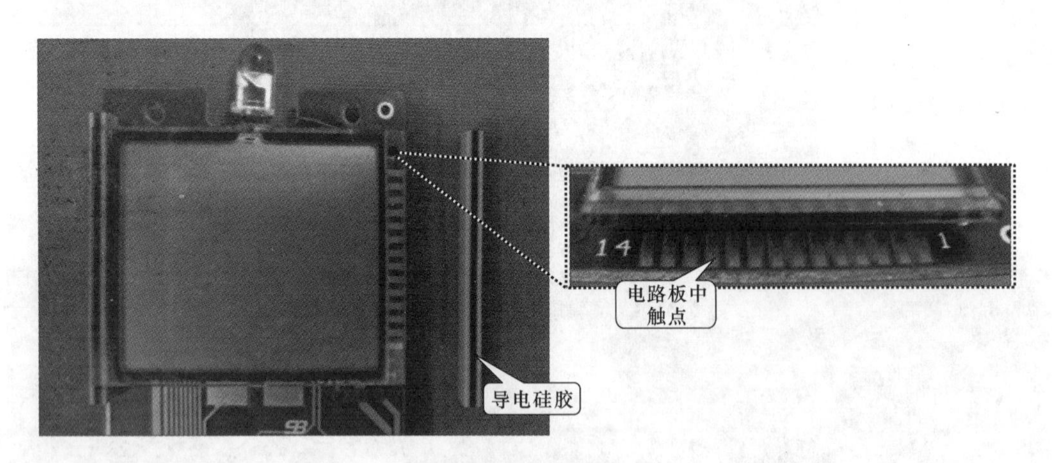

图 9-79　显示屏的连接

③ 微处理器和晶体

遥控发射器中电路板上通常会安装有微处理器以及晶体，如图 9-80 所示，其中微处理器可以对空调器的各种控制信息进行编码，然后将编码的信号调制到载波上，通过红外发光二极管以红外光的形式发射到空调器室内机的遥控接收电路中。

微处理器工作时不仅需要由电池提供的 +3V 工作电压，还需要时钟振荡信号，该信号则是由晶体振荡电路提供的，通常情况下，晶体安装在微处理器附近，在其表面通常会标有振荡频率。

图 9-80　微处理器以及晶体的实物外形

链接：

在遥控发射电路中，通常会安装有两个晶体，如图 9-81 所示，其中 4MHz 的主晶体振荡器和微处理器内部的振荡电路产生高频时钟振荡信号，该信号为微处理器芯片的工作提供时钟信号，同时经过分频产生控制编码调制信号的载波，该载波一般为 38kHz。

32.768kHz 的副晶体振荡器也和微处理器内部的振荡电路相结合，产生 32.768kHz 的低频时钟振荡信号，这个低频振荡信号主要是为微处理器的液晶显示驱动电路提供待机时钟信号。

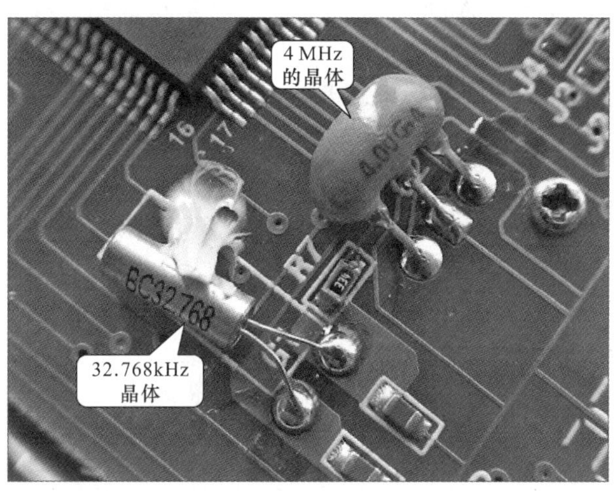

图 9-81　遥控发射器中的晶体

④ 红外发光二极管

红外发光二极管主要是将电信号变成红外光信号并发射出去。通常安装在遥控器的前端，如图 9-82 所示。

2. 空调器显示和遥控电路的检修流程

若空调器的显示和遥控接收电路出现故障，通常表现为显示异常、遥控操作失灵等现象；若空调器遥控发射电路出现故障，通常表现为控制失灵、工作失常、按键失灵等现象，对于显示和遥控电路进行检修时，应首先了解其电路结构、信号流程和检修方法。

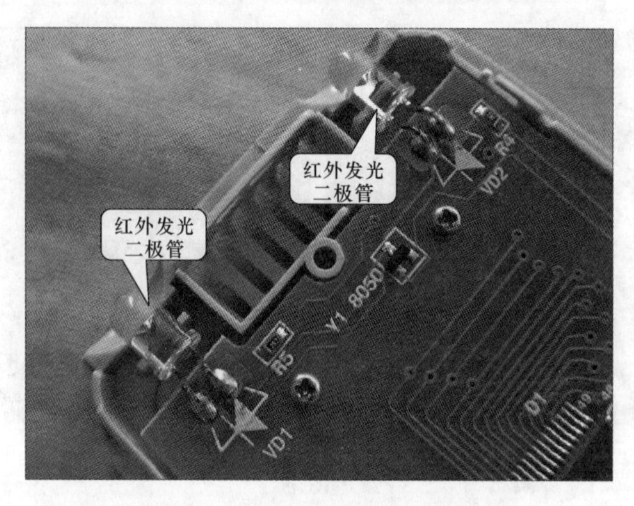

图 9-82　红外发光二极管的实物外形

（1）显示和遥控电路的电路结构、信号流程

图 9-83 所示为典型空调器中显示和遥控电路的电路结构和信号流程，空调器工作时，用户通过遥控器中的操作按键输入人工指令。

微处理器收到人工指令后，根据内部程序分别对室内机和室外机的各部分发出运行指令，使整个空调器的电路进入工作状态。同时控制电路还为显示电路提供驱动信号，使发光二极管显示空调器当前的工作状态。

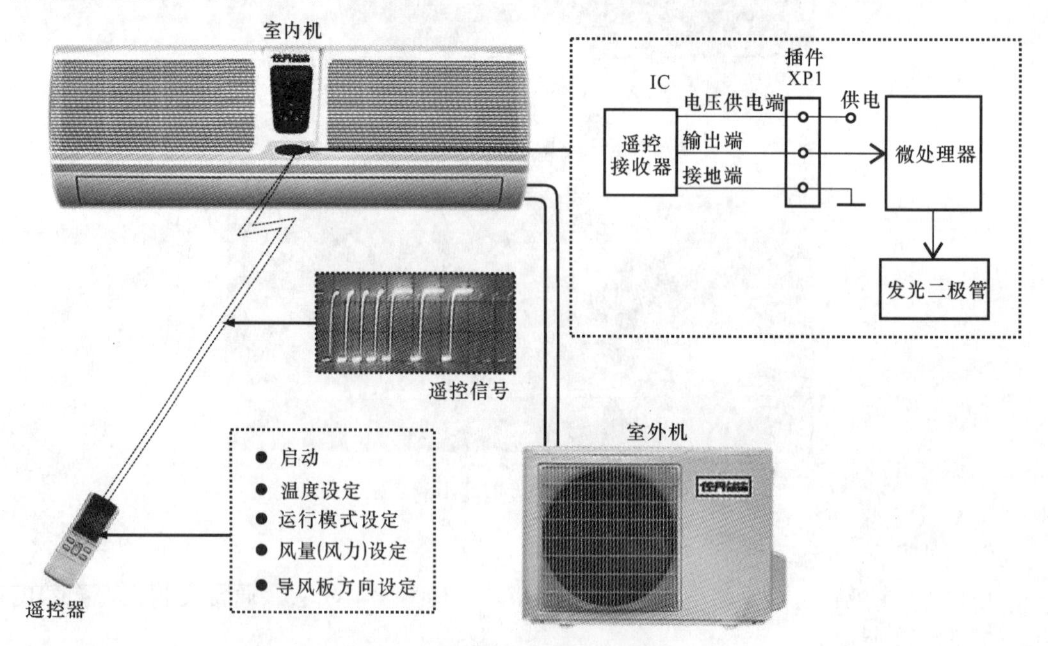

图 9-83　典型空调器中显示和遥控接收电路的信号流程

（2）显示和遥控接收电路的检修流程分析

根据空调器显示和遥控接收电路每个电路部分实现的功能不同，下面将其分为几个部分分别进行分析，以海信 KFR－35W/06ABP 型空调器的显示和遥控接收电路为例，具体介绍

一下该电路部分的检修分析。

① 显示和遥控接收电路

对于显示和遥控接收电路的检修，应根据其信号流程逐级进行检修，从而查找出故障线索，判定故障部件，图 9-84 所示为海信 KFR－35W/06ABP 型空调器中显示和遥控接收电路的检修流程。

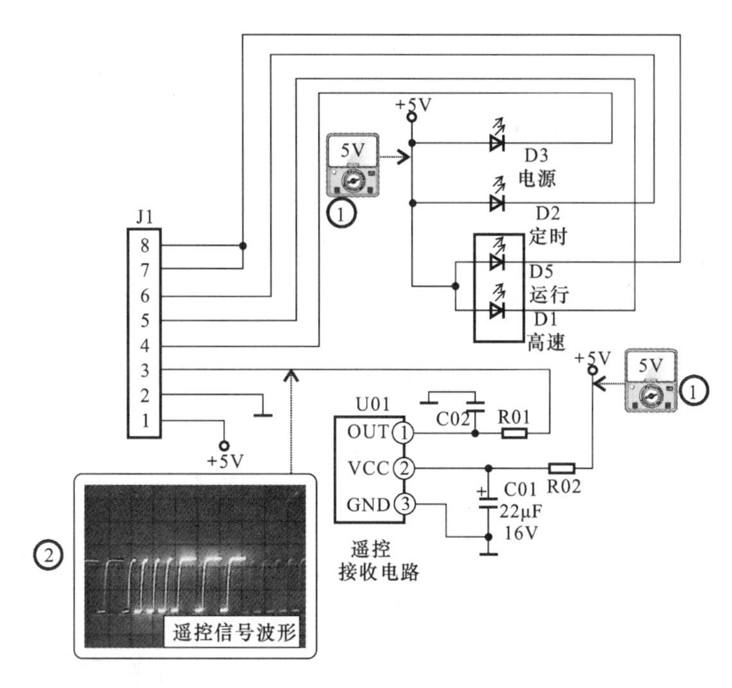

图 9-84　海信 KFR－35W/06ABP 型空调器中显示和遥控接收电路的检修流程

a. 显示和遥控接收电路中连接插件 J1 的①脚主要是用来为该电路提供＋5V 的工作电压，分别是为发光二极管以及遥控接收器等进行供电，检测该电路时，应先检测供电电压。若供电电压不正常，则应对供电电路进行检测；若供电电压正常，则需要对遥控接收器进行检测。

b. 遥控接收器的①脚输出遥控信号并送往微处理器中，为控制电路输入人工指令信号。检测时，若遥控接收器的供电正常的情况下，输出的信号波形不正常，则多为遥控接收器本身已经损坏，应更换。

② 遥控发射电路

对于遥控发射电路的检修，应根据其电路结构、信号流程逐级进行检修，从而查找出故障线索，判定故障部件，图 9-85 所示为典型空调器中遥控发射电路的检修流程。

在检测之前，可首先检查遥控器能否发出遥控信号，即在未拆开外壳前，按动遥控器上的操作按键，检查遥控器能否发出红外光。

1）遥控发射电路主要是由两节 1.5V 七号电池进行供电，遥控发射电路的供电电压为 3V，对遥控发射电路进行检测时，应首先对供电电压进行检测，若供电电压不正常，则应更换电池或清理电池接触端，若供电电压，则应继续检测晶体是否能正常工作。

2）遥控发射电路中晶体 Z2，电容 C8、C9（容量为 20pF）和微处理器的㉚、㉛脚组成

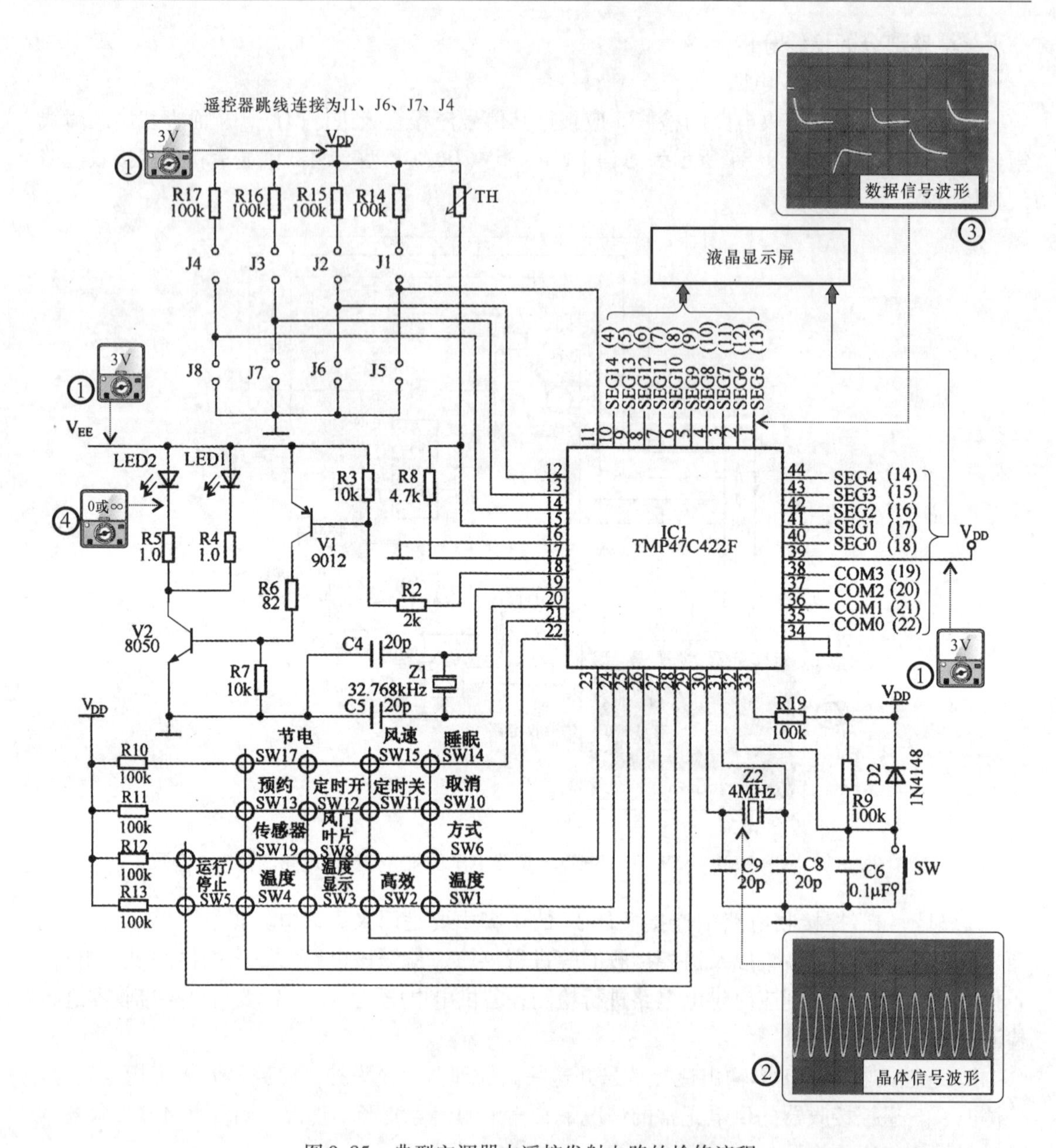

图 9-85　典型空调器中遥控发射电路的检修流程

4MHz 的高频主振荡器，振荡器产生的 4MHz 脉冲信号经分频后产生 38kHz 的载频脉冲。由晶体 Z1，电容 C4、C5（容量为 20pF）和微处理器的⑲、⑳脚组成 32kHz（准确值为 32.768kHz）的低频副振荡器。检测时，若晶体的信号波形正常，应对微处理器 IC1 的输出信号波形进行检测；若晶体信号不正常，应进一步确认晶体本身是否正常。

3）在遥控发射电路中，微处理器数据位向液晶显示屏输入多个信号，驱动其显示。检测时，应对其输出的信号波形进行检测，当供电电压以及输入的信号正常时，若无驱动信号输出，则微处理器 IC1 本身已经损坏，应更换。

4）红外发光二极管 LED1 和 LED2 主要是通过辐射窗口将控制信号发射出去，在正常情况下红外发光二极管的正向应有一定的阻值，反向阻值为无穷大。

9.3.2　空调器显示和遥控接收电路的检修方法

1. 检修空调器显示和遥控接收电路的图解演示

根据前文内容可知，在对空调器的显示和遥控接收电路进行进行检修时，可根据该电路部分中的基本信号流程，对关键的元器件进行检测，判断其性能是否正常，例如发光二极管、遥控接收器等。

下面以海信 KFR－35W/06ABP 型空调器中显示和遥控接收电路为例，详细介绍一下该电路部分的检修方法。

（1）发光二极管的检测方法

发光二极管性能的好坏通常可以使用万用表检测其正反向阻值来判别是否正常，如图 9-86 所示，将万用表的红表笔搭在发光二极管的负极；黑表笔搭在发光二极管的正极，检测正向阻值，正常情况下应有一定的阻值，同时发光二极管应发出微弱的光。

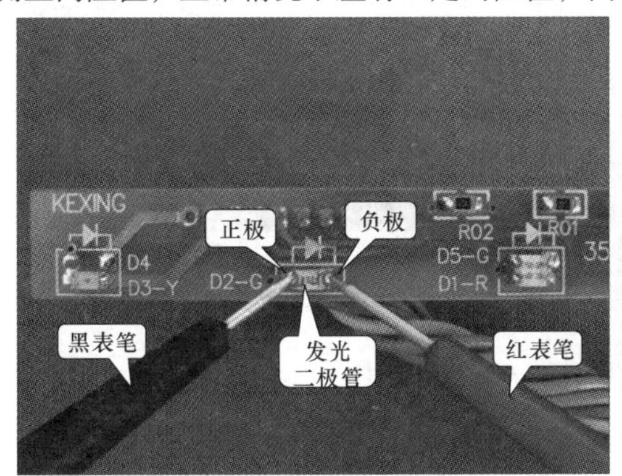

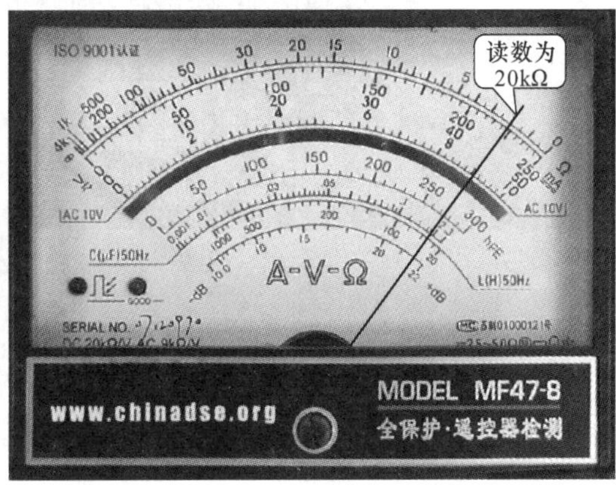

图 9-86　发光二极管正向阻值的检测方法

接着将万用表的两表笔进行对换，如图 9-87 所示，正常情况下，其反向阻值应为无穷大，若检测的数值与正常情况下的数值相差较大，则说明发光二极管本身损坏。

在对发光二极管进行更换时，应选择规格与其相同的发光二极管进行代换。

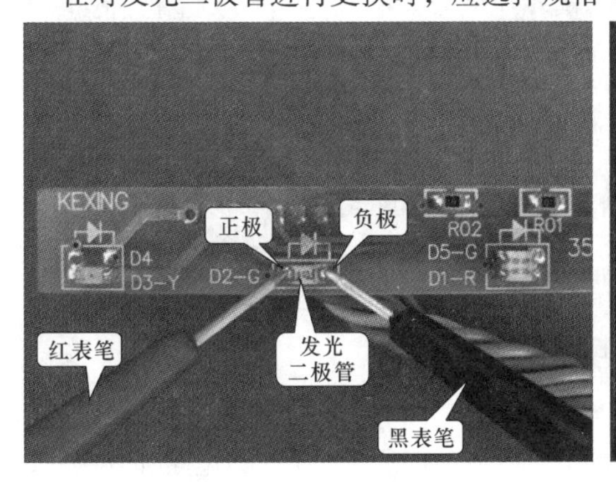

图 9-87　发光二极管反向阻值的检测方法

（2）遥控接收器的检测方法

检测空调器中遥控接收器的性能是否良好时，通常可以检测其供电电压以及输出的控制信号波形是否正常。

① 供电电压的检测

遥控接收器正常情况下，应有 +5V 的供电电压。检测时，将万用表的黑表笔接地，红表笔搭在遥控接收器的供电端，如图 9-88 所示。若检测遥控接收器的供电电压不正常，需对 +5V 供电电路进行检测；若检测其供电电压正常，则需要进一步检测遥控接收器的输出信号波形是否正常。

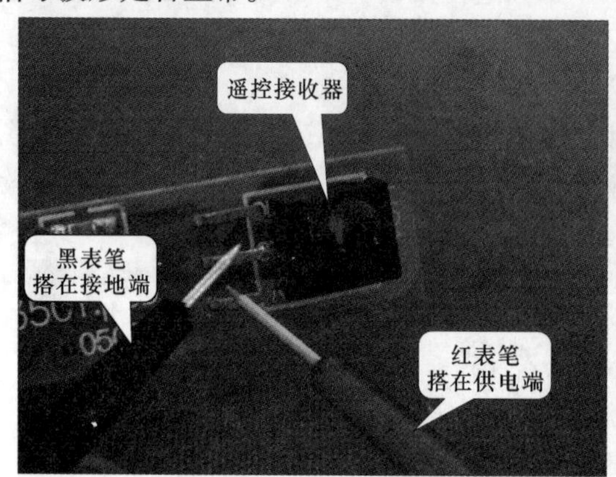

图 9-88　检测遥控接收器的供电电压

② 输出信号的检测

在检测遥控接收器的输出信号时，应先使用良好的遥控器对遥控接收器传输遥控信号，此时使用示波器探头检测遥控接收器的遥控信号输出端，如图 9-89 所示，若能检测到遥控信号，说明遥控接收器良好；若供电电压正常的情况下，检测不到遥控接收信号，说明遥控接收器已经损坏，应对其进行代换。

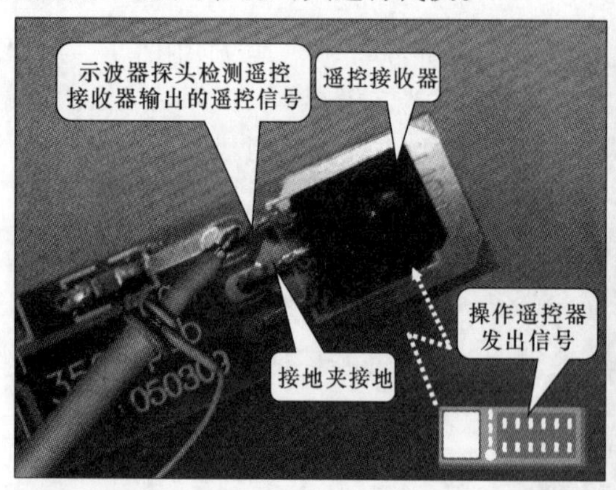

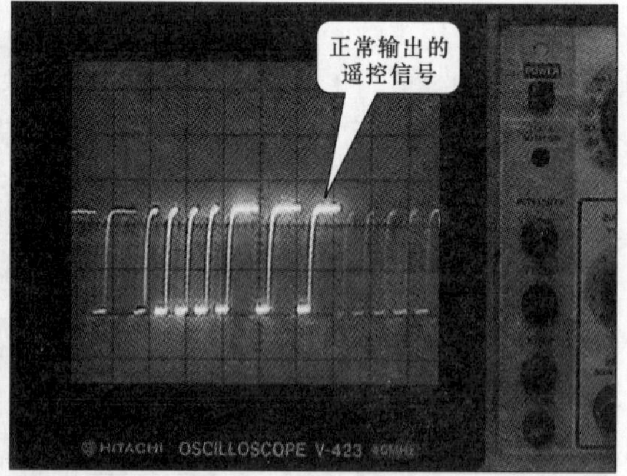

图 9-89　检测遥控接收器检测信号

（3）遥控发射电路供电电压的检测方法

遥控发射电路的供电通常采用两节 1.5V 的七号电池，正常情况下，该电路部分应有 3V 的供电电压，如图 9-90 所示，将黑表笔搭在遥控器内电池的负极；红表笔搭在遥控内电池的正极，若电池供电电压正常，电池盒的电池接触端也良好，应有3V电压。若供电电压不正常，应对电池进行更换，或对有锈蚀的接触端进行清理。

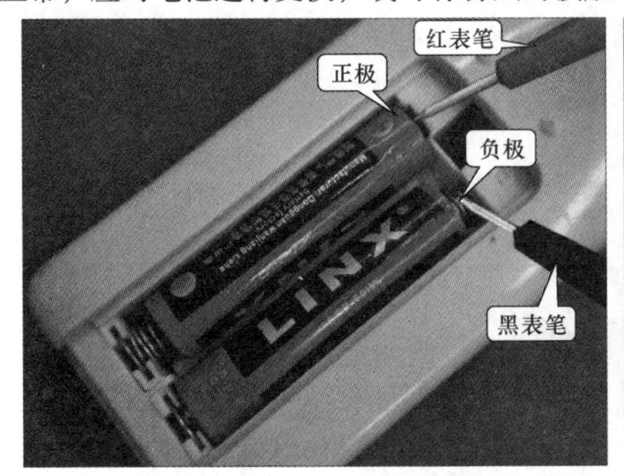

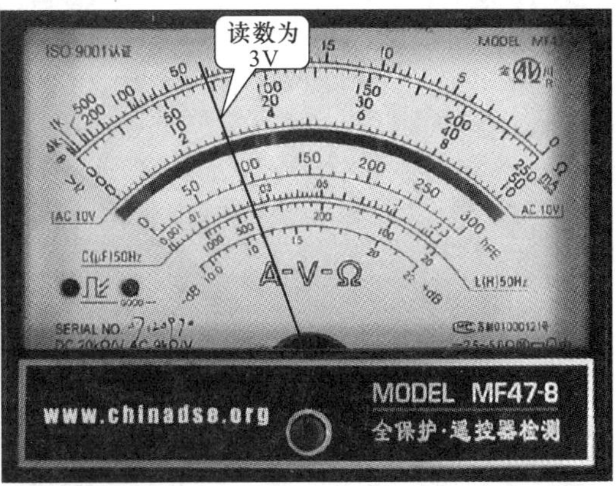

图9-90　供电电压的检测方法

(4) 遥控发射电路红外发光二极管的检测方法

检测红外发光二极管性能的好坏，主要是通过万用表检测其正反向阻值，通过阻值来判断是否可以正常工作，良好的红外发光二极管正向阻值较小，反向阻值很大。如图9-91所示为检测红外发光二极管的正向阻值，将万用表的红表笔搭在红外发光二极管的负极，黑表笔搭在红外发光二极管的正极，正常情况下，应有一定的阻值。

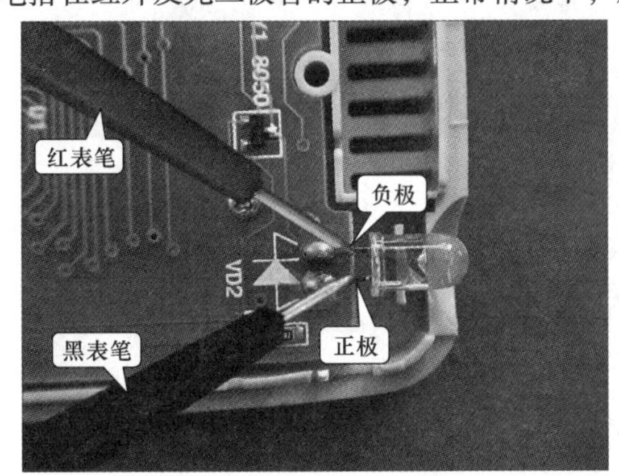

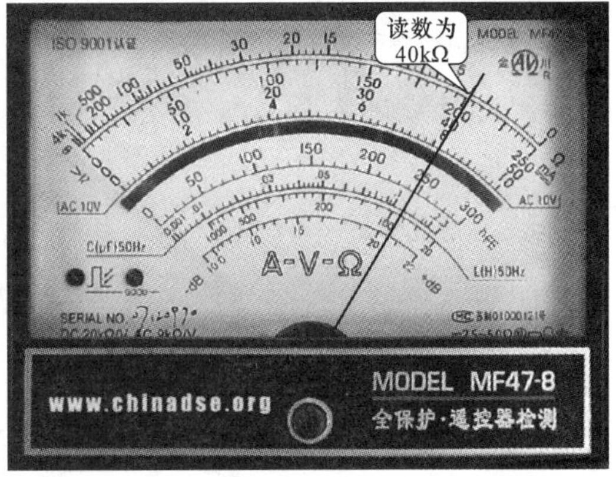

图9-91　检测红外发光二极管的正向阻值

接下来，将万用表的两表笔对换后，检测红外发光二极管的反向阻值，如图9-92所示，正常情况下应为无穷大。若测得阻值与实际偏差很大，则说明红外发光二极管已损坏。

(5) 遥控发射电路中晶体的检测方法

判断晶体是否正常时，主要通过检测其信号波形是否正常，检测时，应先将遥控器上的启动开关按下，使遥控器显示屏上有字符显示，并且在检测时应按下某一个按键才可以检测到波形。

通常在遥控发射电路中有主副两个晶体，但检测的方法相同，检测时，将示波器的探头搭在晶体的一端引脚，如图9-93所示，正常情况下，示波器显示屏会显示出信号波形。

若检测晶体无信号波形时，则需要使用万用表进一步检测晶体的阻值是否正常，如图

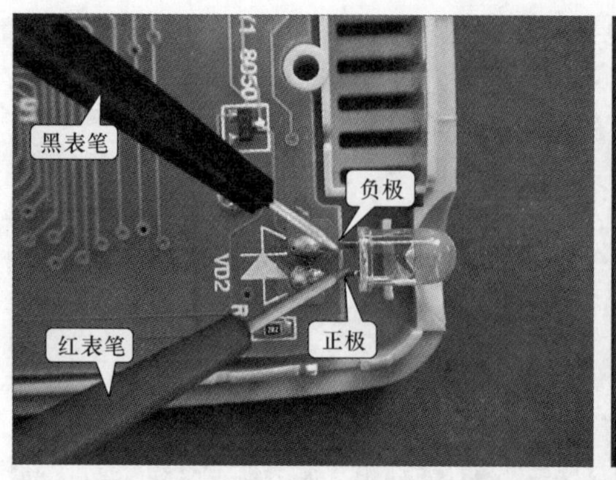

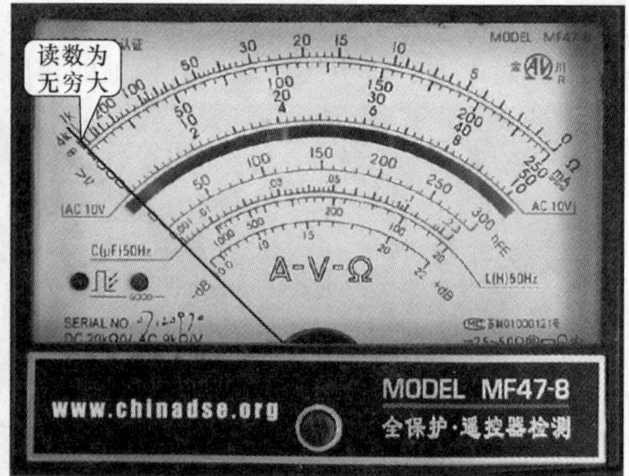

图 9-92　检测红外发光二极管的反向阻值

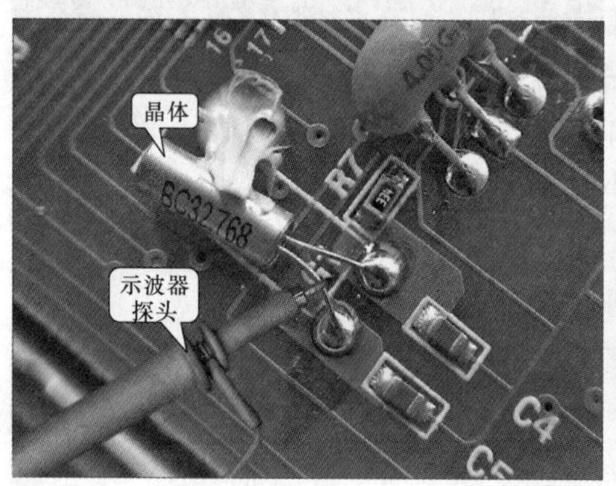

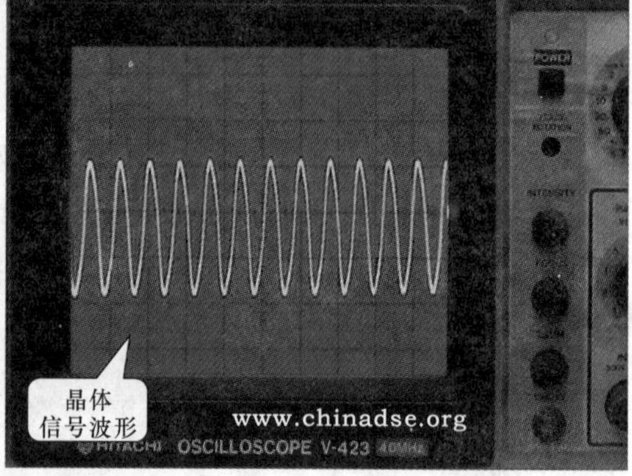

图 9-93　晶体的检测方法

9-94 所示。将晶体的一个引脚断开，用万用表测量晶体的阻值。正常情况下，晶体阻值应为无穷大；若晶体阻值偏小，则表明该晶体已经损坏。

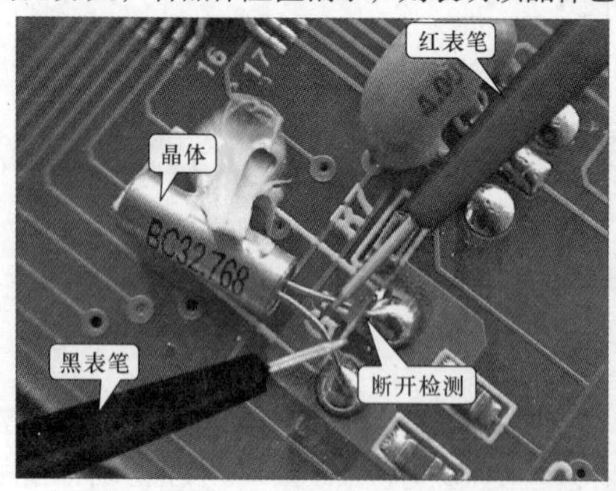

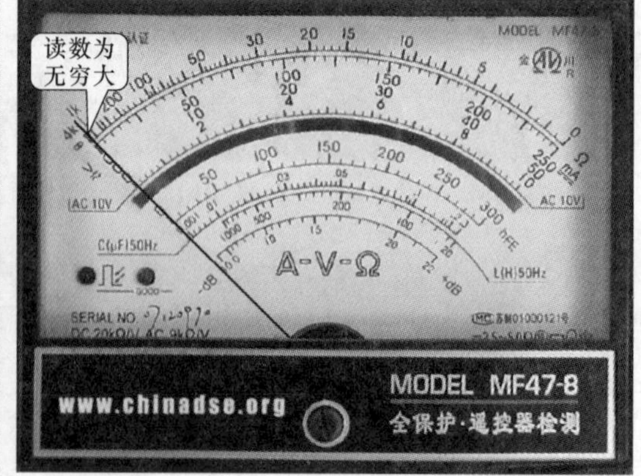

图 9-94　检测晶体阻值的方法

提示：

检测遥控发射电路是否能正常工作时，还可以通过手机中的照相功能进行检测，如图 9-95 所示，正常情况下，在按遥控器中的某一按键时，可以通过手机中的照相功能观测到遥控器发射装置发出的红外发射光。

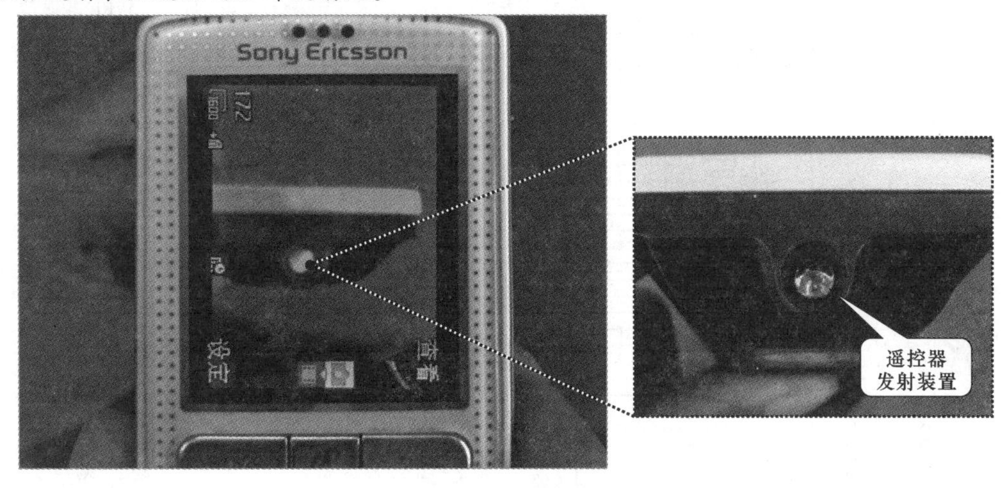

图 9-95　用手机照相功能判断遥控发射部分的工作是否正常

2. 空调器显示和遥控接收电路的检修案例训练

（1）海信 KFR－5001LW/BP 型变频空调器控制失灵的检修实例

- **故障表现**

海信 KFR－5001LW/BP 型变频空调器通电后，可以正常工作，显示屏显示正常，但使用遥控器进行控制时，发现控制失灵。

- **检修分析**

空调器可以正常工作，显示屏也正常，但使用遥控操作时失灵，怀疑是空调器遥控接收电路中有损坏的元器件引起的，如图 9-96 所示为海信 KFR－5001LW/BP 型变频空调器的遥控接收电路部分，该电路主要是由遥控接收器组成的。

① 遥控接收器 U05（HS0038B）的③脚为 5V 供电端，首先对遥控接收器 U05 的供电电压进行检测，若无供电电压，则遥控接收器 U05 无法正常工作。

② 遥控接收器 U05 的①脚输出遥控控制信号，送往微处理器 U01 中进行处理。对遥控接收器 U05 输出的信号波形进行检测，在供电电压正常的情况下，若无输出信号波形，则可能是 U05 本身已经损坏。

- **检测方法**

首先，检测遥控接收器 U05（HS0038B）的 5V 供电电压，将万用表的黑表笔接地，红表笔搭在 5V 的供电端，如图 9-97 所示。观察万用表的读数为 5V，说明遥控接收器 U05 的供电电压正常。

供电电压正常，检测遥控接收器 U05 输出的控制信号波形，将示波器接地夹接地，探头搭在遥控接收器 U05（HS0038B）的信号输出端，当操作遥控器时，如图 9-98 所示，不能检测到输出的控制信号波形，则说明遥控接收器 U05 本身损坏，更换后，再次试机故障排除。

（2）长虹 KFR－35GW/BP 型变频空调器显示异常的检修实例

- **故障表现**

长虹 KFR－35GW/BP 型变频空调器开机一切正常，遥控控制正常，但出现指示灯不亮

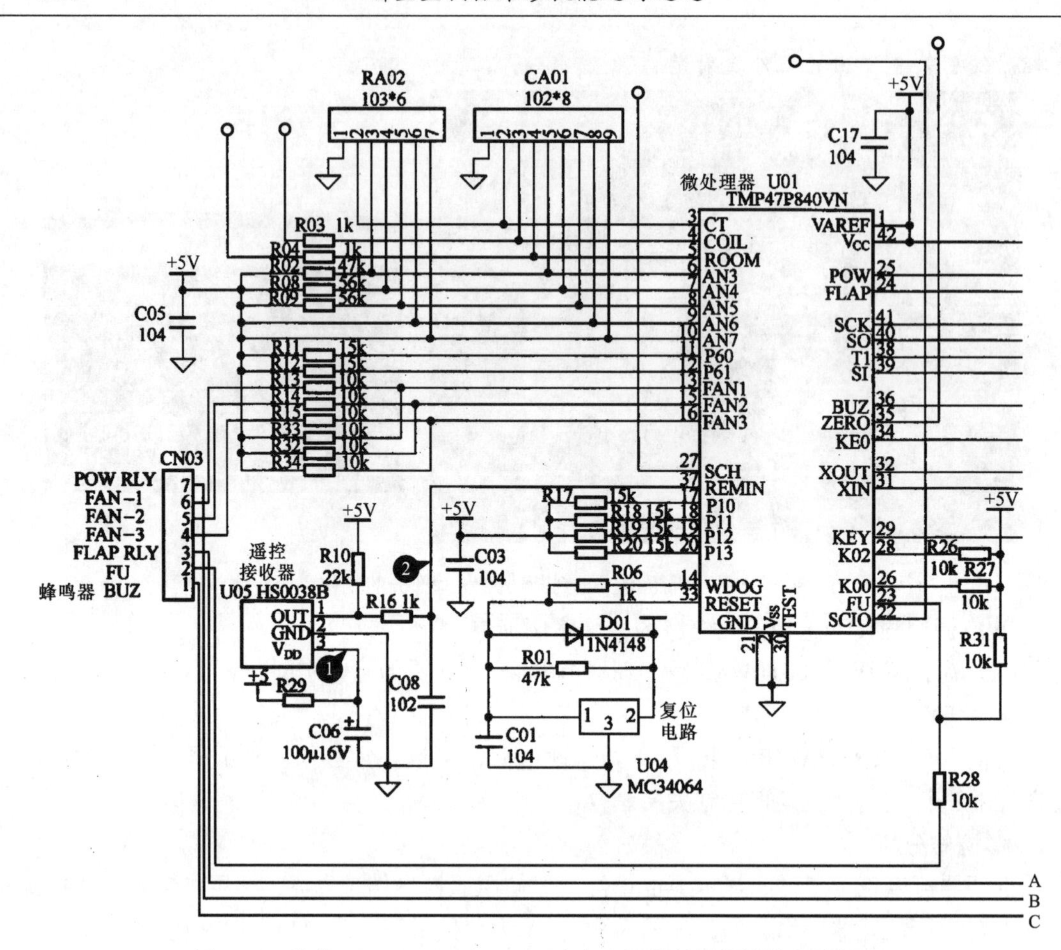

图 9-96　海信 KFR－5001LW/BP 型变频空调器的遥控接收电路部分

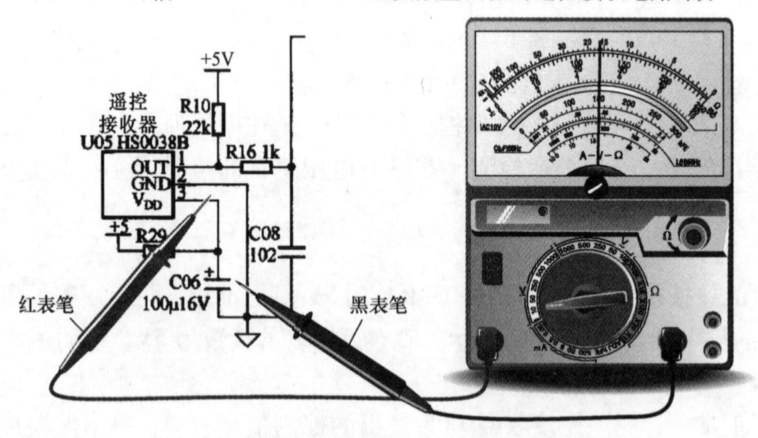

图 9-97　遥控接收器 U05 供电电压的检测

的故障。

● **检修分析**

长虹 KFR－35GW/BP 型变频空调器运行正常，对其进行控制时也正常，怀疑是显示电路不正常引起的，如图 9-99 所示为长虹 KFR－35GW/BP 型变频空调器的显示和遥控接收电路部分，该电路主要是由指示灯 VD33～VD36、遥控接收器 IC100 等元器件构成的。

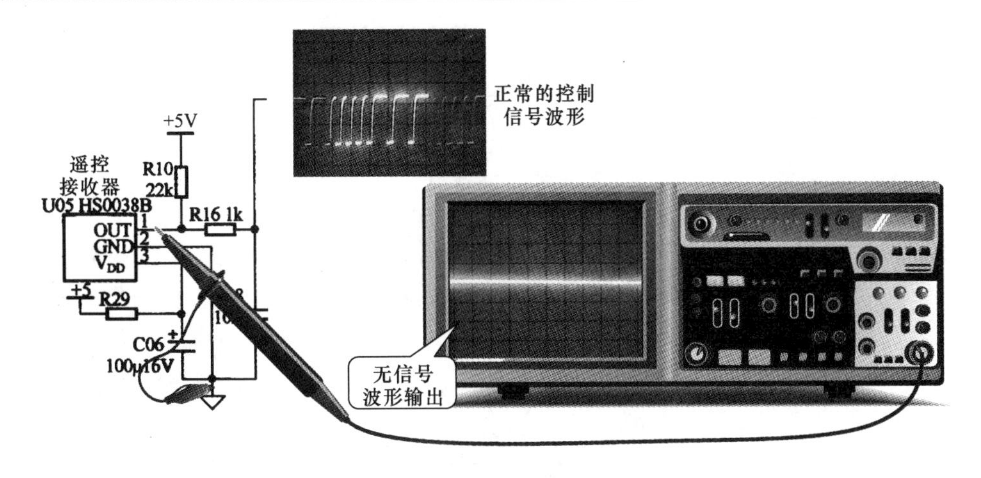

图 9-98　遥控接收器 U05 输出信号波形的检测

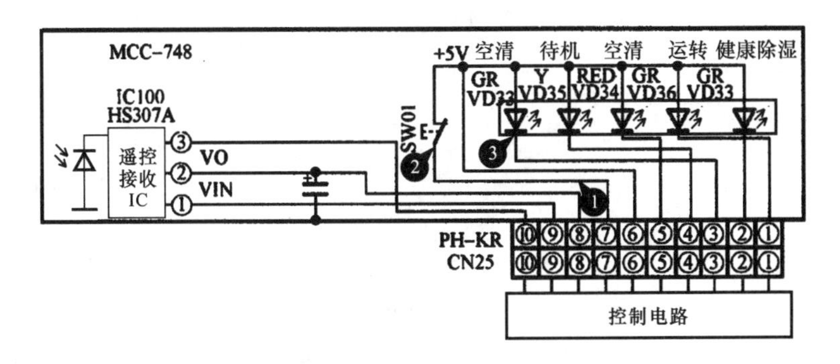

图 9-99　长虹 KFR-35GW/BP 型变频空调器的显示和遥控接收电路部分

① 显示电路中的供电主要是通过连接插件 CN25 的⑦脚提供 +5V 的电压，首先应对显示和遥控接收电路中的 +5V 供电电压进行检测，若无供电电压，则显示电路中的指示灯则无法正常显示。

② 显示电路中设置有开关 SW01，该开关控制着供电电路的通断，在断电状态下开关 SW01 闭合时，两引脚间的阻值应为零欧姆；断开时两引脚间的阻值应为无穷大。

③ 显示电路中的发光二极管是主要的显示器件，在供电正常的情况下，应对发光二极管进行检测，检测时，若发光二极管正向有一定的阻值，反向阻值无穷大，则表明该元器件正常；若发光二极管的正、反向阻值偏差较大，则表明该元器件本身损坏。

- **检测方法**

首先，检测显示电路中的 +5V 供电电压，将万用表的黑表笔接地，红表笔搭在连接插件 CN25 的⑦脚供电端，如图 9-100 所示，观察万用表的读数为 5V，说明显示电路中的供电电压正常。

供电电压正常，检测开关 SW01 的性能是否良好，将万用表的两表笔分别搭在开关 SW01 的两个引脚端，如图 9-101 所示，经检测，开关 SW01 性能良好。

发光二极管是显示电路中的显示器件，应对发光二极管进行一一检测，如图 9-102 所示，检测时，发现发光二极管 VD36 的正反向阻值均为无穷大，说明该发光二极管已经损坏，更换后，再次试机，故障排除。

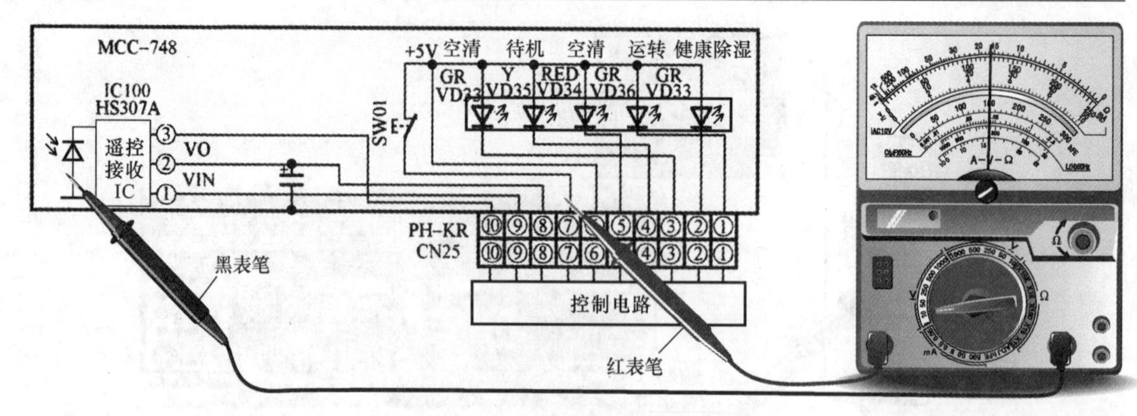

图 9-100　显示电路供电电压的检测方法

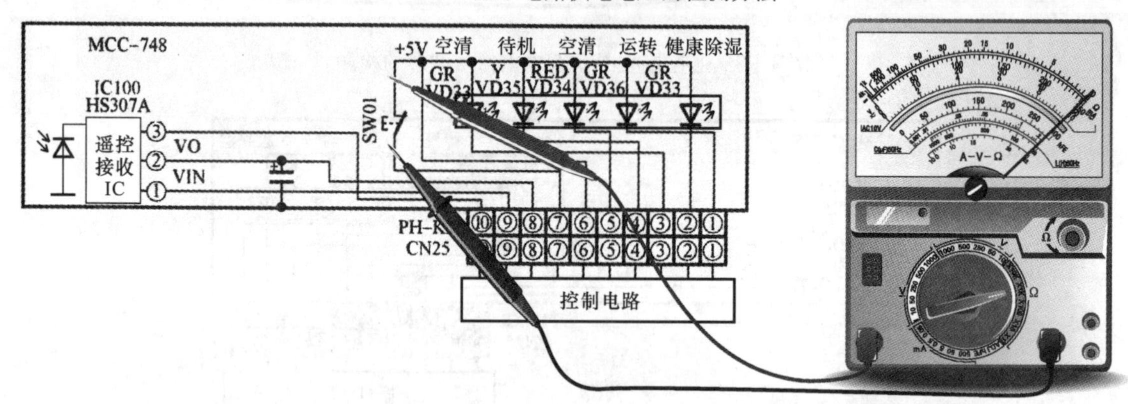

图 9-101　开关 SW01 的检测方法

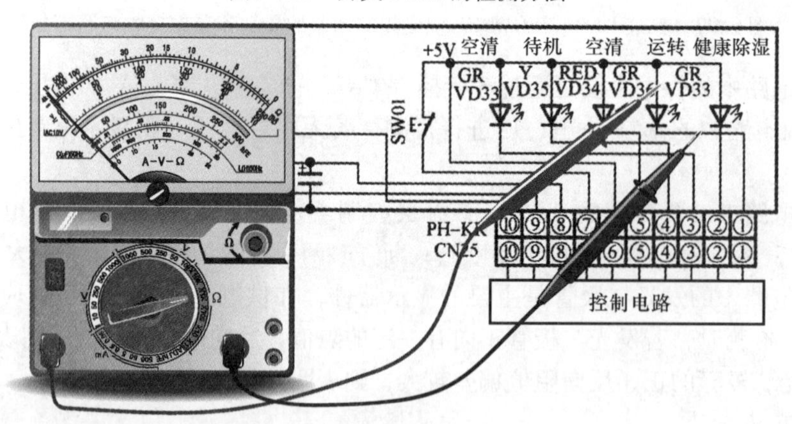

图 9-102　发光二极管的检测方法

（3）松下 973 型空调器控制失常的检修实例

- **故障表现**

松下 973 型空调器通电开机后，指示灯正常显示，但使用遥控器对空调器进行控制时，发现空调器无反应。

- **检修分析**

松下 973 型空调器开机后，显示正常，但使用遥控器控制时不正常，首先怀疑是遥控接收电路不正常引起的，如图 9-103 所示为松下 973 型空调器的电路原理图，其中遥控接收电

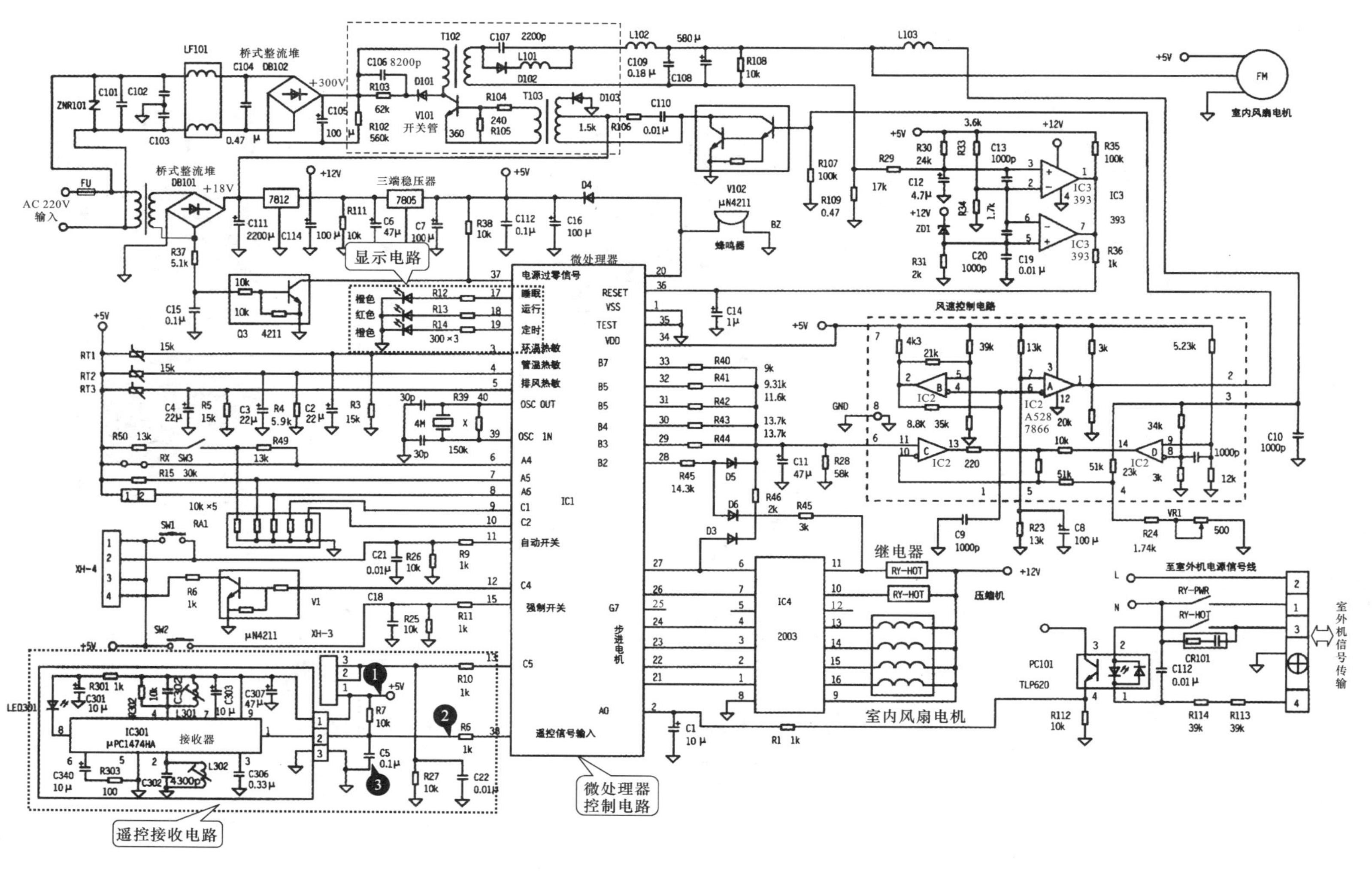

图 9-103　松下 973 型空调器的电路原理图

路主要是由遥控接收器、电容、电阻等构成的。

① 遥控接收电路中遥控接收器的①脚为 +5V 的供电电压端，首先应对 +5V 供电电压进行检测，若供电电压不正常，则应对供电电路进行检测；若供电电压正常，则应继续对遥控接收器输出的信号进行检测。

② 遥控接收电路中遥控接收器的②脚为控制信号输出端，检测时，若输出的信号波形不正常，还应进一步对遥控接收电路中周围的其他元器件进行检测。

③ 遥控接收器无输出信号波形，还应对其周边的元器件进行检测，检测电容器 C5 时，正常情况下应有一定的阻值，若检测电容器的阻值为零欧姆，则表明该元器件本身损坏。

● **检测方法**

首先，检测遥控接收电路的 +5V 供电电压，将万用表的黑表笔接地，红表笔搭在遥控接收器①脚的 +5V 供电端，如图 9-104 所示，观察万用表的读数为 5V，说明遥控接收器的供电电压正常。

接着检测遥控接收器②脚输出的信号波形，将示波器接地夹接地，探头搭在遥控接收器的②脚，如图 9-105 所示，经检测，示波器显示屏无任何显示。

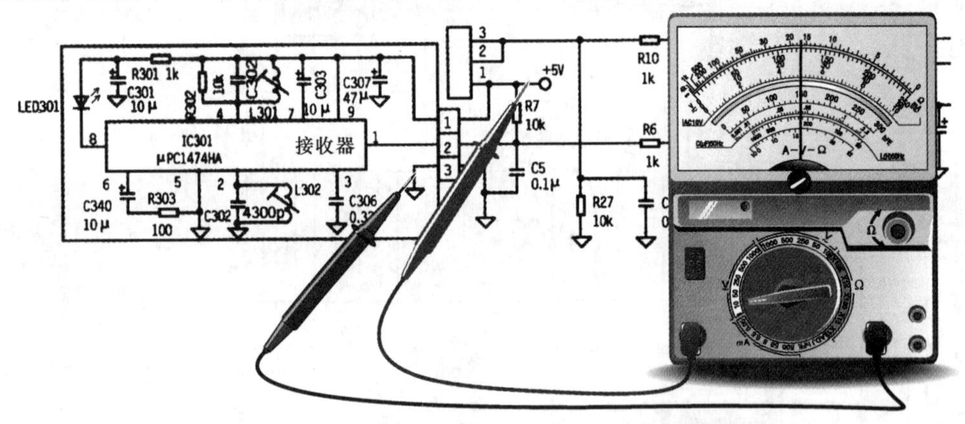

图 9-104　遥控接收器供电电压的检测方法

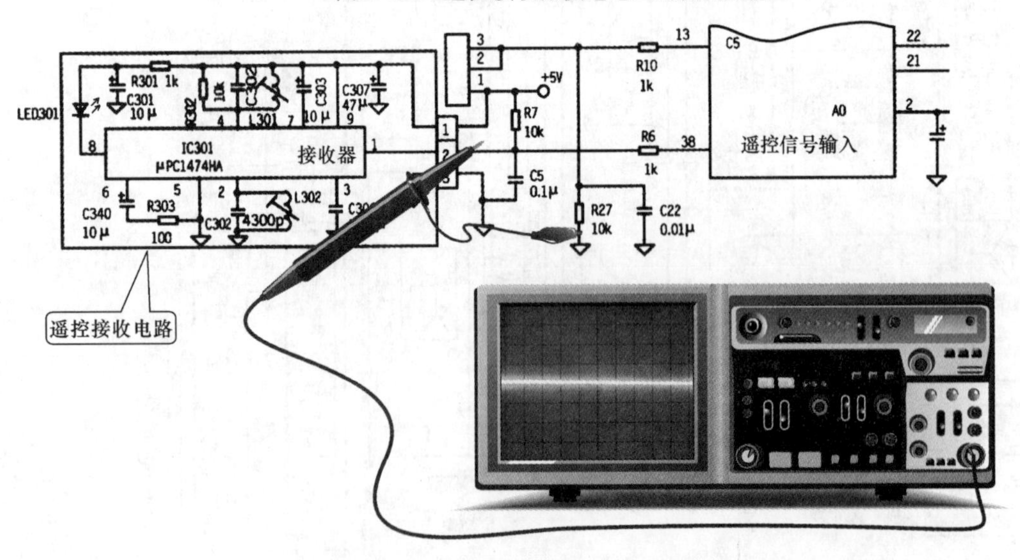

图 9-105　遥控接收器输出信号波形的检测方法

遥控接收器无输出信号波形，应对其周围线路中的元器件进行检测，如图 9-106 所示，将万用表的两表笔分别搭在电容器 C5 的两端，正常情况下，应有一定的阻值，经检测，发现其阻值为零欧姆，说明该电容器 C5 本身损坏，更换后，再次试机，故障排除。

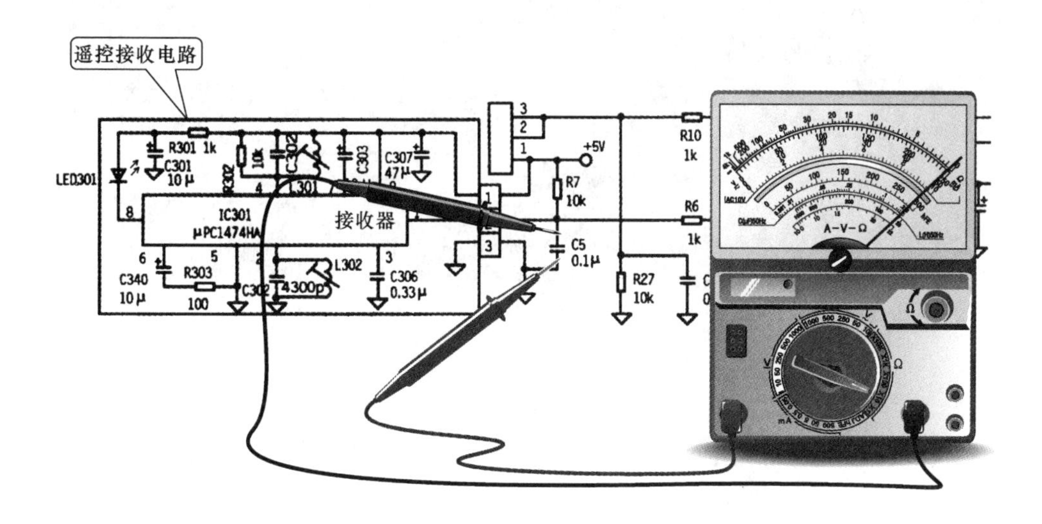

图 9-106　遥控接收电路中电容器的检测方法

9.4　掌握空调器变频电路的检修方法

9.4.1　空调器变频电路的检修分析

空调器的变频电路是由变频控制电路和功率模块等部分构成的，其主要的功能就是为变频压缩机提供驱动信号，用来调节压缩机的转速，实现空调器制冷剂的循环，完成热交换的功能。

1. 空调器变频电路的结构特点

变频电路通过接线插件与压缩机相连，一般安装在变频压缩机的上面，由固定支架固定，如图 9-107 所示为海信 KFR－35GW 型电冰箱变频电路的实物外形。在该电路板上还可以看到其各个连接部位的标志。其中，P、N 端是变频模块直流电源的输入端，而 U、V、W 端则为变频压缩机的连接端，模块控制插件与室外机控制电路连接。

由图可知，海信 KFR－35GW 型电冰箱的变频电路主要是由连接插件、光电耦合器（G1～G7）、变频模块 STK621－601 等组成的。

链接：

由于变频模块工作时的功率较大，会产生较大的热量，在变频模块上安装有散热片，用来进行散热，如图 9-108 所示。

（1）变频模块 STK621－601

变频模块 STK621－601 是一种混合集成电路，其内部有逻辑集成电路、门控管以及阻尼二极管等组成，主要用来输出变频压缩机的驱动信号，其实物外形如图 9-109 所示。

图 9-107　海信 KFR－35GW 型电冰箱变频电路的的实物外形

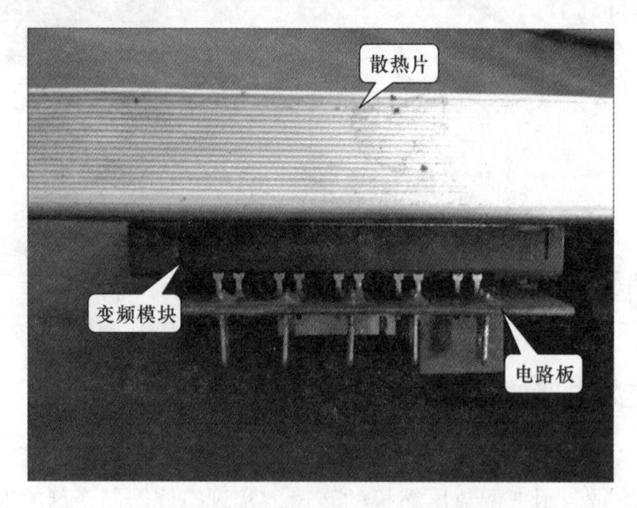

图 9-108　变频模块的安装位置及散热片

链接：

变频空调器中常用变频模块主要有 PS21564－P/SP、PS21865/7/9－P/AP、PS21964/5/7－AT/AT、PS21765/7、PS21246、FSBS15CH60 等几种，这几种变频模块将微处理器输出的控制信号放大后，对空调器的压缩机电机进行控制，如图 9-110 所示为常见变频模块的实物外形。

通过查找其引脚功能的含义，与变频模块的实物引脚相对照后，可判断出主要引脚的功能。其中 P 为电源（+300V）输入端，U、V、W 则为压缩机电机绕组提供驱动信号的引脚，N 为电源接地端。如图 9-111 所示为 PS21246 变频模块的引脚功能及实物外形。

从图 9-112 可见，变频模块 PS21246 其内部主要由 HVIC1、HVIC2、HVIC3 和 LVIC 4 个逻辑控制电路，6 个功率输出 IGBT（门控管）和 6 个阻尼二极管等部分构成的。+300V 的 P 端与地端 N 为 IGBT 管提供电源电压。由专用的直流稳压器电路为其中的逻辑控制电路提供+5V 的工作电压。由微处理器为 PS21246 输入控制信号，经功率模块内部的逻辑处理后为 IGBT 管控制极提供驱动信号，U、V、W 端为变频压缩机绕组提供驱动电流。如图 9-112所示为采用变频模块 PS21246 的内部结构。

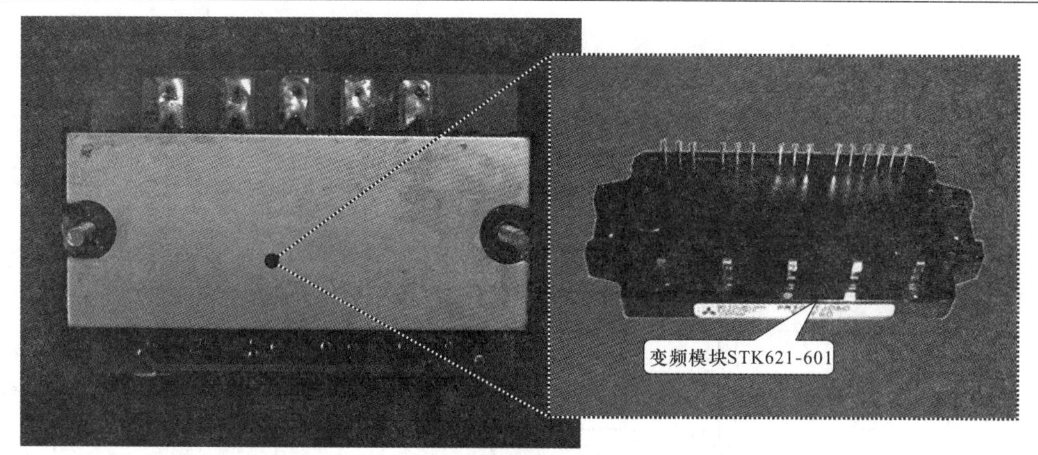

图9-109　变频模块STK621－601的实物外形

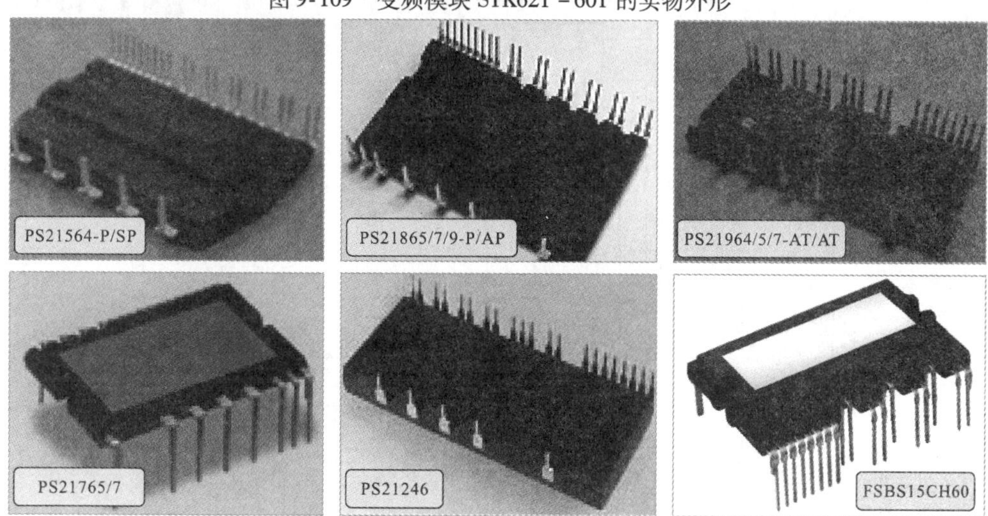

图9-110　常见变频模块的实物外形

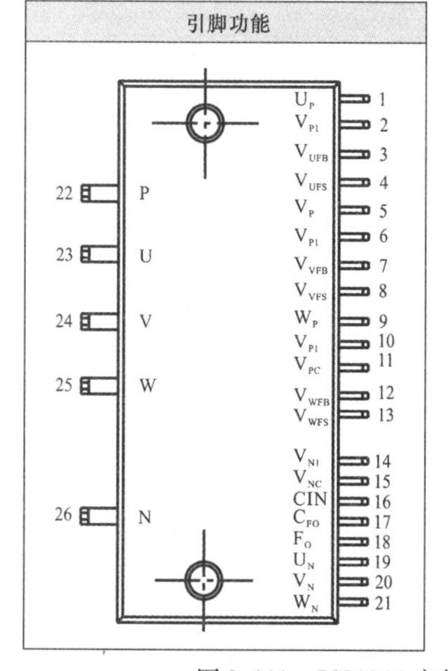

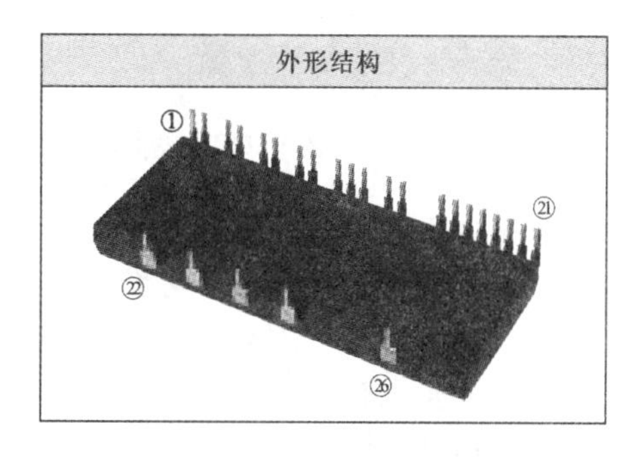

图9-111　PS21246变频模块的引脚功能及外部结构

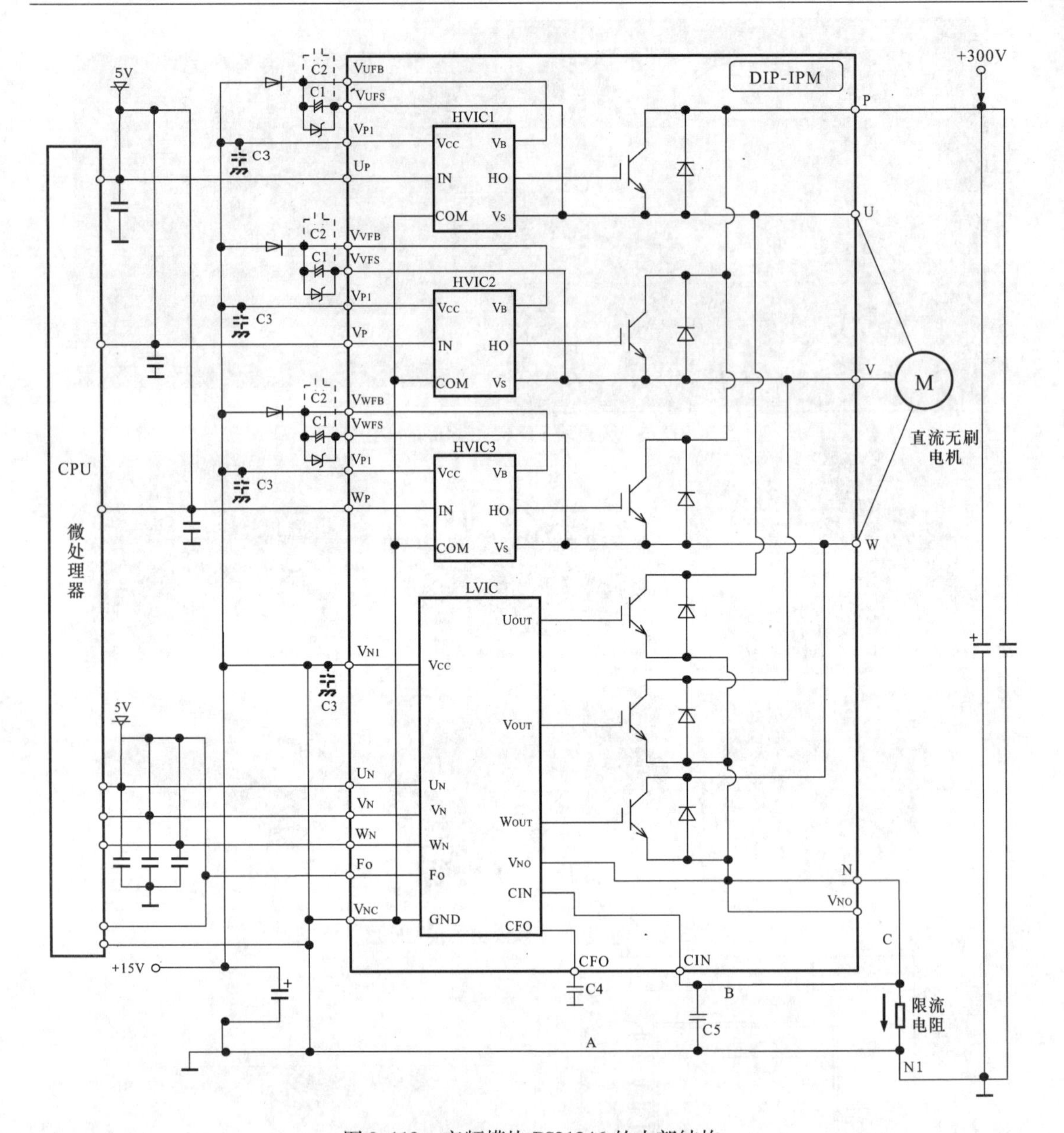

图 9-112　变频模块 PS21246 的内部结构

如图 9-113 所示为 PS21246 变频模块的典型应用电路。电源供电电路为压缩机驱动模块提供直流工作电压后，由室外机控制电路中的微处理器为变频模块 IC2（PS21246）提供驱动信号，经变频模块 IC2（PS21246）内部电路的放大和变换，为压缩机电机提供变频驱动信号，驱动压缩机电机工作。

在变频压缩机驱动电路中，通过过流检测电路，对变频驱动电路进行检测和保护，当驱动电机的电流值过高时，过流检测电路便将过流检测信号送往微处理器中，由微处理器对室外机电路实施保护控制。

（2）光电耦合器

如图 9-114 所示为光电耦合器 G1 ~ G7 的实物外形，光电耦合器用来接收室外机微处理

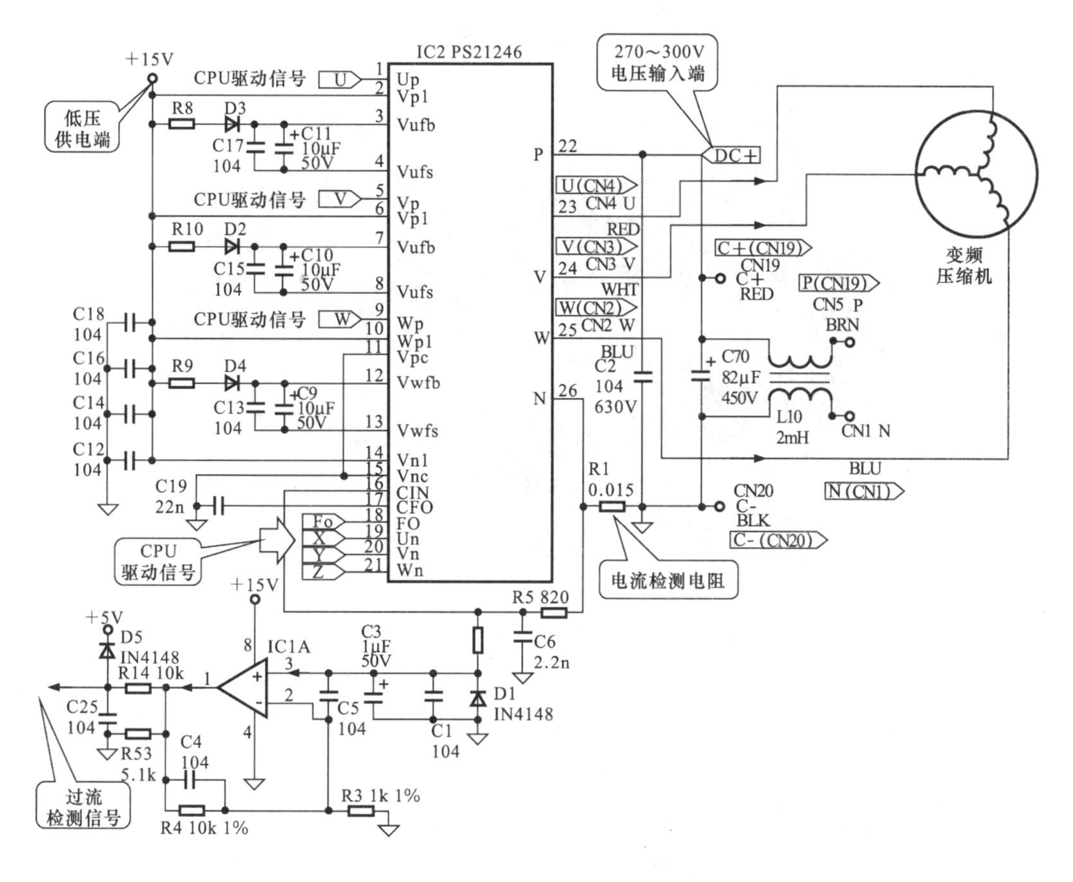

图 9-113　PS21246 变频模块的典型应用电路

器送来的控制信号，经光电转换后送入变频模块中，驱动变频模块工作。采用光电耦合器传输控制信号可以实现微处理器与功率模块的电气隔离，微处理器部分不会带电（市电高压）。

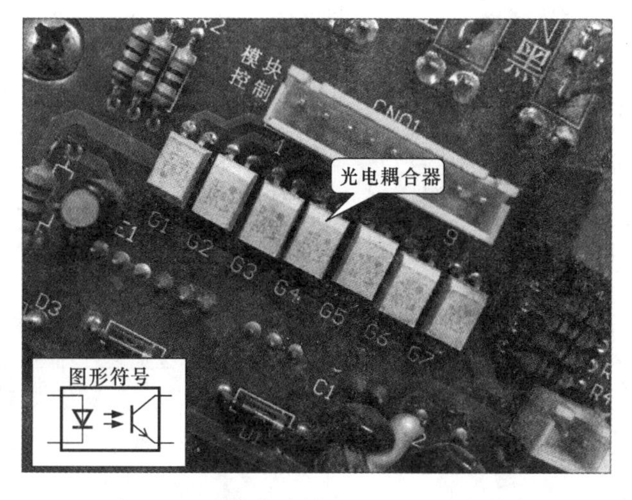

图 9-114　光电耦合器 G1 ~ G7 的实物外形

链接：

随着变频空调器信号的不同，其变频电路的结构也稍有差异，但其结构基本相同，都是由光电耦合器以及变频模块等组成的，如图 9-115 所示。

图 9-115　其他变频电路的实物外形

2. 空调器变频电路的检修流程

若空调器的变频电路出现故障，则可能会造成变频压缩机无法正常工作的故障，例如变频压缩机不运转、制冷效果差等现象。对于控制电路进行检修时，应首先了解其信号流程和检修流程。

（1）空调器变频电路的工作流程

变频空调器采用变频调速技术，其最根本的特点在于它的压缩机的转速不是恒定的，而是可以随运行环境的需要而改变，所以空调器的制冷量（或制热量）也会随之变化。为了实现对压缩机转速的调节，变频空调器机内部有一个变频电路，用来改变压缩机和风扇电机的供电频率，从而控制它们的转速，达到调节制冷量（或制热量）的目的。所以，装有变频电路的空调器称为变频空调器，能改变输出供电频率的电路装置称为变频电路。

变频电路的变频工作是利用二次逆变得到交流电源，通过改变逆变电源的频率来控制压缩机的转速，从而达到制冷或制热的要求，如图 9-116 所示为变频空调器变频控制电路的示

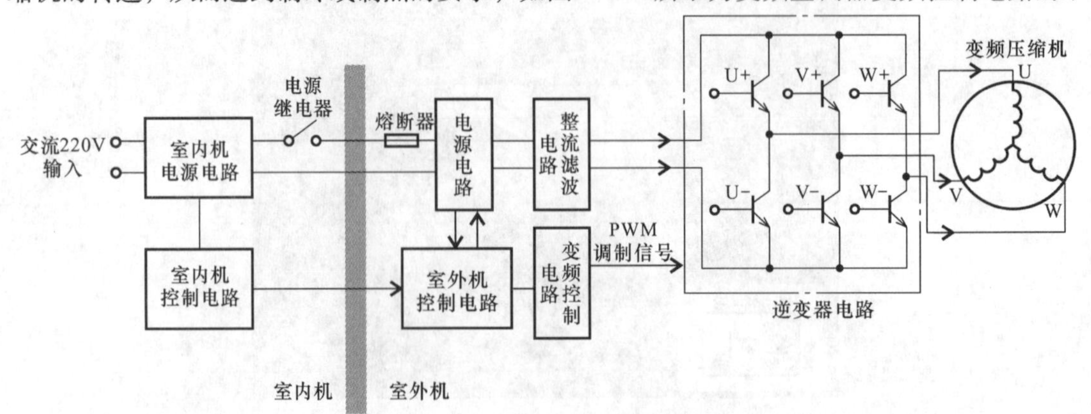

图 9-116　变频空调器变频控制电路的示意图

意图。变频模块内设有门控管，交流220V经电源电路以及整流滤波电路后，变为300V直流电压，为变频电路中的门控管进行供电。此外，由室外机变频控制电路送来的PWM调制信号也送入逆变器电路中的门控管上，控制门控管的导通或截止，变频电路实际上可以输出频率可变的信号，以及电压可变的信号，用来改变变频压缩机的转速。

如图9-117所示为典型变频电路的结构框图，交流220V市电电压经整流滤波后得到约300V的直流电压，送给6个门控管（IGBT），由这6个门控管控制流过变频压缩机绕组的电流方向和顺序，形成旋转磁场，驱动变频压缩机工作。室外机控制电路中的微处理器送来的脉宽调制（PWM）驱动信号，送到门控管的门极上，控制门控管的导通和截止。

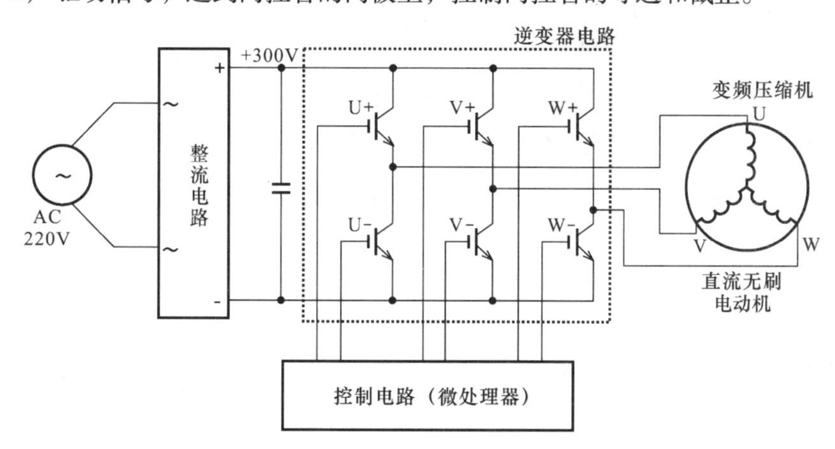

图9-117　典型变频电路的结构框图

如图9-118所示为U+和V-两只门控管导通周期的工作过程。交流220V电压经整流滤波电路输出直流电压，为逆变器电路中的门控管提供直流电源，控制电路为逆变器提供控制信号。在电动机旋转的0°~60°周期，控制信号同时加到门控管U+和V-的门极，使之导通，于是电流从U+流出，经变频压缩机的绕组线圈U、线圈V、门控管V-到地形成回路。

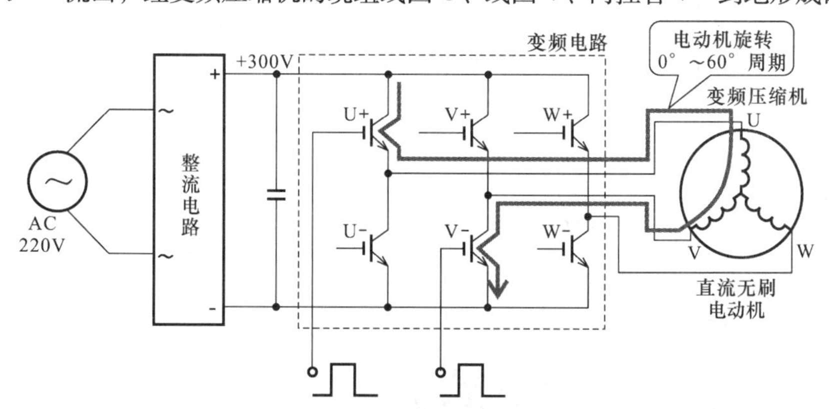

图9-118　变频电路的工作原理-1

如图9-119所示为V+和W-两只门控管导通周期的工作过程。在变频压缩机旋转的60°~120°周期，控制电路输出的控制信号产生变化，使门控管V+和门控管W-门极为高电平而导通，电流从门控管V+流出，经绕组V流入，从绕组W流出，流过门控管W-到地形成回路。

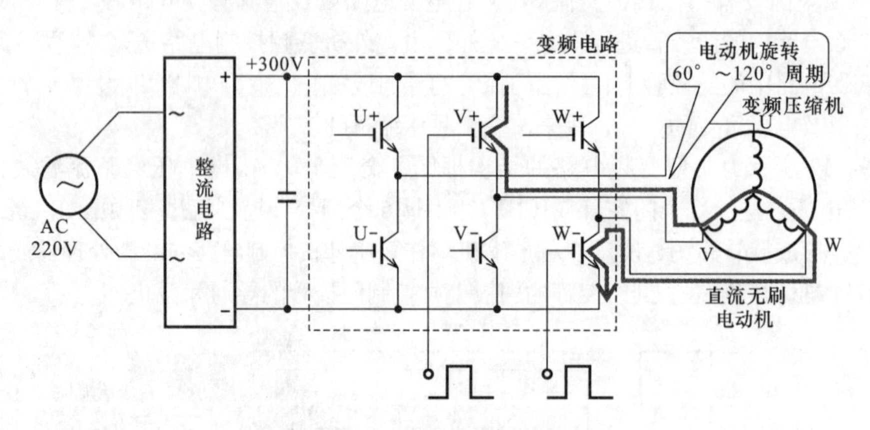

图 9-119　变频电路的工作原理 - 2

如图 9-120 所示为 W + 和 U - 两只门控管导通周期的工作过程。在变频压缩机旋转的 120°～180°周期，电路再次发生转换，门控管 W + 和门控管 U - 门极为高电平导通，于是电流从门控管 W + 流出，经绕组 W 流入，从绕组 U 流出，经门控管 U - 流到地形成回路，又完成一个流程，按照这种规律为变频压缩机的定子线圈供电，变频压缩机定子线圈会形成旋转磁场，使转子旋转起来，改变驱动信号的频率就可以改变变频压缩机的转动速度，从而实现转速控制。

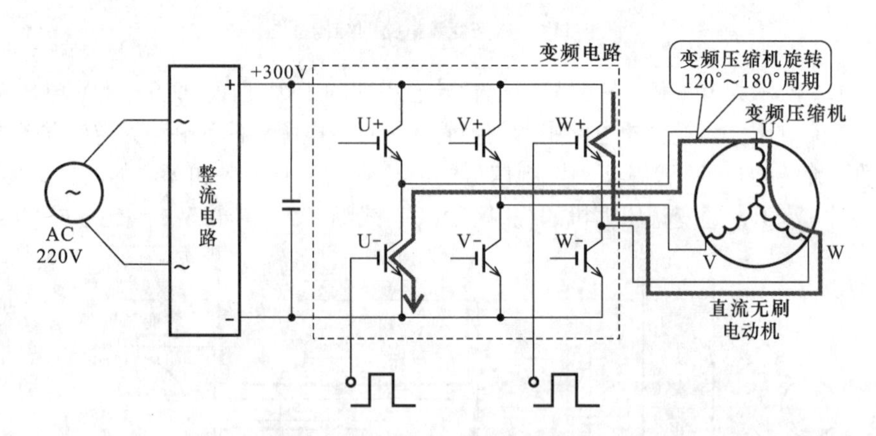

图 9-120　变频电路的工作原理 - 3

目前，变频空调器采用的变频方式有两种，即交流变频方式和直流变频方式。

- **交流变频方式的工作原理**

交流变频方式是采用交流感应电机。变频器的输出时相位差为 120°的三相交流电流，其波形近似于正弦波。其电路结构与直流变频电路相似。变频空调器的交流变频电路，是把 220V 交流市电转换为直流电源，为变频器提供工作电压，然后使用三相逆变器将直流电“逆变”成交流电并进行放大，再去驱动变频压缩机（交流感应电动机）工作。功率放大器是由多个大功率晶体管组成的，常被称为功率模块。同时，功率模块受微处理器送来的指令控制，输出频率可变的交流电压，使压缩机的转速随电压频率的变化而相应改变，这样就实现了微处理器对压缩机转速的控制和调节，如图 9-121 所示。

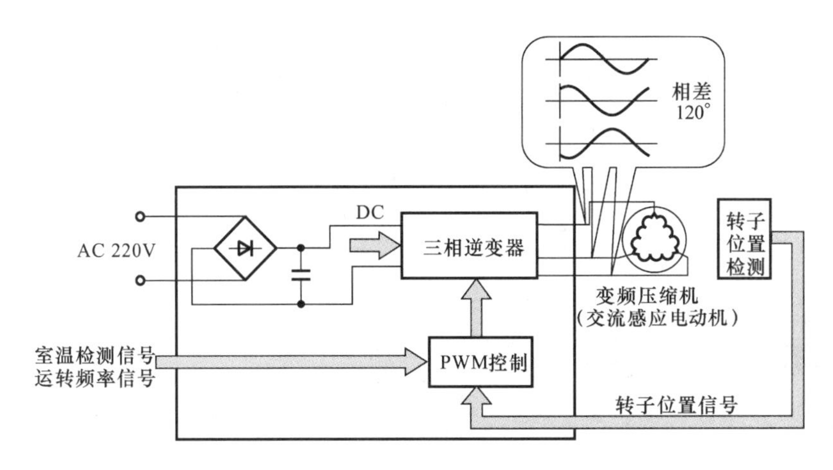

图 9-121　交流变频的工作原理

- **直流变频方式的工作原理**

直流变频空调器同样是把交流市电转换为直流电，并送至功率模块，功率模块同样受微处理器指令的控制，功率模块输出的是频率和电压可变的交流电，以驱动压缩机运行，所不同的是直流变频方式采用的是直流无刷电机。

直流变空调器的控制电路主要有脉冲宽度调制方式（Pulse Width Modulation，PWM）和脉冲幅度调制方式（Pulse Amplitude Modulation，PAM）两种。

脉冲宽度调制方式实际上就是将能量的大小用脉冲的宽度来表示，此种驱动方式，整流电路输出的直流电压基本不变，变频电路的输出电压幅度恒定，驱动脉冲的宽度受微处理器控制，其工作过程如图 9-122 所示。

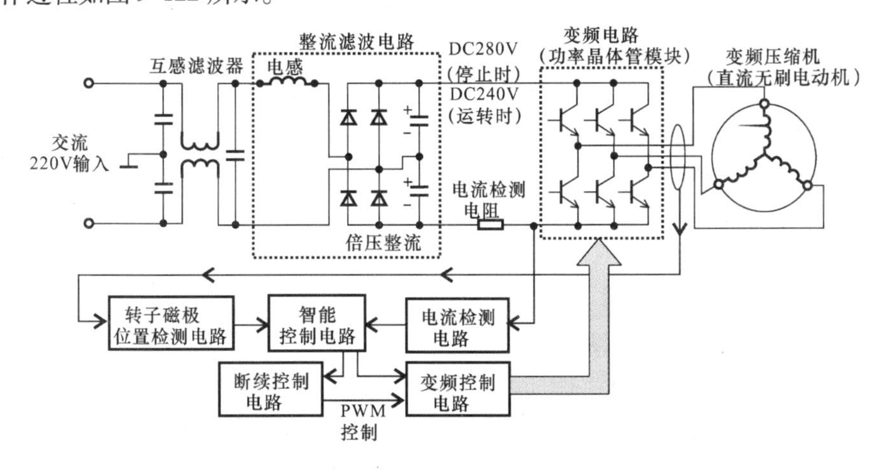

图 9-122　脉冲宽度调制方式（PWM）的直流变频电路

脉冲幅度调制方式实际上就是能量的大小用脉冲的幅度来表示，电源供电采用功率因数校正电路，整流输出路中增加电感器（电抗器）和开关晶体管，通过对该晶体管的控制改变整流电路输出的直流电压幅度（140 ~ 390V）。这样变频电路输出的脉冲电压不但频率和宽度可变，而且幅度可变，其工作过程如图 9-123 所示。

（2）空调器变频电路的检修流程分析

对于空调器变频电路的检修，应根据变频电路的信号流程逐级进行检测，从而查找故障线

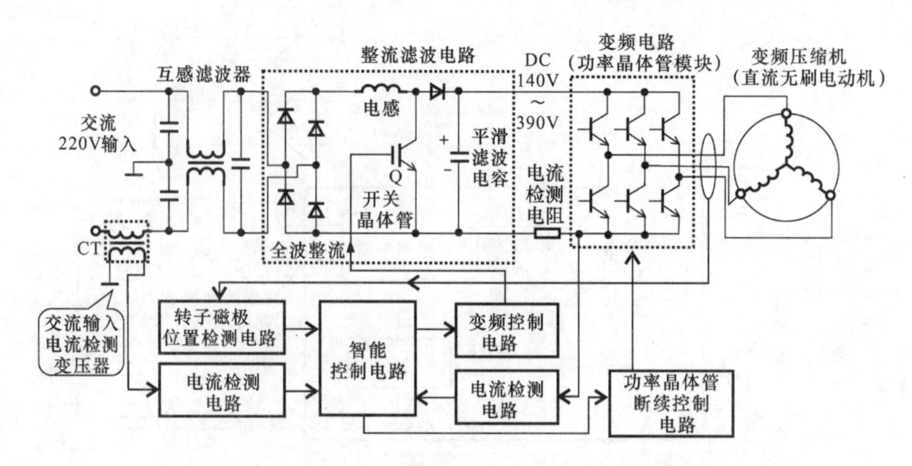

图 9-123　脉冲幅度调制方式（PAM）的直流变频电路

索，判定故障部位，如图 9-124 所示为海信 KFR－35GW 型空调器的变频电路。

① 室外机电源电路送来的直流 300V 电压经插件 CN07 和 CN06，为变频模块 STK621－601 进行供电；＋15V 直流电压送入变频模块 STK621－601 的②脚，为变频模块供电。首先对变频模块的供电电压进行检测，若不正常，则应对电源电路进行检测。

② 由室外机电源电路送来的 5V 供电电压，分别为光电耦合器 G2～G7 进行供电。对光电耦合器的供电电压进行检测，若供电电压不正常，则应对电源电路进行检测。

③ 由控制电路中的微处理器送来的 PWM 驱动信号，首先送入光电耦合器 G2～G7 中，经光电变换后，变为电信号，送入变频模块 STK621－601 中。对输入的 PWM 驱动信号进行检测，若不正常，则应检查控制电路。在供电电压和输入 PWM 信号正常的情况下，若光电耦合器还是无法正常工作，则应对其本身进行检测。

④ 由光电耦合器 G2～G7 送来的电信号，分别送入变频模块 STK621－601 的⑤脚、⑥脚、⑦脚、⑨脚、⑩脚和⑪脚上，驱动变频模块工作，然后由 W、V、U 端输出变频压缩机驱动信号。对变频模块输出的驱动信号进行检测，在供电电压和控制信号正常的情况下，若变频模块无输出，则可能是变频模块 STK621－601 本身损坏，应对其本身进行检测。

9.4.2　空调器变频电路的检修方法

1. 检修空调器变频电路的图解演示

根据上述内容可知，检修空调器的变频电路可根据其基本的信号流程，对变频电路中的主要元件进行检测，例如光电耦合器、变频模块等等。下面以海信 KFR－35GW 型空调器的变频电路为例，介绍其检修方法。

（1）光电耦合器的检测

首先对光电耦合器的供电电压进行检测，以光电耦合器 G2 为例，G2 的①脚为 5V 供电端，其检测方法如图 9-125 所示。若供电电压不正常，则应对电源供电电路进行检测。

光电耦合器 G2 的②脚为 PWM 驱动信号输入端，将示波器的探头搭在该引脚上时，便可以检测到 PWM 驱动信号的波形，如图 9-126 所示。

在供电电压和 PWM 驱动信号正常的情况下，若光电耦合器无法正常工作，则可以用检测其引脚间阻值的方法来判断好坏。

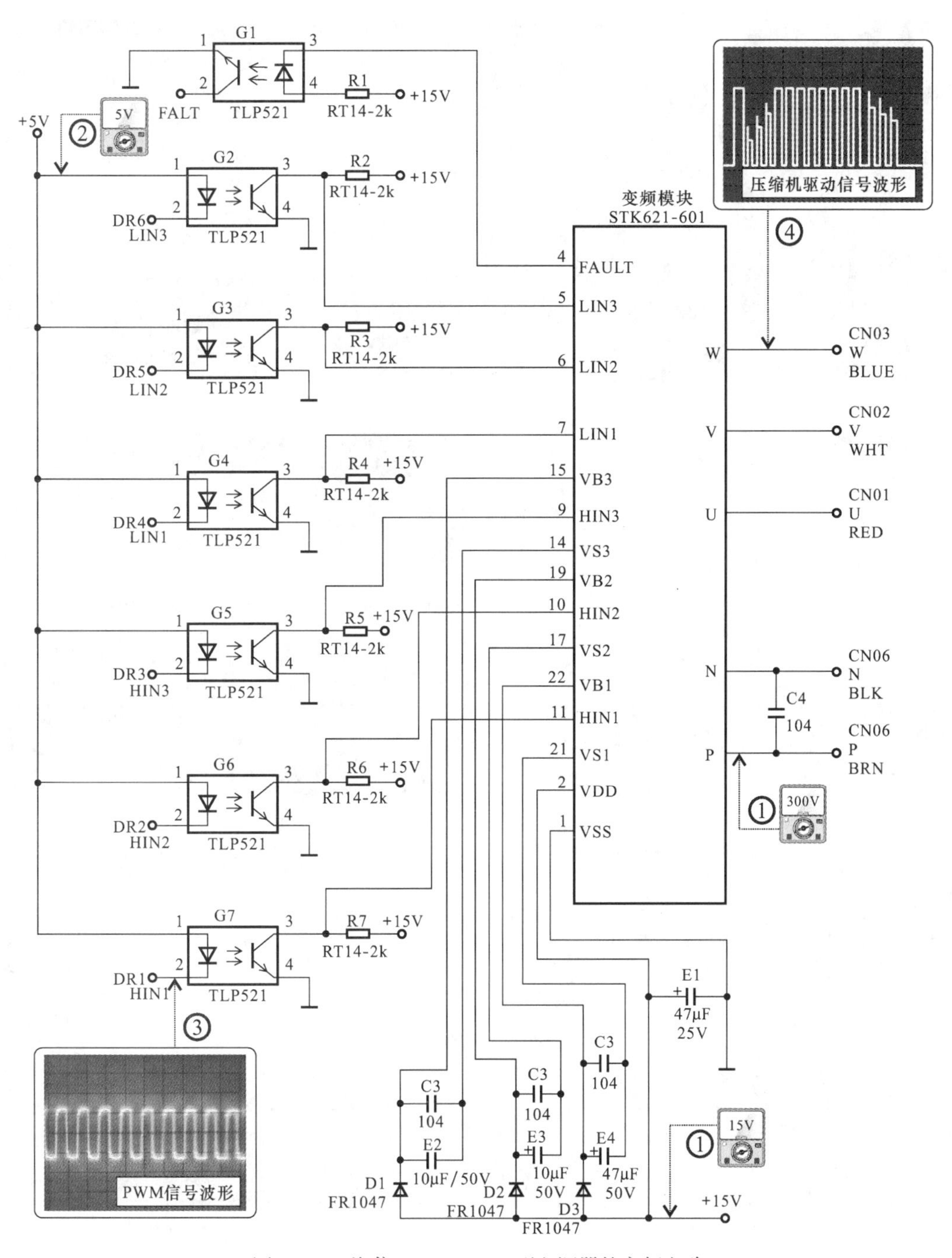

图 9-124　海信 KFR－35GW 型空调器的变频电路

首先检测光电耦合器①脚和②脚之间的阻值，将万用表调至“×1k”欧姆挡，黑表笔搭在光电耦合器的①脚上，红表笔搭在光电耦合器的②脚上，检测其内部发光二极管的正向阻值，如图 9-127 所示，此时检测的正向阻值约为 22kΩ。

接着交换万用表的两只表笔，将红表笔搭在①脚上，黑表笔搭在②脚上，检测发光二极管的反向阻值，如图 9-128 所示，此时，万用表上的表针指示为无穷大。一般在没有参考图纸的情况下，可根据此检测结果判断该发光二极管的两个引线端为哪两个引脚。如果在测量过程中

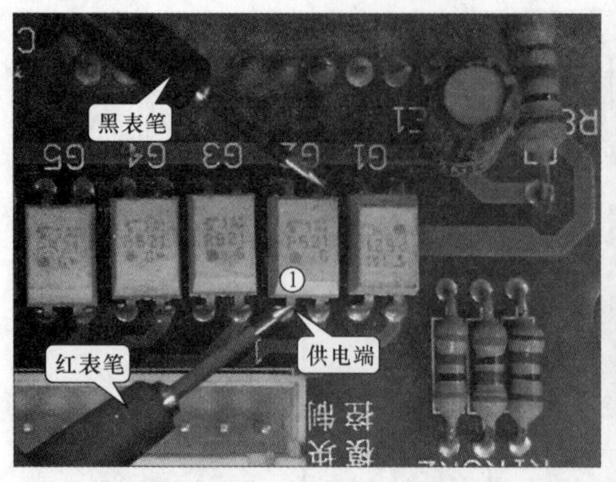

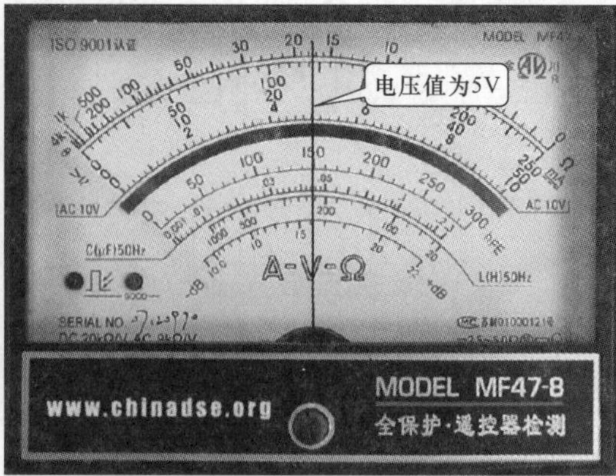

图 9-125　光电耦合器 G2 供电电压的检测方法

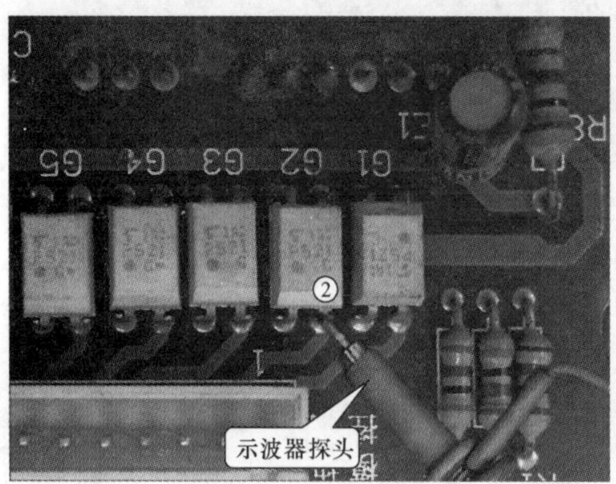

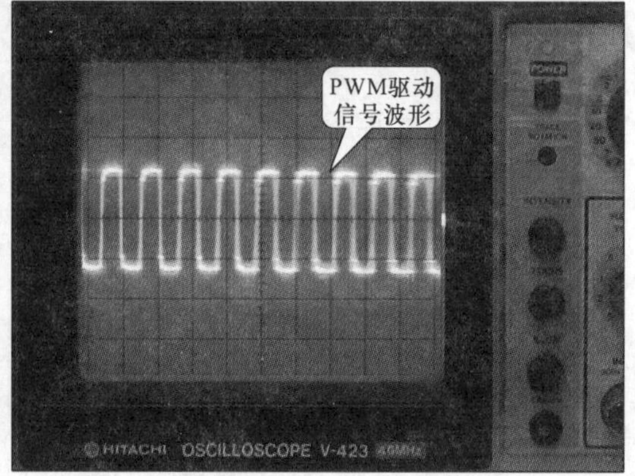

图 9-126　光电耦合器 G2 输入 PWM 驱动信号的检测方法

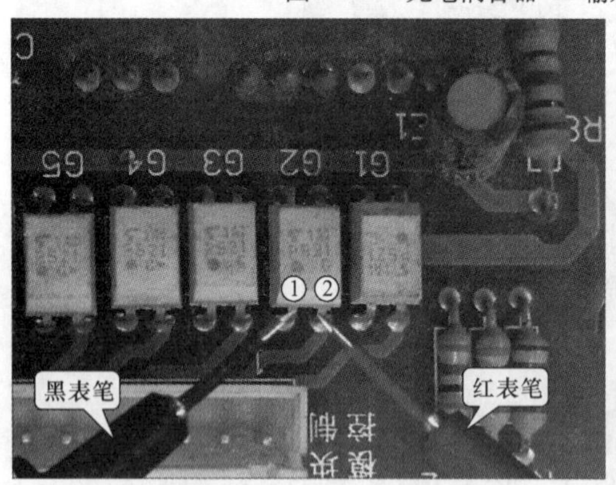

图 9-127　检测光电耦合器 G2 的①脚和②脚之间的正向阻值

其阻值有异常，则可能是光电耦合器损坏，需更换该器件。

接着对光电耦合器③脚和④脚之间的电阻值进行检测，如图 9-129 所示，由于是在路检测，因此可以检测到一定的电阻值（10kΩ）。若光电耦合器③脚和④脚之间的电阻值有趋于零的情况，则说明已经损坏。

（2）变频模块 STK621－601 的检测

当怀疑变频模块 STK621－601 出现故障后，可将室外机通电，检测变频模块对压缩机的驱

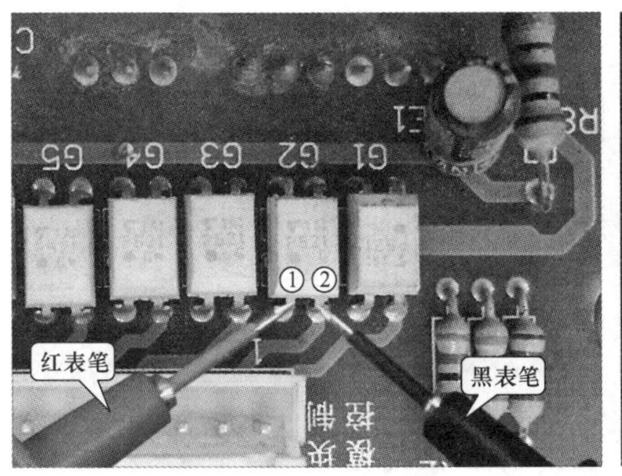

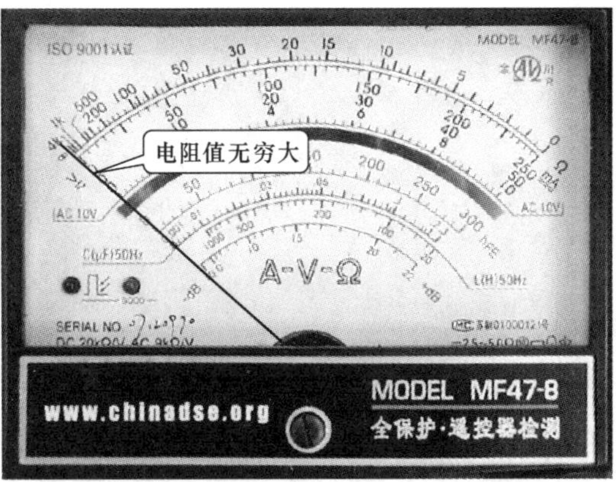

图9-128　检测光电耦合器G2的①脚和②脚之间的反向阻值

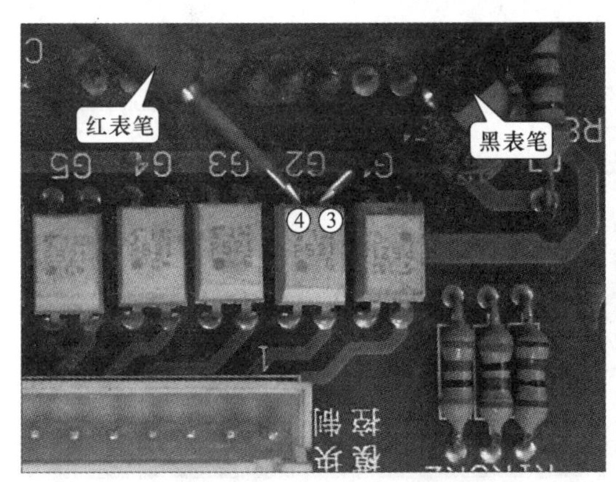

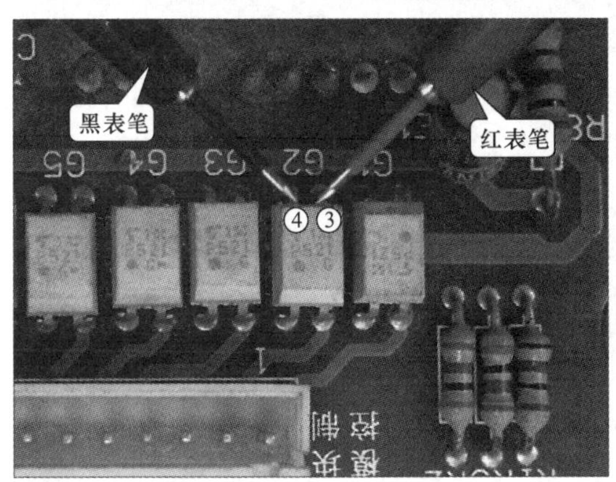

图9-129　检测光电耦合器G2的③脚和④脚之间的阻值

动信号是否正常。如图9-130所示，将示波器的接地夹接地，示波器探头靠近变频模块的U、V、W端，通过感应法检测变频模块的输出。若可以测得驱动信号，说明变频模块正常，若无驱动信号，则应对变频模块的工作电压进行检测。

检测无驱动信号波形，则应检测变频模块的工作电压是否正常。将万用表调整至“直流500V”电压挡，黑表笔搭在N端，红表笔搭在P端。正常情况下，可测得300V左右的直流电压值，如图9-131所示。

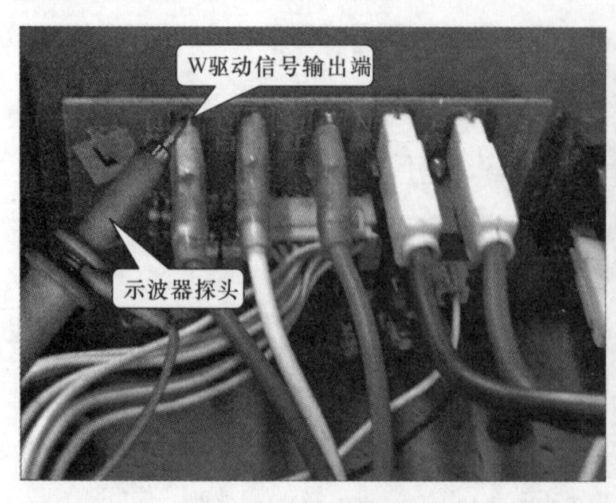

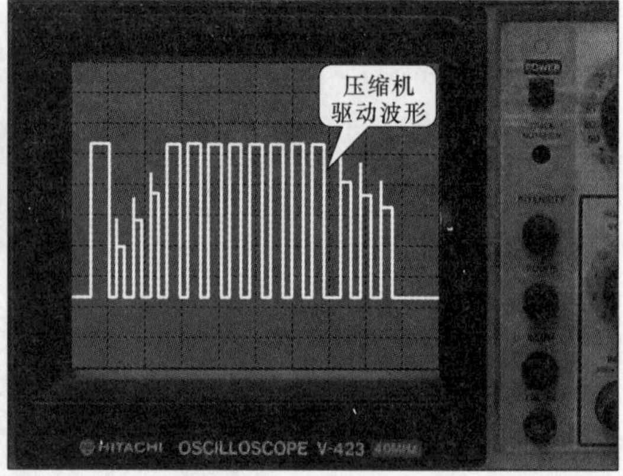

图 9-130　检测变频电路的 U、V、W 端驱动信号

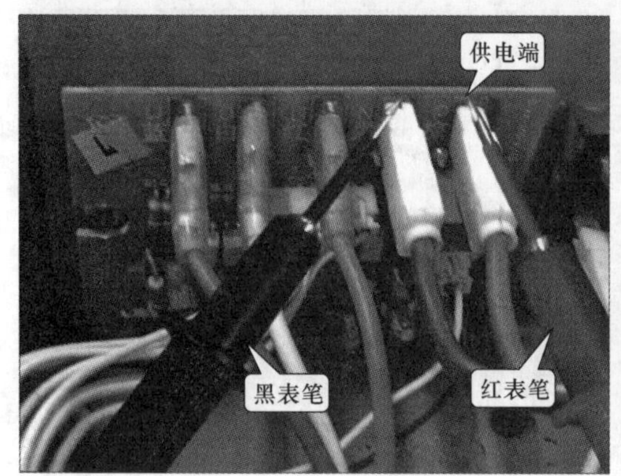

图 9-131　检测变频模块的工作电压

若供电电压检测正常，则应对变频模块本身进行检测。检测时，可通过检测变频模块的引脚对地阻值判断。如图 9-132 所示，将万用表调整至“×1k”欧姆挡，黑表笔搭在接地端，红表笔依次检测变频模块的各个引脚。可测得变频模块的正向对地阻值，接着将两只表笔对调，用红表笔搭在接地端上，黑表笔依次检测变频模块的各个引脚，可测得变频模块的反向对地阻值，正常情况下变频模块各引脚的对地阻值见表 9-3 所列。

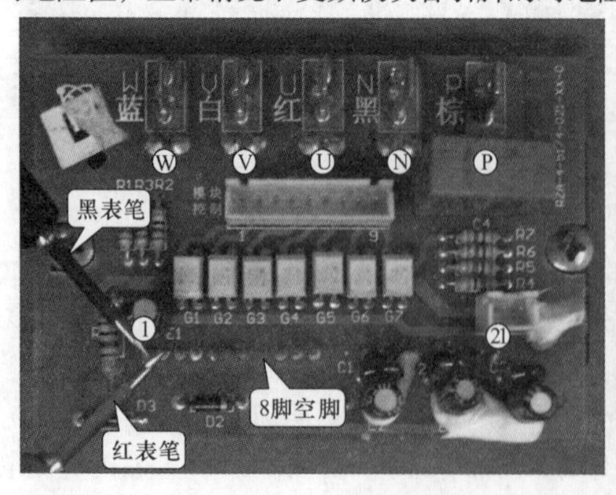

图 9-132　变频模块对地阻值的检测

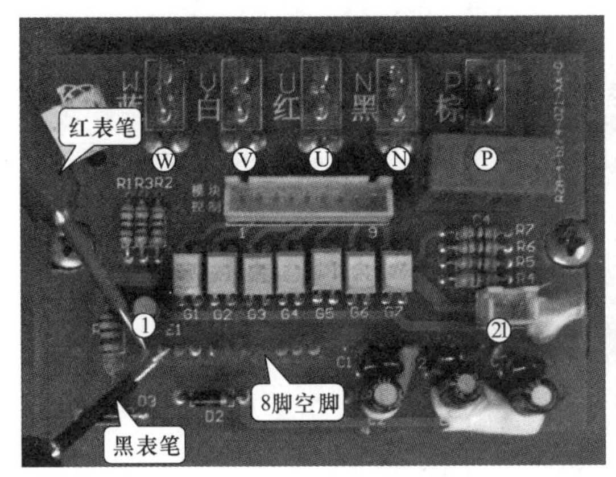

图 9-132　变频模块对地阻值的检测（续）

表 9-3　变频模块各引脚对地阻值

引脚号	正向阻值 kΩ（×1k）	反向阻值 kΩ（×1k）	引脚号	正向阻值 kΩ（×1k）	反向阻值 kΩ（×1k）
①	0	0	⑮	11.5	∞
②	6.5	25	⑯	空脚	空脚
③	6	6.5	⑰	4.5	∞
④	9.5	65	⑱	空脚	空脚
⑤	10	28	⑲	11	∞
⑥	10	28	⑳	空脚	空脚
⑦	10	28	㉑	4.5	∞
⑧	空脚	空脚	㉒	11	∞
⑨	10	28	P 端	12.5	∞
⑩	10	28	N 端	0	0
⑪	10	28	U 端	4.5	∞
⑫	空脚	空脚	V 端	4.5	∞
⑬	空脚	空脚	W 端	4.5	∞
⑭	4.5	∞			

若测得变频模块的对地阻值与正常情况下测得阻值相差过大，则说明变频模块已经损坏。

2. 空调器变频电路的检修案例训练

当空调器的变频电路出现故障后，则可根据其电路结构和信号流程进行检修分析，再按照其检修方法，对故障进行检修。下面就以变频电路典型的故障为例，介绍变频电路的检修实例。

- **故障表现**

海信 KFR－4539 型变频空调器，通电开机后，压缩机不工作。

- **检修分析**

海信 KFR－4539 型变频空调器，出现通电开机后，压缩机不工作的故障，则可能是变频电路中有损坏的元器件造成的，如图 9-133 所示为海信 KFR－4539 型变频空调器的变频电路，该电路主要是由变频模块 IC2（PS21246）等组成的。

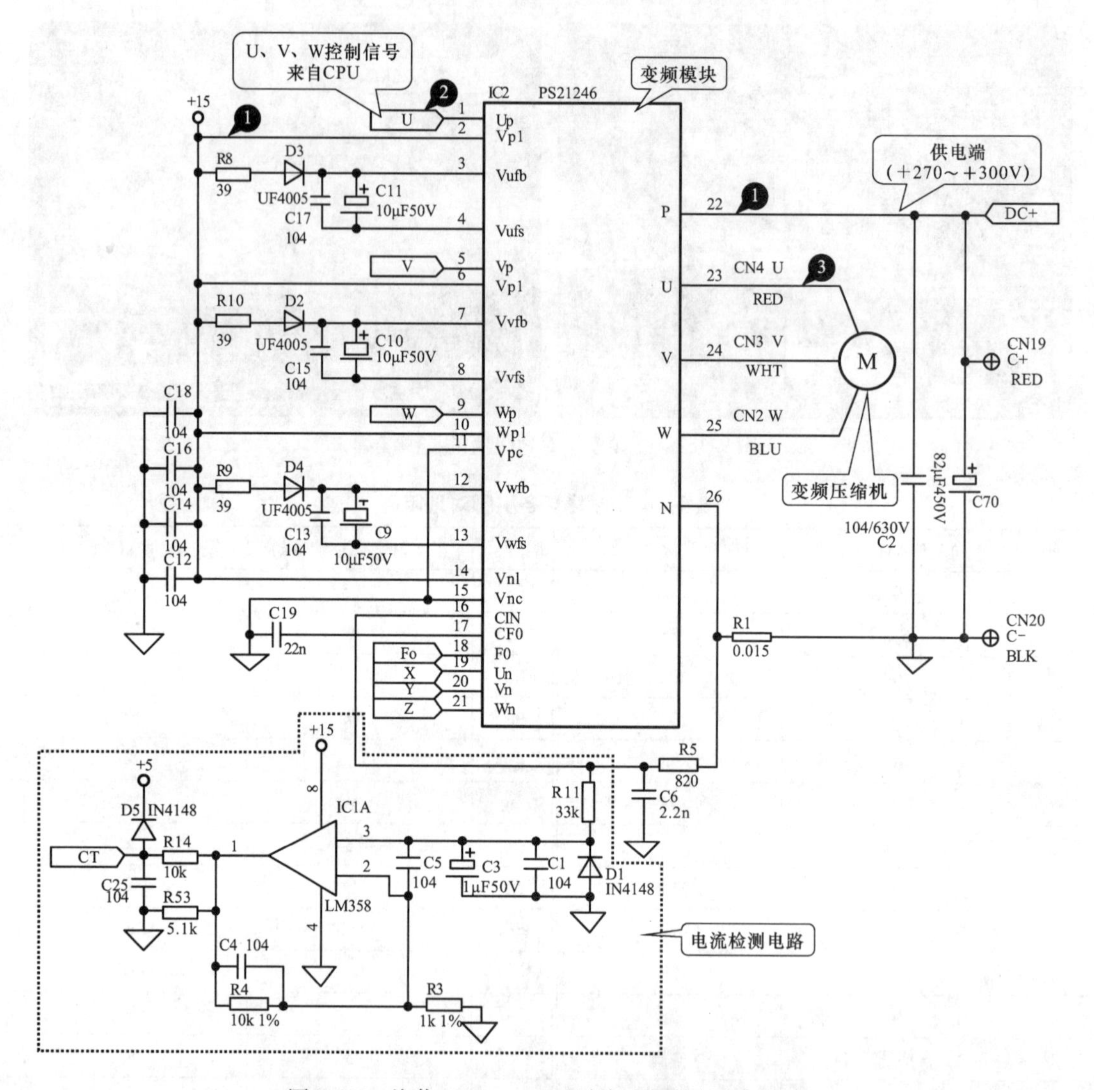

图 9-133　海信 KFR-4539 型变频空调器的变频电路

① 室外机电源电路送来的直流 300V 电压送入变频模块 IC2 的㉒脚，+15V 电压送入变频模块 IC2 的②脚，为其提供工作电压。首先对变频模块的供电电压进行检测，若不正常，则变频模块无法正常工作。

② 由控制电路中的微处理器送来的驱动控制信号，首先送入变频模块 IC2 的①脚、⑤脚、⑨脚，对变频模块输入的驱动信号进行检测，若无输入，则应对控制电路进行检测。

③ 变频模块 IC2 的㉓脚、㉔脚、㉕脚输出变频压缩机的 U、V、W 驱动信号，送往变频压缩机中，对变频模块输出的驱动信号进行检测，在供电电压和输入信号正常的情况下，若无输出，则可能是变频模块本身损坏。

- **检测方法**

首先对变频模块 IC2 的供电电压进行检测，变频模块的供电电压有两组，分别为㉒脚的直流 300V 供电电压和②脚的 15V 供电电压，实测均正常，如图 9-134 所示。

接着对变频模块 IC2 输入的驱动信号进行检测，实测也正常，如图 9-135 所示。

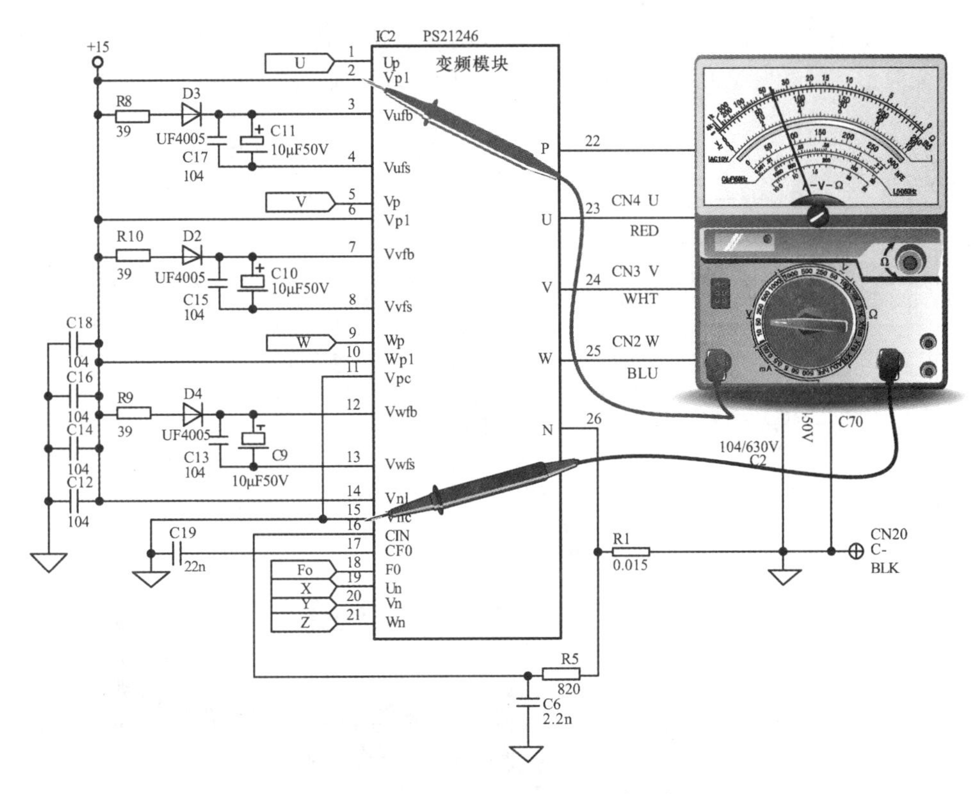

图9-134 变频模块供电电压的检测方法

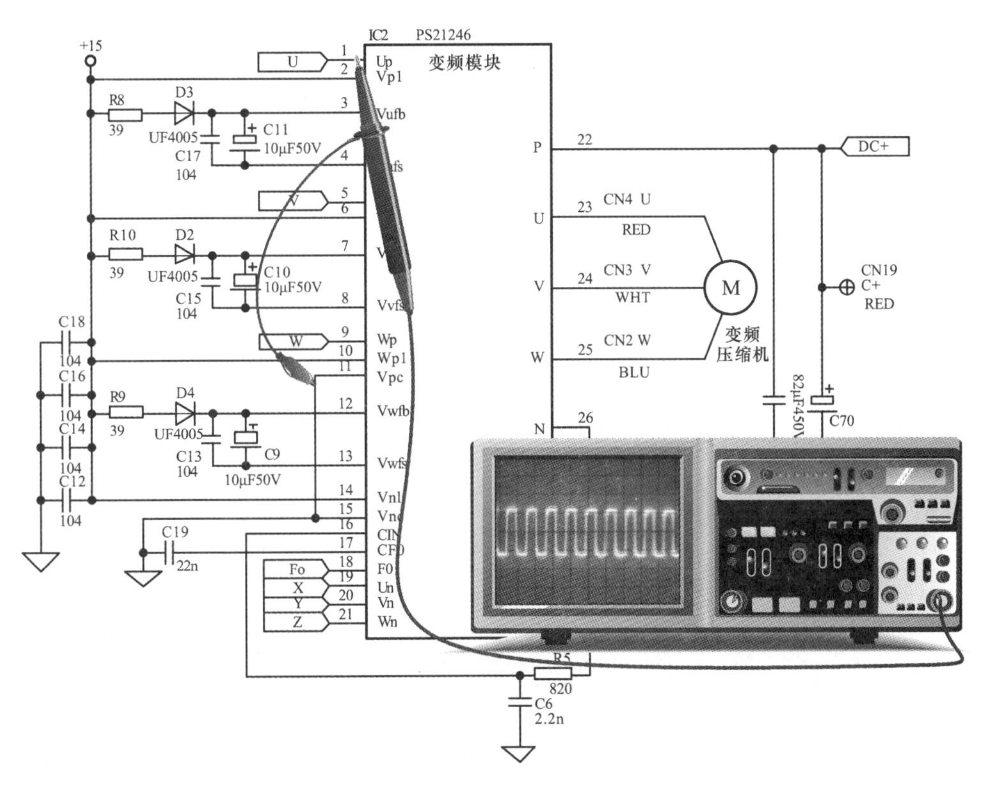

图9-135 变频模块IC2输入驱动信号的检测方法

检测变频模块 IC2 输出的驱动信号波形，该信号直接送往变频压缩机中，如图 9-136 所示，实测无波形，怀疑变频模块 IC2 本身损坏，用同型号变频模块进行代换后，通电试机，故障排除。

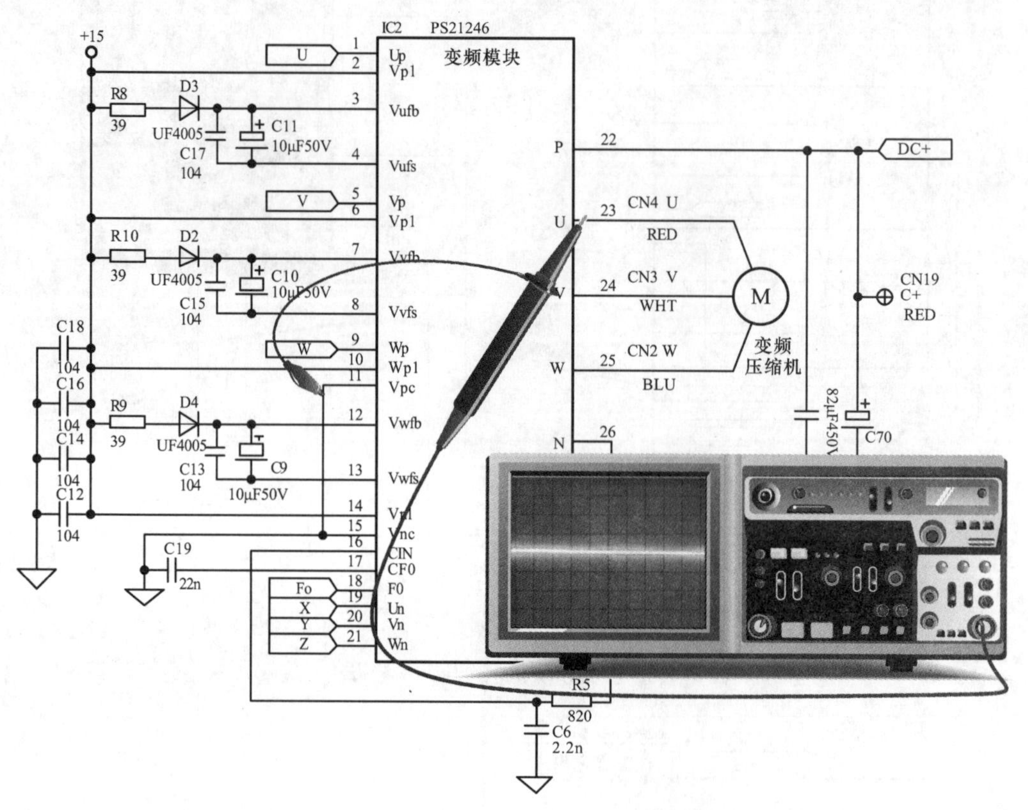

图 9-136　变频模块 IC2 输出驱动信号的检测方法